彩图1 垄面地膜覆盖

彩图2 沟畦地膜覆盖

彩图3 电热温床

彩图4 电热温床

彩图5 枸杞扦插育苗——假植

彩图6 枸杞扦插育苗——温床架设

彩图7 枸杞扦插育苗

彩图8 枸杞扦插育苗

彩图9 温室内中拱棚

彩图10 中拱棚

彩图11 钢架结构大棚

彩图12 无柱钢架大棚

彩图13 装配式镀锌薄壁钢管大棚配件

彩图14 全钢架无支柱日光温室

彩图15 高标准日光温室

彩图16 温室保温后墙建造

彩图17 温室空心砖后墙建造

彩图18 保温被

彩图19 保温被覆盖

彩图20 温室保温覆盖

彩图21 连栋温室顶部通风

彩图22 温室水暖加温设备

彩图23 温室柴油热风加温设备

彩图24 温室内遮阳　　　　　　　　彩图25 连栋温室外遮阳　　　　　　　彩图26 温室滴灌设备及湿帘

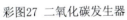
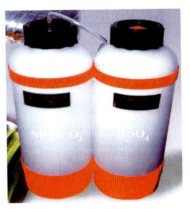

彩图27 二氧化碳发生器　　　　　彩图28 化学反应二氧化碳发生器

彩图29 连栋温室环流风机

彩图30 连栋温室灌溉设备	彩图31 连栋温室外景
彩图32 连栋温室内景	彩图33 温室内保温（小拱棚）

彩图34 温室内保温（中拱棚）

彩图35 温室建造防寒沟

彩图36 温室建造蓄水池蓄热

彩图37 连栋温室内保温

彩图38 连栋温室内保温

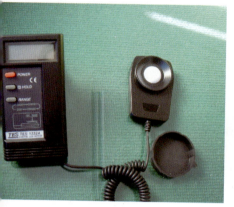

彩图39 照度计

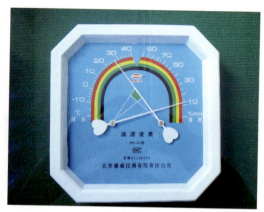

彩图40 温湿度仪

彩图41 无土有机栽培

彩图42 无土有机栽培

彩图43 无土有机栽培

彩图44 无土有机栽培

彩图45（1） 地下式无土有机栽培

彩图45（2） 浸种

彩图46 沙子处理

彩图47 播种

彩图48 光照培养箱催芽

彩图49 精量播种机

彩图50 装满基质的穴盘

彩图51 普通育苗

彩图52 普通育苗

彩图53 温室育苗

彩图54 穴盘育苗

彩图55 穴盘育苗

彩图56 穴盘育苗

彩图57 营养钵育苗

彩图58 营养钵育苗

彩图59 水净化设备

彩图60 扦插育苗

彩图61 扦插育苗

彩图62 百合鳞片扦插繁育

彩图63 组织培养育苗

彩图64 组培苗驯化移栽

彩图65 组培驯化苗管理

彩图66 组培驯化苗管理

彩图67 番茄无土有机栽培

彩图68 设施茄子栽培

彩图69 黄瓜设施栽培

彩图70 设施花卉栽培（仙客来）

彩图71 设施花卉栽培（红掌）

彩图72 设施花卉栽培（一品红）

彩图73 设施花卉栽培（矮牵牛）

彩图74 百合设施栽培

彩图75 双孢菇设施栽培

彩图76 设施食用菌栽培（香菇）

21 世纪高职高专规划教材——园艺园林类

设施园艺技术

主　编　崔兴林　　陈全胜　　陈学红

副主编　张继东　　陈彦霖

西南交通大学出版社
·成　都·

内容简介

设施园艺技术是研究园艺设施的建造技术、调控技术及作物栽培技术的一门应用科学，是一门涉及园艺设施学、果树学、花卉学、蔬菜学等知识的跨学科综合性课程。

教材编写以提高学生岗位核心能力为目标，以设施园艺基本理论和生产实践技能为重点，突出了生产实践技能教学和过程考核。教材是在充分借鉴"十一五"期间北方地区先进的设施园艺技术和先进的高职教育教学成果的基础上完成的。在教学内容上主要设计了以下三大模块：

基础训练：基于岗位对知识及技能的需求，该模块以系统化的理论知识、程序化的操作步骤、标准化的技术规范，根据工作过程的任务阶段，介绍了：设施建造技术、设施环境调控技术、设施栽培技术。

强化训练：结合工作岗位的实际工作任务，结合企业生产的环境，设计了设施园艺技术中需完成的16项典型实训项目，实现对知识的强化和深化。

知识拓展：为培养学生拓展知识的能力，该模块以资料的形式介绍了农艺工国家职业标准、蔬菜园艺工国家职业标准、花卉园艺工国家职业标准等内容，既有助于学生知识的拓展，又可作为参考资料备用。

本书可供高职高专院校园艺技术、园林工程技术、种子生产与经营、作物生产技术等专业的学生使用及相关科技人员参考。

图书在版编目（CIP）数据

设施园艺技术 / 崔兴林，陈全胜，陈学红主编. —
成都：西南交通大学出版社，2013.8
21世纪高职高专规划教材. 园艺园林类
ISBN 978-7-5643-2525-1

Ⅰ. ①设… Ⅱ. ①崔… ②陈… ③陈… Ⅲ. ①园艺-
保护地栽培-高等职业教育-教材 Ⅳ. ①S62

中国版本图书馆 CIP 数据核字（2013）第 182482 号
----

21 世纪高职高专规划教材——园艺园林类

设 施 园 艺 技 术

主编　崔兴林　陈全胜　陈学红
*
责任编辑　刘娉婷
封面设计　墨创文化
西南交通大学出版社出版发行
四川省成都市金牛区交大路 146 号　邮政编码：610031 发行部电话：028-87600564
http://press.swjtu.edu.cn
四川森林印务有限责任公司印刷
*
成品尺寸：210 mm × 285 mm　　印张：20　插页：8
字数：602 千字
2013 年 8 月第 1 版　　2013 年 8 月第 1 次印刷
ISBN 978-7-5643-2525-1
定价：48.00 元

前 言

我国人多地少，资源与人口矛盾日益尖锐，气候限制因素较多，因此持续稳定提高土地利用率和生产效率是我国农业发展的核心问题。适应市场经济体制和"两高一优"的农业要求，积极推进设施农业的发展，是我国农业向现代化转变的重要内容。设施园艺是设施农业的重要组成部分，它在我国农业及农村经济发展中的地位和作用越来越重要，已成为当前农村种植业结构调整的首选项目。

一、什么是设施园艺技术

设施园艺技术是指在不适宜园艺作物（主要指蔬菜、花卉、果树）生长发育的寒冷或炎热季节，采用防寒保温或降温防雨等设施、设备，人为地创造适宜园艺作物生长发育的小气候环境，不受或少受自然季节的影响而进行的园艺作物生产。

二、我国设施农业的发展历程

（一）保护地栽培阶段

在 20 世纪 60 年代和 70 年代，随着我国塑料工业的发展，地膜覆盖、中小拱棚逐渐得到广泛应用。这些措施能够有效地提高地温、减少水分蒸发、防止风霜，具有一定的抵抗自然灾害的能力，可使多种作物获得增产。

（二）设施农业发展阶段

改革开放激发了广大农民的生产积极性，城乡经济的大发展，使人民的经济收入和生活水平有了很大提高，"当家菜"再也不能满足人们的饮食需要，肉禽蛋奶和水产品已经成为人们的基本饮食结构的重要组成部分。市场需求的高涨，刺激设施农业高速发展。

（三）工厂化农业发展阶段

在"九五"期间，国家科委启动了工厂化高效农业示范工程，它把设施设备、品种资源、栽培技术、管理措施、市场营销等技术综合在一起，把农业的产业化推进到一个新的阶段。通过工厂化高效农业示范工程的实施，我们成功地开发出了符合我国东北、华北、华东、华南及沿海地区生态类型特点的具有自主知识产权的温室及配套设施。独具中国特色的辽沈节能型日光温室的应用已经覆盖了我国北方大部分地区。目前，设施园艺正在向以下方向发展：

1. 生态环境因素控制自动化

生态环境因素控制自动化的主要内容是温、湿度的自动调节，灌水量、水温自动调节，CO_2 施肥自动调节，温室通风换气自动调节等，使环境因素随时处于最佳配合状态。

2. 作业自动化

温室设施栽培包括耕耘、育苗、定植、收获、包装等，作业种类多，像摘叶、防病、搬运等作业反复进行，需要投入大量的劳动力。为此，一些发达国家也进行了与此相关联的种苗的特性、优质种苗的选择方法、间苗方法等基础技术的研究。还进行了设施内多功能管理、搬运自动行走作业的研究。计算机应用技术的发展将为温室节能、施肥、经营管理提供更多便利。

三、我国设施农业的发展趋势

（一）对传统日光温室进行有效的技术改造

我国设施栽培的面积虽然居世界之首，但与世界先进水平相比，设施农业仍有很大的差距。所谓设施主要是塑料拱棚和日光温室，设施装备水平很低，环境调控和抵御自然灾害的能力较差，劳动生

产率和土地产出率都很低。为了改变这种状况，山东省提出对原有土温室进行技术改造，实行"五改"，即改有立柱竹竿顶棚为无立柱钢架结构，改土坯墙为砖砌墙加保温层，改草帘覆盖为轻型保温被覆盖，改人工卷帘为机械卷帘，改大水漫灌为滴灌。预计在未来几年内将会有新型节能日光温室涌现出来。

（二）继续大力发展大型连栋温室，提高其建设质量和施工水平

大型连栋温室不仅土地利用率高，而且由于空间大，故有利于进行机械化和自动化作业，便于实行工业化管理和调控温室环境因素，从而获得更加有利于作物生长繁育的条件。

（三）设施农业的发展不可过热

我国的设施农业主要用于蔬菜种植方面，只有少数设施用来种植花卉和水果。我国的蔬菜生产已经达到年人均 280 公斤的水平，居世界第一，在数量上已趋于饱和，其中约有 1/5 来自设施栽培。为此，温室发展应注重高质量或名特优蔬菜瓜果的生产。

（四）注重节约能源，大力开发透光好、保温好的温室材料，并使设施农业的布局合理化

总体上，设施农业装备特别是大型连栋温室是消耗能源较多的设备。应当尽量采用透光性能好、保温性能强、使用寿命长的透光覆盖材料和其他复合保温围护材料，尽可能利用日光，将能源消耗降至最少。

（五）发展无土栽培

在温室园艺中，采用无土栽培是一种技术集约和资金集约的现代农业生产方式。在未来若干年内，无土栽培将是我国设施农业栽培方式的主要发展方向。

（六）注重环境保护，发展绿色食品

在物质短缺的年代，在农产品生产中，放在第一位的是追求产品数量，对产品品质往往容易忽略。现在，物质供应比较充足，人们越来越注重农产品的品质，对无公害绿色食品的需求越来越大。

四、"设施园艺技术"的内容和任务

"设施园艺技术"是研究园艺设施的建造技术、调控技术及作物栽培技术的一门应用科学，是一门涉及园艺设施学、果树学、花卉学、蔬菜学等知识的跨学科综合性课程。

（一）教材内容

教材编写以提高学生岗位核心能力为目标，以设施园艺基本理论和生产实践技能为重点，突出了生产实践技能教学和过程考核。教材是在充分借鉴"十二五"期间北方地区先进的设施园艺技术和先进的高职教育教学成果的基础上完成的。

"设施园艺技术"在教学内容上主要设计了以下三大模块：

基础训练：基于岗位对知识及技能的需求，该模块以系统化的理论知识、程序化的操作步骤、标准化的技术规范，根据工作过程的任务阶段，将设施园艺技术划分为以下三个情境：

情境一　设施建造技术；

情境二　设施环境调控技术；

情境三　设施栽培技术。

强化训练：结合工作岗位的实际工作任务，结合企业生产的环境，设计了设施园艺技术中需完成的 16 项典型实训项目，实现对知识的强化和深化。

知识拓展：为培养学生拓展知识的能力，该模块以资料的形式设置了农艺工国家职业标准、蔬菜园艺工国家职业标准、花卉园艺工国家职业标准等内容，既有助于学生知识的拓展，又可作为参考资料备用。

（二）学习任务

（1）采用理实一体教学模式，完成基础训练三大情境的 15 项任务及 16 项子任务，系统完成基本知识、基本技能、基本素质的学习与提高。

（2）在理实一体教学中，对基本技能通过专项实训项目，完成强化训练，加深对实际工作环境的认识，提高实际工作能力。

（3）学习以提高职业核心能力和岗位核心能力为根本，以服务地方生产、经营及管理为方向，通过学习，将所学落实到生产生活中去，最终实现高技能、高素质技能型人才的培养。

五、学习设施园艺技术的方法

教材编写中坚持以就业为导向的能力本位的教育目标，吸收现代国际职业教育新思想——OTPAE五步训练法，在能力训练过程中始终坚持贯彻行为活动导向教学法的理念和技术。教材编写采用了一种全新的模式和规范，将工作过程关键环节划分为任务环节，每一任务里根据能力训练程序包含目标（Object）、任务（Task）、准备（Prepare）、行动（Action）、评估（Evaluate）五个步骤。

目标（Object）：呈现本节特定的学习目标，明确学习内容，确认自己学习行动的目的。

任务（Task）：是对典型工作任务的呈示，形成学习者的学习动力。

准备（Prepare）：知识是能力形成的基础，掌握必需的基本知识、基本方法、程序，是提高能力的重要前提。

行动（Action）：是以行动导向教学法组织教学的主题部分和重点环节，是能力培训的落脚点。

评估（Evaluate）：教学过程中教师评价教学效果和学习者评估自己学习收获的一个测试，建议完成此训练。

教材编写者具有多年参与设施园艺生产的实践经验，通过编写基于工作过程的教材，希望把理论和实践结合起来，希望真正实现"从实践中来，到实践中去"的"编用结合"的编写理念。

教材编写中，崔兴林主要编写了情境一中的任务一、任务五、任务六，情境二中的任务一，情境三中的任务三，任务四的子任务二；陈全胜主要编写了情境一中的任务二，情境二中的任务二，情境三中的任务二；陈学红主要编写了情境一中的任务四，情境二中的任务三、任务四；张继东编写了情境三中的任务四的子任务一，实训指导十二～十六；陈彦霖编写了情境二中的任务五；李方华编写了实训指导一～十一；乐莹编写了资料一、资料二、资料三、资料四、资料五及图片资料，编委会成员合作完成了教材其他内容的编写及整体校订。

本书在编撰过程中，设施栽培生产企业和同行专家提出了很好的改进意见，并提供了很多宝贵资料，在此表示衷心感谢。由于时间仓促，水平有限，书中错漏之处敬请读者批评指正。

编　者

二〇一三年四月

目 录

第一篇 基础训练

第二篇 强化训练

第三篇 知识拓展

第一编　基础训练

情境一　设施建造技术

按设施条件的规模、结构的复杂程度和技术水平可将设施分为四个层次：

1. 简易设施

简易设施主要包括各种地膜、温床、小拱棚、遮阳覆盖等，它结构简单，建造方便，造价低廉，多为临时性设施，主要用于园艺作物的育苗和矮秆作物的季节性生产。

2. 普通保护设施

普通保护设施指塑料大中拱棚和日光温室，结构比较简单，环境调控能力差，栽培作物的产量和效益较不稳定。它一般为永久性或半永久性设施，是我国现阶段的主要园艺栽培设施，在解决蔬菜周年生产供应中发挥着重要作用。

3. 现代温室

现代温室指能够进行温度、湿度、肥料、水分和气体等环境条件自动控制的大型单栋或连栋温室。用玻璃或硬质塑料板和塑料薄膜等进行覆盖配备，采用计算机监测和智能化管理系统，可以根据作物生长发育的要求调节环境因子，满足生长要求，能够大幅度地提高作物的产量、质量和经济效益。

4. 植物工厂

这是园艺栽培设施的最高层次，其管理完全实现了机械化和自动化。作物在大型设施内进行无土栽培和立体种植，所需要的温、湿、光、水、肥、气等均按植物生长的要求进行最优配置，不仅全部采用电脑监测控制，而且采用机器人、机械手进行全封闭的生产管理，实现从播种到收获的流水线作业，完全摆脱了自然条件的束缚。但是植物工厂建造成本过高，能源消耗过大，目前只有少数温室投入生产，其余正在研制之中或为宇航等超前研究提供技术储备。

本单元结合设施园艺的发展水平，设计了：

任务一	地膜覆盖技术	任务二	电热温床建造技术
任务三	中小拱棚建造技术	任务四	塑料大棚建造技术
任务五	普通日光温室建造技术	任务六	连栋日光温室建造技术

通过以上任务的学习，需掌握不同设施的建造技术、实用性能及维修技术，培养结合生产需要灵活选择和应用设施的能力。

任务一　地膜覆盖技术

 ## 目标（Object）

地膜覆盖是一项适应性广，实用简便，成本低，应用量大，效果好的设施栽培技术，通过本任务学习，你将能够：① 掌握地膜的种类特性，会根据实际生产选择和辨别不同类型的地膜；② 掌握地膜在不同栽培形式下的覆盖技术。

任务（Task）

不同的栽培作物，不同的栽培形式需选择不同种类及规格的地膜，为此需学习：① 地膜的覆盖形式；② 地膜的覆盖方法；③ 地膜的种类特性与使用效果；④ 常用地膜规格、用途和性能。

 ## 准备（Prepare）

地膜覆盖栽培是 20 世纪 70 年代末期从国外引进的一项现代农业增产技术，其特点是用透明的塑料薄膜把适播农田从地面上封盖起来，造成不同于露地栽培的农田土壤环境，增温保墒，蓄水防旱，保持土壤疏松，在一定程度上起到抑制杂草生长、压碱、促进作物根系发育等作用，从而促进增产和改善品质，提高经济效益。它不仅在蔬菜等园艺作物上，而且在我国粮、棉、油、烟、糖、麻、药材、茶、林、果等 40 多种作物上应用，能普遍增产 30%~40%，成为我国发展高效农业先进实用的技术之一。

一、地膜类型

目前生产上应用的地膜大多为聚乙烯树脂。地膜的种类很多，根据其性质和功能可大致分为普通地膜、有色膜和特殊地膜等类型。常用地膜的种类特性与使用效果见表 1-1-1，常用地膜规格、用途和性能见表 1-1-2。

表 1-1-1　常用地膜的种类特性与使用效果

种　类	促进地温升高	抑制地温升高	防除杂草	保墒	防止病虫害	果实着色	耐候性
透明膜	优	无	无	优	弱	无	弱
黑膜	中	良	优	优	弱	无	良
除莠膜	优	无	优	优	弱	无	弱
着色膜	良	弱	良	优	弱	无	弱
黑白双色膜	良	弱	弱	优	弱	无	弱
有孔膜	良，弱	良	良	良	弱	无	弱
光分解膜	良	无	弱	弱	弱	无	无
银灰膜	无	优	优	优	良	良	无
PVC 膜	优	无	无	优	弱	无	优
EVA 膜	优	无	无	优	弱	无	良

表 1-1-2　常用地膜规格、用途和性能

地膜类型	规　　格		用途及 667 m² 用量	性　　能
	幅宽/cm	厚度/cm		
普通地膜	70~250	0.014±0.002	地面、近地面覆盖	透明，保温、增温、保湿，柔软性较好，强度大，适应性广
线性聚乙烯膜	70~140	0.008±0.002	地面覆盖，4~6.2 kg	透明，保温、增温、保湿，柔软性较好，强度大，但易粘连
黑色膜	100~200	0.02±0.005	地面覆盖，软化栽培和防除杂草 7.4~12.3 kg	透光率 10% 以下，保墒性好，灭草效果好，增温效果差
除草膜	80~130	0.015	地面覆盖，防除杂草	将除草剂混入或吹附在地膜表面，朝土覆盖，具增温、保墒、除草三大功能
银灰色膜	80~120	0.015~0.02	地面覆盖，驱蚜避虫	地膜表面喷涂一层铅箔，反射紫外光能力强

（一）普通地膜

普通地膜是指无色透明的聚乙烯薄膜，透明膜的透光率高，土壤增温效果好，主要有以下几种。

1. 高压低密度聚乙烯（LDPE）地膜（简称高压膜）

高压膜，用 LDPE 树脂经挤出吹塑成型制得，为蔬菜生产上最常用的地膜。厚度（0.014±0.003）mm，幅宽有 40~200 cm 多种规格，每 667 m² 用量 8~10 kg（按 70% 的覆盖面计算），主要用于蔬菜、瓜类、棉花及其他多种作物。该膜透光性好，地温高，容易与土壤黏着，适用于北方地区。

2. 低压高密度聚乙烯（HDPE）地膜（简称高密度膜）

高密度膜，用 HDPE 树脂经挤出吹塑成型制得，厚度 0.006~0.008 mm，每 667 m² 用量 4~5 kg，用于蔬菜、棉花、瓜类、甜菜，也适用于经济价值较低的作物，如玉米、小麦、甘薯等。该膜强度高，光滑，但柔软性差，不易黏着土壤，故不适于沙土地覆盖，其增温保水效果与 LDPE 基本相同，但透明性及耐候性稍差。

3. 线型低密度聚乙烯（LLDPE）地膜（简称线型膜）

线型膜，由 LLDPE 树脂经挤出吹塑成型制得，厚度 0.005~0.009 mm，适用于蔬菜、棉花等作物。其特点除了具有 LDPE 的特性外，机械性能良好，拉伸强度比 LDPE 提高 50%~75%，伸长率提高 50% 以上，耐冲击强度、穿刺强度、撕裂强度均较高。其耐候性、透明性均好，但易粘连。

（二）有色膜

在聚乙烯树脂中加入有色物质，可以制成各种不同颜色的地膜，由于它们对太阳辐射光谱的透射、反射和吸收性能不同，进而对作物生长产生不同的影响。有色膜主要有以下几种：

1. 黑色膜

黑色膜，在聚乙烯树脂中加入 2%~3% 的炭黑，一般厚度为 0.01~0.03 mm，每公顷用量 105~180 kg，透光率仅 10%。由于黑色地膜使透光率降低，地膜下覆盖的杂草因光弱而黄化死亡。黑色地膜增温效果差，能使土温提高 1~3 °C。因此，黑色地膜适宜夏天高温季节使用。

2. 绿色膜

绿色地膜不透紫外光，能减少红橙光区的透过率。绿色光谱不能被植物所利用，因而能抑制杂草的生长。绿色地膜对土壤的增温作用不如透明地膜，但优于黑色地膜。由于绿色颜料对聚乙烯有破坏作用，因而这种地膜使用时间短，并且在较强的光照下很快褪色。一般仅限于在蔬菜、草莓、瓜类等经济价值较高的作物上应用。

3. 银灰色地膜

在生产过程中，把银灰粉的薄层粘接在聚乙烯的两面，制成夹层膜，或在聚乙烯树脂中掺入 2% ~ 3% 的铝粉制成含铝地膜。该种地膜具有隔热和反光作用，能提高植株内的光照强度。银灰色反光地膜的增温效果较差，覆盖后可比透明地膜土温低 0.5 ~ 3 ℃；银灰色反光地膜具有驱避蚜虫的作用，因而能减轻蚜虫危害和控制病毒病的发生。这种地膜一般在夏季高温季节使用，在透明或黑色地膜栽培部位，纵向均匀地刷 6 ~ 8 条宽 2 cm 的银灰色条带，同样具有避蚜、防病毒病的作用。

4. 双色膜

地膜用一条宽 10 ~ 15 cm 透明膜，相接一条同样宽度的黑色膜或银灰色反光膜，如此两色相间成为双色条膜，它既能透光增温，又不影响根系生长，还有抑制杂草的作用。

5. 双面膜

双面膜是一面为乳白色或银灰色，另一面为黑色的复合地膜。覆膜时乳白色或银灰色的一面向上，黑色的一面向下。它弥补了黑膜的缺点，一般可降低土温 0.5 ~ 5 ℃，多用于夏季覆盖。该种地膜有反光、降温、驱蚜、抑草的作用。

（三）特殊功能性地膜

1. 除草膜

除草膜是在聚乙烯树脂中，加入适量的除草剂，经挤出吹塑制成。除草膜覆盖土壤后，其中的除草剂会迁移析出并溶于地膜内表面的水珠之中，含药的水珠增大后会落入土壤中杀死杂草。除草地膜不仅降低了除草的投入，而且因地膜保护，杀草效果好，药效持续期长。因不同药剂适用于不同的杂草，所以使用除草地膜时要注意各种除草地膜的适用范围，切莫弄错，以免除草不成反而造成作物药害。

2. 耐老化长寿地膜

耐老化长寿地膜是在聚乙烯树脂中加入适量的耐老化助剂，经挤出吹塑制成，厚度 0.015 mm，每公顷用量 120 ~ 150 kg。该膜强度高，使用寿命较普通地膜长 45 d 以上。适用于"一膜多用"的栽培方式，且便于旧地膜的回收加工利用，不致使残膜留在土壤中，但该膜价格较高。

3. 降解地膜

到目前为止，可控性降解地膜有三种类型：一种是光降解地膜，该种地膜是在聚乙烯树脂中添加光敏剂，在自然光的照射下，加速降解，老化崩裂。这种地膜的不足之处是：只有在光照条件下才有降解作用，土壤之中的膜降解缓慢，甚至不降解，此外降解后的碎片也不易碎化。另一种是生物降解地膜，该种地膜是在聚乙烯树脂中添加高分子有机物，如淀粉、纤维素和甲壳素或乳酸脂等，借助土壤中的微生物（细菌、真菌、放线菌）将塑料彻底分解重新进入生物圈。该种地膜的不足之处在于耐水性差，力学强度低，虽能成膜但不具备普通地膜的功能。有的甚至采用造纸工艺成膜，造成环境污染。再一种就是光生可控双降解地膜，该种地膜就是在聚乙烯树脂中既添加了光敏剂，又添加了高分子有机物，从而具备光降解和生物降解的双重功能。地膜覆盖后，经一定时间（如 60 d、80 d 等），由于自然光的照射，薄膜自然崩裂成为小碎片，这些残膜可为微生物吸收利用，对土壤、作物均无不良影响。中国于 20 世纪 70 年代末引入降解地膜覆盖技术，20 世纪 80 年代中开始自行研制，已取得一定进展，生产出光解地膜、银灰色光解膜和光/生双解膜等多种降解地膜，用于棉花、烟草、玉米、花生和蔬菜等作物，并取得了一定的效果。

4. 有孔膜及切口膜

为了便于播种或定植，工厂在生产薄膜时，根据栽培的要求，在薄膜上打出直径 3.5 ~ 4.5 cm 的圆孔，用以播种。如果用于栽苗，则打出直径 10 ~ 15 cm 的定植孔，孔间距离可根据作物种类不同而有所差异。

5. 红外膜

在聚乙烯树脂中加入透红外线的助剂，使薄膜能透过更多的红外线，可使增温效果提高 20%。

6. 保温膜

醋酸乙烯树脂膜，能降低光线透过率8%，有较好的保温效果。

二、地膜覆盖形式（彩图1，彩图2）

地膜覆盖有垄面、畦面覆盖，高畦沟、高畦穴覆盖、沟畦覆盖、地膜 + 小拱棚覆盖等多种形式。在设施栽培条件下，通常推广膜下滴灌供水供肥。

三、地膜手工覆盖技术

第一，做好土地平整、施肥、起垄等工作，要求垄面、畦面平、直、光。

第二，在风向一方挖压膜沟，顺风向将膜压入沟内，将膜拉展覆于垄面、畦面，一般在膜未展至垄面、畦面顶端 50~100 cm 时，利用膜的延伸性将膜拉至顶端。

第三，膜两边开挖压膜沟，将膜边压入沟内，压实。北方春季多大风天气，若膜面较长，每 3~5 m 应压一条土腰带。大风天应及时检查，防止大风刮破地膜。

四、地膜机械化覆盖技术

地膜机械化覆盖技术就是在已耕整好的土地上，用地膜覆盖机把单幅成卷厚度为 0.005~0.015 mm 的塑料薄膜平展地铺放在已播种或未播种的畦垄面上，同时在膜的两边覆土，盖严压实。

（一）机械铺膜的优势

与人工铺膜相比，地膜覆盖机械化技术有许多优点，概括起来主要是：

1. 作业质量好

依靠机器的性能和正确的使用操作来实现铺放作业"展得平，封得严，固定得牢固"的质量要求。

2. 作业效率高

一般情况下，用人力牵引的地膜覆盖机能提高工效 3~5 倍，用畜力牵引的能提高 5~8 倍，用小型拖拉机带动的能提高 5~15 倍，用大中型拖拉机带动的能提高 20~50 倍，甚至更多。若采用联合作业工艺，则用小型拖拉机带动的工效能提高 20~30 倍，用大中型拖拉机带动的能提高 80~100 倍。

3. 能够在刮风天进行作业

地膜覆盖机一般能在五级风条件下作业，并保持稳定的作业质量，特别适合早春干旱多风的地区作业。

4. 节省地膜

机械铺膜能使地膜均匀受力，充分伸展，所以能节省地膜。据测定，若选用 0.008 mm 厚的微膜，每公顷可节省 6 kg；铺 0.015 mm 的地膜，覆盖程度为 70%~80% 时，每公顷可节省 12~22 kg。

5. 作业成本低

从单一铺膜作业的、人力牵引的铺膜机到大中型拖拉机带动的铺膜播种机，作业成本比铺膜低 4~18 元，促进增产增收。据测定，地膜棉一般比露地棉平均每公顷增产皮棉 225~300 kg。

（二）地膜覆盖机及其作业

1. 地膜覆盖机的种类

（1）简易铺膜机。具有机械铺膜三个基本作业环节（放膜、展膜和封固）用的工作部件，即膜卷装卡装置、压膜轮和铧铲（或曲面圆盘），再加上开埋膜沟的铧铲或曲面圆盘，牵引装置，用机架把这些部件和装置按一定的相关位置连接固定起来。它是结构最简单的地膜覆盖机，整机重 30 kg 左右，使用操作简便，由人力或畜力牵引，适用范围较广。

（2）加强型铺膜机。在简易铺膜机的基础上，适当强化各工作部件，相应提高机架的强度和刚性，以适应不同土壤情况和风天作业，提高作业质量和速度。如舒展地膜控制纵向拉力和防风用的铺膜辊，起土埋膜的工作部件及膜卷装卡装置和压膜轮的调整装置等。

（3）作畦铺膜机。它有犁铧或曲面圆盘起土堆畦和整形工作部件，还有机械铺膜成套装置，中小型拖拉机配套的作业一畦铺一幅地膜，大中型拖拉机配套的作业一次可完成两个畦铺两幅地膜。作业是在已翻耕的土地上先起土筑畦，紧接着铺盖好地膜。

（4）旋耕（作畦）铺膜机。一般由定型的旋耕机和作畦铺膜机组合而成，由具有动力输出轴的拖拉机带动。与中型拖拉机配套的一次可完成铺膜一畦或两垄，与大型拖拉机配套的铺两畦或三垄。作业是先在已耕翻的土地上旋耕，使土壤疏松细碎均匀，并使事先撒布在地面上的农家肥与土壤掺和搅拌均匀，然后进行作畦、整形和铺膜。

（5）播种铺膜机。它由播种和铺膜成套装置组成，有畜力牵引的，有拖拉机带动的。作业是在已耕耙的土地上播种（条播或穴播），然后平铺作膜。由于播种和铺膜一次进行，因此作业效率较高，利于争取农时和土壤保墒。

（6）铺膜播种机。它有铺膜成套装置和膜上扣孔穴播装置以及膜上种孔覆土装置。小型拖拉机带动的铺一幅地膜播两行，大中型拖拉机带动的可铺 2~4 幅播 4~8 行。作业是在已耕耙的土地上平作铺膜，然后在膜上打孔穴播，并起土封盖膜侧边和膜上的种孔。

2. 地膜覆盖机的选择

由于地理环境，农艺要求及地膜覆盖栽培的作物不同，因此应从实际出发，因地制宜地选择适用机型。选择时应考虑以下几方面的因素：

（1）土壤墒情、农艺要求及天气情况等因素。一般来说，在干旱、多风和没有灌溉条件的地区，宜采用平作铺膜，利于保墒。而土壤墒情好或有灌溉条件的地方，则采用畦、垄作铺膜，利用土壤尽快升温。

（2）农艺要求。根据农艺对先播后铺或先铺后播流程和分段或连续作业的要求，决定选择单一铺膜作业的机型或土壤加工、播种、施肥及喷施除草剂联合作业的机型。

（3）经营规模。根据作业地块情况和生产经营规模形式来决定选择大型、中型或小型简易轻便的机型。

（4）优选机具。根据机型的成熟程度和试验鉴定情况来选择适合本地区的情况和具体要求机型，并要求符合本地种植幅宽等习惯。

3. 机械铺膜作业技术规范

采用一定型号的地膜覆盖机，必须依照相应的作业技术规范进行作业，只有如此，才能达到和获得较好的作业效果和效益。

（1）机械铺膜对土地的要求。

① 机械铺膜要尽量在作物种植集中、地块较长的农田内进行。

② 要选择土壤墒情较好的农田，铺膜前应施足底肥。

③ 铺膜前要对农田土壤进行准备性加工，松土层要大于 10 cm，土壤要疏松细碎均匀，地面要平整，无残茬及其他杂物。

④ 对畦、垄作铺膜，在使用单一铺膜作业机器时，要先起好畦或垄。

⑤ 进行机械铺膜的农田要有（或安排好）机器进地和作业完毕后出来的通道。

（2）机械铺膜对地膜的要求。

① 地膜应是单幅成卷的，并有芯棒（管）支撑。

② 地膜幅宽应与农艺要求一致，一般应是覆盖土床面宽度再加上 20~30 cm。

③ 膜卷应成圆柱形，缠绕紧实均匀，卷内地膜不应有断裂、破损和皱折，不应夹带料头或废物。膜卷外径一般应为 15~20 cm，膜卷在芯棒上左右侧边应整齐，外串量不得大于 2 cm。

④ 膜卷棒芯应是坚实并有一定刚性的直通管，在膜卷内不应断裂，两端应整齐完好，相对膜卷侧

端面的外伸量一般不应大于 3 cm。

（3）机械铺膜前的准备。

① 地膜、化肥、除草剂要按需要量准备充足，并有一定的备用量。要检查这些农用物资的质量是否合乎农艺和具体机器的要求。

② 种子要按作业量及播量准备充足，并有一定的备用量，按农艺要求做好种子处理，并做发芽率试验。

③ 准备好地膜覆盖机，检查各工作部件及装置是否配备齐全，有无结构上的缺陷，运动件是否灵活可靠，整机是否处于正常状态。

④ 与拖拉机配套的机组，要准备好合适的处于正常状态的拖拉机和油料。

⑤ 操作机手及辅助人员应进行机械铺膜基本知识和机器操作、调整的培训。

⑥ 按农艺要求和使用说明书调整好地膜覆盖机的工作状态，然后在田间试验，确保使用。

⑦ 准备机器的调整、检修工具和更换零部件。

（4）机械铺膜操作技术及注意事项。

① 开始作业时，机器停在地头，先装好膜卷或其他物资，如种子、肥料、除草剂、药剂等。从膜卷上抽出端头，绕过铺膜辊等工作装置，膜两侧边压在压膜轮下，膜端头及侧边用土封埋好，然后开始作业。每一个行程开始时，均应封埋好地膜于地头。

② 作业中要按机器使用说明书规定的作业速度进行，不要忽快忽慢，机器要直线前进。人畜力牵引时，行走要同步，牲畜要由专人牵管。

③ 作业中要掌握好机器的换行，使作业的幅宽和沟间距（畦、垄间距）一致。一次铺两幅以上地膜或单幅地膜机隔行迂回作业时，可以加用划行器。

④ 作业过程中机手和辅助人员要随时注意作业质量和机器工作状况，发现问题及时停机。作业一定时间后，在换行地头应停机检查地膜、种子、肥料、药液的耗用情况，及时补充。

⑤ 大风天作业时，辅助人员可及时用铁锹往床面（畦、垄面）上铺盖压膜土，每隔一定距离盖一横条土腰带。

⑥ 安全作业，防止人身事故。绝对不允许在机器工作时调整或排除故障，也不允许人员上下机器。进行检查时，拖拉机应切断动力传递或停车，牲畜由专人牵好。在地头或空地检查时，悬挂的机器或提升状态的部件应落在地面。每行程开始前，在地头封埋膜端头及把膜侧边压于压膜轮下时，整机或压膜轮或覆土部件（圆盘或铧铲）提升后，要防止其失控突然下落砸伤操作人员。风天作业时，机手、辅助人员均应带上风镜，并注意观察和协调作业，防止误伤。

 ## 行动（Action）

活动一　粮食作物的地膜覆盖技术

以玉米田的地膜覆盖为例，进行大田作物的地膜覆盖技术实习：

第一步　做好土地平整、施基肥底肥、耙耱镇压等工作，要求地面平、光。

第二步　按标准的大小行距划行间距线，按规律在画线一方挖压膜沟，顺风向将膜压入沟内，将膜拉展覆于地面，一般在膜展 10 m 时，利用膜的延伸性将膜拉长 0.5 m 左右，既节省地膜，又可拉紧膜面。

第三步　垄两边开挖压膜沟，将膜边压入沟内，压实。北方春季多大风天气，若膜面较长，每 3～5 m 应压一条土腰带。大风天应及时检查，防止大风刮破地膜。

活动二　园艺作物的地膜覆盖技术

以番茄高垄栽培的地膜覆盖为例，进行蔬菜作物的地膜覆盖实习：

第一步　做好土地平整、施肥、起垄等工作，要求垄面、畦面平、直、光。

第二步　在风向一方挖压膜沟，顺风向将膜压入沟内，将膜拉展覆于垄面、畦面，一般在膜未展至垄面、畦面顶端50～100 cm时，利用膜的延伸性将膜拉至顶端。

第三步　垄两边开挖压膜沟，将膜边压入沟内，压实。北方春季多大风天气，若膜面较长，每3～5 m应压一条土腰带。大风天应及时检查，防止大风刮破地膜。

活动三　园艺作物高垄架设滴灌设备的地膜覆盖技术

以架设滴灌设备的番茄高垄栽培地膜覆盖为例，进行蔬菜作物的地膜覆盖实习：

第一步　做好土地平整、施肥、起垄等工作，要求垄面、畦面平、直、光。

第二步　按要求在垄面铺设滴灌带，并将其用卡子固定于垄面中间，拉直。

第三步　在风向一方挖压膜沟，顺风向将膜压入沟内，将膜拉展覆于垄面、畦面，一般在膜未展至垄面、畦面顶端50～100 cm时，利用膜的延伸性将膜拉至顶端。

第四步　垄两边开挖压膜沟，将膜边压入沟内，压实。北方春季多大风天气，若膜面较长，每3～5 m应压一条土腰带。大风天应及时检查，防止大风刮破地膜。

活动四　在同一块地上连年进行地膜覆盖栽培，会不会使土壤肥力降低？

按照当前我国农村的施肥水平以及土壤肥力状况，如果在同一地块上连年进行地膜覆盖栽培，虽然普遍出现增产显著的事实，但大多数很难保持土壤养分当年消耗与当年补给之间的平衡。特别是在连续多年覆盖的土壤中，养分耗缺现象更为明显，其成为对耕作土壤带有"掠夺性"的栽培方法。

解决的办法是，首先应该有计划地轮作倒茬，避免连年覆盖栽培同一种作物，应采取隔年覆盖的办法；其次是当年及时合理地补充土壤多消耗的养分，注意土壤改良，增施有机肥料。由于地膜覆盖栽培产量高，消耗土壤中养分大，只要当年及时返还多消耗的养分，每年都施入足够的有机肥和各种化肥，即使连续多年覆盖也不至于发生明显的养分亏缺、产量下降。

活动五　园林苗木的地膜覆盖育苗技术

地膜覆盖育苗是利用一层0.015～0.018 mm的超薄膜，覆盖林业和园林育苗地（苗床或垄面），人工改善环境和生态因子的综合技术措施。根据田间试验和各地生产实践，必须认真抓好以下几个技术环节。

一、选好育苗地

地膜覆盖的育苗地应选择土层深厚、土质疏松、肥沃、酸碱度适中（pH 6.5～7.5）的沙壤土、轻壤土或壤土较为适宜。这种土壤结构好，透水和通气良好，灌溉时渗透又均匀，降雨时不易积水。不宜选择黏重低洼地、土质瘠薄风沙地和盐碱地育苗。

二、细致整地

育苗地覆盖地膜后，一般在整个苗木生育期或生长前期，不再进行中耕等作业。所以，对覆盖地膜的育苗地，必须适时进行深耕（25～30 cm）、细耙、整平。注意整地质量，切忌有草根、土块，要清除前茬苗木（或作物）的残株、残根。否则，不仅会影响铺膜质量，而且阻碍土壤水分的移动和苗木根系的生长。

三、施足底肥

有资料记载，地面覆盖区苗木根系的吸收能力比对照区高3倍，从土壤中吸收的养分明显增加。

地膜覆盖区苗木伤流液较对照区硝酸盐多 1.7 ~ 5 倍，氨态氮多 4 倍。这反映出地膜覆盖区的土壤养分消耗较多，消耗地力较大。因此，地膜覆盖区育苗地必须适时施入经过充分腐熟、倒细均匀的有机肥料作底肥，一般每亩应施入优质粪肥 5 ~ 7.5 t。施肥数量应根据苗木种类及生育期的长短和覆盖地的土壤肥力高低而有所区别。最好采取分层施肥，即秋翻地时先撒施一半肥料，在做床（畦）或做垄时再施入另一半粪肥，使苗木根系在整个生育期都能够吸收利用土壤中养分。此外，还应结合做床（畦）或做垄施底肥的同时每亩施入过磷酸钙 40 ~ 50 kg 或三料过磷酸钙 15 ~ 25 kg 氯化钾或硫酸钾 10 ~ 15 kg，施入尿素 25 ~ 30 kg。如有条件可施用磷酸氢二钾等复合肥料，提高肥效。通过施肥，可以充分满足地膜覆盖后苗木旺盛生长对养分的大量吸收，促进苗木生长。

四、灌透底水

地膜覆盖区应保持一定的土壤湿度，良好的底墒。在做床（畦）或做垄覆膜前灌透底水，注意保墒的育苗地，由于土壤含水量较高，湿度适宜，播种后出苗早、出苗快、出苗齐。同时，有助于肥料的溶解和苗木根系的吸收利用。

一般在播种或扦插、埋根前 7 ~ 10 d 灌水，要细流慢灌、灌透、灌匀，切忌跑水，以免影响适时播种或扦插、埋根以及覆膜作业质量。垄作可每隔一垄灌一垄，长垄短灌（20 ~ 40 m），这样进行沟灌可避免跑水，达到灌足、灌匀的目的。

五、做床（畦）、垄

做床（畦）或做垄时打碎土块，拣净草根、石块，床（畦）或垄面要求平整，表土细碎、疏松。播种育苗多采取床（畦）育苗，泡桐埋根、杨柳扦插育苗多采取高垄育苗。

高床床面比步道高出 10 ~ 15 cm，床面宽 70 ~ 80 cm（依苗木种类和地膜幅度宽窄而定），步道宽 0.5 m，床长 10 m。

低床（畦）床面低于地面 10 ~ 15 cm，床（畦）面宽 70 cm，床埂宽 0.3 m，床长 5 ~ 10 m。

目前，各地采用的床（畦）或垄的规格各有不同特点，可结合当地具体情况灵活掌握。如河南省开封地区多采用高床地膜覆盖培育泡桐苗，其床面宽 90 cm，床间距 30 cm，床面高度 30 cm，苗行距 120 cm；陕西省采用的高垄（育泡桐）规格为：垄高 10 ~ 15 cm，垄面宽 50 ~ 60 cm，垄底宽 70 ~ 80 cm。对上述高垄各地习惯称为垄式苗床。各地实践表明，一般以 10 ~ 15 cm 的高床或高垄育苗效果较好。

六、催芽播种或催芽埋根、扦插

播种前要进行种子选种、消毒和催芽处理。要适时早播，做床（畦）或垄后在灌透底水的基础上，要抢墒播种。采取点播和条播，大粒种子（如银杏、京桃、核桃、板栗等）采取点播；中、小粒种子（如松、柏、云杉、冷杉、桦树、椴树等）采取条播为宜。要开沟、播种、覆土、镇压连续作业。开沟深浅一致，条距整齐，下种均匀，播量适宜，覆土（沙）要厚薄适度（相当于种粒直径的 3 ~ 5 倍）。最后用磙子镇压，使种子与土壤密切接触。

泡桐育苗要选择优良种根，剪为长 15 cm、粗 1 ~ 1.5 cm 以上的种根。种根要进行催根催芽处理，待种根微露白芽时，按一定株距在床（畦）或垄面上挖穴直埋，使种根上端与床（畦）或垄面平，微埋于土内。然后再覆土 2 cm 左右拍实。

杨、柳扦插苗要选择优良种条，剪取长 15 cm，粗 1.5 cm 的种根，每个插穗上保留 3 个饱满芽为好。插穗剪取后捆成 50 ~ 100 根一捆立即进行混沙埋藏催根。春季扦插宜早，大垄单行直插，插穗上端与垄面平，略埋入表土。扦插后用犁扶垄，整平垄面，以备铺膜。

七、铺膜（扣膜）

铺膜质量的好坏是影响地膜覆盖效果的关键，因此，要注意铺膜质量。多选用国产 0.015 mm 厚，

幅宽 95 cm、100 cm、110 cm 的聚乙烯透明薄膜进行地膜覆盖。

铺膜时要使薄膜面与床或垄面贴紧，低床（畦）要与床（畦）土埂贴紧（与床面保持一定距离）。要选择无风或微风天，顺风铺膜，便于操作，膜要拉紧、铺平、贴严，床（畦）或垄的两侧（头）薄膜应埋在床（畦）或垄肩部下 2/3 ~ 3/4 处，要压紧、压严、踩实，这样便于灌水时水分渗透和防止薄膜被风刮起而透风跑墒。

目前，各地研制的地膜覆盖机开始应用于生产。如 30 型垄床两用覆膜机，用 8.82 kW 小型拖拉机牵引，能一次连续作业完成做床（畦）或垄、整形、镇压、铺膜、压膜、覆土等项作业，每天可覆膜40 亩，比手工作业提高工效 100 多倍。

当前，手工作业比较普遍。垄作铺膜每组 5 ~ 6 人，一人拿膜，一人边走边铺膜，二人把膜紧扣垄面，另二人用铁锹取土把膜压住、踩实。两条垄的垄沟，宜保留 10 cm 宽不铺膜，以利于灌溉和渗透雨水。在生产中明确分工，使做床（畦或垄）、播种（或埋根、扦插）和铺膜三个环节紧密配合，连续作业，当日完成。

八、破膜放苗

地膜覆盖后，由于地温高、湿度适宜，经过催芽处理的种子会迅速萌发，经过催根处理的种根或插穗会很快发芽。因此，要经常注意观察，当发现大粒点播的种子或泡桐埋根、杨树、柳树插穗萌发的幼苗露出土时，要及时破膜放苗，防止嫩芽触到地膜而产生日灼和影响幼苗生长。在露芽处用小刀将地膜按"＋"形划破，开口宜小不宜大，将幼苗引出膜外，然后及时将开口破孔用土盖好、封严。这样既能保证幼苗顺利出土、生长，又不至因破膜而引起跑墒降温。

播种小粒种子的低床（畦），在幼苗出齐，生长到一定高度时，当顶梢触膜前，为避免灼伤幼苗顶芽，影响苗木生长，选择阴天和晴天傍晚或早晨揭膜放风 1 ~ 2 次后，再全部揭膜，以便于苗期田间管理。

九、苗期田间管理

在苗木生长速生期，根据苗木长势对水、肥的需要，也可结合灌水适量追施氮肥，如施尿素或腐熟的人粪尿。同时，进行抹芽、修枝、打杈和病虫害防治等苗期田间管理。

有的地区，根据当地的气象资料，在 6 月下旬气温和地温基本相一致，且进入多雨季节，膜内外的土壤含水量差异不大时揭去地膜，以便于田间管理。苗期田间管理与一般苗木相同，无须特殊管理。

评估（Evaluate）

完成了本节学习，通过下面的练习检查自己对所学知识的掌握程度。

一、填空题

1. 目前设施栽培中主要采用的类型有（　　　　）、（　　　　）、（　　　　）、（　　　　）。

二、选择题（有一个或多个答案）

2. PC 板一般可以使用_____年。

    A. 5 ~ 10　　　　　B. 10 ~ 15　　　　　C. 25 ~ 20　　　　　D. 20 ~ 25

3. 以 PE、PVC、EVA 为主要原料的三种棚膜，其紫外线透过率相比_____。

    A. PVC>EVA>PE　　B. PVC>PE>EVA　　C. PE>EVA>PVC　　D. EVA>PE>PVC

4. 聚乙烯薄膜的使用寿命比聚氯乙烯薄膜_____。

    A. 长　　　　　　　B. 短　　　　　　　C. 相当　　　　　　D. 不一定

5. 当前日光温室前屋面采用的透明覆盖材料，主要有 PE 膜和_____等。

    A. PVC 膜　　　　　B. PC 板　　　　　C. ETFE 膜　　　　D. PET 膜

6. 新塑料薄膜的透光率一般为_____。

    A. 75% ~ 80%　　　　B. 80% ~ 85%　　　C. 85% ~ 90%　　　D. 90% ~ 95%

7. 地膜覆盖的作用是_____。
　　A. 提高地温或降低　　B. 保湿　　C. 杀草　　D. 压碱　　E. 改善植株下部光照
8. 一般而言，EVA薄膜的保温性比聚乙烯薄膜_____。
　　A. 相当　　　　B. 强　　　　C. 弱　　　　D. 不一定
9. 根据组成母料分类，目前我国主要使用的农用薄膜有_____。
　　A. PC膜　　　B. EVA膜　　　C. PE膜　　　D. PVC膜
10. 根据园艺设施条件的规模、结构的复杂程度和技术水平分类，下列属于简易覆盖设施的是_____。
　　A. 温床　　B. 日光温室　　C. 大拱棚　　D. 植物工厂　　E. 冷床
11. 黑色地膜属于下列哪个种类_____。
　　A. 无色透明地膜　　B. 有色地膜　　C. 特殊功能地膜　　D. 低压高密
12. 不属于风障性能的作用为_____。
　　A. 防霜　　B. 防流沙　　C. 防暴风　　D. 防暴雨
13. 降解地膜属于下列哪个种类_____。
　　A. 无色透明地膜　　B. 有色地膜　　C. 特殊功能地膜　　D. 低压高密
14. 棚膜的焊接采用的主要工具为_____。
　　A. 电焊机　　B. 胶水　　C. 电熨斗　　D. 胶带

三、判断题（在括号中打√或×）

15. 设施栽培是一种可控农业，也叫环境调控农业。　　　　（　　）
16. 使用一段时间后，聚氯乙烯薄膜的透光率比聚乙烯薄膜高。　（　　）

四、简述与论述题

17. 设施园艺的概念。
18. 简述透明覆盖材料的特性要求。
19. 试论述我国设施园艺的发展前景。

任务二　电热温床建造技术

目标（Object）

电热温床的建造技术，是设施穴盘育苗、扦插育苗的主要设施应用技术，通过本节的学习，你将能够：①掌握电热温床的性能及结构；②掌握电热温床的布线及控温仪的安装方法。

任务（Task）

北方冬季、早春气温及地温偏低，往往不能满足播种或扦插育苗对地温的需要，良好的地温环境是早出苗、苗齐、快生长的前提，为此，需①掌握电热温床的布线、控温仪的安装及建造技术；②能根据不同栽培对象，建造合适功率的电热温床。

准备（Prepare）

电热线主要由绝缘层、电热丝和引出线等组成，电热丝是发热元件，塑料绝缘层主要起绝缘和导热作用，引出线为普通铜芯电线，基本上不发热。接头连接加温线和引出线，也以塑料套管封口。使用电热线时应配套使用控温仪，这样不但可以节约用电，而且可使温度不超过作物许可的范围。控温

11

仪是通过继电器的通知和断电来控制温度的，以热敏电阻作测温，以继电器的触点作输出。

一、电热线性能

利用电热线把电能转变为热能进行土壤加温，可自动调节温度，且能保持温度均匀，可进行空气加温和土壤加温。

二、电热温床结构（彩图3，彩图4）

电热温床（图1-1-1），一般床宽 1.2~1.5 m，长度依需而定，床底深 15~20 cm。电热线铺设时，先按要求取出苗床土，整平床底，铺 5~10 cm 厚的隔热材料，以阻止热量向下传导。在隔热材料上铺 3~5 cm 的床土，土壤整平后，就可以按要求布电热线。隔热材料可因地制宜，就地取材。

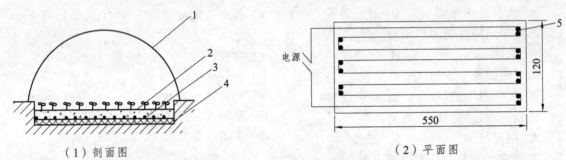

（1）剖面图　　　　　　　　　　（2）平面图

图 1-1-1　电热温床断面及布线示意图（单位：cm）
1—塑料拱棚；2—床土；3—电热线；4—隔热层；5—短柱棍

铺线前准备长 20~25 cm 的小木棍，按设计的线距把小棍插到苗床两头，地上露出 6~7 cm，然后从温床的一边开始，来回往返把线挂在小木棍上，线要拉紧、平直，线的两头留在苗床的同一端作为接头，接上电源和控温仪。

最后在电热线上面铺上床土，床土厚度 5~15 cm，撒播育苗时床土厚 5 cm，分苗床培育成苗时床土厚 10 cm 左右，栽培时厚 10~15 cm。

三、布线方法

电热线的功率及铺设密度，根据当地气候条件、蔬菜种类、育苗季节等不同来选定。一般播种床的功率为 80~100 W/m²，分苗床功率为 50~70 W/m²。线间距一般中间稍稀，两边稍密，以使温度均匀。常用电热线参数见表 1-1-3 所示。

表 1-1-3　常用电热线参数

型号	电压/V	电流/A	功率/W	长度/m	色标
20410	220	2	400	100	黑
20406	220	2	400	60	棕
20608	220	3	600	80	兰
20810	220	4	800	100	黄
21012	220	5	1000	120	绿

电热苗床总功率计算：

电热苗床的总功率 = 总加温面积 × 每平方米功率

电热线根数 = 电热线的额定功率/总功率

加热线行数和布线间距的计算：（单位：m）

行数 = (加热线长 – 床宽)/(床长 – 0.1)

计算结果取偶数，若同一电热温床使用 2 根以上加热线时，每条加热线均计算一次，然后将总行数加在一起，进行间距的确定：

电热线布线间距 = 床宽/(行数 + 1)

DV 系列电加温线布线平均间距见表 1-1-4。

表 1-1-4　DV 系列电加温线布线平均间距/cm

铺线密度 W/m²	DV20406 型	DV20608 型	DV20810 型	DV21012 型
60	11	12.5	13.3	13.9
80	8.3	9.4	10	10.4
100	6.7	7.5	8	8.3
120	5.6	6.3	6.7	6.9
140	4.8	5.4	5.7	6.0

布线要点：布线时可按规定的间距在苗床两端插上短木棒，把电热线回缠在木棒上，缠线时尽可能把线拉直，不让相邻的线弯曲靠拢以免局部温度过高，更不允许电热线打结、重叠、交叉，布完后覆上培养土。

具体布线时，还应考虑：两个出线端尽可能从苗床的同一边引出。假如所缠电热线的最后一个来回不够长时，可以不必延拉到苗床的端部，可以半途折回。其余的部分可由后一根线来补充，另外，苗床两边散热快中间慢，所以间距应两边小中间适当大些。

四、安装控温仪

（一）人工控温

在引出线前端装一把闸刀，专人观察管理，夜间土温低时合闸通电，白天土温高时断电保温（图 1-1-2 为无控温仪线路图）。

（二）自动控温

据负载功率大小，正确选择连接方法和接线方法（图 1-1-3 为有控温仪线路图）。控温仪应安装于控制盒内，置阴凉干燥安全处。感温探头插入床土层，其引线最长不得超过 100 m，控温仪使用前应核对调整零点，然后设定所需温度值（要按生产厂家说明书安装操作）。

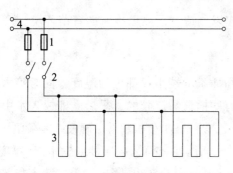

图 1-1-2　无控温仪线路图

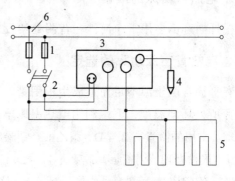

图 1-1-3　有控温仪线路图

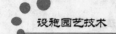

五、注意事项

（1）每根电热线功率额定，使用时不得随意剪短或接长。

（2）严禁整盘试线，以免烧毁。

（3）电热线之间严禁交叉、重叠、扎结，以免烧断电热线。

（4）需温高和需温低的蔬菜育苗，不能用同一个控温仪。

（5）感温头插置部位对床温有一定影响，东西床，插置在床东边 3 m 处，深度插入温度调控部位，播种时在种子处，出苗后移苗的应在根尖部深度为宜。

（6）送电前应浇透水，如果电热线处有干土层，热量损失慢，容易造成塑料皮老化或损坏。

 行动（Action）

活动一　架设电热温床开展西瓜种子的播种育苗

一、电热育苗床的准备

北方早春西瓜栽培一般 12 月底开始育苗，此时，温室温度低，不论是穴盘育苗还是配制营养土营养钵育苗，提高育苗盘（钵）底部温度是关键。为此，需选择温度、光照条件好的温室开展西瓜育苗。

二、电热育苗床功率的选定

西瓜种子一般的催芽温度为 28~30 ℃，生长的正常温度为 18~32 ℃，在设施最低温在 7 ℃ 时，电热育苗床功率需 90~100 W/m²。

三、布线及放置穴盘或育苗钵

布线时可按规定的间距在苗床两端插上短木棒，把电热线回缠在木棒上，缠线时尽可能把线拉直，不让相邻的线弯曲靠拢以免局部温度过高，更不允许电热线打结、重叠、交叉，布完后复上培养土。线上放置穴盘或育苗钵。

四、温度控制

无控温仪时，需在穴盘或育苗钵中部插地温计测量温度，以便管理。

活动二　架设电热温床开展扦插育苗（彩图 5，彩图 6，彩图 7，彩图 8）（以枸杞硬枝扦插为例）

一、电热育苗床的准备

枸杞扦插育苗多用干净河沙在背阴处架设电热温床，以创造"下热上冷"的育苗环境。

二、电热育苗床功率的选定

早春扦插常因土温不足而造成生根困难，可人为提高插条下端生根部位的温度，同时喷水通风降低上端芽所处环境温度，下端利用电热温床增加温度。有些插穗易流胶的，采后立即放入水中，再用激素处理。常用的激素有 2,4-D、萘乙酸、吲哚丁酸、吲哚乙酸、ABT 生根粉等。硬枝一般采用 5 ppm 的 ABT2 型生根粉处理，将插穗基部浸渍 12~24 h 生根效果好。插前在床面铺一层砂或锯木屑，厚度约 3~5 cm，将插条成捆直立埋入或一排排插入，间隙填充湿锯木屑，顶芽露出 3 cm 以上，插条基部需保持 20~28 ℃。电热育苗床功率需 80~90 W/m²。

三、布线及放置穴盘或育苗钵

布线时可按规定的间距在苗床两端插上短木棒，把电热线回缠在木棒上，缠线时尽可能把线拉直，不让相邻的线弯曲靠拢以免局部温度过高，更不允许电热线打结、重叠、交叉，布完后复上培养土。线上放置穴盘或育苗钵。

四、温度控制

无控温仪时，需在穴盘或育苗钵中部插地温计测量温度，以便管理。

 ## 评估（Evaluate）

完成了本节学习，通过下面的练习检查知识掌握程度：

一、填空题

1. 电热温床的结构主要由（　　　　）、（　　　　）、（　　　　）、（　　　　）、（　　　　）组成。

二、选择题（有一个或多个答案）

2. 电热温床的优点是＿＿＿＿＿＿＿。

    A. 温度均匀　　　　　　　B. 自动控制　　　　　　　C. 成本低

    D. 不受季节限制　　　　　E. 使用方便

3. 在单相电路中使用电加温线时，要使用的连接方式是＿＿＿＿＿＿＿。

    A. 并联　　　　　B. 串联　　　　　C. 既可串联，也可并联　　　　　D. 混合连接

三、简述题

4. 简述使用电热温床应该注意哪些问题。

任务三　中小拱棚建造技术

 ## 目标（Object）

塑料薄膜中小拱棚是全国各地普遍应用的简易保护地设施，主要用于春提早、秋延后及防雨栽培，也可用于培育蔬菜幼苗。通过本节的学习，你将能够：① 学习中小拱棚的性能及结构；② 学习中小拱棚的建造技术。

 ## 任务（Task）

通过本节的学习，你需掌握：① 中小拱棚的性能及结构；② 能根据不同栽培对象，结合当地自然条件建造及应用中小拱棚。

 ## 准备（Prepare）

一、小拱棚

小拱棚的跨度一般为 1.5～3 m，高 1 m 左右，单棚面积 15～45 m^2，它的结构简单、体形较小、负载轻、取材方便，一般多用轻型材料建成，如细竹竿、毛竹片、荆条、直径 6～8 mm 的钢筋等能弯成弓形的材料做骨架。小拱棚不同覆盖形式的结构稍有差别，结构比大棚简单。

（一）小拱棚的结构

1. 拱圆形小棚

棚架为半圆形，高度 1 m 左右，宽 1.5~2.5 m，长度依地而定，骨架用细竹竿按棚的宽度将两头插入地下形成圆拱，拱杆间距 30 cm 左右，全部拱杆插完后，绑 3~4 道横拉杆，使骨架成为一个牢固的整体。覆盖薄膜后可在棚顶中央留一条放风口，采用扒缝放风。因小棚多用于冬春生产，宜建成东西延长。为了加强防寒保温，棚的北面可加设风障，棚面上于夜间再加盖草苫。

2. 半拱圆小棚

棚架为拱圆形小棚的一半，北面为 1 m 左右高的土墙或砖墙，南面为半拱圆的棚面。棚的高度为 1.1~1.3 m，跨度为 2~2.5 m，一般无立柱，跨度大时中间可设 1~2 排立柱，以支撑棚面及负荷草苫。放风口设在棚的南面腰部，采用扒缝放风，棚的方向以东西延长为好。

3. 单斜面小棚

棚形是三角形（或屋脊形），适用于多雨的地区。中间设一排立柱，柱顶上拉一道 8 号铁丝，两侧用竹竿斜立绑成三角形，可在平地立棚架，棚高 1~1.2 m，宽 1.5~2 m。也可在棚的四周筑起高 30 cm 左右的畦框，在畦上立棚架，覆盖薄膜即成，一般不覆盖草苫。建棚的方位，东西延长或南北延长均可。

（二）小拱棚的性能

1. 温度

热源为阳光，所以棚内的气温随外界气温的变化而改变，并受薄膜特性、拱棚类型以及是否有外覆盖的影响。温度的变化规律与大棚相似，由于小棚的空间小，缓冲力弱，在没有外覆盖的条件下，温度变化较大棚剧烈。晴天时增温效果显著，阴雨雪天增温效果差，棚内最低温度仅比露地提高 1~3 ℃，遇寒潮极易产生霜冻。冬春用于生产的小棚必须加盖草苫防寒，加盖草苫的小棚，温度可提高 2~12 ℃ 以上，可比露地提高 4~12 ℃ 左右。

2. 湿度

小拱棚覆盖薄膜后，因土壤蒸发、植株蒸腾造成棚内高湿，一般棚内空气相对湿度可达 70%~100%，白天进行通风时相对湿度可保持在 40%~60%，比露地高 20% 左右。棚内相对湿度的变化与棚内温度有关，当棚温升高时，相对湿度降低；棚温降低时，则相对湿度增高；白天湿度低，夜间湿度高；晴天低，阴天高。

3. 光照

小拱棚的光照情况与薄膜的种类、新旧、水滴的有无、污染情况以及棚形结构等有较大的关系，并且不同部位的光量分布也不同，小拱棚南北的透光率差为 7% 左右。

（三）小拱棚的应用

小拱棚主要用作蔬菜花卉的春季早熟栽培，早春园艺作物的育苗和秋季蔬菜、花卉的延后栽培。

二、中棚

中棚通常跨度在 4~6 m、棚高 1.5~1.8 m，可在棚内作业，并可覆盖草苫。中棚有竹木结构、钢管或钢筋结构、钢竹混合结构，有设 1~2 排支柱的，也有无支柱的，面积多为 66.7~133 m²。中棚的结构、建造近似于大棚。在跨度为 6 m 时，以高度 2.0~2.3 m，肩高 1.1~1.5 m 为宜；在跨度为 4.5 m 时，以高度 1.7~1.8 m、肩高 1.0 m 为宜；在跨度为 3 m 时，以高度 1.5 m、肩高 0.8 m 为宜；长度可根据需要及地块长度确定。另外，根据中棚跨度的大小和拱架材料的强度，来确定是否设立柱。用竹林或钢筋作骨架时，需设立柱；而用钢管作拱架则不需设立柱。中棚由于跨度较小，高度也不是很高，可以加盖防寒覆盖物，这样可以大大提高其防寒保温能力，在这一方面中棚要优于大棚。

按材料的不同，拱架可分为竹木结构、钢架结构，以及竹木与钢材的混合结构。

（一）竹木结构（彩图9，彩图10）

拱架所采用的材料与小棚相同，只是规格适当加大，长度不够可用铁丝进行绑接。按棚的宽度将拱架插入土中25～30 cm深。拱架间距1 m左右，各拱架间用拉杆相连，共设置三道，绑在拱架的下面。每隔两道拱架用立柱或斜支棍支撑在横拉杆上。

（二）钢架结构（彩图11）

跨度较小的钢骨架中拱棚的主要特点是，两侧棚肩部以下直立，上部拱圆形，跨度较大的可以仿钢架大棚。材料用钢筋或管材均可，拱圆部分用桁架结构或双弦结构均可。如果做成每三个拱架一组，使用时可以对齐排列，根据需要确定长度，不用时就撤掉，非常利于整地和换茬。

（三）ZGP型装配式镀锌钢管中棚（彩图12，彩图13）

ZGP型装配式镀锌钢管中棚，中棚跨度有4 m和6 m两种类型，面积有40 m² 和80 m² 两种。

中棚由于高度和跨度都比大棚小，可以加盖防寒覆盖物，这样就可以使其保温能力优于大棚。除了进行园艺作物的早熟、延后栽培外，还广泛地用于防虫网栽培和杂交育种中的机械隔离。

行动（Action）

活动：建造中小拱棚开展蔬菜早春育苗（以拱圆棚为例）

一、选择棚址

小棚应选择建在地势平坦、避风向阳，东、西、南三面没有高大的建筑物或树木，以保证建棚后有充足的光照。不能建在窝风、低洼处，否则不利于通风排湿；也不能建在风口处，否则易受风害。对于土壤的选择，以疏松肥沃，富含有机质的壤土或沙壤土为好，这样的土壤热容量低，土壤升温快。同时应注意选择地下水位较低、排水良好的地块。若地下水位高，早春地温回升慢，影响作物生长，不利于早熟栽培。

二、选择方位

在确定好棚址的前提下，往往根据将要扣棚地块的垄或畦的方向来确定小棚的延长方向，与垄或畦的方向保持一致即可，小棚的方位要求不像大棚、温室那样严格。

三、计算材料用量

根据将要建造小棚的面积、拱间距、跨度、拱高等参数，画出草图，计算出骨架材料的规格、用量及棚膜的用量、尺寸。

四、准备骨架材料

建棚用的杆、柱等材料应提前去皮、去枝权，削成圆杆、截好杆头，使能接触到棚膜的部位达到光滑，不至于造成对棚膜的损伤。并根据前面的计算结果，确定好拱架、支柱、压杆的长度，准备好充足的铁丝。

五、架设小棚骨架

根据前面画好的草图，用尺测量好长度和宽度、拱间距及棚间距，在地上画好施工线，然后将拱杆两端按施工线所在的位置插入或埋入地下，深度以牢固为准，拱的大小和高度要一致。支好拱架后，根据实际情况设置1～2排立柱，并用铁丝将其固定好。最后将铁丝、接头等易对棚膜造成损坏的地

方，用布片、旧塑料膜等包好。

六、扣棚膜

选温暖无风天的上午扣棚。扣棚时，棚膜要拉紧，将四边埋入土中，压杆要压紧绑牢。

 ## 评估（Evaluate）

完成了本节学习，通过下面的练习检查掌握程度：

1. 简述中小拱棚的结构及性能。
2. 简述中小拱棚的建造步骤及方法。

任务四　塑料大棚建造技术

 ## 目标（Object）

塑料大棚是建造方便、成本低、推广面积最大的设施栽培类型。通过本节的学习，你将能够：
① 学习塑料大棚的性能及结构；② 学习塑料大棚的建造技术。

 ## 任务（Task）

北方早春茬、秋延后多用塑料大棚栽培，而塑料大棚在外界温度条件达到多少时才可以应用，其保温性及其他性能如何？为此：① 掌握塑料大棚的性能及结构；② 能根据不同栽培对象，结合当地自然条件建造及应用塑料大棚。

 ## 准备（Prepare）

一、大棚的类型

大棚应用比较普遍，多数为 334～667 m^2 的竹木骨架和水泥骨架，钢管和钢骨架在一些经济发达的地区逐步被采用。目前，我国大棚的主要构形有以下几种：

1. 竹木结构大棚（图 1-1-4）

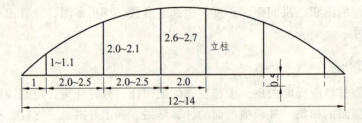

图 1-1-4　竹木结构大棚（单位：m）

一般跨度为 12～14 m，矢高 2.6～2.7 m，以 3～6 cm 粗的竹竿为拱杆，拱杆间距 1～1.1 m，每一拱杆由 6 根立柱支撑，立柱用木杆或水泥预制柱。优点是建筑简单，拱杆有多柱支撑，比较牢固，建筑成本低；缺点是立柱多造成遮光严重，且作业不方便。

2. 悬梁吊柱竹木拱架大棚（图1-1-5）

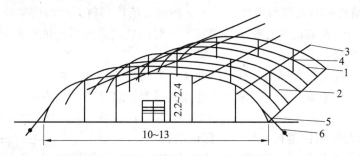

图1-1-5　悬梁吊柱竹木拱架大棚（单位：m）

1—立柱；2—拱杆；3—横向拉杆；4—吊柱；5—压膜线；6—地锚

在竹木大棚的基础上改进而来，中柱由原来的1~1.1 m一排改为3~3.3 m一排，横向每排4~6根。用木杆或竹竿做纵向拉梁把立柱连接成一个整体，在拉梁上每个拱架下设一立柱，下端固定在拉梁上，上端支撑拱架，通称"吊柱"。优点是减少了部分支柱，大大改善了棚内的光环境。

3. 拉筋吊柱大棚（图1-1-6）

一般跨度12 m左右，长40~60 m，矢高2.2 m，肩高1.5 m。水泥柱间距2.5~3 m，水泥柱用6号钢筋纵向连接成一个整体，在拉筋上穿设2.0 cm长吊柱支撑拱杆，拱杆用直径3 cm左右的竹竿，间距1 m，是一种钢竹混合结构，夜间可在棚上面盖草帘。优点是建筑简单，用钢量少，支柱少，减少了遮光，作业也比较方便，而且夜间有草帘覆盖保温，提早和延晚栽培果菜类效果好，且仍具有较强的抗风载雪能力，造价较低。

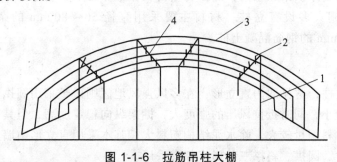

图1-1-6　拉筋吊柱大棚

1—水泥柱；2—吊柱；3—拱杆；4—柱箍

4. 无柱钢架大棚

一般跨度为10~12 m，矢高2.5~2.7 m，每隔1 m设一道桁架，桁架上弦用16号、下弦用14号的钢筋，拉花用12号钢筋焊接而成，桁架下弦处5道16号钢筋做纵向拉梁，拉梁上用14号钢筋焊接两个斜向小立柱支撑在拱架上，以防拱架扭曲。此种大棚无支柱，透光性好，作业方便，有利于设施内保温，抗风载雪能力强，可由专门的厂家生产成装配式以便于拆卸。与竹木大棚相比，一次性投资较大。

5. 装配式镀锌薄壁钢管大棚

跨度一般为6~8 m，矢高2.5~3 m，长30~50 m。管径25 mm，管壁厚1.2~1.5 mm的薄壁钢管制作成拱杆、拉杆、立杆（两端棚头用），钢管内外热浸镀锌以延长使用寿命。用卡具、套管连接棚杆组装成棚体（彩图13），覆盖薄膜用卡膜槽。制成的大棚具有使用寿命长、省钢材、成本低的优点，但自身重量大，运输移动困难。

二、塑料大棚的结构

（一）拱架

拱架是塑料大棚承受风、雪荷载和承重的主要构件，按构造不同主要有单杆式和桁架式两种。

1. 单杆式

竹木结构、水泥结构塑料大棚和跨度小于 8 m 的钢管结构塑料大棚的拱架基本为单杆式，称拱杆。拱杆大多采用宽 4～6 cm 左右的片竹或小竹竿在安装时现场弯曲成形。拱杆表面光滑，易于弯曲，弯成拱形后具有较高的强度。

装配式镀锌钢管结构塑料大棚的拱杆由专业工厂制造生产，为了便于制造和运输，其拱杆均由可拆装并且对称的一对拱杆组成，其中间采用螺栓连接或套管式接头承插连接。

2. 桁架式（图 1-1-7）

跨度大于 8 m 的钢管结构塑料大棚，为保证结构强度，其拱架一般制作成桁架式，圆拱形桁架由上弦拱杆、下弦拱杆和腹杆构成。

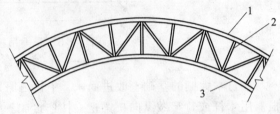

图 1-1-7　桁架式横杆

1—上弦拱杆；2—腹杆；3—下弦拱杆

（二）纵梁

纵梁可保证拱架纵向稳定，是使各拱架连接成为整体的构件。竹木结构塑料大棚的纵拉杆主要采用直径 40～70 mm 的竹竿或木杆，水泥和钢管结构塑料大棚则主要采用直径 20 mm 或 25 mm、壁厚为 1.2 mm 的薄壁镀锌管或 21 mm、26 mm 的厚壁焊接钢管制造。

（三）立柱

拱架材料断面较小，不足以承受风、雪荷载，或拱架的跨度较大，棚体结构强度不够时，则需要在棚内设置立柱，直接支撑拱架和纵梁，以提高塑料大棚整体的承载能力。

竹木结构塑料大棚大多设有立柱，材料主要采用直径 50～80 mm 的杂木或断面为 80 mm × 80 mm、100 mm × 100 mm 的钢筋混凝土桩。

（四）山墙立柱

山墙立柱即棚头立柱，常见的为直立形，在多风强风地区则适于采用圆拱形和斜撑形。后两种山墙立柱对风压的阻力较小，同时抵抗风压的强度大，棚架纵向稳定度高，但其自身结构或与其关联的门的结构比较复杂，材料用量较大。除水泥结构塑料大棚基本采用直立形山墙立柱外，竹木结构和钢管结构塑料大棚则直立、圆拱、斜撑三种形式都有采用。

（五）骨架连接卡具

塑料大棚的骨架之间连接，如拱架与山墙立柱之间、拱架与拱架之间、拱架与山墙立体之间，除竹木结构的塑料大棚采用线绳和铁丝捆绑之外，装配式镀锌钢管结构塑料大棚和钢筋-玻璃纤维增强水泥结构塑料大棚均由专门预制的卡具连接。这些卡具分别由弹簧钢丝、钢板、钢管等加工制造，具有使用方便、拆装迅速、固定可靠等优点。

（六）门

塑料大棚的门，既是管理与运输的出入口，又可兼作通风换气口。单栋大棚的门一般设在棚头中央。为了保温，棚门可开在南端棚头。气温升高后，为加强通风，可在北端再开一扇门。棚门的形式有合叶门、吊轨推拉门等。为了减少建棚投资，也可在门口吊挂草帘或棉帘代替门。

三、塑料大棚的性能

（一）温度

大棚有明显的增温效果，这是由于地面接收太阳辐射，而地面有效辐射受到覆盖物阻隔而使气温升高，称为"温室效应"。同时，地面热量也向地中传导，使土壤贮热。

1. 气温

大棚的温度常受外界条件的影响，有着明显的季节性差异。

棚内气温的昼夜变化比外界剧烈。在晴天或多云天气日出前出现最低温度迟于露地，且持续时间短；日出后 1~2 h 气温即迅速升高，日最高温度出现在 12:00~13:00；14:00~15:00 以后棚温开始下降，平均每小时下降 3~5 ℃。夜间棚温变化情况和外界基本一致，通常比露地高 3~6 ℃。棚内昼夜温差，11 月下旬至 2 月中旬多在 10 ℃ 以上，3~9 月昼夜温差常在 20 ℃ 左右，甚至达 30 ℃，阴天日变化较晴日平稳。

大棚内不同部位的温度也有差异。日出后棚体接受阳光，先由东侧开始，逐渐转向南侧，再转向西侧，所以，上午棚东侧温度高，中午棚顶和南侧高，下午西侧稍高，差值一般在 1 ℃ 左右。棚内上下部温度，白天棚顶一般高于底部和地面 3~4 ℃，而夜间正相反，土壤深层高于地表 2~4 ℃，四周温度较低。

2. 地温

一天中棚内最高地温比最高气温出现的时间晚 2 h，最低地温也比最低气温出现的时间晚 2 h。

棚内土壤温度还受很多因素的影响，除季节和天气外，又因棚的大小、覆盖保温状况、施肥、中耕、灌水、通风及地膜覆盖等因素而受到影响。

（二）光照

大棚的采光面大，所以棚内光质、光照强度及光照时数基本上能满足需要。棚内光照状况因季节、天气、时间、覆盖方式、薄膜质量及使用情况等不同而有很大差异。

垂直光照差别为：高处照度强，下部照度弱，棚架越高，下层的光照强度越弱。

水平照度差异为：南北延长的大棚东侧照度为 29.1%，中部为 28%，西侧 29%，光差仅 1%，东西延长的大棚，南侧 50%，北侧为 30%，不如南北延长的大棚光照均匀。

由于建棚所用的材料不同，钢架大棚受光条件较好，仅比露地减少 28%；竹木结构棚立柱多，遮阳面大，受光量减少 37.5%。棚架材料越粗大，棚顶结构越复杂，遮阳面积就越大。

塑料薄膜的透光率，因质量不同而有很大差异。最好的薄膜透光率可达 90%，一般为 80%~85%，较差的仅为 70% 左右。使用过程中老化变质、灰尘和水滴的污染，会大大降低透光率。

（三）湿度

由于薄膜气密性强，当棚内土壤水分蒸发、蔬菜蒸腾作用加强时，水分难以逸出，常使棚内空气湿度很高。若不进行通风，白天棚内相对湿度为 80%~90%，夜间常达 100%，呈现饱和状态。

湿度的变化规律是：棚温升高，相对湿度降低；晴天、有风相对湿度低，阴天、雨（雪）天相对湿度显著上升。空气湿度大是发病的主要条件，因此，大棚内必须通风排湿，防止出现高温多湿、低温多湿等现象。大棚内适宜的空气相对湿度，白天为 50%~60%，夜间为 80% 左右。

四、塑料大棚的应用

塑料大棚主要用于园艺作物的冬春季和夏季育苗；蔬菜花木的春提早、秋延后栽培或从春到秋的长季节栽培（南方地区夏季去掉裙膜，换上防虫网，再覆盖遮阳网）；果树的促成、避雨栽培等方面。

 行动（Action）

活动　塑料大棚的规划设计及建筑步骤

一、大棚的规划设计

（1）大棚的规格：包括占地面积、跨度、脊高、拱间距等。

（2）棚面弧度与高跨比的设计：根据合理轴线公式计算同一大棚弧面各点合理高度。

（3）大棚面积的长宽比：大棚占地面积的长宽比与大棚的稳固性有密切关系，长宽比大，周径长，地面固定部分多，抗风能力相对加强。

（4）大棚建材的预算与准备。

（5）大棚群的规划布局：棚间两侧距离 2 ~ 2.5 m，棚头间的距离为 5 ~ 6 m。

二、大棚建造步骤（以竹木结构大棚为例）

① 埋立柱；② 绑拉杆；③ 安小立柱；④ 上拱杆；⑤ 安装门；⑥ 覆盖塑料薄膜并固定。

 评估（Evaluate）

完成了本节学习，通过下面的练习检查自己掌握的程度：

一、填空题

1. 塑料棚根据高度、跨度及面积分为（　　　）、（　　　）、（　　　）。

2. 大棚的三杆一柱是指（　　　）、（　　　）、（　　　）、（　　　）。

二、选择题（有一个或多个答案）

3. 一天中，塑料大棚内最低地温比最低气温出现的时间约晚＿＿＿＿＿＿。

　　A. 1 小时　　　　　B. 2 小时　　　　　C. 3 小时　　　　　D. 4 小时

4. 在没有外覆盖的条件下，小拱棚的温度变化比大棚＿＿＿＿＿＿。

　　A. 剧烈　　　　　　B. 缓慢　　　　　　C. 相似

三、简述与论述题

5. 简述塑料大棚的结构组成。

6. 论述大棚的增温原理。

附件 1-4-1　连栋塑料大棚主要技术资料

仅对一座三连栋大棚进行描述

1. 大棚型号

NSL（B）—80 型连栋大棚。

2. 性能指标

（1）风载：10 级。

（2）雪载：25 kg/m^2。

（3）最大排雨量：140 mm/h。

3. 规格尺寸

跨度：8 m；肩高：2.4 m；圆弧顶高：4.2 m；中柱间距：4 m；边柱间距：1.33 m；拱间距：0.8 m。

4. 排列方式

大棚屋脊的走向为南北向。侧面：4 m×8 = 32 m；端面：8 m×3 = 24 m。

5. 基础

强度 C20，基础全部为点式基础，柱磴浇注 60 cm 深混凝土，高出地平面约 10 cm。

6. 结构及覆盖材料

（1）大棚主体骨架

采用热镀锌钢管及钢板，轻钢结构，其中，① 立柱：$\phi60×2.5$ mm×2.4 m 热镀锌钢管，主立柱底板为 δ = 4 mm 热轧钢板。② 横梁：$\phi40×2.2$ mm×7.94 m 热镀锌钢管。③ 拱杆：$\phi25×1.5$ mm×8.9 m 热镀锌钢管。④ 斜撑：$\phi32×1.9$ mm×4.25 m 热镀锌钢管。⑤ 雨槽采用 δ = 1.9 mm 冷弯热镀锌钢板，一端设置 110 mm 直径 PVC 下水管，雨槽坡度为 5‰。

整个钢架结构采用国产镀锌螺栓和自钻螺栓连接。

（2）覆盖材料

大棚顶部及四周采用单层国产长寿棚膜，膜厚为 0.12 mm。采用 0.7 mm 热镀锌卡槽和必力特塑包卡丝固膜。

7. 通风及防虫

每栋大棚顶部配置手动卷帘式开窗机构，实现顶部通长开窗，顶窗开启宽度约为 1.2 m。两侧面设 1.2 m 高手动卷帘式开窗机构，韩式卷膜器，开窗部分均设置 32 目防虫网。

8. 遮阳系统

采用黑色普通遮阳网，80% 遮阳率，上海"亚泰"电动拉幕机，保证遮阳网运行平稳，开合自由。

9. 门及棚内道路

大棚一端面中间配有一双扇推拉式滑动门，门规格为 2.0 m×2.0 m。

附件 1-4-2　单栋插地塑料大棚主要技术资料

1. 大棚型号

DP6 型插地大棚。

2. 性能指标

（1）风载：10 级。

（2）雪载：25 kg/m²。

3. 规格尺寸

跨度：6 m；肩高：1.5 m；圆弧顶高：2.6 m；拱间距：0.75 m。

4. 排列方式

大棚屋脊的走向为南北向。

侧面：30 m；端面：6 m。

5. 结构及覆盖材料

（1）大棚主体骨架：主材采用国产热镀锌钢管。拱杆：$\phi 22 \times 1.2$ mm×10.2 m 热镀锌钢管；拉杆：$\phi 22 \times 1.2$ mm×6.05 m 热镀锌钢管。卷膜杆：$\phi 22 \times 1.2$ mm×6.05 m 热镀锌钢管；大棚两端面各配一樘 1.8 m×1.2 m 推拉式滑动门；热镀锌卡槽及必力特塑包卡丝固膜。

（2）覆盖材料：大棚采用 12 丝长寿棚膜。

6. 通风及防虫

每个大棚侧面配置 1.1 m 宽手动卷帘，采用万向节式带摇柄卷膜器。形成空气对流，达到降温除湿的效果，开窗部分设置 32 目防虫网。

上述两类大棚抗风雨性好，坚固耐用，外形美观，通风效果好，土地利用率高，运行成本较低，适用于农作物育种、育苗和工厂化生产。

连栋塑料大棚主体钢骨架正常使用寿命达 20 年以上，单栋插地塑料大棚主体钢骨架正常使用寿命达 10 年以上。

任务五　普通日光温室建造技术

 ## 目标（Object）

普通日光温室是北方普遍应用的保护地设施，可以实现周年化生产，主要生产蔬菜，也可生产部分品种的花卉、水果及食用菌。通过本节的学习，你将能够：①学习普通日光温室的性能及结构；

② 学习普通日光温室的建造技术。

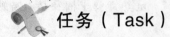 **任务（Task）**

普通日光温室是北方普遍应用的保护地设施，是反季节生产蔬菜、部分花卉品种、水果、食用菌的主要设施类型。为此：① 了解普通日光温室的性能及结构；② 能根据不同栽培对象，结合当地自然条件学会建造及应用普通日光温室。

准备（Prepare）

日光温室是指北、东、西三面围墙，脊高在 2 m 以上，跨度在 6 ~ 10 m，热量来源（包括夜间）主要依靠太阳辐射能的园艺保护设施。它是我国特有的一种保护地生产设施；大多是以塑料薄膜为采光覆盖材料，以太阳辐射为热源，靠最大限度地采光、加厚的墙体和后坡，以及防寒沟、纸被、草苫等一系列保温御寒设备以达到增温、保温的效果，从而充分利用光热资源，减弱不利气象因子的影响。一般不进行加温，或只进行少量的补温。

一、日光温室的主要类型及结构

日光温室由三面围墙、后屋面、前屋面和保温覆盖物四部分组成。日光温室大多是以塑料薄膜为采光覆盖材料，以太阳辐射为热源以最大限度采光，加厚的墙体和后坡，以及防寒沟、纸被、草苫等一系列保温御寒设备以达到最小限度地散热，从而形成充分利用光热资源、减弱不利气象因子影响的一种我国特有的保护设施。主要类型有以下几种：

（一）长后坡矮后墙日光温室

长后坡矮后墙日光温室（见图 1-1-8）是一种竹木骨架温室。跨度 6 ~ 7 m，中柱高 2.3 ~ 2.4 m、脊高 2.6 ~ 2.8 m，后增高 0.7 ~ 0.8 m，土墙厚度 0.7 ~ 1.0 m，墙外培土，山墙为 1 m 厚的土墙或用砖砌成 50 cm 厚的空心墙。后坡长 2.5 ~ 3.0 m，由中柱、桁和檩子构成后坡骨架，后坡覆盖物有玉米秆（或麦草、稻草）、旧塑料薄膜和泥土等，覆盖厚度 0.5 m 以上。前坡处立柱、腰柱、前柱、腰梁、前梁和竹片构成拱圆式骨架，覆盖物有塑料薄膜、压膜线、牛皮纸被、草苫子等。底脚外面设有防寒沟。该温室突出的优点是保温性能好，有利于茄子越冬和春季生育，在北方较寒冷地区（北纬 40° 以北）茄子长季节栽培尤为适用。

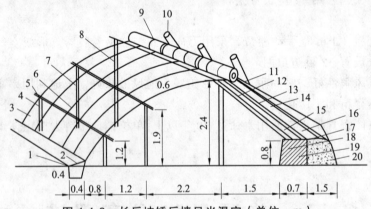

图 1-1-8　长后坡矮后墙日光温室（单位：m）

1—防寒沟；2—黏土层；3—竹拱杆；4—立柱；5—横梁；6—吊柱；7—腰柱；8—中柱；9—草苫；
10—纸被；11—桁；12—檩；13—椽；14—草泥；15—稻草；16—草泥；17—稻草；
18—后柱；19—后墙；20—防寒土

（二）短后坡高后墙日光温室

短后坡高后墙日光温室（见图 1-1-9）跨度 5 ~ 7 m，后坡面长 1 ~ 1.5 m，后墙高 1.5 ~ 1.7 m 左右，作业方便，光照充足，保温性能较好。

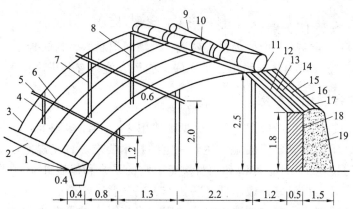

图 1-1-9　短后坡高后墙日光温室（单位：m）

1—防寒沟；2—黏土层；3—竹拱杆；4—立柱；5—横梁；6—吊柱；7—腰柱；8—中柱；9—草苫；
10—纸被；11—柁；12—檩；13—椽；14—草泥；15—稻草；16—草泥；
17—稻草；18—后墙；19—防寒土

（三）琴弦式日光温室

琴弦式日光温室（见图 1-1-10）跨度 7.0 m，后墙高 1.8～2 m，后坡面长 1.2～1.5 m，每隔 3 m 设一道钢管桁架，在桁架上按 40 cm 间距横拉 8 号铅丝固定于东西山墙。在铅丝上每隔 60 cm 设一道细竹竿作骨架。

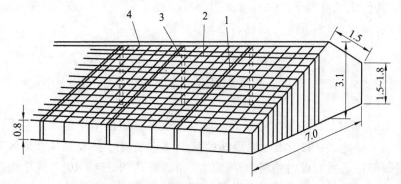

图 1-1-10　琴弦式日光温室（单位：m）

1—钢管桁架；2—8 号铁丝；3—中柱；4—竹竿骨架

（四）钢竹混合结构日光温室

钢竹混合结构日光温室（见图 1-1-11）利用以上几种温室的优点，跨度 6 m 左右，每 3 m 设一道钢拱杆，矢高 2.3 cm 左右，前面无支柱，设有加强桁架，结构坚固，光照充足，便于内保温。

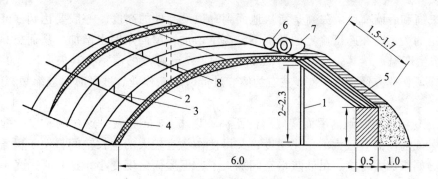

图 1-1-11　钢竹混合结构日光温室（单位：m）

1—中柱；2—钢架；3—横向拉杆；4—拱杆；
5—后墙后坡；6—纸被；7—草苫；8—吊柱

（五）全钢架无支柱日光温室（彩图14，彩图15）

跨度6~8 m，矢高3 m左右，后墙为空心砖墙，内填保温材料，钢筋骨架，有三道花梁横向拉接，拱架间距80~100 cm。温室结构坚固耐用，采光好，通风方便，有利于内保温和室内作业。

二、日光温室的合理结构参数

日光温室主要作为冬春季生产应用，建一次少则使用3~5年，多则8~15年，所以在规划、设计、建造时，都要在可靠、牢固的基础上实施，达到一定的技术要求。日光温室由后墙、后坡、前屋面和两山墙组成，各部分的长宽、大小、厚薄和用材决定了它的采光和保温性能，根据近年来的生产实践，温室的总体要求为采光好、保温好、成本低、易操作、高效益。

其中，日光温室的承载力在温室建造中最为关键。日光温室的承载力主要指的是日光温室各部位的荷载能力。为了保证日光温室大棚建造的坚固性，其各部位的承载力必须大于可能承受的最大荷载量。日光温室荷载量的大小主要依据当地20年一遇的最大风速、最大降雪量（或冬季降水量），以及覆盖材料的重量来计算。由于在日光温室大棚建造过程中，墙体的承载力一般都大于其可能承受的荷载量，因此，墙体承载力可以不予考虑，在设计过程中，主要考虑大棚骨架和后屋面的承载力等主要因素。以某地区为例，按其最大风速为17.2 m/s，最大积雪厚度为190 mm，干苦重量为4~5 kg/m^2（雨雪淋湿加倍计算），再加上作物吊蔓荷载、薄膜荷载以及人在温室上走动的局部荷载等因素考虑，该地区日光温室骨架结构的承载力标准，可按照每平方米平均荷载为700~800 N，局部荷载为1 000~1 200 N进行设计，其他地区可根据这一标准适当进行调整。

其他结构的参数，可归纳为五度、四比、三材。

（一）五度

"五度"主要指角度、高度、跨度、长度和厚度，主要指各个部位的大小尺寸。

1. 角度

角度包括三方面的内容：屋面角、后屋面仰面及方位角。屋面角决定了温室采光性能，要使冬春阳光能最大限度地进入棚内，一般为当地地理纬度减少6.5°左右，如我国华北地区平均屋面角度要达到25°以上。后屋面仰角是指后坡内侧与地平面的夹角，要达到35°~40°，这个角度的加大是要求冬春季节阳光能射到后墙，使后墙受热后储蓄热量，以便晚间向温室内散热。方位角系指一个温室的方向定位，要求温室坐北朝南、东西向排列，向东或向西偏斜1°，太阳光线直射温室的时间出现的早晚相差约4 min。作物上午光合作用最强，采取南偏东方位是有利的，但是，在严寒冬季揭开草帘过早，温室内室温容易下降，下午过早的光照减弱对保温不利，为此，北纬38°~40°地区宜采用正南方位角或南偏西方位角，角度不应大于7°。

2. 高度

高度包括矢高和后墙高度。矢高是指从地面到脊顶最高处的高度，一般要达到3 m左右。由于矢高与跨度有一定的关系，在跨度确定的情况下，高度增加，屋面角度也增加，从而提高了采光效果。6 m跨度的冬季生产温室，其矢高以2.5~2.8 m为宜；7 m跨度的温室，其矢高以3.0~3.1 m为宜，后墙的高度为保证作业方便，以1.8 m左右为宜，过低时影响作业，过高时后坡缩短，保温效果下降。

3. 跨度

跨度是指温室后墙内侧到前屋面南底脚的距离，以6~7 m为宜。这样的跨度，配之以一定的屋脊高度，既可保证前屋面有较大的采光角度，又可使作物有较大的生长空间，便于覆盖保温，也便于选择建筑材料。如果加大跨度，虽然栽培空间加大了，但屋面角度变小，这势必采光不好，并且前屋面加大，不利于覆盖保温，保温效果差，建筑材料投资大，生产效果不好。近年来，根据栽培作物的不同，在日光温室的跨度上有所加大，如8 m跨度的温室，但应把矢高提高到3.3~3.5 m，后墙提高到2 m。

4. 长度

长度是指温室东西山墙间的距离，以 50～60 m 为宜，也就是一栋温室净栽培面积为 350 m² 左右，利于一个强壮劳力操作。如果太短，不仅单位面积造价提高，而且东西两山墙遮阳面积与温室面积的比例增大，影响产量，故在特殊条件下，最短的温室也不能小于 30 m。但过长的温室往往温度不易控制一致，并且每天揭盖草苫占时较长，不能保证室内有充足的日照时数。另外，在连阴天过后，也不易迅速回苫，所以最长的温室也不宜超过 100 m。

5. 厚度

厚度包括三方面的内容：即后墙、后坡和草苫的厚度，厚度的大小主要决定保温性能。后墙的厚度根据地区和用材不同而有不同要求。在西北地区土墙应达到 80 cm 以上，东北地区应达到 1.5 m 以上，砖结构的空心异质材料墙体厚度应达到 50～80 cm，才能起到吸热、贮热、防寒的作用。后坡为草坡的厚度，要达到 40～50 cm，对预制混凝土后坡，要在内侧或外侧加 25～30 cm 厚的保温层。草苫的厚度要达到 6～8 cm，即 9 m 长、1.1 m 宽的稻草苫要有 35 kg 以上，1.5 m 宽的蒲草苫要达到 40 kg 以上。

（二）四比

四比指各部位的比例，包括前后坡比、高跨比、保温比和遮阳比。

1. 前后坡比

前后坡比指前坡和后坡垂直投影宽度的比例。在日光温室中前坡和后坡有着不同的功能，温室的后坡由于有较厚的厚度，起到贮热和保温作用；而前坡面覆盖透明覆盖物，白天起着采光的作用，但夜间覆盖较薄，散失热量也较多，所以，它们的比例直接影响着采光和保温效果。从保温、采光、方便操作及扩大栽培面积等方面考虑，前后坡投影比例以 4.5∶1 左右为宜，即一个跨度为 6～7 m 的温室，前屋面投影占 5～5.5 m，后屋面投影占 1.2～1.5 m。

2. 高跨比

高跨比即指日光温室的高度与跨度的比例，二者比例的大小决定屋面角的大小，要达到合理的屋面角，高跨比以 1∶2.2 为宜。即跨度为 6 m 的温室，高度应达到 2.6 m 以上；跨度为 7 m 的温室，高度应为 3 m 以上。

3. 保温比

保温比是指日光温室内的贮热面积与放热面积的比例。在日光温室中，虽然各围护组织都能向外散热，但由于后墙和后坡较厚，不仅向外散热，而且可以贮热，所以在此不作为散热面和贮热面来考虑，则温室内的贮热面为温室内的地面，散热面为前屋面，故保温比就等于土地面积与前屋面面积之比。

日光温室保温比（R）＝日光温室前屋面面积（W）/日光温室内土地面积（S）。

保温比的大小说明了日光温室保温性能的大小，保温比越大，保温性能越高，所以要提高保温比，就应尽量扩大土地面积，减少前屋面的面积，但前屋面又起着采光的作用，还应该保持在一定的水平上。根据近年来日光温室开发的实践及保温原理，以保温比值等于 1 为宜，即土地面积与散热面积相等较为合理，也就是跨度为 7 m 的温室，前屋面拱杆的长度以 7 m 为宜。

4. 遮阳比

遮阳比指在建造多栋温室或在高大建筑物北侧建造时，前面地物对建造温室的遮阳影响。为了不让南面地物、地貌及前排温室对建造温室产生遮阳影响，应确定适当的无阴影距离。

三、日光温室的性能

（一）光照特点

日光温室的光照状况，与季节、时间、天气情况以及温室的方位、结构、建材、棚模、管理技术

等密切相关。不同棚型结构其采光量不同，温室内的光照分布、光强变化的规律和特点是基本一致的。温室内光照存在明显的水平和垂直分布差异。

1. 温室内光照的水平分布状况

温室内白天自南向北光照强度逐渐减弱，但自南沿至二道柱处（距南沿 3.7 m）光照强度减弱不明显，构成日光温室强光区，同一时间二道柱（温室中部）和中柱两测点光强最大相差 2 500 lx，最小相差 750 lx，而自二道柱向北至中柱（栽培畦北沿），光照强度降低较多，最大相差 9 000 lx，并且可以看出外界光照强度越强，二者相差越明显，而在早晚弱直射光下差异不显著。

2. 温室内光照的垂直分布

（1）在 12：00 ~ 12：10 强光条件下，尽管温室内各点光照强度几乎都在 30 klx 以上，但温室南部边柱处（距南沿 1.4 m）较中柱处高 10 klx，在弱直射光条件下，温室二道柱、边柱处光照强度高于中柱处，但差别不明显，而在 16：00 ~ 16：10 时散射光条件下，整个温室内光照强度基本无差异。

（2）从温室中柱、二道柱处光照垂直分布情况看，表现为自下而上光照逐渐增强，而在温室上部近骨架处（距骨架 50 cm），光照强度又变弱，分析这可能与骨架遮光有关。

（3）不同时间温室内不同部位光照强度与外界自然光强相比，13：00 时，温室中部二道柱处最强光强约占自然光强 80%，16：00 时中部最强光强也占自然光强 80% 左右，而在 9：00 时，当外界光强为 30.5 klx 时，温室中部最强光照强度仅为自然光强的 50% 左右。

（二）温度特点

1. 气温日变化特征

在各种不同的天气条件下，日光温室的气温总是明显高于室外气温，严冬季节的旬平均气温室内比室外高 15 ~ 18 ℃。

日光温室的日气温变化，晴天明显。晴天时，12 月和 1 月的最低气温出现在 8：30 左右。揭苫后，气温略有下降，而后迅速上升，11：00 前上升最快，在密闭不通风情况下，每小时可上升 6 ~ 10 ℃；12：00 后仍有上升趋势，但已渐缓慢；13：00 到高峰值，此后开始缓慢下降，15：00 后下降速度加快，直至 16：00 ~ 17：00。盖苫时，由于热传导、辐射暂时减少，气温略有回升，此后外界气温下降，室温则呈缓慢下降趋势，直至次日晨揭苫前降到最低值。

2. 气温分布特点

不同时间，二道柱处不同垂直高度各点气温较中柱、二道柱处偏高，但不同部位各点温度相差不大，仅在 1 ~ 2 ℃ 范围内，故可以认为日光温室无明显低温区或高温区。不同时间在温室地表以上 50 cm 处有一层相对较低的温度区，在白天强光高温时，分析这可能与上下层热量交换有关，在早晚外界气温偏低时，这可能与地面和骨架材料放热有关。

3. 墙体保温特性

后墙不同测点可分为三个类型：0，5 cm，10 cm 处其温度变化随温室内温度升高而升高，随温室内温度降低而降低，是主要的蓄放热部位。内墙表面最大昼夜温差达 10.4 ℃。由外到内，由内到外 30 cm 处温度已变化不大，可以认为 60 cm 墙体已具备了保温能力，但要更多地载热，要达 80 cm 以上。

4. 地温特性

日光温室中，12 月下旬，当室外 0 ~ 20 cm 平均地温下降到 1.4 ℃ 时，室内平均地温为 13.4 ℃，比室外高 14.8 ℃。1 月下旬，室内 10 cm、20 cm 和 50 cm 的地温比室外分别高 13.2 ℃、12.7 ℃ 和 10.3 ℃。一般的耕作层为地表至地下 20 cm，因此，日光温室内的地温，完全可以满足作物生长过程中根系伸长和吸收水分、养分等生理活动的进行。

四、日光温室的建造

在建造温室前，需准备好所用的建筑材料、透光材料及保温材料，主要建造程序及方法如下：

（一）选址及场地规划

1. 选址原则

（1）选地势开阔、平坦，或朝阳缓坡的地方建造大棚，这样的地方采光好，地温高，灌水方便均匀。

（2）不应在风口上建造大棚，以减少热量损失和风对大棚的破坏。

（3）不能在窝风处建造大棚，窝风的地方应先打通风道后再建大棚，否则，由于通风不良，会导致作物病害严重，同时冬季积雪过多对大棚也有破坏作用。

（4）建造大棚以沙质壤土最好，这样的土质地温高，有利作物根系的生长。如果土质过粘，应加入适量的河沙，并多施有机肥料加以改良。土壤碱性过大，建造大棚前必须施酸性肥料加以改良，改良后才能建造。

（5）低洼内涝的地块不能建造大棚，必须先挖排水沟后再建大棚；地下水位太高，容易返浆的地块，必须多垫土，加高地势后才能建造大棚。否则地温低，土壤水分过多，不利于作物根系生长。

2. 场地规划

地块选好以后，要对它进行总体规划布局。首先就是要确定日光温室大棚的走向，日光温室大棚一般采取东西延长进行建造，因为日光温室三面有墙，其中一面墙要朝向阳面，而朝阳面必须要保证朝南方向，这样采光性能才比较好，保温效果也才更佳，所以说日光温室大棚一般多采用东西延长。

日光温室大棚适宜长度一般以 50～60 m 为宜，最长不要超过 80 m，如果过长，日光温室保温性能虽比较好，但是建造起来很不方便，散热能力也会大大降低。日光温室大棚的宽度目前以 8～10 m 为宜。

在规划布局过程中，还要考虑温室与温室之间的间隔距离，温室与温室之间的间隔距离如果过小，前边的温室就会遮住后面温室的光线，这样后边温室的采光效果自然会受到影响。所以温室与温室之间的间隔距离，基本要求就是要做到相邻温室之间，不能相互遮光，因此在布局的过程中，温室间距离要根据当地纬度及冬季最冷月份的太阳高度角来加以计算，相邻温室之间的间隔距离一般以南排温室的脊高为基数，北方 38°～40° 区域，温室间距一般等于南排温室脊高的 2.5～3 倍。布局规划好以后，就可以开始画线建棚了。

在规划好的场地内，首先要放线定位，先将准备好的线绳按规划好的方位拉紧，用石灰粉沿着线绳方向划出日光温室的长度，然后再确定日光温室的宽度，注意画线时，日光温室的长与宽之间要成 90 ℃ 夹角，划好线，超平地面就可以开始建造墙体基础了。

（二）墙体建造（彩图 16，彩图 17）

墙体建造除用土墙外，在利用砖石结构时，内部应填充保温材料，如煤渣、锯末等。据测定，50 cm 砖结构墙体（内墙 12 cm，中间 12 cm，外墙 24 cm）内填充保温材料较中空墙体保温性要好。目前，日光温室大棚墙体建造大约有两类，一类是土墙，另一类是空心砖墙。

1. 土墙

土墙可采用板打墙、草泥垛墙的方式进行建造。生产实践中，一般以板打墙为主，板打墙的厚度直接决定了墙体的保温能力，板打墙基部宽通常为 100 cm，向上逐渐收缩，至顶端宽度为 80 cm。下宽上窄，这样墙体会比较坚固一些。

2. 空心砖墙

为了保证空心砖墙墙体的坚固性，建造时首先需要开沟砌墙基。挖宽约为 100 cm 的墙基，墙基深度一般应距原地面 40～50 cm，然后填入 10～15 cm 厚的掺有石灰的二合土，并夯实，之后用红砖砌垒。当墙基砌到地面以上时，为了防止土壤水分沿着墙体上返，需在墙基上面铺上厚约 0.1 mm 的塑料薄膜。

在塑料薄膜上部用空心砖砌墙时，要保证墙体总厚度为 70～80 cm，即内、外侧均为 24 cm 的砖墙，中间夹土填实，墙身高度为 2.5 m，用空心砖砌完墙体后，外墙应用砂浆抹面找平，内墙用白灰

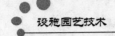

砂浆抹面。

（三）后屋面

日光温室大棚的后屋面主要由后立柱、后横梁、檩条及上面铺制的保温材料四部分构成。

后立柱：主要起支撑后屋顶的作用，为保证后屋面坚固，后立柱一般可采用水泥预制件做成。在实际建造中，有后排立柱的日光温室可先建造后屋面，然后再建前屋面骨架。后立柱竖起前，可先挖一个长为 40 cm、宽为 40 cm、深为 40～50 cm 的小土坑，为了保证后立柱的坚固性，可在小坑底部放一块砖头，然后将后立柱竖立在红砖上部，最后将小坑空隙部分用土填埋，并用脚充分踩实压紧。

后横梁：日光温室的后横梁置于后立柱顶端，呈东西延伸。

檩条：主要是将后立柱、横梁紧紧固定在一起，它可采用水泥预制件做成，其一端压在后横梁上，另一端压在后墙上。檩条固定好后，可在檩条上东西方向拉 60～90 根 10～12 号的冷拔铁丝，铁丝两端固定在温室山墙外侧的土中。铁丝固定好以后，可在整个后屋面上部铺一层塑料薄膜，然后再将保温材料铺在塑料薄膜上，在我国北方大部分地区，后屋面多采用草苫保温材料进行覆盖，草苫覆盖好以后，可将塑料薄膜再盖一层，为了防止塑料薄膜被大风刮起，可用些细干土压在薄膜上面，后屋面的建造就完成了。

（四）骨架

日光温室的骨架结构可分为：水泥预件与竹木混合结构、钢架竹木混合结构和钢架结构。

水泥预件与竹木混合结构的特点为：立柱、后横梁由钢筋混凝土柱组成；拱杆为竹竿，后坡檩条为圆木棒或水泥预制件。其中立柱分为后立柱、中立柱、前立柱。后立柱可选择 13 cm×6 cm 钢筋混凝土柱，中立柱可选择 10 cm×5 cm 钢筋混凝土柱，中立柱因温室跨度不同，可由 1 排、2 排或 3 排组成，前立柱可由 9 cm×5 cm 钢筋混凝土柱组成。后横梁可选择 10 cm×10 cm 钢筋混凝土柱。后坡檩条可选择直径为 10～12 cm 圆木，主拱杆可选择直径为 9～12 cm 圆竹进行建造。

钢架竹木混合结构特点为：主拱梁、后立柱、后坡檩条由镀锌管或角铁组成，副拱梁由竹竿组成。其中主拱梁由直径 27 mm 国标镀锌管（6 分管）2～3 根制成，副拱梁由直径为 5 mm 左右圆竹制成。立柱由直径为 50 mm 国标镀锌管制成，后横梁由 50 mm×50 mm×5 mm 角铁或直径 60 mm 国标镀锌管（2 寸管）制成，后坡檩条由 40 mm×40 mm×4 mm 角铁或直径 27 mm 国标镀锌管（6 分管）制成。

钢架结构特点为：整个骨架结构为钢材组成，无立柱或仅有一排后立柱，后坡檩条与拱梁连为一体，中纵肋（纵拉杆）3～5 根。其中主拱梁由直径 27 mm 国标镀锌管 2～3 根制成，副拱梁由直径 27 mm 国标镀锌管 1 根制成，立柱由直径 50 mm 国标镀锌管制成。

（五）外覆盖物（彩图 18，彩图 19，彩图 20）

日光温室大棚的外覆盖物主要由透明覆盖物和不透明覆盖物组成。

1. 透明覆盖物

透明覆盖物主要指前屋面采用的塑料薄膜，主要有聚乙烯和聚氯乙烯两种。近年来又开发出了乙烯-醋酸乙烯共聚膜，具有较好的透光和保温性能，且质量轻，耐老化，无滴性能好。

日光温室主要采用厚度为 0.08 mm 的 EVA 膜透明覆盖物进行覆盖。这种薄膜优点为流滴防雾有效期大于 6 个月，寿命大于 12 个月，使用 3 个月后，透光率都不会低于 80%。在众多的透明覆盖物中，备受广大农户的喜爱。

利用 EVA 膜覆盖日光温室大棚，主要有三种覆盖方式：第一种就是一块薄膜覆盖法，第二种就是两块薄膜覆盖法，第三种就是三块薄膜覆盖法。

（1）一块薄膜覆盖方法：从棚顶到棚基部用一块薄膜把它覆盖起来。从覆盖方式的优点来说，它没有缝隙，保温性能也很好。它的不足之处就是，到了晚春的时候，棚内温度过高，需要散热时，不便于降温。

（2）两块薄膜覆盖法：采用一大膜、一小膜的覆盖方法，棚顶部用一大膜罩起来，前沿基部用一块小膜把它接起来，两块薄膜覆盖好以后，要用压膜线将塑料薄膜充分固定起来。在这需要特别提醒的是：压膜线的两端一定要系紧系牢。两块薄膜覆盖法的优点是：冬天寒冷的季节，大棚需要密封的时候，只需要把两个薄膜接缝的地方交叠起来，用东西把它压紧，大棚的保温性能就比较好，到了晚春季节，大棚需要通风的时候，再把两个薄膜的接缝处拨开一个小口，这样它就变成了一个通风口，便于散热。

（3）三块薄膜覆盖法：采用一大膜、两小膜的覆盖办法，具体就是顶部和基部采用两小膜，中间采用一大膜的覆盖方法。采用这种方法，通风降温能力明显优于两块薄膜覆盖法，但是薄膜覆盖起来比较困难。

2. 不透明覆盖物

不透明覆盖物用于前屋面的保温，主要是采用草苫加纸被进行保温，也可进行室内覆盖。对于替代草苫的材料有些厂家已生产了 PE 高发泡软片，专门用于外覆盖。用 300 g/m² 的无纺布两层也可达到草苫的覆盖效果，不同覆盖材料保温效果不同。

六、日光温室的应用

日光温室主要用作北方地区蔬菜的冬春茬长季节果菜栽培，还作为春季早熟和秋季延后栽培；花卉生产主要是鲜切花、盆花、观叶植物的栽培；此外还用作浆果类、核果类果树的促成、避雨栽培，以及园艺作物的育苗设施等。

 行动（Action）

活动：日光温室与大棚的区别

一、应用季节及组成不同

日光温室，坐北向南，主要用于北方冬季喜温作物的栽培，类型较多，由前屋面、后墙、山墙、后屋面组成。

塑料大棚，可依具体地形来建，在北方主要用于气温较高时的早春栽培。南方多雨地方也使用，由立柱、拱架、拉杆、膜面及压膜线等组成，有良好的采光性，拱架高度等参数根据南方、北方当地的最佳采光角度而定。

二、性能不同

温室综合性能优良，有保温墙体、草帘用于保温，性能良好的无立柱温室即使在冬季零下 30 ℃，温室内仍然保持在零上 5 ~ 15 ℃，可以满足作物生长的需要。而大棚只能在零下 3 ℃ 以上，否则就会产生冻害。温室负载和保温性能均优于塑料大棚。

 评估（Evaluate）

完成了本节学习，通过下面的练习检查自己的掌握程度：

一、选择题（有一个或多个答案）

1. 依覆盖材料不同，温室可分为玻璃温室和_____。

    A. 塑料温室　　　　B. 温室土温室　　　　C. 钢结构　　　　D. 现代温室

2. 直射光的透射率随温室屋面直射光入射角的增大而_____。

    A. 减少　　　　　　B. 增大　　　　　　C. 不变　　　　　　D. 不一定

3. 日光温室内的冬天天数可比露地缩短_____个月。

A. 5~7　　　　　　B. 3~5　　　　　　C. 2~3　　　　　　D. 1~2

4. 日光温室的适宜高跨比为_____。

A. 1:1.8　　　　B. 1:2.0　　　　C. 1:2.2　　　　D. 1:2.5

5. 下列园艺设施中性能最优的是_____。

A. 温室　　　　　B. 温床　　　　　C. 大小拱棚　　　　D. 冷床

6. 在不加温的条件下，温室内温度的增加主要靠太阳的直接辐射和_____。

A. 气温　　　　　B. 土温　　　　　C. 地面　　　　　D. 散射辐射

7. 下列影响日光温室保温性能的有_____。

A. 温室方位　　B. 墙体厚度　　C. 后屋面仰角　　D. 后屋面长度　　E. 棚膜种类

8. 下列不宜在温室中使用的肥料是_____。

A. 尿素　　　　　B. 碳酸氢铵　　　C. 硫酸钾　　　　D. 磷酸二氢

9. 根据园艺设施条件的规模、结构的复杂程度和技术水平分类，下列属于普通保护设施的是_____。

A. 日光温室　　B. 大拱棚　　　C. 温床　　　　D. 冷床　　　　E. 植物工厂

10. 日光温室的矢高一般指_____。

A. 侧墙高度　　B. 后墙高度　　C. 山墙　　　　D. 从地面到脊顶最高处的高度

11. 日光温室适宜的保温比为_____。

A. 0.5　　　　　B. 1　　　　　　C. 1.5　　　　　D. 2

12. 在北纬40°左右，脊高加草帘高度为4 m的节能日光温室群，其适宜的温室间距约为_____。

A. 7 m　　　　　B. 8 m　　　　　C. 9 m　　　　　D. 10 m

13. 日光温室的方位一般是坐北朝南，向东或向西偏斜的角度不应大于_____。

A. 3°　　　　　　B. 7°　　　　　　C. 12°　　　　　D. 20°

14. 漫反射薄膜使设施中的温度变化_____。

A. 减小　　　　　B. 增大　　　　　C. 不一定　　　　D. 无影响

15. 一般而言，日光温室适宜的长度为_____。

A. 30~40 m　　B. 50~60 m　　C. 60~70 m　　D. 70~80 m

16. 节能日光温室的缺点是_____。

A. 造价高　　　B. 不能生产喜温性蔬菜　　C. 产量低　　　D. 土地利用率低

17. 草帘的使用寿命一般为_____。

A. 1年　　　　　B. 3年　　　　　C. 5年　　　　　D. 7年

二、判断题（在括号中打√或×）

18. 日光温室内的冬天天数可比露地缩短3~5个月。　　　　　　　　　　（　　）

19. 日光温室保温比越小保温能力越强。　　　　　　　　　　　　　　　（　　）

20. 设施环境密闭性越好，设施内空气湿度越低。　　　　　　　　　　　（　　）

21. 日光温室后屋面越短保温性能越好。　　　　　　　　　　　　　　　（　　）

三、简述与论述题

22. 高跨比：

23. 试述草帘作为日光温室外覆盖保温材料的优点和缺点。

附件 1-5-1　西北 XB-G1 型节能日光温室建造方案

西北 XB-G1 型节能日光温室属于现代日光温室，是"十五"期间国家工厂化高效农业科技攻关项目的重要成果之一，适合在西北地区推广应用。

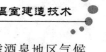

西北 XB-G1 型节能日光温室是在西北 XB-G1 型节能日光温室的基础上，充分考虑酒泉地区气候特征和环境特点改进设计的，具有采光保温性能好，温室初始透光率 80% 以上，保温能力达 30 ℃以上的优点。

温室建筑面积（长 60 m，跨度 10 m）600 m²，温室后墙高 2.8 m，屋脊高 3.9 m。

一、西北 XB-G1 型节能日光温室基本结构

西北 XB-G1 型节能日光温室坐北朝南，东西延伸，东西长 60 m，跨宽 10 m，脊高 3.9 m；温室采光屋面角 33°，保证温室在冬季有很好的采光能力，温室方位角偏西 5° 以内，后屋面仰角 36°，保证温室后墙在冬至前后 1 个半月阳光能照满后墙，有利于提高温室采光蓄热能力。

二、温室建筑及配套材料的选择

（1）墙体材料：温室墙体为异质复合墙体（24 砖墙 + 10 cm 聚苯乙烯泡沫板 + 24 砖墙）。温室基础挖深 1.0 m，正负零以下全用 C15 的混凝土做基础，温室南北长度方向做 300 mm 高的 24 圈梁，其上镶嵌预埋件与温室主体拱架焊接。

（2）骨架材料：选用镀锌轻型钢屋桁架结构，前屋面骨架上弦采用 $\varnothing 25 \times 2$ 钢管，下弦采用 $\phi 10$ 的钢筋，中间拉花弦采用 $\phi 8$ 的钢筋，桁架间距 2 m。后屋面上弦采用 $\varnothing 25 \times 2.5$ 钢管，其他部分和前屋面相同，东西向布置三道 $\varnothing 25$ 的纵向拉杆.

（3）后屋面材料：后屋面选用彩钢夹芯板，厚度 10 cm，热阻为 2.73 m² · ℃/W，后屋面设 5 道工作梯，方便操作及维修。

（4）透光覆盖材料：选用国产多功能长寿膜（防流滴期 6 个月以上，厚度 0.12 mm）。也可选用进口 0.15 mm 的棚膜。

（5）外保温覆盖材料：选用温室复合保温被，表面防水防老化，重量 1 000 g/m²，热阻为 0.38 m² · ℃/W，保温性能优于草帘；使用寿命 7 年以上，为草帘的 3 倍以上，具有耐老化、易操作、保温好的特点。

（6）固膜材料：选用普通热镀锌卡槽，温室东西向通长横拉三道，同时配有漆塑卡簧，具有安装方便且不损坏棚膜的优点。

（7）其他配套材料：共设通风口两道，上下各一道，通风口选用手动卷膜器通风，卷膜钢管为 4 分镀锌钢管，用塑料卡箍固膜。

（8）温室内北面设一条砖铺通道，通道宽 0.8 m。

（9）温室西侧建管理间一座，建筑面积约 10.5 m²（长 3.24 m × 宽 3.24 m），管理间设 2 道塑钢门，尺寸为 0.9 m（宽）× 2.1 m（高）。外门旁开塑钢窗一个，尺寸为 0.9 m（宽）× 1.2 m（高）。

（10）温室电路：在温室缓冲间内每栋温室安装一个配电控制箱，用于控制照明、电动卷帘、灌溉水泵等设备。温室内在后屋面下安装照明电路，间距 6 m 要一个白炽灯。

（11）供暖：采用热浸镀锌钢制绕片圆翼型散热器；采用 D42 mm 散热器，单排布置在温室的四周。

（12）水池：在温室内部的西端设一蓄水量为 16 m³（8 m 长 × 1 m 宽 × 2 m 深）的蓄水池，从水池开始，安装 $\phi 63$ PPR 供水管沿北侧至温室中间，变径为 $\phi 32$ 的 PE 管，延至东西两端，温室灌溉选用滴头间距为 30 cm 的内嵌式滴灌管（具体以植物品种和种植方案确定）。

三、西北 XB-G1 型节能日光温室主要参数指标

1. 温室性能指标：

（1）风载 > 0.5 kN/m²；

（2）雪载 > 0.3 kN/m²；

（3）恒载 > 10 kg/m²；

（4）作物荷载 > 0.15 kN/m^2；

（5）屋架自重及固定设备荷载 > 0.07 kN/m^2；

（6）外覆盖物荷载 > 0.2 kN/m^2；

（7）操作人员荷载 > 0.8 kN/m^2；

（8）荷载组合 > 2.02 kN/m^2；

（9）温室主体结构使用寿命 15～20 年。

2. 结构参数

（1）跨度：10 m（温室跨度）。

（2）长度：60 m。

（3）墙体厚度：0.58 m，热阻大于 2 m 土墙热阻。

任务六　连栋日光温室建造技术

目标（Object）

大型连栋温室不仅土地利用率高，而且由于空间大，故有利于进行机械化和自动化作业，便于实行工业化管理和调控温室环境因素，从而获得更加有利于作物生长繁育的条件。预计在未来 10 年内，我国大型连栋温室仍将以较高的速度发展。通过本节的学习，你将能够：① 了解连栋日光温室的主要类型；② 了解连栋日光温室的配套设备及应用。

任务（Task）

连栋日光温室有利于进行机械化和自动化作业，便于实行现代化管理，为此：① 了解连栋日光温室的主要类型；② 能根据不同栽培对象，应用连栋日光温室的配套设备进行环境条件的调控。

准备（Prepare）

现代温室（通常简称连栋温室或俗称智能温室）是设施园艺中的高级类型，设施内的环境实现了计算机自动控制，基本上不受自然气候条件下灾害性天气和不良环境条件的影响，能周年全天候进行设施园艺作物生产的大型温室。用玻璃或硬质塑料板和塑料薄膜等进行覆盖配备，可以根据作物生长发育的要求调节环境因子，进行温度、湿度、肥料、水分和气体等环境条件自动控制，能够大幅度地提高作物的产量、质量和经济效益的大型单栋或连栋温室。

一、温室的分类

温室（greenhouse）是指为了能调控温、光、水、气等环境因子，其栽培空间覆以透光性的覆盖材料，人可入内操作的一种设施。

依覆盖材料的不同通常分为玻璃温室（Glass greenhouse）和塑料温室（Plastic greenhouse）两大类。塑料温室依覆盖材料的不同，又分为硬质（PC 板、FRA 板、FRP 板、复合板等）塑料温室和软质塑料（PVC、PE、EVA 膜等）温室。后者我国通称塑料薄膜大棚，简称塑料大棚，实际上以塑料薄膜温室称呼较为妥当。

温室依形状分为单栋与连栋两类；若依屋顶的形式，则分为：双屋面、单屋面、不等式双屋面、拱圆屋面等。

二、现代温室的主要类型

（一）Venlo 式一跨双屋脊全 PC 板连栋温室（LPC80S4 型）结构

温室主体骨架：采用国产优质热镀锌钢管及钢板加工而成，正常使用寿命不低于 20 年。骨架各部件之间均采用镀锌螺栓、自攻钉连接，无焊点，整齐美观。温室配备了自然通风系统、防虫系统、内外遮阳系统、湿帘风扇强制通风系统、内循环系统、水暖加温系统、灌溉施肥系统、电动控制系统及照明配电系统。

（二）里歇尔（Richel）温室

法国瑞奇温室公司研究开发的一种流行的塑料薄膜温室。

（三）卷膜式全开放型塑料温室（Full open type）

连栋大棚除山墙外，顶侧屋面均通过手动或电动卷膜机将覆盖薄膜由下而上卷起通风透气的一种拱圆形连栋塑料温室，称为卷膜式全开放型塑料温室。

（四）屋顶全开启型温室（open-roof greenhouse）

屋顶全开启型温室最早是由意大利的 Serre Italia 公司研制成的一种全开放型玻璃温室，近五年在亚热带暖地逐渐兴起。其特点是以天沟檐部为支点，可以从屋脊部打开天窗，开启度可达到垂直程度，即整个屋面的开启度可从完全封闭直到全部开放状态，侧窗则用上下推拉方式开启，全开后达 1.5 m 宽，全开时可使室内外温度保持一致。中午室内光强可超过室外，也便于夏季接受雨水淋洗，防止土壤盐类积聚。可依室内温度、降水量和风速而通过电脑智能控制自动关闭窗，结构与芬洛型相似。

三、现代温室的配套设备与应用

（一）自然通风系统（彩图 21）

自然通风系统是温室通风换气、调节室温的主要方式，一般分为：顶窗通风、侧窗通风和顶侧窗通风等三种方式。侧窗通风有转动式、卷帘式和移动式三种类型，玻璃温室多采用转动式和移动式，薄膜温室多采用卷帘式。屋顶通风，其天窗的设置方式种类多。如何在通风面积、结构强度、运行可靠性和空气交换效果等方面兼顾，综合优化结构设计与施工是提高高湿、高温情况下自然通气效果的关键。

（二）加热系统（彩图 22，彩图 23）

加热系统与通风系统结合，可为温室内作物生长创造适宜的温度和湿度条件。目前冬季加热方式多采用集中供热、分区控制方式，主要有热水管道加热和热风加热两种系统。

1. 热水管道加热系统

由锅炉、锅炉房、调节组、连接附件及传感器、进水及回水主管、温室内的散热管等组成。温室散热管道按排列位置可分垂直和水平排列两种方式。

2. 热风加热系统

利用热风炉通过风机把热风送入温室各部分加热的方式。该系统由热风炉、送气管道（一般用 PE 膜做成）、附件及传感器等组成。

（三）幕帘系统（彩图 24）

1. 内遮阳保温幕

内遮阳保温幕是采用铝箔条或镀铝膜与聚酯线条间隔经特殊工艺编织而成的缀铝膜，具有保温节能、遮阳降温、防水滴、减少土壤蒸发和作物蒸腾从而节约灌溉用水的功效。

2. 外遮阳幕（彩图 25）

外遮阳系统利用遮光率为 70% 或 50% 的透气黑色网幕或缀铝膜（铝箔条比例较少）覆盖于离顶通风温室顶上 30 ~ 50 cm 处，比不覆盖的可降低室温 4 ~ 7 ℃，最多时可降 10 ℃，同时也可防止作物日灼伤，提高品质和质量。

（四）降温系统

1. 微雾降温系统（彩图 26）

微雾降温系统使用普通水，经过微雾系统自身配备的两级微米级的过滤系统过滤后进入高压泵，经加压后的水通过管路输送到雾嘴，高压水流以高速撞击针式雾嘴的针，从而形成微米级的雾粒，喷入温室，迅速蒸发以大量吸收空气中的热量，然后将潮湿空气排出室外达到降温目的。适于相对湿度较低、自然通风好的温室应用，不仅降温成本低，而且降温效果好，其降温能力在 3 ~ 10 ℃ 间，是一种最新降温技术，一般适于长度超过 40 m 的温室采用。

2. 湿帘降温系统

温帘降温系统利用水的蒸发降温原理实现降温。以水泵将水打至温室帘墙上，使特制的疏水湿帘能确保水分均匀淋湿整个降温湿帘墙，湿帘通常安装在温室北墙上，以避免遮光影响作物生长，风扇则安装在南墙上，当需要降温时启动风扇将温室内的空气强制抽出，形成负压；室外空气因负压被吸入室内的过程中以一定速度从湿帘缝隙穿过，与潮湿介质表面的水汽进行热交换，导致水分蒸发和冷却，冷空气流经温室吸热后经风扇排出而达降温目的。在炎夏晴天，尤其中午温度达最高值、相对湿度最低时，降温效果最好，是一种简易有效的降温系统，但高湿季节或地区降温效果受影响。

（五）补光系统

补光系统成本高，目前仅在效益高的工厂化育苗温室中使用，主要是弥补冬季或阴雨天的光照不足对育苗质量的影响。所采用的光源灯具要求有防潮专业设计、使用寿命长、发光效率高、光输出量比普通钠灯高 10% 以上。南京灯泡厂生产的生物效应灯和荷兰飞利浦的农用钠灯（400 W），其光谱都近似日光光谱，由于是作为光合作用能源补充阳光不足，要求光强在 1 万 1x 以上，悬挂的位置宜与植物行向垂直。

（六）补气系统（彩图 27,彩图 28）

1. 二氧化碳施肥系统

二氧化碳气源可直接使用贮气罐或贮液罐中的工业制品用二氧化碳，也可利用二氧化碳发生器将煤油或石油气等碳氢化合物通过充分燃烧而释放二氧化碳。

2. 环流风机（彩图 29）

封闭的温室内，二氧化碳通过管道分布到室内，均匀性较差，启动环流风机可提高二氧化碳浓度分布的均匀性，此外通过风机还可以促进室内温度、相对湿度分布均匀，从而保证室内作物生长的一致性，改善品质，并能将湿热空气从通气窗排出，实现降温的效果。

（七）计算机自动控制系统

自动控制是现代温室环境控制的核心技术，可自动测量温室的气候和土壤参数，并对温室内配置的所有设备都能实现优化运行而实行自动控制，如开窗、加温、降温、加湿、光照和二氧化碳补气、灌溉施肥和环流通气等。

（八）灌溉和施肥系统（彩图 30）

灌溉和施肥系统包括水源、储水及供给设施、水处理设施、灌溉和施肥设施、田间管道系统、灌

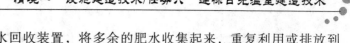

水器如滴头等。进行基质栽培时，可采用肥水回收装置，将多余的肥水收集起来，重复利用或排放到温室外面；在土壤栽培时，作物根区土层下铺设暗管，以利排水。

 行动（Action）

活动一　我国现代化连栋温室发展现状如何？

20世纪90年代以来，轻钢结构应用于现代化连栋温室建设，已成为现代化连栋温室设计的新潮流。目前，在我国现代化连栋温室设计中，通常应用矩形管、方管等型材焊接温室梁、柱、檩条、桁架等。顶部和四周通常采用PC板（碳酸聚酯板）围护，顶部也可以采用单层或双层塑料膜覆盖，温室内部空间可以进行自由分割调配。与传统砖混结构日光温室相比，轻钢结构温室具有强度高、重量轻、搞震性能好、施工速度快、建设工程量小、节约土地、工厂化生产程度高、外型美观大方等优点，易于实现标准化设计和管理，有利于标准化温室的快速发展。

活动二　智能温室的国内外研究发展现状如何？

一、国外状况

世界发达国家如荷兰、美国、以色列等大力发展集约化的温室产业，温室内温度、光照、水、气、肥实现了计算机调控，从品种选择、栽培管理到采收包装形成了一整套完整的规范化技术体系。

美国是最早发明计算机的国家，也是将计算机应用于温室控制和管理最早、最多的国家之一。美国有发达的设施栽培技术，综合环境控制技术水平非常高。环境控制计算机主要用来对温室环境（气象环境和栽培环境）进行监测和控制。以花卉温室为例，温室内监控项目包括室内气温、水温、土壤温度、锅炉温度、管道温度、相对空气湿度、保温幕状况、通窗状况、泵的工作状况、CO_2浓度、Ec调节池和回流管数值、pH调节池和回流管数值；室外监控项目包括大气温度、太阳辐射强度、风向风速、相对湿度等。温室专家系统的应用给种植者带来了一定的经济效益，提高了决策水平，减轻了技术管理工作量，同时也为种植带来了很大方便。

以园艺业著称的荷兰从20世纪80年代以来就开始全面开发温室计算机自动控制系统，并不断地开发模拟控制软件。目前，荷兰自动化智能玻璃温室制造水平处于世界先进水平，拥有玻璃温室1.2万多平方米，占世界1/4以上，有85%的温室用户使用计算机控制温室环境。荷兰开发的温室计算机控制系统是通过人机交互界面进行参数设置和必要的信息显示，可绘制出设定参数曲线、修正值曲线以及测量的数据曲线，可以从数据库内调出设定的时间段内参数以便于必要的数据查询，并能直接对计算机串行口进行操作，完成上位机与下位机之间的通信。上位机软件集参数设置、信息显示、控制等功能于一体，同时还能够很好地完成温室灌溉和气候的控制及管理。

此外，国外温室业正致力于向高科技方向发展。遥测技术、网络技术、控制局域网已逐渐应用于温室的管理与控制中。控制要求能在远离温室的计算机控制室就能完成，即远程控制。另外该网络还连接有几个通讯平台，用户可以在遥远的地方通过形象、直观的图形化界面与这种分布式的控制系统对话，就像在现场操作一样，给人以身临其境之感。

二、国内状况

我国农业计算机的应用开始于20世纪70年代，80年代开始应用于温室控制与管理领域。20世纪90年代初期，中国农业科学院农业气象研究所和作物花卉研究所，研制开发了温室控制与管理系统，并开发了基于Windows操作系统的控制软件；90年代中后期，江苏理工大学毛罕平等人研制开发了温室软硬件控制系统，能对营养液系统、温度、光照、CO_2、施肥等进行综合控制，是目前国产化温室计算机控制系统较为典型的研究成果。在此期间，中国科学院石家庄现代化研究所、中国农业大学、中国科学院上海植物生理研究所等单位也都侧重不同领域，研究温室设施的计算机控制与管理技术。"九五"期间，国家科技攻关项目和国家自然科学基金均首次增设了工厂化农业（设施农业）研究项目，并且在项目中加大了计算机应用研究的力度，其中"九五"国家重大科技产业工程"工厂化高效农业示范工程"中，直接设置了"智能型连栋塑料温室结构及调控设施的优化设计及实施"的专题。

20世纪90年代末，河北职业技术师范学院的闫忠文研制了作物大棚温湿度测量系统，能对大棚内的温湿度进行实时测量与控制。中科院合肥智能机械研究所研制了"农业专家系统开发环境—DET系列软件"和智能温室自动控制系统，能够有效地提高作物产量、缩短生长期、减小人工操作的盲目性。北京农业大学研制成功"WJG-1"温室环境监控计算机管理系统，采用了分布式控制系统。河南省农科院自动化控制中心研制了"GCS-I型智能化温室自动控制系统"，采用上位机加PLC的集散式控制方法，软件采用智能化模糊算法。中国农业大学设计研制的"山东省济宁大型育苗温室计算机分布式控制系统"，实现了计算机分布式控制。

三、我国温室存在的主要问题

（1）科技含量和总体发展水平较低。我国设施栽培起步晚、基础差，没有将其作为整体工程问题研究。从设施装备到栽培技术的生产管理不配套，生产不规范，难以形成大规模商品生产。

（2）我国现有的温室控制系统仍以控制一个温室为主，没有基于温室群的控制系统，这样降低了生产管理的效率。

（3）温室测控系统的通信仍然采用有线方式。我国温室测控系统的通信主要有485总线以及CAN总线等有线方式。这些有线通信方式不仅使得温室内的信号线和动力线错综复杂，而且导致系统的可靠性降低，安装维护工作量变大，同时也不利于农业机器人等移动设备的作业，难以达到温室生产的"工厂化农业"水平。

（4）缺少基于农业专家知识的上位机管理系统。我国目前的温室控制系统中，一些上位机只限于存储采集的历史数据，还没有根据农业专家知识而发明的实时控制管理系统。

（5）设施水平低，抵御自然灾害的能力差。我国目前部分温室的建筑材料主要是钢材和玻璃。但没有形成国家统一的标准和工厂系列的产品，且应用率仅占设施栽培面积的10%，而绝大部分由农民自行建造的塑料日光温室也只能起到一定的保温作用，根本不能实现对温度、湿度、光照等环境因子的调控。

（6）机械化水平低，调控能力差，作业主要依靠人力，生产管理主要靠经验和单因子定性调控。

评估（Evaluate）

完成了本节学习，通过下面的练习检查：

一、选择题（有一个或多个答案）

1. 现代温室的加热系统主要有热风加热系统和_____。

　　A. 热水加热系统　　B. 地热加热系统　　C. 太阳能加热系统　　D. 蒸汽加热系统

二、判断题（在括号中打√或×）

2. 现代温室启动湿帘风机降温时要同时开启自然通风窗。　　　　　　　　　　（　　　）

3. 当室外气温超过30 ℃时，单纯的自然通风或强制通风满足不了温室生产的要求。（　　　）

4. 双屋面温室是一种全光温室。　　　　　　　　　　　　　　　　　　　　　（　　　）

三、简述与论述题

5. 合理屋面角：

6. 构架率：

7. 简述现代温室内热风加热和热水管道加热两种系统的优点和缺点。

8. 试述现代温室的配套设备及其在生产实际中的应用。

附件 1-6-1　全 PC 覆盖与顶部双充膜四周 PC 板覆盖连栋温室设计方案（彩图 31，彩图 32）

温室配备了自然通风系统、防虫系统、内外遮阳系统、湿帘风扇强制通风系统、内循环系统、水暖加温系统、灌溉施肥系统、电动控制系统及照明配电系统。

一、全 PC 覆盖方案

（一）温室规格与面积

1. 结构形式

选用 Venlo 式一跨双屋脊全 PC 板连栋温室（LPC80S4 型）结构。

2. 基本参数

跨宽：8.0 m；开间：4.0 m；天沟高：4.0 m；脊高：5.1 m；外遮阳高：5.6 m。

3. 温室面积

温室采用东西排跨、南北排开间的排列方式，水槽为南北走向。整座温室一共 6 跨 11 开间，温室轴线面积：8.0 m × 6 跨 × 4.0 m × 11 开间 = 2 112 m²。

（二）温室主体

1. 温室基础及土建

（1）温室四周为条形基础，中间为点式基础，温室基础采用圈梁连接，钢筋 Ⅰ、Ⅱ 级，混凝土 C20。基础顶部预留埋件，用于连接上部结构柱。

（2）四周基础正负零以上墙体采用 370 mm 厚，墙裙标高 500 mm，室外散水宽 800 mm，温室采用一端排水，雨槽坡度 2.5‰，排水方式为内排水。

2. 温室骨架

温室主体骨架采用国产优质热镀锌钢管及钢板加工而成，正常使用寿命不低于 20 年。骨架各部件之间均采用镀锌螺栓、自攻钉连接，无焊点，整齐美观。

（1）温室骨架参数：① 立柱：双面热镀锌矩形钢管 □90 × 50 mm；② 桁架：□40 × 25 mm；③ 复合式焊接横梁：□50 × 50 mm；④ 水槽：冷弯热镀锌钢板 B = 2 mm，用于排水，水槽坡度为 2.5‰；⑤ 钢材选择及处理。所有钢构件均应采用热浸镀锌工厂化生产，现场组装。温室内所有钢结构热镀锌规范采用 GB/T3091—1993，主要包括：钢架、墙梁、墙柱、撑杆、斜拉杆、拉条等。连接件均采用镀锌处理，紧固件为国产镀锌标准件。⑥ 防滴露系统。内部结露是国内所有温室所存在的一个共性问题。滴露在不同程度上影响着温室的正常使用，更主要的是它直接影响到室内作物的品质与产量。目前，防结露性已成为衡量温室综合性能的重要标准之一。

温室主体结构设计带有防滴漏系统，覆盖材料内表面形成的露滴可通过汇集槽流入收集槽被引导至指定地点。露滴收集槽采用专用结构，安装在雨槽下面，并配有塑料软管，以便将冷凝水导出，有效防止了冷凝水直接滴落到作物的叶片上，导致病虫害的发生。

（2）温室性能指标：

① 风载：0.40 kN/m²；　　　　　　② 雪载：0.30 kN/m²；

③ 吊挂荷载：15 kg/m²；　　　　　④ 最大排雨量：140 mm/h。

注：温室骨架经过特殊的航天软件进行了强度校核和受力模拟，能确保必需的载荷指标。

（3）覆盖材料

① 顶部：采用无色透明双层聚碳酸酯（PC）中空板覆盖，厚度 8 mm；采用铝合金型材固定，专

用橡胶条密封。

②立面：采用无色透明双层聚碳酸酯（PC）中空板覆盖，厚度 8 mm；采用铝合金型材固定，专用橡胶条密封。

（4）温室门

本温室暂设门 2 套，设在温室东西两侧的中部，采用聚酯中空板覆盖的铝合金推拉门，尺寸为 1.95 m×2.1 m（宽×高）。

二、顶部双充膜四周 PC 板覆盖方案

（一）温室规格与面积

1. 温室类型

选用拱顶型双层充气膜 + PC 板连栋温室（LQ80R4（N）型）结构。

2. 规格参数

①跨宽：8.0 m；②开间：4.0 m；③肩高：3.5 m；④顶高：5.17 m；⑤外遮阳高：5.7 m。

3. 温室面积

温室采用东西排跨、南北排开间的排列方式，水槽为南北走向。整座温室一共 6 跨 11 开间，温室轴线面积为 8.0 m×6 跨×4.0 m×11 开间 = 2 112 m²。

（二）温室主体

1. 性能指标

性能指标如下：①风载：0.50 kN/m²；②雪载：0.30 kN/m²；③物吊载：0.15 kN/m²；④最大排雨量：140 mm/h；⑤电源参数：220 V/380 V，50 Hz。

2. 温室基础及土建

（1）温室四周为条形基础，中间为点式基础，温室基础采用圈梁连接，钢筋Ⅰ、Ⅱ级，混凝土 C20。基础顶部预留埋件，用于连接上部结构柱。

（2）四周基础正负零以上墙体采用 370 mm 厚，墙裙标高 500 mm，室外散水宽 800 mm，温室采用单端排水，雨槽坡度 2.5‰，排水采用内排水。

3. 主体骨架规格

温室主体骨架为轻钢结构，采用国产优质热镀锌钢管及钢板加工而成，正常使用寿命不低于 20 年。骨架各部件之间均采用镀锌螺栓、自攻钉连接，无焊点，整齐美观。

温室主体骨架参数如下：①立柱：双面热镀锌矩形钢管□90 mm×50 mm；②桁架：双面热镀锌钢管 φ48 mm；③水槽：冷弯热镀锌钢板 B = 2 mm，用于排水，水槽坡度为 2.5‰；④钢材选择及处理：所有钢构件均应采用热浸镀锌，工厂化生产，现场组装。温室内所有钢结构热镀锌规范采用 GB/T3091—1993。主要包括：钢架、墙梁、墙柱、撑杆、斜拉杆、拉条等。

连接件均采用镀锌处理，紧固件为国产镀锌标准件。

4. 覆盖材料

温室顶部覆盖材料采用 0.15 mm PEP 高保温无滴长寿双层充气膜，质轻、韧性好、透光率不小于85%（新膜单层），外层薄膜为防紫外线长寿膜，内层薄膜为无滴膜（含充气装置）。

温室四周采用 8 mm 厚聚碳酸酯（中空）PC 板覆盖，外层防紫外线，新板透光率约 80%。同时采用我公司自主研制开发的专用铝合金型材固定，防老化橡胶条密封。

5. 温室门

温室暂设门 2 套，设在温室东西两侧中部，采用聚酯中空板覆盖的铝合金推拉门，尺寸为 1.95 m×2.1 m（宽×高）。

（三）方案比较

（1）经济性：相比其他透明覆盖材料来说，PC板因为其良好的综合性能而价格较高。因此，PC板温室的造价比充气膜温室要高一些。

（2）保温效果及运行费用：Venlo式PC板温室覆盖材料全部采用保温性能良好的中空PC板，所以保温效果比充气膜温室更好，夏季降温和冬季采暖的运行费用要低得多。

（3）防滴露性能：目前温室内消除冷凝水滴落的方法有两种：①采用防结露覆盖材料；②使用防结露骨架结构。PC板温室采用两种方式相结合，主体骨架设计中带有防滴露系统，能够比充气膜温室更加有效地解决温室结露问题。

（4）坚固性：PC板良好的拉伸强度、拉断强度和冲击强度性能，保证了温室的坚固性。在温室维护时，温室屋顶屋面可以上人而没有任何问题。而充气膜温室顶部维修或维护就很不方便，还很容易被划伤。

（5）持久性：PC板的质保期限为10年，正常使用寿命至少10年以上。而膜的质保期最长的仅为3年（PEP膜），国产膜的质保期更短。因此充气膜温室最多5年（必须维护良好，一般达不到5年）就必须更换顶部覆盖，增加新的费用。

综上所述，如果用户主要从温室建设的经济性和一次性投资大小考虑，建议用户选择充气膜温室。如果用户主要从温室的使用寿命、综合使用性能以及运行费用等方面考虑，建议用户选择Venlo式PC板温室。相对而言，PC板温室的性价比更高。

（四）温室配套设施

1. 自然通风系统

温室顶部设置齿轮齿条电动开窗通风机构，实现顶部开窗，使温室内外空气形成对流，达到除湿降温效果。本系统维护方便，经济适用，而且已经达到国际先进水平。实验表明，温室内具有良好的通风可以使作物的产量提高和生长期更加经济合理。同时，良好的通风，可以降低温室的使用成本，直接增加效益。

（1）工作原理

传动机械：齿轮齿条传动按下控制箱启动开关按钮，电机启动。电机通过传动机构驱动传动轴运转，传动轴通过连接组件带动齿条运动，顶窗打开后触动行程限位器开关，电机停止，该行程运行结束。该控制箱备有手动控制，如需要中途停止，可以按下停止按钮，即可停止运行。

（2）系统基本组成

本系统包括控制箱及电机、传动部分、行程限位开关等组件。

（3）开窗形式

采用齿轮齿条机构开启。铝合金边窗框，单扇窗户规格为2.0 m×1.0 m。（双层充气膜温室采用圆弧形齿轮齿条开窗机构）

2. 防虫系统

在温室所有通风口设防虫系统。防虫网采用国产优质25目高强度尼龙防虫网，防风防雹，并有抗紫外线功能。延伸率20%，遮光率20%。

3. 外遮阳系统

（1）传动机械：采用齿轮齿条传动按下控制箱启动开关按钮，电机启动，电机通过传动机构驱动传动轴运转，传动轴通过连接件带动驱动杆在幕丝上平行移动，驱动杆拉动幕布一端缓慢展开，全部展开后触动行程限位器开关，电机停止，该行程运行结束。

该控制箱备有手动控制，如需要中途停止，可以按下停止按钮，即可停止系统运行。

（2）基本组成。本系统包括外遮阳构架、控制部分、传动机构、行程限位开关、幕线、端梁及幕布等。

① 外遮阳构架：温室顶部安装外遮阳骨架，选用热镀锌方管和连接件组合成网架结构。支架部分强度可靠，外形美观。

② 传动机构：采用齿轮齿条传动机构。驱动杆和推幕部分采用铝型材组件，横向布置，拉动幕面开合，使幕布在运行中平展美观。

③ 幕布：选用上海阳柯外遮阳幕布，幕布遮阳率70%。质保期5年，正常使用寿命8年以上。

④ 幕线：选用专用抗紫外线黑色聚酯幕线。

⑤ 电机：采用温室专用减速电机，性能参数如下：

功率：0.75 kW；

电源：380 V；

扭矩：400 N·m。

4. 内保温遮阴系统

夏季，利用保温遮阴幕配合外遮阳系统遮挡阳光，阻止多余的太阳辐射能进入温室，既保证作物能够正常生长，又降低室内能量聚集，从而降低温室内温度，保护作物免受强光灼伤，并使室内温度下降3~5 ℃；冬季，保温遮阴幕有反射室内红外线外逸的作用，减少热量散失，从而提高室内温度，降低能耗，降低冬季运行成本。

（1）工作原理

传动机械：齿轮齿条传动按下控制箱启动开关按钮，电机启动，电机通过传动机构驱动传动轴运转，传动轴通过连接件带动驱动杆在幕丝上平行移动，驱动杆拉动幕布一端缓慢展开，全部展开后触动行程限位器开关，电机停止，该行程运行结束。

该控制箱备有手动控制，如需要中途停止，按下停止按钮即可停止运行。

（2）系统基本组成

本系统包括控制箱及电机、传动部分、行程限位开关、幕线、端梁及幕布等。

① 传动机构：采用齿轮齿条机构，通过减速电机与之联结的传动轴输出动力。包括传动轴、驱动杆、连接件等，传动轴采用1″钢管，中部与电机相连，其余部分齿条均不相连；驱动杆和推幕部分采用铝型材组件，横向布置，拉动幕面开合，使幕布在运行中平展美观。

② 幕布：幕布选用专用铝箔内遮阴幕布，幕布遮阳率60%。厂家质保期5年，正常使用寿命8年以上。

③ 幕线：双层幕线选用国产优质透明聚酯幕线，质量可靠，变形小。

④ 控制部分：控制箱内装配有幕展开与合拢两套接触器件，可手动开停；又可通过行程开关，实现自动停车，可应用计算机实现温控、光控等步进式控制。

⑤ 驱动电机：采用国产优质温室专用减速电机，配备行程限位装置，自动停止，限位准确。

（3）技术参数如下：行程：3.7 m；运行速度：0.42 m/min；运行时间：8.8 min；电源：380 V，三相，50 Hz；功率：0.75 kW。

5. 湿帘-风机降温系统

（1）工作原理

实验表明，作物在适宜的环境中能获得较高的产量和缩短生长周期，从而降低生产成本，增加收入。湿帘/风扇降温系统就是利用水的蒸发降温原理实现降温目的，营造适合作物生长的环境和温度。系统选用三特（SAT）公司的湿帘、水泵系统以及国产大流量风机，降温系统的核心是能确保水均匀地淋湿整个湿帘墙。空气穿过湿帘介质时，与湿帘介质表面进行的水气交换将空气的温度降低，是一种最经济有效的降温方法。

（2）系统组成

湿帘-风机降温系统由湿帘箱、循环水系统、轴流式风机和控制系统四部分组成。湿帘采用三特公司产品，保证有大的湿表面与流过的空气接触，以便空气和水有充分的时间接触，使空气达到近似饱和，与湿帘相配合的高效风机（9FJ125）足够保证温室内外空气的流动，将室内高温高湿气体排出，并补充足够的新鲜空气。

基本配置：

① 湿帘：温室北侧设置湿帘，采用三特公司 100 mm 厚湿帘纸，高 1.5 m，长 46.8 m，共 70.2 m²（含铝合金框架）。采用铝合金框架，大大优于 PVC 材料，抗老化，密封好。湿帘、铝合金框架在维护良好的条件下，正常使用寿命为 5 ~ 10 年。

② 湿帘外翻窗：湿帘外翻窗采用 8 mm PC 板密封，并采用齿轮齿条机构启闭，一共设置 1 套。

"三防"技术——为了避免昆虫、灰尘、柳絮等异物进入或附在湿帘上，影响湿帘通风降温效果，故在密封窗内湿帘外采用防虫网密封阻隔。同时为增加保温性和密封性，窗内湿帘外再固定一层保温塑料膜。

③ 循环水系统，一共设置 2 套。水泵有 2 台，电机功率为 1.1 kW。

④ 温室南侧设置轴流风机，每跨设置 2 台，共 12 台。轴流风机性能参数如下：尺寸（长×宽×厚）：1 400 mm × 1 400 mm × 432 mm；扇叶直径：1 250 mm；排风量：40 000 m³/hr/台；功耗：0.75 kW/台。

6. 内循环系统

（1）工作原理。

众所周知，作物吸收养分和矿物质主要依靠蒸腾作用，而冬季为了保温节能，温室环境相对密封，室内的相对湿度可达 80%，作物叶面附近的相对湿度更是高达 90% 以上，这样的环境会明显抑制作物对养分的吸收，从而影响作物的光合作用。同时，加热设备很难保证在温室各处的均匀性，在此情况下，合理地使用环流风机可以保证室内温度、相对湿度的均匀分布，从而保证室内作物生长的一致性和品质。

选用优质环流风机，采用防潮设计，具有高、低速度；运行寿命长，耗电省，噪音低；风机的设计同时兼顾了作物对风速的要求。

（2）配置说明

每跨安装 2 台优质环流风机，温室共计设置 12 台。

具体布置为：风机安装在每跨的两端，同跨风机风向相反。通过环流风机的作用使温室内的温度均衡，有利于育苗作业，并准确传感温室内的实时温度，有利于降低能耗。

（3）性能参数如下：型号：SFG4-4；全压：167 Pa；静压：80 Pa；电机功率：0.55 kW；风量：5 300 m³/h；电压：380 V；转速：1 450 r/min。

7. 灌溉施肥系统

（1）倒挂微喷

① 设计条件：要求水源进入温室，水压达到设计要求，水质达到市政自来水洁净程度。

② 配置说明：喷头采用以色列进口微喷头，流量均匀，抗堵性好，寿命可达 8 年以上。主要用于室内灌溉，同时能增湿、除尘，有利于催芽育苗。PE 管间距 4.0 m，喷头间距 4.0 m。

首部控制系统有：手动球阀、过滤器、压力表测量工具等。

③ 喷头说明：采用以色列耐特菲姆公司进口产品，品质精良，坚固耐用；配有专用的防滴装置，在压力小于 0.15 MPa 时自动关闭；单组喷头喷洒范围为 7.5 ~ 8.5 m²，均匀度高；独特的悬垂结构消除了喷头摆动造成的不利影响。

（2）施肥系统

采用施肥泵系统，与灌溉系统配套使用，用于对作物进行液肥的施用。系统含美国进口注肥泵、进口过滤设备以及其他附件等，可以在灌溉的同时进行施肥，提高了工作效率，减低了劳动强度，节约了劳动时间。

① 性能参数：型号：A30-2.5%；流量：0.9 L/m-6.8 m³/hr；设定比：0.2% ~ 2.5%；工作压力：0.34-6.9 kgf/cm²。

② 工作特点。安装在供水管道上，不用电驱动，以水压作动力，肥料汇合不受主水管流量和压力变化的影响，配比精确。

8. 补温系统

（1）水暖加温系统配置说明

水暖加温系统采用热水加热方式进行，热水加温系统由热水锅炉、供热管和散热设备三个基本部分组成，其工作过程是用锅炉将水加热，然后由水泵加压，热水通过供热管道供给温室内的散热器，通过散热器散热，提高温室内部的温度。

该系统具有热阻小、热效率高、安装方便、耐压高、不易滴漏和防腐能力强等优点，同其他形式采暖设施相比，采暖性能优越。以热水为热源，室温下降缓慢，散热均匀，不会对作物产生局部剧烈影响。散热器采用热镀锌圆翼型热器。

（2）设计参数

供热系统的热水进出散热管温度：$t_1 = 95\ ℃$，$t_2 = 70\ ℃$。供暖温度，室外 – 20 ℃，室内 > 15 ℃。

9. 电动控制系统

① 系统对象，适于大型生产、科研、观赏型温室。

② 系统功能：温室内遮阴系统的控制；温室外遮阳系统的控制；温室顶开窗系统的控制；温室强制降温系统的控制；温室环流风机系统的控制。

10. 照明系统

采用国产优质防水、防尘、防潮、防雾灯。主要用途为能照亮整个温室，方便工作人员夜间作业。温室共计配置 30 盏照明灯。

11. 配电系统

（1）电源参数：220 V/380 V；50 Hz。

（2）电负荷参数如下：

顶部开窗电机：0.75 kW/台 × 1 = 0.75 kW；　　保温遮阴幕电机：0.75 kW/台 × 1 = 0.75 kW；

轴流风扇电机：0.75 kW/台 × 12 = 9.0 kW；　　循环水泵电机：1.1 kW/台 × 2 = 2.2 kW；

环流风扇电机：0.55 kW/台 × 12 = 6.6 kW；　　外遮阳电机：0.75 kW/台 × 1 = 0.75 kW；

外翻窗电机：0.55 kW/台 × 1 = 0.55 kW；　　照明灯：0.10 kW/盏 × 30 = 3.0 kW；

控制系统：约 3.0 kW/套；　　本温室配置共计：26.6 kW。

整座温室如上配置需用电不小于 30 kW，本系统配备一个综合配电箱放置于温室内部，带有自动和手动转换装置，以便于设备的安装及维修等工作的顺利进行。变压器等外部构件由用户负责，需要把主电源线接到温室的电控箱内（电源电压上下波动不能超过 ± 5%，如波动幅度超过 ± 5%，建议用户方配备稳压器）。内部构件及线路由厂方负责。

（3）技术说明：为用电方便安装防水防溅插座，其位置及型号按规范布置。

温室内导线采用防潮型 RVV 塑料套线（暗管布线），信号线为 RVVP 屏蔽导线，插座采用防水防潮型。

为使温室内美观，布线采用铁线管暗敷方式。按需要设接地极，并将接地线引至所需位置。包含温室内的所有电源线、控制线等导线及电气安装敷料。

情境二 设施环境调控技术

园艺作物的生长发育及产品器官的形成，内因决定于作物本身的遗传特性，外因决定于外界的环境因子。生产上要想获得优质高产的园艺产品，就必须实现作物与环境最大限度的协调、统一。

设施栽培是在露地环境条件不适于作物生长发育的条件下，利用温室、大棚等设施，人为地创造适宜的环境条件，进行园艺作物栽培的一种方式。设施内的环境因子包括：温度、光照、湿度、土壤、气体等，这些因子除受外界环境的影响外，在一定程度上能够实现人工调控。因此，了解设施内环境因子的特征，掌握各种环境因子的人工调控措施，可促进园艺作物的优质、高产、高效栽培。本单元基于实际工作任务及调控重点，主要设计了以下内容：

▶ **任务一** 设施温度调控技术   ▶ **任务二** 设施光照调控技术

▶ **任务三** 设施湿度调控技术   ▶ **任务四** 设施气体调控技术

▶ **任务五** 设施土壤调控技术

任务一 设施温度调控技术

目标（Object）

北方设施栽培环境调控的最主要任务是进行温度调控。怎样及时地将处于最低温度、最高温度的栽培环境调整为最适温度环境，是丰产、优质、高效的重要前提。

通过本节的学习，你将能够：① 了解温室的温度环境特点；② 学习温室保温、加温及降温的具体技术。

任务（Task）

随着温室建造新技术、新材料、新方法的不断应用，以及十八大提出的发展现代农业，目前高标准日光温室已成为北方最重要的设施类型。随着城镇化进程的不断深入，北方秋冬春蔬菜、花卉及部分水果供应，近年一直供不应求，反季节产品附加值高，促进了高标准日光温室、智能日光温室的迅速发展。为此，需① 了解温室的温度环境特点；② 掌握温室保温、加温及降温的具体技术。

准备（Prepare）

一、温室的温度环境特点

（一）温室温度变化特征

1. 气温的季节变化

在北方地区，保护设施内存在着明显的四季变化。日光温室内的冬季天数可比露地缩短 3 ~ 5 个月，夏天可延长 2 ~ 3 个月，春秋季也可延长 20 ~ 30 d，所以高效节能日光温室（室内外温差保持 30 ℃ 左右）可四季生产喜温果菜。而大棚冬季只比露地缩短 50 d 左右，春秋比露地只增加 20 d 左右，夏天很少增加，所以果菜只能进行春提前、秋延后栽培，在多重覆盖下，有可能进行冬春季果菜生产。

2. 气温的日变化

春季不加温温室气温日变化规律，其最高与最低气温出现的时间略迟于露地，但室内日温差要明显大于露地。日辐射量大的 3 月 19 日比日辐射量小的 12 月 15 日气温上升幅度大，即日温差大。中国北方的节能型日光温室，由于采光、保温性好，冬季日温差高达 15 ~ 30 ℃，在北纬 40° 左右地区不加温或基本不加温下能生产出黄瓜等喜温果菜。

3. 设施内"逆温"现象

通常温室内温度都高于外界，但在无多重覆盖的塑料拱棚或玻璃温室中，日落后的降温速度往往比露地快，如再遇冷空气入侵，特别是有较大北风后的第一个晴朗微风夜晚，温室大棚夜晚通过覆盖物向外辐射放热更剧烈。室内因覆盖物阻挡得不到热量补充，常常出现室内气温反而低于室外气温 1 ~ 2 ℃ 的逆温现象。逆温现象一般出现在凌晨，10 月至翌年 3 月都有可能出现，尤以春季逆温的危害最大。

（二）温室的热平衡原理

温室内的热量来自两方面：一是太阳辐射能，另一部分是人工加热量。而热量的支出则包括如下几个方面：地面、覆盖物、作物表面有效辐射失热；以对流方式，温室内土壤表面与空气之间、空气与覆盖物之间热量交换，并通过覆盖物表面失热；温室内土壤覆盖表面蒸发、作物蒸腾、覆盖物表面蒸发，以潜热形式失热；通过排气将显热和潜热排出；土壤传导失热等。

二、温室保温、加温技术

（一）保温措施（彩图 33，彩图 34，彩图 35，彩图 36，彩图 37，彩图 38）

1. 采用多层覆盖，减少贯流放热量，多层覆盖是最有效、实用、经济的方法

我国长江流域一带塑料温室（大棚）近年推广"三棚五幕"多重覆盖保温方式，这是利用大棚加中棚加小棚，再加地膜和小拱棚外面覆盖一层幕帘或厚无纺布。

我国北方日光温室，不仅采光性、密封性好，而且由于采用外覆盖保温被、草苫等方式，使保温性显著提高，在北方可以基本不加温在深冬生产出喜温果菜。

2. 增大温室透光率

正确选择日光温室建造方位，屋面进行经常性洁净，尽量争取最大透光率，使室内土壤积累更多热能。

3. 增大保温比

可减少保护设施内的放热，所谓保温比是指土地面积与保护设施覆盖及围护材料表面积之比，即保护设施越大，保温比越小，保温越差；反之保温比越大，保温越好。但日光温室由于后墙和后坡较厚（类似土地），因此增加日光温室的高度对保温比的影响较小。而且，在一定范围内，适当增加日光温室的高度，反而有利于调整屋面角度，改善透光，增加室内太阳辐射起到增温的作用。

4. 设置防寒沟

通常防寒沟宽 30 cm，深 50 cm，沟内填充稻壳、蒿草等导热率低的材料。防寒沟设置在日光温室周围，以切断室内土壤与外界的联系，减少地中热量横向散出。据测定，防寒沟可使温室内 5 cm 地温提高 4 ℃左右。

（二）加温技术

加温技术是现代温室园艺最基本的调控技术，但投入的设备费和运营费用大，要求采用高效、节能、实用的加温技术。常见的加温方式包括热风采暖、热水采暖、电热采暖和火炉采暖。

加温温室由于能耗大，成本高，能耗年运营费用一般约占生产总成本的 40%~50%。目前，国内加温棚室的面积占我国温室、大棚总面积还不到 2%，绝大部分都是利用自然太阳光能的不加温日光温室和塑料大棚。但在高档花卉、蔬菜栽培、工厂化育苗和娱乐型园艺上，现代加温温室的面积正在逐年增长中。北方日光温室在能耗便宜的产煤区，有相当的面积采用炉火烟道燃煤加温，也有采用立式小型燃煤暖风炉临时加温。

三、降温技术

（一）遮阳降温

（1）外遮阳：遮光 60%左右时，室温可降低 4~6 ℃，降温效果显著。

（2）内遮阳：室内在顶部通风条件下张挂遮阳保温幕，夏季内遮阳降温，冬季则有保温之效。此外还有屋顶涂白遮光降温等。

（二）屋顶喷淋降温

在玻璃温室屋脊设置喷淋装置，水分通过管道小孔喷于屋面，既减少透光率，又能吸收投射到屋面的太阳辐射热能，一般可使室温下降 3~4 ℃，此法成本低，方法简便，但易生藻类，要清除屋面水垢污染，硬水区水质要经软化处理后再使用为宜。

（三）蒸发冷却法

其原理是水蒸发时，需吸收热量，利用水转化成水蒸气，显热转换成潜热，达到降温的目的。但会增加室内湿度，若相对湿度达到 100%，则不能继续蒸发，因此同时要不断地将湿气从室内排出达到降温的效果。主要形式有：

1. 湿帘排气法

在温室北墙设置湿帘，面积与温室地面面积比为 8∶100，在距湿帘对应南侧墙安装轴流风扇，距离一般为 30~40 m，工作时风扇将室内空气强制抽出，形成负压，同时水泵启动，通过给水槽将水淋在湿帘垫上。室外空气通过多孔湿帘表面，空气中大量显热变为潜热，理论上可使室内温度降低到湿球温度，实际应用设定时，高于湿球温度 2~3 ℃，空气越干燥，温度越高，湿帘降温效果越大。

2. 细雾喷散法

喷雾要求细雾雾滴大小在 50 pm 以下，对蒸发冷却才有效，同时在天窗处要安装换气扇，喷雾一定要在换气扇打开中进行，以达到及时排气的目的。

（四）通风换气降温

通风包括自然通风和强制通风（启动排风扇排气）。自然通风与通风窗面积、位置、结构形式等有关，通常温室均设有天窗和侧窗，日光温室和大棚都在落地处设 1 m 左右的地裙，然后在其上部扒缝放风。日光温室顶部常采用扒缝放风或烟囱放风，个别在后墙设有通风窗。大棚也常用卷幕器在侧部、顶部行卷膜放风，这些都是简易有效的通风降温方法，但在室外气温超过 30 ℃时，单纯的自然通风或强制通风是满足不了生产要求的。

四、变温管理

依据作物在一天中的生理活性中心的变化，将1天分成若干时段，设计出各时段适宜的管理温度，以促进同化产物的制造、运转和合理分配，同时降低呼吸消耗，从而起到增产、节能的作用。这样的温度管理方法叫做变温管理。（三段变温或四段变温。）

 行动（Action）

活动一　冬季温室黄瓜栽培的温度调控

温室低温是造成黄瓜封头的主要原因，而跑秧（疯长）却与低温封头恰好相反，主要是由高温造成的。跑秧，即旺长，营养生长过剩而生殖生长不足。

上述两个截然不同的现状在很大程度上就是因为温度管理不当造成的，那么，黄瓜生长需求什么样的温度？在管理上又应如何调控棚室温度呢？这就需要我们从掌握黄瓜的生物学特性入手进行分析。

一、黄瓜对温度的要求

黄瓜是典型的喜温植物，生育适温为 10~32 ℃。白天适温较高，约为 25~32 ℃，夜间适温较低，约为 15~18 ℃，光合作用适温为 25~30 ℃。

一般情况下，温度达到 32 ℃ 以上则黄瓜呼吸量增加，而净同化率下降；35 ℃ 左右同化产量与呼吸消耗处于平衡状态；35 ℃ 以上呼吸作用消耗高于光合产量；40 ℃ 以上光合作用急剧衰退，代谢机能受阻；45 ℃ 下 3 h 叶色变淡，雄花落蕾或不能开花，花粉发芽力低下，导致畸形果发生；50 ℃ 下 1 h 呼吸完全停止。在棚室栽培条件下，由于有机肥施用量大，二氧化碳浓度高，湿度大，黄瓜耐热能力有所提高。

黄瓜正常生长发育的最低温度是 10~12 ℃。在 10 ℃ 以下时，光合作用、呼吸作用、光合产物的运转及受精等生理活动都会受到影响，甚至停止。

黄瓜植株组织柔嫩，一般 -2~0 ℃ 为冻死温度。但是黄瓜对低温的适应能力常因降温缓急和低温锻炼程度而大不相同。未经低温锻炼的植株，5~10 ℃ 就会遭受寒害，2~3 ℃ 就会冻死；经过低温锻炼后的黄瓜植株，不但能忍耐 3 ℃ 的低温，甚至遇到短时期的 0 ℃ 低温也不致冻死。

黄瓜对地温要求比较严格。黄瓜的最低发芽温度为 12 ℃ 左右，最适发芽温度为 28~32 ℃，35 ℃ 以上发芽率显著降低。黄瓜根的伸长温度最低为 8 ℃，最适宜温度为 32 ℃，最高为 38 ℃；黄瓜根毛的发生最低温度为 12~14 ℃，最高为 38 ℃。生育期间黄瓜的最适宜地温为 20~25 ℃，最低为 15 ℃ 左右。

黄瓜生育期间要求一定的昼夜温差，因为黄瓜白天进行光合作用，夜间呼吸消耗，白天温度高有利于光合作用，夜间温度低可减少呼吸消耗，适宜的昼夜温差能使黄瓜最大限度地积累营养物质。一般白天 25~30 ℃，夜间 13~15 ℃，昼夜温差 10~15 ℃ 较为适宜。黄瓜植株同化物质的运输在夜温 16~20 ℃ 时较快，15 ℃ 以下停滞。但在 10~20 ℃ 范围内，温度越低，呼吸消耗越少。

所以昼温和夜温固定不变是不合理的。在生产上实行变温管理时，生育前期和阴天，宜掌握下限温度管理指标，生育后期和晴天，宜掌握上限管理指标。这样既有利于促进黄瓜的光合作用，抑制呼吸消耗，又能延长产量高峰期和采收期，从而实现优质高产、高效益。

二、棚室温度调控

定植后应密闭保温，尽量提高室内温湿度，促进新根生长，以利于缓苗。一般白天以 25~28 ℃ 为宜，夜间以 13~15 ℃ 为宜，寒冷天气应加强保温覆盖。地温要尽量保持在 15 ℃ 以上。缓苗后幼苗期尚未结束，仍按幼苗期管理，以促根控秧为中心，尽量控制植株徒长，促进根系发育。

进入初花期以后，应根据黄瓜一天中光合作用和生理重心的变化进行温度管理。黄瓜上午光合作用比较旺盛，光合量占全天的 60%~70%，下午光合作用减弱，约占全天 30%~40%。光合产物从午后 3~4 时开始向其他器官运输，养分运输的适温是 16~20 ℃，15 ℃ 以下停滞，所以前半夜温度不能过低。温度稍高，对养分运输是有利的。后半夜到揭苫前应降低温度，抑制呼吸消耗，在 10~20 ℃ 范围内，温度越低，呼吸消耗越小。

因此，为了促进光合产物的运输，抑制养分消耗，延长产量高峰期和采收量，在温度管理上应适当加大昼夜温差，实行四段变温管理：即午前为 26~28 ℃，午后逐渐降到 20~22 ℃，前半夜再降至 15~17 ℃，后半夜降至 10~12 ℃。白天超过 30 ℃ 从顶部放风，午后降到 20 ℃ 闭风，天气不好时可提早闭风，一般室温降到 15 ℃ 时放草帘，遇到寒流可在 17~18 ℃ 时放草帘。这样的管理对黄瓜的生长是有利的，有利于黄瓜雌花的形成。结果期温度仍实行变温管理，由于这一时期（3 月以后）日照时效增加，光照由弱转强，室温可适当提高，午前保持 28~30 ℃，午后 22~24 ℃，前半夜 17~19 ℃，后半夜 12~14 ℃。在生育后期应加强通风，避免室温过高。

温度是影响蔬菜大棚小气候环境变化的一个关键性因子，对棚内蔬菜的生长发育起着至关重要的作用。在大棚蔬菜的生产中，常因温度的剧烈变化给蔬菜的生产带来严重威胁，因此，进行大棚蔬菜生产，掌握棚内温度的调控技术，为蔬菜生长发育创造一个适宜的温度条件具有非常重要的作用。

活动二　大棚蔬菜的温度调控

一、大棚的温度变化规律

塑料大棚的温度变化与外界气温变化极为密切，常表现出随外界气温的升高而升高、下降而下降的特点。在南方，一般棚内外气温差在 2.5~25 ℃ 之间，10 cm 土层温差在 5~10 ℃ 之间，北方地区温差更大。

（1）棚内气温的季节变化特点多数地方在 12~2 月，因外界光照时间短，气温低，棚内气温只比棚外气温高 2.5~10 ℃ 左右。这段时间，在有微风晴朗的夜晚，偶有棚内气温短时间低于棚外最低气温的现象，即"棚温逆转"现象。这种现象的出现往往对蔬菜幼苗的生长造成威胁。因此，大棚蔬菜的早春促成栽培，尤要注意保温、增温；3~5 月，因外界光照增强，日照时间增多，外界气温回升；棚内外温差开始加大，一般在 6~25 ℃ 之间，时有棚内气温高达 40~50 ℃ 以上，如不及时通风，易产生高温危害；6~8 月外界气温最高对利用大棚进行越夏栽培蔬菜的应采取措施进行降温；9~11 月因外界气温逐渐下降，棚内气温也随之下降。因此，大棚蔬菜进行秋延后栽培的应注意保温防寒。

（2）棚内气温昼夜变化特点。棚内温度的昼夜变化规律与外界气温昼夜变化的规律基本相似，但变化更剧烈。晴天，一般最低气温出现在凌晨日出之前，日出后随太阳高度增加棚温上升，8~10 时上升最快，密闭条件下平均每小时上升 5~8 ℃，有时上升 10 ℃ 以上，棚内最高气温出现在 12~13 时，比外界最高温出现稍早。14~15 时以后棚内气温开始下降，平均每小时下降 3~5 ℃，日落前下降最快。晴天棚内昼夜温差在 10~20 ℃ 左右。阴天，棚内温度变化缓慢，增温幅度也较小，仅 2 ℃ 左右。

二、温度的调控原则

1. 遵循蔬菜种类及其生长发育规律调控的原则

不同蔬菜或同一蔬菜在不同发育阶段，对温度的要求不同，在进行棚温调控时，必须根据不同蔬菜或同一蔬菜在不同生长发育阶段对温度的要求来进行调控。如果菜类蔬菜缓苗期的温度应控制在 25~28 ℃ 比较适宜，有利于促进缓苗。

2. 遵循棚温变化规律调控的原则

棚温因季节、天气、昼夜的变化而不同。在 12~2 月，一般棚温偏低，常使蔬菜生长遭受低温危害，应积极采取保温增温措施。相反，在 3~9 月，一般棚温偏高，常使蔬菜生长受阻，应采取降温措施进行调控。

3. 遵循认真收看当地天气预报的原则

了解天气预报有利于准确掌握棚温变化和灾害性天气出现的时间强度，以便及时采取补救措施达到预防的目的。

三、温度的调控措施

（一）增加棚温的措施

（1）优化棚室结构。建棚时，大棚最好采用南北向延长，在确保安全、牢固的情况下，尽量减少棚室骨架，以最大限度地利用太阳能增温。同时在条件许可的情况下，适当增加棚室的高度和长度，有利于减少散热面积，增加保温效果。

（2）选用优质棚膜。普通棚膜在南方因空气湿度大，易在棚膜上附着 1 层水滴而降低透光率，影响温度的升高。因此，如有条件可选用无滴棚膜或其他新型多功能棚膜，更有利于大棚内的保温和增温。

（3）提前扣棚。使用大棚前 10 ~ 15 d 提前扣棚，可增加地热贮存，提高棚内地温。

（4）挖防寒沟。在大棚四周开深 40 cm、宽 30 cm 的防寒沟，沟内填充稻壳、麦草、杂草、牛粪等，上盖薄膜和土，切断棚内土壤热量的水平散热，从而达到增温、保温的目的。

（5）增施有机肥。有机肥的施入，不仅因其分解释放热量，提高地温，而且其分解释放的养分还可改良土壤结构，提高土壤的吸热保温性能。

（6）高畦栽培，地膜覆盖采用这种栽植方式既有利于地温提高 1 ~ 3 ℃，又有利于降低棚室的空气湿度，增加近地面光照，减少病虫害。

（7）设置防寒裙。低温阶段，在大棚四周盖 1 ~ 1.5 m 高的草苫或旧薄膜，可使气温增高 1 ~ 2 ℃。

（8）燃放沼气。在塑料大棚内燃放沼气，不仅能增温，还能补充二氧化碳气体而促进蔬菜生长发育。据在大棚黄瓜、番茄、青椒等蔬菜上试验，一般可增产 20% ~ 40%。

（9）使用镀铝膜反光幕。利用聚酯镀铝膜拼接成 2 m 宽、3 m 长的反光幕，挂在大棚后立柱上端，下边垂至地面，这样可使棚温提高 3 ~ 4 ℃，地温提高 1.8 ~ 2.9 ℃。

（10）临时加温措施一般在天气预报有强寒流来临，对大棚蔬菜会造成灾害时，各地可根据具体情况，及时采取以下措施进行预防：

① 灌水：寒潮来临前，进行土壤灌水，可提高棚内土壤和空气湿度，达到防寒效果，采用这种方法，当外界气温在零下 3 ~ 4 ℃时，也可保护棚内果菜类秧苗不受冻害。

② 热水防冻：如果大棚面积小，在寒潮来临前，可用水桶盛热水放在棚内，用热水的水汽防冻。

③ 熏烟防冻：霜冻前，在棚外熏烟，可起到驱寒增温，减缓棚内降温的效果。用熏烟方法一般可使棚外气温提高 1 ~ 2 ℃，棚内气温也将相应提高。

（二）降温措施

1. 通风

通风是降低棚温，预防高温危害的主要措施。通风的原则依季节和天气变化而灵活掌握。在寒冷季节，外界气温低，一般要在棚内温度高于适宜温度后才能逐渐通风，但在外界气温提高后，则可在棚温接近适温时，开始逐渐通风。具体通风时要由小到大，关闭风口时要求由大到小，防止棚温忽高忽低。高温要早通风，低温要晚通风。

2. 遮阴

利用遮阳网、无纺布等遮阴，在夏季一般可使地表温度降低 4 ~ 6 ℃。

3. 地面灌溉和喷水

因水分的蒸发会消耗大量的热能，因此，在地温过高时，进行地面灌水和喷水，可使棚室温度降低。

评估（Evaluate）

完成了本节学习，通过下面的练习检查掌握程度：

一、选择题（有一个或多个答案）

1. 在不加温的条件下，温室内温度的增加主要靠太阳的直接辐射和_____。
   A. 气温　　　　　　　B. 土温　　　　　　　C. 地面　　　　　　　D. 散射辐射

2. 现代温室的加热系统主要有热风加热系统和_____。
   A. 热水加热系统　　　B. 地热加热系统　　　C. 太阳能加热系统　　D. 蒸汽加热系统

3. 在晴朗冬夜盖内遮阳保温幕的不加温温室比不盖该幕的平均增温_____。
   A. 1～2 ℃　　　　　　B. 3～4 ℃　　　　　　C. 5～6 ℃　　　　　　D. 7～8 ℃

4. 下列影响日光温室保温性能的有_____。
   A. 温室方位　　　　　B. 墙体厚度　　　　　C. 后屋面仰角
   D. 后屋面长度　　　　E. 棚膜种类

5. 按照园艺设施温度性能分类，下列属于保温加温设施的是_____。
   A. 拱棚　　　　　　　B. 温室　　　　　　　C. 温床　　　　D. 荫障　　　　E. 冷床

6. 下列有利于提高温室保温性的措施是_____。
   A. 增厚墙体　　　　　B. 减小保温比　　　　C. 增大保温比
   D. 减小温室透光率　　E. 覆盖层增多

二、判断题（在括号中打√或×）

7. 日光温室保温比越小保温能力越强。　　　　　　　　　　　　　　　　（　　　）
8. 微雾降温系统利用水的快速蒸发降温。　　　　　　　　　　　　　　　（　　　）
9. 日光温室后屋面越短保温性能越好。　　　　　　　　　　　　　　　　（　　　）
10. 使用漫反射薄膜可使设施中的作物受光变得一致，温度变化减小。　　（　　　）

三、简述与论述题

11. 贯流传热量：
12. 简述温室的保温措施主要有哪些？
13. 设施内温度条件的调控措施有哪些？

任务二　设施光照调控技术

目标（Object）

没有光照，再多的肥料、水分，再适合的温度，植物也不会正常生长发育，因为植物的所有营养都是在有光照的条件下合成的。看看光合作用方程式就明白了：

水 + 二氧化碳（光能和叶绿体）→碳水化合物 + 氧气（空气中氧气的主要来源）

植物的根从地下吸收水分和肥料，通过木质部的导管输送到所有的叶片之上，进行光合作用，合成营养后再从皮层由上而下输送到全身供生长发育之用。可见光照对于植物如同吃饭对于我们人类一样，十分重要。假如没有光照，叶绿素的合成、花青素的形成、水分的吸收与蒸腾、细胞质的流动等生命活动都无法进行。

设施环境的光照调控技术，是作物栽培丰产、优质、高效的重要前提。通过本节的学习，你将能够：
① 了解设施内的光环境特征；② 影响设施光环境的主要因素；③ 设施光照环境的调控技术。

任务（Task）

设施环境的光照调控技术，是作物栽培丰产、优质、高效的重要前提。为此，需做到以下几点：① 了解设施内的光环境特征；② 掌握影响设施光环境的主要因素；③ 掌握不同设施类型中光照环境的调控技术。

准备（Prepare）

光环境对温室作物的生长发育产生光效应、热效应和形态效应，直接影响其光合作用、光周期反应和器官形态的建成，在设施园艺作物的生产中，尤其是在喜光园艺作物的优质高产栽培中，具有决定性的影响。

一、设施的太阳辐射

温室内的光照来源，除少数地区和温室进行补光育苗或栽培时利用人工光源外，主要依靠自然光源，即太阳光能。对绿色植物的吸收而言，用光量子通量密度来反映光能对植物的生理作用，同时温室作物生产中光环境功能的表达，也不仅依赖占太阳总辐射能量 50% 的可见光部分，还包括分别占太阳总辐射能量 43% 和 7% 的红外线辐射和紫外线辐射。

二、设施内的光环境特征（彩图 39）

首先是总辐射量低，光照强度弱。温室内的光合有效辐射能量、光量和太阳辐射量受透明覆盖材料的种类、老化程度、洁净度的影响，仅为室外的 50%~80%，这种现象在冬季往往成为喜光果菜类作物生产的主要限制因子。

其次是辐射波长组成与室外有很大差异。由于透光覆盖材料对光辐射不同波长的透过率不同，一般紫外光的透过率低。但当太阳短波辐射进入设施内并被作物和土壤等吸收后，又以长波的形式向外辐射时，多被覆盖的玻璃或薄膜所阻隔，很少透过覆盖物，从而使整个设施内的红外光长波辐射增多，这也是设施具有保温作用的重要原因。

再次，光照分布在时间和空间上极不均匀。温室内的太阳辐射量，特别是直射光日总量，在温室的不同部位、不同方位、不同时间和季节分布都极不均匀，尤其是高纬度地区冬季设施内光照强度弱，光照时间短，严重影响温室作物的生长发育。

三、影响设施光环境的主要因素

（一）散射光的透光率

太阳光通过大气层时，因气体分子、尘埃、水滴等发生散射并吸收后到达地表的光线称为散射光。散射光是太阳辐射的重要组成部分，在温室设计和管理上要考虑充分利用散射光的问题。

（二）直射光的透光率

直射光的透光率随纬度、季节、时间、温室建造方位、单栋或连栋、屋面角和覆盖材料的种类不同而有差异，具体如下所述。

1. 构架率

温室由透明覆盖材料和不透明的构架材料组成。温室全表面积内，直射光照射到结构骨架（或框架）材料的面积与全表面积之比，称构架率。构架率愈大，说明构架的遮光面积愈大，直射光透光率愈小。简易管棚（大棚）的构架率约为 4%，普通钢架玻璃温室的构架率约为 20%，Venlo 型玻璃温室的构架率约为 12%。

2. 屋面直射光入射角的影响

影响太阳直射光透光率的种种因素，多是由于影响直射光入射角的大小所致。太阳直射光入射角是指直射光线照射到水平透明覆盖物与法线所形成的角。入射角愈小，透光率愈大，入射角为 0 时，光线垂直照射到透明覆盖物上，此时反射率为 0。透光率随入射角的增大而减少，入射角为 90° 时透光率约 83%，入射角为 40° 或 45°，透光率明显减少。若入射角超过 60° 的话，反射率迅速增加，而透光率就急剧下降（见图 1-2-1）。

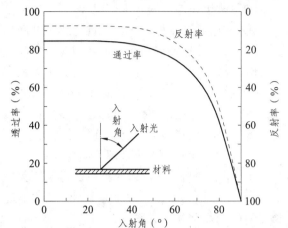

图 1-2-1　太阳入射角与透射率和反射率的关系

3. 覆盖材料的光学特性

紫外线均不透过 FRP 板和 PC 板、PET 板、PE 膜、MMA 板、PVC 膜和玻璃都能透过紫外线。由于紫外线部分 290 mm 以下的波长被臭氧层几乎全部吸收掉，不能到达地面，所以这四种材料紫外线的透过率，实质上不存在差异。至于可见光部分，各种覆盖材料的透光率大都在 85% ~ 92% 左右，差异不显著。

由于各种覆盖材料使用后的污染、老化及水滴水膜的附着，使透光率大为减弱，光质也有改变。一般 PVC 膜易被污染，PE 膜次之，玻璃污染较轻，如使用有滴膜，且不经常清除污染，则这种膜会因附着水滴而使透光率降低 20% 左右，因污染使透光率降低 15% ~ 20%，因本身老化透光率降低 20% ~ 40%，再加上温室结构的遮光，温室等设施的透光率最低时仅有 40% 左右。

4. 温室结构方位的影响

温室内直射光透光率与温室结构、建筑方位、连栋数、覆盖材料、纬度、季节等有密切关系，因此必须要选择适宜的温室结构、方位、连栋数和透明覆盖材料。从我国温室分布的中高纬度地区看，冬季以日光温室采取东西延长，一般坐北向南，北方寒冷地区偏西角度 5° ~ 10° 为宜。塑料大棚优先采用南北延长，棚内光照均匀。

四、光环境的调控

（一）光强的调控

1. 遮光

芽菜和软化蔬菜、观叶植物、花卉、茶叶等进行设施栽培或育苗时，往往通过遮光来抑制气温、土温和叶温的上升，以改善品质，保护作物的稳定生产，或者进行短日照处理，都要利用遮光来调控光照时数或光强。遮光用材分为外覆盖与内覆盖两类，主要覆盖草苫、竹帘、遮阳网、普通纱网、不织布等。一般可遮光 50% ~ 55%，降温 3.5 ~ 5.0 ℃ 左右，这种方法应用最广泛。但也有在玻璃温室表面涂白进行遮光降温的。

外覆盖的遮光降温效果好，但易受风害；内覆盖不易受风吹，但易吸热再放出，抑制升温的效果不如外覆盖。

遮光目的是降温或抑制升温，遮光率愈大，抑制升温效果也越大，在内覆盖方式下，银灰色较黑色网抑制升温的效果好。

2. 人工补光

人工补光的主要目的有两个：一是调节光周期，抑制或促进花芽分化，调节开花期和成熟期，在菊花、草莓等冬季栽培上广为应用，通常称为电照栽培，一般要求光强较低。另一目的是促进光合作用，补充自然光的不足，高纬度的北方冬季夜长昼短，为促进生长，采取补光栽培，要求光强在补偿点以上。

3. 提高温室内光照透过率的主要措施

（1）选择适宜地区。选择冬半年光照充足地区建温室，选冬春阴雨雪天少、尘埃、烟雾等污染少

的地区。

（2）改善设施的透光率。

① 选用透光性好、防尘、抗老化、无滴的透明覆盖材料，且透紫外光多，透长波红外辐射少。

② 采用合理的屋角面，如我国北方日光温室屋面角在北纬 38°~40° 区域内应达到 31.5°~33.5°。

③ 温室架构选材上尽量选结构比小而强度大的轻量钢铝骨架材料，以减少遮光面。

④ 注意建造方位，北方偏脊式的日光温室宜选东西向，依当地风向及温度等情况，采用南偏西或偏东 5°~10° 为宜，并保持邻栋温室之间的一定距离。大型现代温室则以南北方向为宜，因光分布均匀，并要注意温室侧面长度、连栋数等对透射光的影响。

（3）加强设施的光照管理。

① 经常打扫、清洗，保持屋面透明覆盖材料的高透光率。

② 在保持室温适宜的前提下，设施的不透明内外覆盖物（保温幕、草苫等）尽量早揭晚盖，以延长光照时间而增加透光率。

③ 注意作物的合理密植，注意行向（一般南北向为好），扩大行距，缩小株距，增加群体光透过率。

④ 张挂反光幕和玻璃温室屋面涂白等增加室内光分布均匀度，夏季涂白，可防止升温等。

（二）光照长度的调控

作物光周期反应的控制，促进或延缓花芽分化或打破休眠期，分为长日照处理与短日照处理。

1. 短日照处理

短日照处理采用遮光率为 100% 的遮光幕覆盖，如菊花遮光处理，可促进提早开花。

2. 长日照处理

长日照处理采用补光处理，如菊花电照处理可延长秋菊开花期至冬季三大节日期间开花，实现反季节栽培，增加淡季菊花供应，提高效益。

（三）光质的调控

覆盖材料光波透过率中重要波长域是紫外线，紫茄子温室栽培若无紫外线就着色不好，月季花的着色与紫外线也有关系，同时温室草莓、甜瓜栽培放蜂传粉的话，用除去紫外线的薄膜覆盖会影响蜜蜂传粉，但能抑制蚜虫的发生，并促进茎叶的伸长。

 行动（Action）

活动一　光对植物生长的影响

一、光照强度对植物生长及形态结构有重要作用

光对植物的生长有直接影响和间接影响。直接影响指光对植物形态生成的作用，就植物生长过程本身而言，它并不需要光。只要有足够的营养物质，植物在暗处也能生长。但是，在暗处生长的植物，形态是不正常的。如在无光下生长出来的植物是黄化苗。间接影响主要指光合作用，光合作用固定空气中的二氧化碳合成有机物质，这是植物生长的物质基础。植物叶片每固定 1 mol（摩尔）的 CO_2，大约需要 468.6 kJ（千焦耳）的光能，因此光是通过影响光合作用的进行来影响植物的生长。正因为光照强度对植物的生长作用如此巨大，因此，如果能够控制光照强度与时间，就能控制作物的生长，使我们得到所期望的作物收成。

二、光照强度对植物会产生很大影响

一切绿色植物必须在阳光下才能进行光合作用。植物体重量的增加与光照强度密切相关。植物体

内的各种器官和组织能保持发育上的正常比例，也与一定的光照强度直接相联系。光照对植物的发育也有很大影响，要植物开花多，结实多，首先要花芽多，而花芽的多少又与光照强度直接相关。根据植物对光需求程度的不同，可将植物分为阳性植物、阴性植物和耐阴植物。在明亮的阳光下发育得很好，而在遮阴条件下却引起死亡，这类植物如马尾松以及绝大多数草原植物和荒漠植物，叫阳性植物。有的植物，例如生于林下的草本植物酢浆草等，生长于非常阴暗的条件下，当它们的叶子暴露于明亮的阳光下时，由于叶绿素被破坏而呈现淡黄色，最后以致死亡，它们是阴性植物。在自然界中绝对的阴性植物并不多见，大多数植物在明亮的阳光下发育得很好，但也能忍受一定程度的荫蔽，它们叫耐阴植物。

三、光能促进植物的组织和器官分化

强光对植物茎的生长有抑制作用，但能促进组织分化，有利于树木木质部的发育。如在全光照条件下生长的树木，一般树干粗壮、树冠庞大、枝下垂较低，具有较高的观赏与生态价值。在高强光中生长的树木较矮，但是干重增加，并且根茎比提高。此外，叶子较厚，栅栏组织层数较多。但强光还会使叶绿素发生光氧化，使蛋白质合成减少，而碳水化合物合成增加。强光往往导致高温，易造成水分亏缺、气孔关闭和 CO_2 供应不足，也会引起光合下降，从而影响植物的生长；而光照不足，枝长且直立生长势强，表现为徒长和黄化。另外，光能促进细胞的增大和分化，控制细胞的分裂和伸长，因此要使树木正常生长，则必须有适合的光照强度。

四、光照强度对树木根系的生长能产生间接的影响

充足的光照条件有利于苗木根系的生长，形成较大的根茎比，对苗木的后期生长有利；当光照不足时，对根系生长有明显的抑制作用，根的伸长量减少，新根发生数少，甚至停止生长。尽管根系是在土壤中无光条件下生长，但它的物质来源仍然大部分来自地上部分的同化物质。当因光照不足，同化量降低，同化物减少时，根据有机物运输就近分配的原则，同化物质首先给地上部分使用，然后才送到根系，所以阴雨季节对根系的生长影响很大，而耐阴的树种形成了低的光补偿点以适应其环境条件。树体由于缺光状态表现徒长或黄化，根系生长不良，必然导致上部枝条成熟不好，不能顺利越冬休眠，根系浅且抗旱抗寒能力低。此外，光在某种程度上能抑制病菌活动，如在日照条件较好的土地上生长的树木，其病害明显减少。

光照过强会引起日灼，尤在大陆性气候、沙地和昼夜温差剧变情况下更易发生。叶和枝经强光照射后，叶片温度可提高 5～10 ℃，树皮温度可提高 10～15 ℃ 以上。当树干温度为 50 ℃ 以上或在 40 ℃ 持续 2 小时以上，即会发生日灼。日灼与光强、树势、树冠部位及枝条粗细等均密切相关。

如果光照强度分布不均，则会使树木的枝叶向强光方向生长茂盛，向弱光方向生长不良，形成明显的偏冠现象。这种现象在城市园林树种表现很明显，由于现代化城市高楼林立、街道狭窄，改变了光照强度的分布，在同一街道和建筑物的两侧，光照强度会出现很大差别。如东西走向街道，北侧受的光远多于南侧，这样由于枝条的向光生长会导致树木偏冠。树木和建筑物的距离太近，也会导致树木向街道中心进行不对称生长。

五、光照的强弱与开花也有着密切的关系

对于喜阳植物来说，在同一植株上，受光多的枝条上形成的花芽较背光面的枝条多。在夏季晴天多的年份，第二年开花植物的花朵会更繁茂。

光照的强弱决定着某些花朵开放的时间。如半支莲、酢浆草的花朵只在晴天的中午盛开，月见草、茉莉花、晚香玉只在傍晚散发芳香，而昙花美丽的花朵在夜间吐露芬芳，牵牛花在清晨日出时刻最为美丽。

六、光照的强度影响着花色

高山热带花卉花朵的色彩较平地花卉花朵色彩更鲜艳，同一品种花卉其花色在室外较室内艳丽。

一般花卉最适宜在全光照 50% ~ 70% 的条件下生长发育，如果所接受日光少于全光照的 50%，花卉生长不良。如超过 70% 的全光照也会抑制花木生长发育。冬季在室内，若较长时间光照不足，会造成植株徒长，节间距离加长，开花品种的花卉着花少、花色淡，有香味的花，花香淡薄，花木分蘗能力差，而且抵抗能力减弱，易染病虫害。

花卉对光照要求不同，以其对光照的需求多少不同可分为：阳性花卉、中性花卉、阴性花卉。

（1）阳生花卉（70% ~ 100% 太阳直射光），如茉莉、米仔兰、月季、荷花、睡莲、桂花、菊花、春梅、牡丹、石榴、木本海棠、太阳花等。

（2）中性花卉（50% ~ 80% 太阳直射光），如杜鹃、茶花、兰花、栀子花、草本海棠、吊钟花等。

（3）阴生花卉（20% ~ 50% 太阳直射光，最好是散射光），如君子兰、珠兰、文竹等；一些热带雨林植物也属阴生植物，如绿萝、合果芋、龟背竹、斑叶竹芋、绿地王等；蕨类由于生长在林下，很多品种也属阴生植物，如金毛蕨、铁线蕨、银线蕨等。雨林植物和蕨类植物以观赏叶片为主，通常都可以放在室内靠窗的地方莳养，案上春色，绿意盎然，放在室外太阳下反而吃不消。

活动二　各种植物开花对日照长度的反应

人们通过用人工延长或缩短光照的方法，广泛地探测了各种植物开花对日照长度的反应，发现植物开花对日照长度的反应有以下几种类型：

（1）长日植物（long-day plant，LDP），指在 24 h 昼夜周期中，日照长度长于一定时数才能成花的植物。对这些植物延长光照可促进或提早开花，相反，如延长黑暗则推迟开花或不能成花。属于长日植物的有：小麦、大麦、黑麦、油菜、菠菜、萝卜、白菜、甘蓝、芹菜、甜菜、胡萝卜、金光菊、山茶、杜鹃、桂花、天仙子等。典型的长日植物天仙子必须满足一定天数的 8.5 ~ 11.5 h 日照才能开花，如果日照长度短于 8.5 h 它就不能开花。

（2）短日植物（short-day plant，SDP），指在 24 h 昼夜周期中，日照长度短于一定时数才能成花的植物。对这些植物适当延长黑暗或缩短光照可促进或提早开花，相反，如延长日照则推迟开花或不能成花。属于短日植物的有：水稻、玉米、大豆、高粱、苍耳、紫苏、大麻、黄麻、草莓、烟草、菊花、秋海棠、腊梅、日本牵牛等。如菊花须满足少于 10 h 的日照才能开花。

（3）日中性植物（day-neutral plant，DNP），这类植物的成花对日照长度不敏感，只要其他条件满足，在任何长度的日照下均能开花。如月季、黄瓜、茄子、番茄、辣椒、菜豆、君子兰、向日葵、蒲公英等。

除了以上三种典型的光周期反应类型以外，还有一些其他类型：

（4）长-短日植物（long-shortday plant），这类植物的开花要求有先长日后短日的双重日照条件，如芦荟、夜香树等。

（5）短-长日植物（short-longday plant），这类植物的开花要求有先短日后长日的双重日照条件，如风铃草、鸭茅、瓦松、白三叶草等。

（6）中日照植物（intermediate-daylength plant），只有在某一定中等长度的日照条件下才能开花，而在较长或较短日照下均保持营养生长状态的植物，如甘蔗的成花要求每天有 11.5 ~ 12.5 h 日照。

（7）两极光周期植物（amphophotoperiodism plant），与中日照植物相反，这类植物在中等日照条件下保持营养生长状态，而在较长或较短日照下才开花，如狗尾草等。

许多植物成花有明确的极限日照长度，即临界日长（criticaldaylength）。长日植物的开花，需要长于某一临界日长；而短日植物则要求短于某一临界日长，这些植物称绝对长日植物或绝对短日植物。

但是，还有许多植物的开花对日照长度的反应并不十分严格，它们在不适宜的光周期条件下，经过相当长的时间，也能或多或少地开花，这些植物称为相对长日植物或相对短日植物。可以看出，长日植物的临界日长不一定都长于短日植物；而短日植物的临界日长也不一定短于长日植物。如一种短日植物大豆的临界日长为 14 h，若日照长度不超过此临界值就能开花。一种长日植物冬小麦的临界日长为 12 h，当日照长度超过此临界值时才开花。将此两种植物都放在 13 h 的日照长度条件下，它们都开花。因此，重要的不是它们所受光照时数的绝对值，而是在于超过还是短于其临界日长。同种植物的不同品种对日照的要求可以不同，如烟草中有些品种为短日性的，有些为长日性的，还有些只为日中性的。通常早熟品种为长日或日中性植物，晚熟品种为短日性植物。

 ## 评估（Evaluate）

完成了本节学习，通过下面的练习检查掌握程度：

一、选择题（有一个或多个答案）

1. 温室内的光照分布在水平和垂直两个方向上表现为_____。

 A. 水平均匀，垂直不均匀   B. 两个方向都不均匀

 C. 水平不均匀，垂直均匀   D. 两个方向都均匀

2. 外遮阳的遮光率达到 60%，可使室温降低_____。

 A. 2~4 ℃   B. 4~6 ℃   C. 8~10 ℃   D. 10~12 ℃

3. 下列影响温室采光性能的是_____。

 A. 棚膜清洁程度   B. 后屋面仰角   C. 棚膜种类

 D. 前屋面形状   E. 光强

二、判断题（在括号中打√或×）

4. 温室内的光照在空间上分布均匀。   （ ）

5. 使用漫反射薄膜可使设施中的作物受光变得一致，温度变化减小。   （ ）

三、简述与论述题

6. 简述遮阳网的作用。

7. 简述玻璃作为设施覆盖材料的优点及缺点。

8. 试论述为了提高温室内透光率常采用的措施。

9. 简述影响温室透光率的因素。

任务三　设施湿度调控技术

 ## 目标（Object）

设施栽培中适宜的湿度环境是作物生长发育的基本要求，作物进行光合作用要求有适宜的空气相对湿度和土壤湿度。通过本节的学习，你将能够：①了解设施内湿度环境特征；②了解设施内湿度与作物生长发育及病虫害的关系；③学习设施湿度环境的调控技术。

任务（Task）

设施环境的湿度调控技术，是作物栽培丰产、优质、防病的重要前提。为此：①了解设施内

湿度环境特征；② 掌握设施内湿度与作物生长发育及病虫害的关系；③ 掌握设施湿度环境的调控技术。

准备（Prepare）

一、设施内湿度环境特征（彩图 40）

（一）设施内的湿度概念

1. 空气湿度

表示空气的潮湿程度即空气中水汽含量的物理量，称为空气湿度。

（1）绝对湿度，一定体积的空气中含有的水蒸气的质量，其单位是 g/m^3。绝对湿度的最大限度是饱和状态下的最高（与温度有关）。

（2）相对湿度，是空气中实际水汽含量（绝对湿度）与同温度下的饱和湿度（最大可能水汽含量）的百分比值，它的单位是%。

2. 土壤湿度

表示土壤的湿润程度即土壤中水分含量的物理量，称为土壤湿度。

（1）绝对湿度：一定重量的干土中所含水分重量，其单位为%。绝对湿度的最大限度是饱和状态下的最高。

（2）相对湿度：土壤中实际所含水分重量与饱和含水量的百分比值，它的单位是 %。

（二）设施内空气湿度的特点

空气湿度大，存在季节变化和日变化，湿度分布不均匀。

二、湿度与设施作物生长发育

多数蔬菜作物光合作用的适宜空气湿度为 60%～85%，当空气相对湿度低于 40% 或大于 90% 时，光合作用就会受到障碍，从而使生长发育受到不良影响。而蔬菜作物光合作用对土壤相对含水量的要求，一般为田间最大持水量的 70%～95%，过干或过湿对光合作用都不利。水分严重不足易引起萎蔫和叶片枯焦等现象；水分长期不足，植株表现为叶子小、机械组织形成较多，果实膨大速度慢、品质不良、产量降低；开花期水分不足则引起落花落果。水分过多时，因土壤缺氧而造成根系窒息，变色而腐烂，地上部会因此而变得茎叶发黄，严重时整株死亡。

不同蔬菜种类生长发育所需要的空气湿度不同。一般茄果类蔬菜生长适宜的湿度为 50%～60%，西瓜、西葫芦、甜瓜等瓜类生长适宜湿度为 40%～50%，黄瓜为 70%～80%，豆类蔬菜为 50%～70%。湿度过低，土壤干旱，植株易失水萎蔫；湿度过高，作物易旺长，并易诱发病害。

三、设施内湿度环境与病虫害发生的关系（表 1-2-1）

表 1-2-1　几种蔬菜主要病虫害与湿度的关系

蔬菜种类	病虫害种类	要求相对湿度/%
黄瓜	炭疽病、疫病、细菌性病害	>95
	枯萎病、黑星病、灰霉病、细菌性角斑病	>90
	霜霉病	>85
	白粉病	25～85
	花叶病（病毒病）	干燥
	瓜蚜	干燥

续表 1-2-1

蔬菜种类	病虫害种类	要求相对湿度/%
番茄	绵疫病、软腐病等	>95
	炭疽病、灰霉病等	>90
	晚疫病	>85
	早疫病	>60
	枯萎病	土壤潮湿
	花叶病、蕨叶病	干燥
茄子	褐纹病	>80
	黄萎病、枯萎病	土壤潮湿
	红蜘蛛	干燥
辣椒	炭疽病、疫病	>95
	细菌性疮痂病	>95
	病毒病	干燥

四、设施湿度环境的调控

（一）空气湿度调控

加湿可通过湿帘加湿、喷雾加湿等措施；设施主要是降低空气湿度，保持设施内相对干燥，降湿的主要措施有：

1. 通风排湿

一日内设施的通风排湿效果最佳时间是中午，此时设施内外的空气湿度差异最大，湿气容易排出。其他时间也要在保证温度要求的前提下，尽量延长通风时间。温室排湿时，要特别注意加强以下 5 个时期的排湿：浇水后的 2～3 d 内、叶面追肥和喷药后的 1～2 d 内、阴雨（雪）天、日落前后的数小时内（相对湿度大，降湿效果明显）和早春（温室蔬菜的发病高峰期，应加强排湿）。

通风排湿时要求均匀排湿，避免出现通风死角。一般高温期间温室的通风量较大，各部位间的通风排湿效果差异较小，而低温期间则由于通风不足，容易出现通风死角。

2. 减少地面水蒸发

主要措施是覆盖地膜，在地膜下起垄或开沟浇水。大型保护设施在浇水后的几天里，应升高温度，保持 32～35 ℃的高温，加快地面的水分蒸发，降低地表湿度。对裸露的地面应勤中耕松土。不适合覆盖地膜的设施以及育苗床，在浇水后应向畦面撒干土压湿。

3. 合理使用农药和叶面肥

低温期，设施内尽量采用烟雾法或粉尘法使用农药，不用或少用叶面喷雾法；叶面追肥以及喷洒农药应选在晴暖天的上午 10 时后、下午 3 时前进行，保证在日落前留有一定的时间进行通风排湿。

4. 排除薄膜表面流水常用方法

在温室的前柱南面拉一道高 30～40 cm 的薄膜，薄膜的下边向上折起压到南边的薄膜上，两道膜构成一排水槽，水槽西高东低，便于流水。水槽的东口与塑料管相连接，用水管把水引到温室外。

5. 减少薄膜表面聚水量的主要措施

（1）选用无滴膜或普通薄膜时，应定期做消雾处理。

（2）保持薄膜表面排水流畅，薄膜松弛或起皱时应及时拉紧、拉平。

（二）土壤湿度调控

增加土壤湿度的方法可以通过浇水、喷水降温等措施较易实现，温室中要保持适宜的土壤湿度，主要是防止湿度长时间过高，主要措施有：

（1）用高畦或高垄栽培增加地面水分的蒸发量，以降低土壤湿度。

（2）适量浇水。用微灌溉系统进行适量浇水，即要浇小水，不大水漫灌。一是农田覆盖保墒技术。秸秆覆盖，一般可节水 15%~20%，增产 15%~20%；地膜覆盖，可增加耕层土壤水分 1%~4%，节水 20%~30%，增产 30%~40%；保水剂，可使土壤的蒸发量降低 21.1%~20.7%，出苗率较对照可提高 12.5%~30%，增产 10%~20%；蒸腾抑制剂，出苗率提高 10%~13%，可增产 10%~20%。二是节水灌溉技术。主要有：喷灌技术，与地面灌溉相比，大田作物喷灌一般可省水 30%~50%，增产 10%~30%；微灌技术，与地面灌溉相比，微灌一般省水 50%~80%，增产十分显著；膜下灌技术，可节水 20%~30%，节肥 15% 左右，增产 10%~15%，水分利用效率提高 25%~40%。

3. 适时浇水。晴暖天设施内的温度高，通风量也大，浇水后地面水分蒸发快，易于控制土壤湿度。低温阴雨（雪）天，温度低，地面水分蒸发慢，不宜浇水。

种苗的生长情况可反映出土壤是否缺水，如，早晨看韭菜的吐水，如果吐水严重，水滴不断滚落，则表明土壤中水分过多；水滴大，但不落下，表明土壤水分合适；如果没有吐水或水滴小，则应及时浇水补充土壤水分。黄瓜是否缺水可以看龙头小叶，如近生长点小叶伸直则表明土壤中水分多，小叶拢抱到一起则表示水分过多；中午是否萎蔫也能反映土壤水分的多少，如中午秧苗一点也不萎蔫则表明土壤中水分过多，如中午稍有一点萎蔫，下午 3~4 时恢复正常则水分合适，到日落时秧苗还不能恢复则表示土壤严重缺水，则应及时浇水补充土壤水分。

行动（Action）

活动一　调控温室大棚内空气湿度的方法

通常，温室因其封闭严密，室内湿度一般比室外高 20% 以上。特别是灌水以后，如不注意通风排湿，往往连续 3~5 d 室内空气湿度都在 95% 以上，极易诱发真菌、细菌等菌类病害，并且蔓延迅速，造成重大损失。因此，及时调控大棚建设降低设施内的空气湿度，是温室蔬菜栽培最为重要的技术措施。具体操作方法如下：

一、全面积覆盖地膜或操作行覆草

覆膜后，土壤水分蒸发受到抑制，其空气的相对湿度一般比不覆盖的下降 10%~15%。操作行覆草可吸收水蒸气。

二、科学通风排湿

空气湿度在其绝对含水量不变的情况下，随温度的升高而降低，随温度的下降而升高。根据这一规律，白天只要温度不超过作物适温范围的上限，不须通风，以高温降低空气湿度。

通风要在傍晚、夜间、清晨进行。一般在下午 4 时拉开风口，通风排湿，室内温度降至 16 ℃ 时关闭风口；傍晚放苫后，在草苫下面拉开风口，大棚建设只要室内夜温不低于作物适温范围的下限，风口尽量开大；清晨拉揭草苫时拉开风口，通风排湿 30~45 min 后关闭风口，快速提温。这样做既可有效降低室内的空气湿度，又能使夜间温度维持在 10~16 ℃，扩大了昼夜温差。较低的夜温既可减少营养物质的消耗，增加养分积累，又能缩短和避开霜霉、灰霉等病菌侵染发展，减少病害发生。

通风还应结合室内湿度与作物的生育状况灵活掌握，如果设施内空气相对湿度高于 80% 时，且作物已经发病，则应以通风、降湿为主，只要室温不低于作物适温下限，可尽量加大通风量，快速降湿，以低湿度和较低温度抑制病害的发生。如果室内湿度在 70% 左右，作物又无病害发生，则可适量通风，使温度维持在作物适温范围的上限，并适当增高 2～4 ℃，以便提高地温，促进发根、以根壮秧和增强光合作用。

三、科学灌水

（1）农田覆盖保墒技术。

（2）节水灌溉技术。

（3）观察作物生理特征，在作物真正需要灌水时才补充水分。

四、优化大棚建设，降低空气湿度

安装温室底膜时，将细铁丝置于每根骨架的腹面，用"∩"形绑缚方式把串入底膜上缘缝筒中的钢丝固定于骨架上，固定后的钢丝低于所处部位骨架外缘 0.3 cm 左右，大棚建设这样做可使主膜与底膜之间的重叠处留有缝隙，主膜上的流水从缝隙中流向室外，从而降低室内湿度。

活动二　简述设施葡萄湿度调控技术

一、降低设施湿度技术

1. 通风换气

通风换气是经济有效的降湿措施，尤其在室外湿度较低的情况下，通风换气可以有效排除室内的水汽，使室内空气湿度显著降低。

2. 全园覆盖地膜

土壤表面覆盖地膜可显著减少土壤表面的水分蒸发，有效降低室内空气湿度。

3. 改革灌溉制度

改传统漫灌为膜下滴（微）灌或膜下灌溉。

4. 升温降湿

冬季结合采暖需要进行室内加温，可有效降低室内相对湿度。

5. 防止塑料薄膜等透明覆盖材料结露

为避免结露，应采用无滴消雾膜或在透明覆盖材料内侧定期喷涂防滴剂，同时在构造上需保证透明覆盖材料内侧的凝结水能够有序流到前底角处。

二、增加空气湿度技术

可采用喷水增湿。

三、土壤湿度调控技术

主要采用控制浇水的次数和每次灌水量来解决。

 评估（Evaluate）

完成了本节学习，通过下面的练习检查自己的掌握程度：

一、选择题（有一个或多个答案）

1. 在相同条件下，设施环境密闭性越好，内部空气湿度越_____。

    A. 低　　　　　　　　B. 中等　　　　　　　C. 高　　　　　　　D. 无规律

2. 设施内湿度对作物生长发育的影响主要表现在土壤水分和_____。

    A. 作物蒸腾水量　　　B. 根含水　　　　　　C. 空气湿度　　　　D. 作物含水量

3. 深冬季节降低节能日光温室湿度最有效的方法是_____。
  A. 地膜覆盖   B. 放风   C. 升温   D. 滴灌

4. 下列影响设施内空气湿度的因子有_____。
  A. 室内温度 B. 蒸发量 C. 蒸腾量 D. 通风 E. 灌水量

5. 低温季节设施内的相对湿度较高温季节_____。
  A. 高   B. 低   C. 相当   D. 无规律

6. 涝害条件下作物受害的主要原因是根系缺乏_____。
  A. 营养   B. 微量元素 C. CO_2 D. O_2

7. 北方日光温室越冬生产中，温度和湿度调控的主要方法是_____。
  A. 保温降湿 B. 保温增湿 C. 降温增湿 D. 降温降湿

8. 湿帘降温系统实现降温的原理是利用水的_____。
  A. 渗透   B. 蒸发   C. 小孔扩散 D. 汽化

9. 空气中水分主要影响园艺作物的蒸腾作用和_____。
  A. 呼吸作用 B. 光合作用 C. 有机物代谢 D. 气孔开闭

10. 设施内温度较低的部位相对湿度_____。
  A. 中等   B. 无规律   C. 较低   D. 较高

二、判断题（在括号中打√或×）

11. 设施环境密闭性越好，设施内空气湿度越低。（ ）
12. 设施内湿度环境的特点之一是夜晚相对湿度低，白天相对湿度高。（ ）
13. 湿度调控的主要任务是增加空气湿度。（ ）

三、简述与论述题

14. 简述设施内空气湿度的特点。
15. 简述降低设施内空气湿度的措施。
16. 湿度与设施栽培中作物的关系是什么？

任务四 设施气体调控技术

 ## 目标（Object）

  温室栽培设施是一种半封闭系统，在温室内部作物不断吸收二氧化碳气体，而外部大气中二氧化碳气体不能及时补充，室内二氧化碳浓度很低；温室材料如塑料薄膜、加温设备产生乙烯等有害气体；有机肥过量施用会产生诸如亚硝酸类有害气体。二氧化碳浓度降低以及有毒有害气体产生，均可影响作物正常生理活动，导致作物产量降低、品质变劣甚至病变。设施内的气体通常分为对作物有益的二氧化碳气体和有害的亚硝酸类气体两种。

  设施环境的二氧化碳调控技术，是作物栽培实现丰产、优质、增效的重要前提。通过本节的学习，你将能够：① 了解设施内二氧化碳的环境特征；② 了解二氧化碳浓度与作物光合作用的关系；③ 了解设施内二氧化碳施肥技术。

 ## 任务（Task）

  设施环境的二氧化碳调控技术，是作物栽培丰产、优质、增效的重要前提。为此：① 了解设施内二氧化碳的环境特征；② 了解二氧化碳浓度与作物光合作用的关系；③ 掌握设施内二氧化碳施肥技术。

准备（Prepare）

一、设施内的二氧化碳环境

以塑料薄膜、玻璃等覆盖的保护设施处于相对封闭状态，内部二氧化碳浓度日变化幅度远远高于外界。夜间，由于植物呼吸、土壤微生物活动和有机质分解，室内二氧化碳不断积累，早晨揭苫之前浓度最高，超过 1 000 mL/m³。揭苫以后，随光温条件的改善，植物光合作用不断增强，二氧化碳浓度迅速降低，揭苫后约 2 h 二氧化碳浓度开始低于外界。通风前二氧化碳浓度降至一日中最低值。通风后，外界二氧化碳进入室内，浓度有所上升，但由于通风量不足，补充二氧化碳数量有限，因此，一直到 16：00 左右，室内二氧化碳浓度低于外界。16：00 以后，随着光照减弱和温度降低，植物光合作用随之减弱，二氧化碳浓度开始回升。盖苫后及前半夜的室内温度较高，植物和土壤呼吸旺盛，释放出的二氧化碳多，因此二氧化碳浓度升高较快。第二天早晨揭苫之前，二氧化碳浓度又达到一日中的最高值。

二、二氧化碳浓度与作物光合作用

二氧化碳是绿色植物光合作用的原料，是绿色植物制造碳水化合物的重要原料之一，其浓度高低直接影响光合速率。据测定，蔬菜生长发育所需的二氧化碳气体最低浓度为 80～100 mL/m³，最高浓度为 1 600～2 000 mL/m³，适宜浓度为 800～1 200 mL/m³。在适宜的浓度范围内，浓度越高，高浓度持续的时间越长，越有利于蔬菜的生长和发育。各种作物对二氧化碳的吸收都存在补偿点和饱和点。

三、二氧化碳施肥技术

二氧化碳施肥技术效果十分显著，平均增产 20%～30%，并能促进开花，增加果数和果重，提高品质；叶菜和萝卜等根菜类的增产效果大；鲜切花施二氧化碳可增加花数，促进开花，增加和增粗侧枝，提高花的质量。

（一）二氧化碳施肥浓度

从光合作用的角度考虑，接近饱和点的二氧化碳浓度为最适施肥浓度，但是，二氧化碳饱和点受作物、环境等多因素制约，实际操作中很难掌握，而且，施用饱和点浓度的二氧化碳在经济方面也不一定合算。通常，800～1 500 mL/m³ 作为多数作物的推荐施肥浓度，具体依作物种类、生育时期、光照及温度等条件而定，如晴天和春秋季节光照强时施肥浓度宜高，阴天和冬季低温弱光季节施肥浓度宜低。

（二）二氧化碳施肥时间

从理论上讲，二氧化碳施肥应在作物一生中光合作用最旺盛的时期和一日中光照条件最好的时间进行。

苗期二氧化碳施肥利于缩短苗龄，培育壮苗，提早花芽分化，提高早期产量，苗期施肥应及早进行。定植后的二氧化碳施肥时间取决于作物种类、栽培季节、设施状况和肥源类型。以蔬菜为例，果菜类定植后到开花前一般不施肥，待开花坐果后开始施肥，主要是防止营养过旺和植株徒长；叶菜类则在定植后立即施肥。

一天中，二氧化碳施肥时间应从日出或日出后 0.5～1 h 开始，通风换气之前结束。严寒季节或阴天不通风时，可到中午停止施肥。

（三）二氧化碳施肥过程中的环境调节

1. 光照

二氧化碳施肥可以提高光能利用率，弥补弱光的损失。通常，强光下增加二氧化碳浓度对提高作物的光合速率更有利，因此，二氧化碳施肥的同时应注意改善群体受光条件。

2. 温度

从光合作用的角度分析，当光强为非限制性因子时，增加二氧化碳浓度提高光合作用的程度与温度有关，高二氧化碳浓度下的光合适温升高。由此可以认为，在二氧化碳施肥的同时提高管理温度是必要的，有人提出将二氧化碳施肥条件下的通风温度提高，同时将夜温降低，加大昼夜温差，以保证植株生长健壮，防止徒长。

3. 肥水

二氧化碳施肥促进作物生长发育，增加对水分、矿质营养的需求。因此，在二氧化碳施肥的同时，必须增加水分和营养的供给，满足作物生理代谢需要，但又要注意避免肥水过大造成徒长。应当重视氮肥的施用，因为氮是光合碳循环酶系和电子传递体的组成成分，增施氮肥利于改善叶片的光合功能。

（四）二氧化碳肥源

1. 液态二氧化碳

液态二氧化碳主要来源于酿造工业、化工工业副产品、空气分离、地贮二氧化碳。我国在广东佛山和江苏泰兴均曾发现地贮二氧化碳资源，纯度高达99%左右。

2. 燃料燃烧

二氧化碳发生机容积较小，适于温室内使用，以天然气、煤油、丙烷、液化石油气为燃料或专门燃烧煤球（砖）、木炭等。二氧化碳发生机在燃烧释放二氧化碳的同时可产生一定热量，利于提高设施内温度，缺点是气热分布不均匀，有时因不完全燃烧产生有害气体。

3. 二氧化碳颗粒气肥

山东省农业科学院研制的固体颗粒气肥是以碳酸钙为基料、有机酸作调理剂、无机酸作载体，在高温高压下挤压而成，施入土壤后在理化、生化等综合作用下可缓慢释放二氧化碳。该类肥源使用方便、安全，但对贮藏条件要求极其严格，释放二氧化碳的速度受温度、水分的影响，难以人为控制。

4. 化学反应

利用强酸（硫酸、盐酸）与碳酸盐（碳酸钙、碳酸铵、碳酸氢铵）反应产生二氧化碳，硫酸—碳酸氢铵反应法是应用最多的一种类型。在我国，简易施肥方法是在设施内部分点放置塑料桶等容器，人工加入硫酸和碳酸氢铵后产气，此法费工、费料，操作不便，可控性差，易挥发出氨气等危害作物。

（五）其他提高设施二氧化碳浓度的方法

1. 通风换气

当设施二氧化碳浓度低于外界大气水平时，采用强制或自然通风可迅速补充设施二氧化碳。此法简单易行，但二氧化碳浓度的升高有限，作物旺盛生长期仅靠自然通风不能解决二氧化碳亏缺问题，而且，寒冷季节通风较少，使本法难以应用。

2. 增加土壤有机质

增施有机肥不仅提供作物生长必需的营养物质，改善土壤理化性状，而且可释放出大量二氧化碳。有机物在土壤中分解时放出大量二氧化碳，1 000 kg有机物可以分解释放1 500 kg二氧化碳，因此，要增加温室内二氧化碳含量，适量使用腐熟有机肥是一种行之有效的方法。但是，有机质释放二氧化碳的持续时间短，产气速度受外界环境和微生物活动影响较大，不易调控，而且未腐熟厩肥在分解过程中还可能产生氨气、二氧化硫、二氧化氮等有害气体。

3. 生物生态法

将作物和食用菌间套作，在菌料发酵、食用菌呼吸过程中释放出二氧化碳，或者在大棚、温室内发展种养一体，利用畜禽新陈代谢产生二氧化碳。此法属被动施肥，易相互污染，无法控制二氧化碳释放量。

行动（Action）

活动　综述棚室内气体状况与调节技术

日光温室和大棚内对植物生长影响较大的气体成分是二氧化碳和有害气体。二氧化碳是作物光合作用的重要原料，保持棚室内一定浓度的二氧化碳，有利于提高作物的光合能力，增加产量，提高品质。有害气体包括氨气、亚硝酸气、二氧化硫、一氧化碳、氯气、乙烯、甲酸二异丁酯、氟化氢等。当有害气体达到一定浓度时，就会对植物及操作人员造成危害。补充二氧化碳气体，降低和排除有害气体，是棚室内气体调控的重点。

一、棚室内二氧化碳浓度的变化与调节

（一）变化特点

密闭的棚室内部，二氧化碳浓度夜间逐渐增加，白天不断消耗而减少，夜间高于白天。因为夜间作物光合作用停止，不需要消耗二氧化碳，而此时植物的呼吸、土壤微生物的活动、有机质腐化分解等都放出二氧化碳，由于棚膜的密闭，产生的二氧化碳气体就在棚室内积累，浓度渐高。清晨未通风前，棚室内二氧化碳浓度达到最大值，日出或揭帘后，作物光合作用加强，消耗二氧化碳，因而二氧化碳浓度急剧下降，低于大气中的平均浓度 350 μL/L，通风后棚室内二氧化碳浓度大致与外界维持平衡。适度提高棚室内二氧化碳浓度，有利于提高作物光合效率。据试验，人体对二氧化碳浓度的安全极限值为 5 000 μL/L，过高对人体有害。多数作物的二氧化碳浓度补偿点为 40~90 μL/L，饱和点为 1 500~2 500 μL/L。棚室内二氧化碳适宜浓度为 1 000~2 000 μL/L，低于适宜值时，即应补施二氧化碳气肥。

（二）二氧化碳气肥的主要来源

（1）酿造副产品：酒精酿造副产品，气态二氧化碳、液态二氧化碳或固态二氧化碳（干冰）。

（2）化学分解：将强酸和碳酸盐反应放出二氧化碳。

（3）碳素或碳氢化合物：煤、煤油、液化石油气、沼气等充分燃烧产生二氧化碳。

（4）用有机物分解发酵放出二氧化碳：目前生产上以化学分解法应用较多，且经济有效。化学分解法主要用硫酸和碳酸氢铵，为了控制棚室内二氧化碳的浓度，不致因反应时间过长产生过多的二氧化碳而造成二氧化碳中毒，必须控制碳酸氢铵的用量。一般碳酸氢铵每平方米的用量，营养生长期为 7~8 g，开花结果期为 12~16 g。使用二氧化碳时，可按大棚面积折算出总的用量，在一个大棚内设多个反应点，以便利于二氧化碳在棚内的均匀分布，一般每隔 5 m 设一个反应桶即可。

（三）补施技术

二氧化碳的施用量，应根据棚室大小、二氧化碳设定浓度、棚室换气率、作物的二氧化碳吸收量、床面二氧化碳发生量等而定。生产上使用时，可使空气中的二氧化碳含量达到 600~1 000 μL/L。二氧化碳的施用时期，以开花结果后施用较好，每天以日出后 1~1.5 h，光照增强及温度升高后施用最好，连续施放 2~3 h，中午棚室通风前 1 h 结束。

二、有害气体的产生与调节

（一）有害气体的种类及危害

（1）氨气（NH_3）和亚硝酸气（NO_2）：主要是施肥不当引起。

一是施入过多未腐熟的畜禽粪、饼肥等有机肥，经发酵分解产生氨气、亚硝酸气。二是施入过多的氮肥，未及时盖土、浇水，又遇到高温，棚室内的有害气体含量会急剧增加。

氨气多在施肥后 3~4 d 内大量发生，当浓度上升到 0.1 μL/L 时，对其敏感的黄瓜、番茄、白菜、

萝卜等会受害。氨气从叶片气孔侵入细胞，破坏叶绿素，初期叶片正面出现大小不一、不规则形失绿斑块或水渍状斑，随后叶尖叶缘变黄下垂，重者全株叶片迅速干枯，病斑呈褐色。多由植株下部向上发展，上部受害较重。一般突然发生，整棚皆然，棚口及四周轻于中间。

施肥后 10～15 d，亚硝酸气大量积累，遇水形成亚硝酸，当亚硝酸气浓度达到 2 μL/L 时，多数作物即出现中毒症状。靠近地面的叶片最初呈水烫状，而后由于亚硝酸的酸化作用，叶绿体褪色产生白斑，叶脉间逐渐变白，严重时只留下叶脉。新叶很少受害。

（2）二氧化硫（SO_2）：主要来源于室内加温产生的煤烟或生鸡粪、生豆饼分解过程中的释放物。二氧化硫遇叶片上的水珠会形成亚硫酸，直接破坏叶绿素，中毒叶片气孔附近的细胞坏死，呈圆形或菱形白色"烟斑"，逐渐枯萎脱落。当浓度达到 5 μL/L 时，对其敏感的番茄、茄子、莴苣、油菜、白菜、萝卜等作物，几小时内就会受害。当浓度达到 10～20 μL/L 又遇高温时，可使多数作物中毒死亡。

（3）一氧化碳（CO）：在防止低温冷害或霜冻时用火炉或煤火加热，因烟道不畅或燃烧不完全，会产生一定量的一氧化碳。其次是在防治病虫害时，使用的烟雾剂，如用量过大或助燃剂不合理等均会产生一定量的一氧化碳，当浓度达到 5μL/L 以上时，植株就会产生症状：① 隐性中毒，作物本身没有明显可见的被害症状，只是品质变差，对产量影响不大。② 慢性中毒，一氧化碳从气孔或水孔侵入，在其周围出现褐色斑点，表面黄化。③ 急性中毒，叶片产生白色斑点，或产生褐色坏死组织。

（4）棚膜挥发气体：如氯气（Cl_2）、乙烯（C_2H_4）、甲酸二异丁酯、氟化氢等，多由棚膜中的增塑剂在高温条件下蒸发而来。氯气的毒性比二氧化硫大 2～4 倍。乙烯浓度达 0.1 μL/L 以上时，黄瓜、番茄、豌豆等作物就会受害，造成植株矮化，顶端生长优势消失，侧枝生长优势强，叶片下垂，皱缩，失绿转黄变白而脱落，花果畸形。十字花科、葫芦科蔬菜对甲酸二异丁酯敏感，这些气体通过侵入植株内部，破坏细胞组织，降低光合作用，影响产品的产量和质量。最初在叶脉间出现白色或浅褐色、不规则的点状或块状斑，严重时该叶片变白，甚至脱落。

（二）有害气体的调控技术

（1）平衡施肥：根据作物种类、茬口、计划产量、地力状况计算出各种肥料用量。以优质腐熟有机肥为主，控制氮肥用量，配施磷钾肥，补施微肥。不施未经腐熟的人畜粪、鸡鸭粪、饼肥等，也不可在棚室内沤肥。坚持"基肥为主，追肥为辅"的原则，一次施足腐熟的有机肥，将各种肥料混匀后，均匀撒在地面，深翻入土。追肥要少量多次，防止过量，注意深施和追后浇水。

（2）正确加温：在寒冷季节，为使棚室内植物健壮生长，获得预期效益，必须采取增温措施来满足植株生育需求。一是用炉火或煤加温的，应选优质煤，使其燃烧充分，注意烟道严密不漏气。气压低时，炉内应填煤适量，不宜一次填入过多，及时清理烟道。二是在棚室附近建沼气池，低温季节燃烧沼气加温，既能避免产生一氧化碳，又能补充二氧化碳。三是有条件的地方用暖气、地热资源、电力设施等方法增温。

（3）通风换气：植物生长离不开二氧化碳，通风既能增加棚室内二氧化碳浓度，又可排除有害气体。寒冷季节宜在气温高时，打开通风口，使空气流通。即使在阴天或雪天，也要进行短时间的通风换气，不能因为温度低而连续几天不通气。

（4）合理使用烟雾剂：在防治病虫害时要对症下药，按使用说明书要求操作，不得任意加大用药量，燃放点分布均匀，熏后要及时通风换气。

（5）选用无毒专用膜：当今市场上棚膜种类较多，质量良莠不齐，要用无毒专用塑料薄膜，首选大厂家生产的名牌产品，禁止使用二异丁酯等塑料薄膜和易挥发增塑剂（DIBP）的塑料制品。发现薄膜有质量问题，出现有害气体时要立即更换。

（6）补救措施：如发现棚室内植物遭受二氧化硫、二氧化氮危害时，应及时喷洒石灰水、石硫合剂等，并浇水使其尽快渗入土中。黄瓜遭受氨气危害时，可向叶片背面喷 10% 的食醋进行治疗，同时加大通风量，延长通风时间，以减轻危害。

评估（Evaluate）

完成了本节学习，通过下面的练习检查掌握程度：

一、选择题（有一个或多个答案）

1. CO_2 施肥的适宜时期是作物光合作用_____。

    A. 最弱时　　　　　　B. 中等时　　　　C. 旺盛时　　　　D. 任何时候

2. 设施内较易发生毒害作用的有毒气体是_____。

    A. 二氧化碳　　　　　B. 氨气　　　　　C. 乙烯　　　　　D. 天然气　　　　E. 氯气

3. 日光温室内 CO_2 施肥的适宜时期是在_____。

    A. 揭帘前　　　　　　B. 揭帘后　　　　C. 通风换气前　　　D. 通风换气后

4. CO_2 施肥的作用是_____。

    A. 增强光合作用　　　B. 促进开花　　　C. 增加雌花比例

    D. 提高产量　　　　　E. 提高品质

二、判断题（在括号中打√或×）

5. 一天中，大气 CO_2 浓度日出之前最高。　　　　　　　　　　　　　　　　　（　　）

6. CO_2 施肥要在通风换气之后结束。　　　　　　　　　　　　　　　　　　　（　　）

三、简述与论述题

7. 简述提高设施内 CO_2 浓度的方法。

任务五　设施土壤调控技术

 目标（Object）

温室栽培不论是传统栽培，还是无土有机栽培，栽培作物都需要土壤或基质提供支撑及养分。对基质栽培较易实现调控，本节内容以土壤调控为重点，通过本节的学习，你将能够：① 了解设施内土壤环境的特点；② 了解土壤的调节与控制。

 任务（Task）

土壤是传统设施栽培的基础，是作物栽培丰产、优质的前提。为此，需：① 了解设施内土壤环境的特点；② 掌握土壤的调节与控制技术。

 准备（Prepare）

保护地土壤条件及其调节盐分浓度与保护地的使用年限关系密切。一般，使用年限越长，盐分浓度就越高。同时，盐分浓度与施用的化肥种类也有关，如碳酸铵、氯化铵、硝酸铵、硫酸钾、磷酸二氢钾等化肥中的阳离子，如 K^+、NH_4^+ 对土壤溶液的盐分浓度影响较小，而 Cl^-、SO_4^{2-}、HPO_4^{2-} 等对土壤溶液中盐分浓度影响较大。在保护地生产中，土壤 EC 值为 0.5 ~ 1.0 为宜，超过此值就应给以适当的调控。

一、设施内土壤环境的特点

（1）设施内土壤水分与盐分运移与露地土壤不同，室内温度及地温高，水分充足，营养生长旺盛，养分分解快，易缺素。

（2）出现次生盐渍化：蒸发蒸腾比陆地强，小水勤浇，盐分难向下转移。

（3）土壤酸化：硝酸根离子、硫酸根离子含量偏高。

（4）连作障碍：不宜倒茬，不宜换土。

（5）土传病原菌增加：连作病害十分严重，如，青枯病、枯萎病、早疫病、根结线虫等。

二、土壤的调节与控制

1. 防止营养过剩或营养失调

测土施肥、增施有机肥、施专用肥等。

2. 防土壤盐渍危害

（1）科学施肥：多施有机肥并确定较准确的施肥量和施肥位置；

（2）生物除碱：进行土壤改良，可进行深耕改善土壤的理化性质；进行地面覆盖，减少地面蒸发，控制盐分积累，也可通过灌水使土壤淋溶等；

（3）灌水洗盐：埋设排水管，在休闲季节大量灌水，冲淡土壤溶液，降低盐分含量；

（4）换土除盐：将设施内的土壤换成盐分含量低的土壤，或将保护设施迁移到盐分浓度低的土壤上。

3. 防止土壤酸化

增施有机肥、用 pH 测定加石灰。

4. 消除土壤中的病原菌

合理轮作、土壤消毒：① 药剂消毒：40% 甲醛 50～100 倍，覆膜 2 d，揭去后通风 2 周。还可用硫磺粉等。② 蒸汽消毒：60 ℃ 以上 30 min 可消灭多数病菌。

 行动（Action）

活动　设施蔬菜科学施肥及土壤改良措施

由于设施栽培的长年连作，设施土壤盐渍化、酸化及营养失衡问题严重，影响了设施蔬菜的无公害生产，针对这些问题研究出了改良调控技术。

一、因土因作物平衡施肥

不同作物都有各自的需肥规律，根据产量水平和地力水平进行科学平衡施肥，不仅可以节省肥料，提高肥料利用率，保持稳产高产，而且还可以保护土壤环境和地下水环境，减少污染。研究证明，在连作障碍较明显的菜田连续 3 年进行测土平衡施肥，增产效果由第 1 年的 3% 提高到第 3 年的 17%，呈逐年递增趋势，说明测土平衡施肥可逐渐缓解连作障碍问题。在设施栽培年限较短的菜田应用平衡施肥技术可稳定增产 5%～10%，且可省化肥 20%～50%。因此，在设施蔬菜生产中应大力推广测土平衡施肥技术，根据土壤的养分含量和作物产量水平合理确定氮磷钾施用量和比例，不仅可明显提高生产效益，还可保持设施栽培的持续发展。在严重障碍的菜田还应配合其他措施进行改良。

二、应用生物技术措施改良土壤

大量田间试验结果表明，施用酵素菌肥、EM 复合菌剂、优质生物发酵鸡粪和沼肥等，可改善土壤微生物活动、改良土壤结构。促进根系发育、减轻重茬病害，降低土壤盐离子含量，对促进黄瓜、西红柿苗期生长，增加产量、改善品质有良好的作用。在不同栽培条件下生物措施的应用效果有随设施栽培年限增加而增加的趋势，说明生物肥料对连作土壤的改良效果明显。试验中酵素菌肥配合适量的氮磷钾化肥的施肥模式与常规施肥相比，黄瓜增产幅度为 10.8%～25.3%，西红柿增产幅度为 9.8%～

30.7%，每亩增收 338 ~ 993 元。生物发酵鸡粪配合沼肥施用模式，黄瓜增产 10.8% ~ 13.1%，每亩增收 354 ~ 369 元。这两项技术模式不仅可以改良已经发生连作障碍的设施土壤，改善蔬菜品质，而且可以保护土壤环境，节省化肥施用量，减少化肥和农药的污染。在设施菜田、尤其是多年栽培有障碍的菜田是一种改良土壤，安全生产的施肥技术模式。

三、追施沼液肥改良土壤

沼液肥是非常好的生态肥料，具有改良土壤、减轻病虫害、提高产量、改善品质的效果。试验结果表明，在大棚黄瓜和西红柿生长期追施沼液肥比追施氮素化肥病害减轻 50% ~ 70%，土壤电导率明显降低。沼肥与化肥配合施用，减少氮肥施用量（纯氮）30 kg/亩，增产 4.1% ~ 6.2%，增收 164 ~ 277 元/亩，增产效益和改良土壤的效果非常显著。沼液的施用量一般每次每亩 1 吨，随浇水施入，在有沼气的地方应大力推广。

四、利用生物措施进行夏季高温闷棚

在有严重障碍的设施菜田应用生物材料进行夏季高温闷棚具有较好的效果。研究结果证明，应用微生物肥料、微生物菌剂等生物材料在夏季换茬间隙进行高温闷棚，可以杀死重茬病菌和虫卵，降低土壤含盐量。田间试验结果表明，应用酵素菌或 EM 复合菌剂配合麦秸进行高温闷棚，黄瓜枯萎病发病率下降了 60% 左右，比空白对照区黄瓜增产 9.39%。因此，在严重障碍的土壤应用生物肥料或生物菌剂进行高温闷棚，可以在一定程度上改善蔬菜生长环境，提高产量。

 ## 评估（Evaluate）

完成了本节学习，通过下面的练习检查掌握程度：

1. 简述设施内土壤环境的特点。
2. 结合当地设施栽培实际，简述改善设施土壤环境的具体措施有哪些。

情境三　设施栽培技术

　　设施栽培是在露地环境条件不适于作物生长发育的条件下，利用温室、大棚等设施，人为地创造适宜的环境条件，进行园艺作物栽培的一种方式。通过调控环境因子等栽培管理措施，促进园艺作物的优质、高产、高效栽培。本单元基于实际工作任务及管理重点，主要设计了以下内容：

| 任务一 | 无公害蔬菜生产技术 | 任务二 | 有机生态型无土栽培技术 |

子任务一　无公害蔬菜的标准及其生产的环境质量要求

| 任务三 | 设施育苗技术 |

子任务二　无公害蔬菜生产的施肥技术　　　　子任务一　种子处理技术

子任务三　蔬菜的灌溉技术　　　　　　　　　子任务二　无土育苗技术

子任务四　无公害蔬菜生产的田间管理技术　　子任务三　嫁接育苗技术

子任务五　无公害蔬菜病虫害防治技术　　　　子任务四　扦插育苗技术

子任务六　无公害蔬菜、绿色蔬菜与有机蔬菜的区别　　子任务五　组织培养育苗技术

　　　　　　　　　　　　　　　　　　　　　　子任务六　电热育苗技术

| 任务四 | 设施栽培技术 |

子任务一　设施番茄有机生态型无土栽培技术　　子任务二　设施葡萄有机栽培技术

子任务三　设施花卉栽培技术　　　　　　　　　子任务四　双孢菇栽培技术

任务一　无公害蔬菜生产技术

目标（Object）

　　无公害蔬菜生产技术，是设施蔬菜栽培的基本应用技术，通过本节的学习，你将能够学习以下内容：① 无公害蔬菜的标准及其生产的环境质量要求；② 无公害蔬菜生产的施肥技术；③ 无公害蔬菜的灌溉技术；④ 无公害蔬菜生产的田间管理技术；⑤ 无公害蔬菜病虫害防治技术；⑥ 无公害蔬菜、绿色蔬菜与有机蔬菜的区别。

任务（Task）

　　无公害蔬菜生产技术是一种综合的科学管理技术，是园艺作物优质、高产、高效栽培的前提，为此，需① 掌握无公害蔬菜的标准；② 掌握无公害蔬菜的施肥、灌溉、田间管理、病虫害防治技术。

准备（Prepare）

无公害蔬菜是指没有受到有害物质污染的蔬菜，即指商品蔬菜中不含有某些规定不准含有的有毒物质，对有些不可避免的有害物质则必须控制在允许范围之下，保证人们的食用安全。

蔬菜污染主要来自于环境的污染与生产过程的污染。环境污染是指环境中大气、水源、土壤的污染。大气污染是由于汽车排除的含铅废气、空气中飘浮的粉尘及工厂废气中排出的有毒气体等原因造成的，主要有害物有二氧化硫、氟化氢等。水质污染主要是在城郊及生活密集区，由工厂、生活区排放的废水及生活用水污染造成的，污染物主要是酚类化合物、氢化物、苯、致病微生物等；土壤污染的主要污染物是重金属，如镉、砷、铬、汞、铅等。

生产的污染主要是指生产过程中由农药和肥料施用不当造成的污染。肥料的不合理施用，特别是氮肥的过多施用，会造成蔬菜体内的硝酸盐含量增高，在人体中逐步累积，对人体的健康造成危害；农药的不合理使用会造成农药使用者，或食用带药蔬菜的消费者急性或慢性的中毒。

因此，选择环境条件达到标准的地区建立蔬菜生产基地，按照科学的无公害蔬菜生产技术规程进行生产，才能生产出符合无公害标准的蔬菜产品。

子任务一　无公害蔬菜的标准及其生产的环境质量要求

一、无公害蔬菜的标准

目前对无公害蔬菜的国家标准，主要作出了以下规定：

（1）无公害蔬菜农药残留量不超标，不含有禁用的高毒农药，其他农药残留量不超过允许标准。

（2）无公害蔬菜硝酸盐含量不超标，蔬菜中硝酸盐含量不超过允许标准量。生食蔬菜一般控制在432 ppm以下。

（3）"三废"等有害物质不超标，无公害蔬菜必须避免环境污染造成的危害，商品菜的"三废"和病原微生物等有害物质含量不超过允许量标准。具体指标参照我国有关食品卫生标准执行，见表1-3-1所示。

表 1-3-1　我国蔬菜食品卫生标准

农药名称	允许指标（mg/kg）	有害元素名称	允许指标（mg/kg）
六六六	≤0.2	Hg（汞）	≤0.01
甲拌磷	ND*	Gd（镉）	≤0.05
杀螟硫磷	≤0.2	Pb（铅）	≤1.0
倍硫磷	≤0.05	As（砷）	≤0.5
敌敌畏	≤0.2	Cu（铜）	≤10
乐果	≤1.0	Zn（锌）	≤20
马拉硫磷	ND	Se（硒）	≤0.1
对硫磷	ND	F（氟）	≤1.0
DDT	≤0.1	稀土	≤0.7

* ND 表示不得检出。引用标准：GB5009《食品卫生检验方法·理化部分》

二、无公害蔬菜生产的环境质量要求

蔬菜基地的环境对蔬菜生产的影响极大，一是影响商品菜的产量，二是影响商品菜的质量。因此，对蔬菜基地的建设和规划，要有严格的要求。

（1）合理规划蔬菜基地，尤其是新建蔬菜基地，要建设在远离"三废"污染，或近期内不被工业开发占用的地区。以叶用蔬菜为主的基地，还要特别注意选择无微尘污染的地区。无公害蔬菜基地的空气条件必须符合国家《大气环境质量评价标准》中二级标准，详见表1-3-2，1-3-3所示。

（2）无公害蔬菜生产的灌溉水源必须符合国家农田灌溉水质标准，见表1-3-4所示。

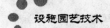

（3）无公害蔬菜生产基地的土壤必须符合国家菜田土壤卫生标准二级（含二级）以上。

表 1-3-2　大气环境质量二级标准[①]

项　　目	二级标准		
	日平均	年平均	浓度单位
二氧化硫	0.15	0.06	mg/m³
氮氧化物	0.10	0.05	mg/m³
总悬浮颗粒物	0.3	0.2	mg/m³
氟化物	3.0[②]	2.0[③]	μg/dm³d

注：① 引用标准：GB3095—1996 大气环境质量标准。② 日平均，适用于农业和林业区。② 植物生长季平均，适用于农业和林业区。

表 1-3-3　蔬菜农田灌溉水质量标准

项　　目		标　　准　（mg/L）
pH	≤	5.5～8.5
总汞	≤	0.001
总镉	≤	0.005
总砷	≤	0.05（水田、蔬菜）0.1（旱作）
总铅	≤	0.1
铬（六价）	≤	0.1
氯化物	≤	250
氟化物	≤	2.0（高氟区）　3.0（一般地区）
氰化物	≤	0.5

注：引用标准：GB5084—1992 农田灌溉水质标准。

表 1-3-4　无污染蔬菜生产的土壤标准

级别	1	2	3	4
无污染蔬菜基地	优良	可	大面积不宜	不宜
生态影响	正常	基本正常	敏感蔬菜受影响	影响较重
区别	背景区≤	安全区≤	警戒区≤	不宜区>>
铜（ppm）	35.9	71.8	125	125
锌（ppm）	103	206	500	300
铅（ppm）	37.1	74.2	400	400
镉（ppm）	0.29	0.58	1.00	1.00
铬（ppm）	85.4	170.8	200	200
砷（ppm）	13.6	17.8	22	22
汞（ppm）	0.21	0.42	0.7	0.7
镍（ppm）	38.7	77.4	100	100
六六六（ppb）		200	400	400
滴滴涕（ppb）		1000	2000	2000

资料来源：王晓佳《蔬菜的污染与无污染蔬菜的生产》。

子任务二　无公害蔬菜生产的施肥技术

蔬菜的种类、品种繁多，生长特性、食用部位各异，对肥料的要求也各不相同。

一、蔬菜吸收肥料的特性

（1）蔬菜种类不同，对氮、磷、钾等营养元素吸收量不同，果菜类蔬菜，以 P、K 肥为主，叶菜类蔬菜以 N 吸收量较多，吸收 P、K 次之；生长期长短不同，需肥量不同，一般生长期长、产量高的

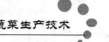

蔬菜对肥料吸收量大，生长期短的蔬菜，需肥量较少，但在单位时间内吸收肥料多。

（2）蔬菜的根系入土深浅不同，对肥效期长短要求不同，生长期长、根系入土深、吸收能力强的蔬菜，如冬瓜、南瓜等，要求施肥效释放期长的肥料；根系较浅、吸收能力弱的蔬菜，如速生叶类菜，要求施肥效释放较快的肥料。

（3）蔬菜生育期不同，对肥料的要求不同，发芽期主要利用种子中贮藏的养分，不必施用肥料；幼苗期根系少，吸收量小，应施用营养全面，释放较快的肥料；结果期及叶类菜结球期对各种营养元素吸收量大，需要充足的肥料，满足结果、果实膨大及结球的需要。

二、各类蔬菜对主要营养元素的吸收特点

（一）茄果类蔬菜

茄果类蔬菜需肥较多，吸收主要肥料元素比例顺序是钾＞氮＞钙＞磷＞镁，如果钾氮比例低于1.8以下，番茄和辣椒的青枯病等病害发病率将上升，农药用量增加。茄果类蔬菜生长期较长，食用部分为果实，苗期需氮较多，磷、钾较少；开花结果期需磷、钾较多，因此这类蔬菜要求施用肥效长的肥料，特别要重视施用钾肥，控制氮肥的过量施用。

（二）瓜类蔬菜

瓜类蔬菜吸收肥料元素比例是钾＞氮＞磷。黄瓜的根系浅，结果期长，对土壤养分的吸收能力弱，不能施用浓度过高的肥料，应施用营养全面，肥效期长的肥料。南瓜、冬瓜等其他瓜类根系较深，耐肥力较强，要求施用肥效较长，氮、磷、钾的施用比例适当。如果氮肥施用过多，不仅会导致营养生长过旺，还会导致瓜类蔬菜落花、落果，枯萎病等病害的发生。

（三）豆类蔬菜

豆类蔬菜吸收肥料元素的比例是氮＞钾＞磷。豆类蔬菜根系强大，分布深而广，吸收能力强，根上可形成根瘤菌，可固定利用空气中的氮。蔓生菜豆、豇豆生长发育比较缓慢，大量吸收养分的时间开始也较迟，从嫩荚伸长起才开始大量吸收营养，生长后期仍需吸收大量的氮肥；蔓生菜豆和豇豆应注意施用肥效较长的肥料，以保证生长发育后期肥料的供应，防止早衰，延长结果期。

（四）根菜类蔬菜

根菜类蔬菜吸收肥料元素的比例是氮＞钾＞磷。根菜类蔬菜的生长盛期在收获前的 $30 \sim 60 \ d$ 出现，所以，生长初期和中期营养水平很重要。后期主要是促进植物体内积累的物质向根部运转，促使根部迅速膨大。根菜类蔬菜在不同生长期对营养元素的吸收能力不同，以肉质根开始膨大及膨大盛期吸收量最大；幼苗期和莲座期需氮比磷钾多，肉质根膨大盛期磷钾需要量增多，尤其以钾最多。所以，根菜类蔬菜施肥应注意持续性肥料与速效性肥料相结合施用。

（五）绿叶菜类蔬菜

绿叶菜类蔬菜根系浅，生长快，生长周期短，单位时间和面积生产量较高，单位时间需肥量也较大。施用肥料时应注意肥料的速效性。

三、无公害蔬菜施肥的原则

无公害蔬菜生产要求商品蔬菜硝酸盐含量不超过标准，目前商品蔬菜硝酸盐含量过高，主要原因之一是氮肥施用量过高，有机肥施用偏少，氮、磷、钾肥搭配不合理而造成的，因此必须通过合理的施肥技术，使商品蔬菜硝酸盐含量降低到允许的标准之内。并且合理施肥还能降低病虫害的危害，减少农药的施用量，防止农药的污染。

（一）平衡、配方施肥的原则

无公害蔬菜应根据蔬菜种类，吸收肥料的特性和土壤肥力状况进行平衡配方施肥。蔬菜硝酸盐含量随氮肥施用量增加呈正相关关系，氮、磷、钾配比不合理，特别是氮肥施用过多，就会造成蔬菜硝酸盐含量过高，无公害蔬菜必须根据蔬菜吸收肥料的特性和栽培土壤的肥力状况进行合理的配方施肥，尤其是要控制氮肥的施用量。

（二）生产过程以基肥为主的原则

蔬菜中硝酸盐的积累与收获时土壤中硝态氮的含量有关，蔬菜收获前大量施用氮肥，在收获时植株体内硝酸盐的含量将会增加。因此，无公害蔬菜生产施用肥料必须以基肥为主，基肥占总需肥量的 50%～70%，追肥在生育期内合理分次施用，基肥、追肥都要深施覆土。

（三）肥料选择以专用肥料为主的原则

蔬菜种类很多，需肥特性不同，无公害蔬菜适用的肥料有：

1. 农家肥料

农家肥料，指含有大量的生物物质、动植物残体、排泄物和生物废物等物质的肥料，主要有堆肥、沤肥、厩肥、沼气肥、绿肥、作物秸秆和饼肥等有机质肥料。

2. 商品肥料

商品肥料包括商品有机肥、腐殖酸类肥、微生物肥料、有机复合肥、无机（矿质）肥和叶面肥等。

3. 无机化肥必须与有机肥配合施用

有机氮与无机氮配合比例 1∶1 为宜，或选择硝酸盐富集少的氮肥品种，如氯铵、缓效氮肥等使用。

4. 城市垃圾质量达国家标准后限量使用

每年每亩用量，黏性土壤不超过 3 000 kg，砂性土壤不超过 2 000 kg。无公害蔬菜生产上最好使用氮、磷、钾和其他微量元素及有机肥配合的有机无机无公害蔬菜生产专用肥，专用肥料既能满足作物的需肥特性，又能提高蔬菜的品质，有效地降低硝酸盐的含量。同时，这种专用肥料对改善菜区土壤生态环境，培肥土壤，增强蔬菜的抗病、抗逆能力，减少农药重金属污染也有重要作用。

（四）蔬菜采收前不施用肥料的原则

研究表明，在施用氮肥后的 8 d 为蔬菜上市的安全始期，此后，随时间的延长，硝酸盐的累积有明显的下降趋势。因此，在蔬菜的收获前 10 d 左右，严禁施用肥料，尤其是速效氮肥。

（五）叶类菜尽可能施用专用肥的原则

叶类菜的食用部分接近地面，直接施用人畜肥料容易造成致病微生物和病虫卵的污染，因此，应施用专用肥料，排除污染源，减少污染。

子任务三　蔬菜的灌溉技术

一、蔬菜作物的需水规律

不同种类的蔬菜需水特性与其根系吸收能力与地上部蒸腾消耗多少有关。一般说根系强大的，吸水多，抗旱力强；叶面积大，组织柔嫩，蒸腾作用大的抗旱力弱。但也有叶表面有一层蜡质，水分消耗少，而较耐旱的种类；或水分消耗少，但根系很弱而不耐旱的种类。根据不同蔬菜植物的需水规律大致可分为五类：

（一）水生蔬菜

这类蔬菜生长在水中。它们的叶面积大，组织柔嫩，消耗水分多，但根系不发达，且吸水能力弱，

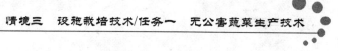

只能在浅水中或多湿的土壤中栽培生长，如芋头、莲藕、茭白、荸荠和蕹菜等。

（二）湿润性蔬菜

这类蔬菜要求土壤湿度高。植株叶面积大，组织柔嫩，消耗水分多，根系入土较浅，吸水能力较弱，因此要求栽培在土壤湿度较大和保水力强的地块，同时这类蔬菜也喜空气湿度高，应经常浇水，以保证土壤中有足够的水分。如大白菜、结球甘蓝、黄瓜和绿叶菜类等。

（三）半湿润性蔬菜

这类蔬菜要求土壤湿度中等。植株叶面积较小，表面多有茸毛，组织粗糙，水分消耗较少，但根系较发达，有一定的抗旱能力。在栽培中要适时适量浇水，保证植株正常生长发育。如茄果类、豆类和根菜类。

（四）半耐旱性蔬菜

这类蔬菜叶面积小，叶多呈管状或带状，表面多有蜡质层，蒸腾作用缓慢，水分消耗少，可忍受较低的空气湿度。另因它们根系入土浅，分布范围小，几乎没有根毛，吸水能力弱，所以要求较高的土壤湿度。在栽培上要经常保持土壤湿润，才能生长发育良好，如大蒜、葱、洋葱等葱蒜类。

（五）耐旱性蔬菜

这类蔬菜对水分的适应能力较强，植株叶面积大，但表面有裂刻和茸毛，蒸腾作用小，水分消耗少，能忍耐较低的空气湿度。这些蔬菜根系强大，入土深，分布广，抗旱力强。但在栽培中仍应保持土壤湿润，适时适量浇水，以取得优质高产。如西葫芦、南瓜、西瓜、甜瓜和瓠瓜等。从蔬菜对空气湿度的要求看，有需较高空气湿度的，一般相对湿度为85%～95%，主要有黄瓜、绿叶菜类和水生蔬菜等；有需中等空气湿度的，一般相对湿度为75%～80%，主要有白菜类、除胡萝卜之外的根菜类、甘蓝类、豌豆和蚕豆等；有需较低空气湿度的，一般相对湿度为55%～65%，主要有茄果类、除蚕豆和豌豆外的豆类等；有适于较干燥空气的，一般相对湿度为45%～55%，主要有南瓜、甜瓜、西瓜、胡萝卜和葱蒜类等。

二、蔬菜不同生育期对水分的要求

（一）种子发芽期

种子发芽需要一定的土壤湿度，但各种蔬菜种子的吸水力、吸水量和吸水速度有所差异，在播种前应浇足底水，或播种后及时浇水。

（二）幼苗期

此时植株较小，蒸腾量也小，需水量不多，但根群也很少，且分布浅，同时苗床土壤大部分裸露，表土湿度不易稳定，幼苗易受干旱影响，栽培管理上要特别注意苗期浇水，保持一定的土壤湿度。

（三）营养生长盛期和养分积累期

此期是蔬菜生长需水最多的时期，蔬菜产品重量90%在此期形成。在营养器官开始形成时，供水要及时，但不能过多，以防茎叶徒长，影响产品的质量和产量。

（四）开花期

此期对水分要求比较严格，浇水过多或过少都易引起落花落果。特别是果菜类蔬菜在开花始期不宜浇水，需进行蹲苗，如果水分过多，会引起茎叶徒长，造成落花落果。

在生产实践中，应根据气候条件是干旱还是雨涝，是高温还是低温；是保水保肥力强还是漏水漏肥的土壤，以及生长发育的不同时期和各种蔬菜生长发育的特点进行浇水、保水和排水，以保证蔬菜产品优质高产。

三、无公害蔬菜的灌溉技术原则

无公害蔬菜生产是要求在最佳的生态环境中栽培蔬菜，使蔬菜产品达到最佳品质的生产方式。因此，必须根据蔬菜作物自身的需水规律进行灌溉。研究表明，土壤水分适量增加不仅促进蔬菜生长，而且还能提高硝态氮的吸收及向地上部转移的效率，使硝酸盐含量降低。蔬菜收获前几天进行灌溉也能使植株中硝酸盐的含量普遍下降。根据不同蔬菜的需水特性，调控土壤水分的含量，不仅能提高肥料的利用率，而且能防止硝酸盐污染，改善品质和提高产量。

四、无公害蔬菜生产的灌溉方式

蔬菜的灌溉方式主要是地面灌溉，随着蔬菜栽培技术的发展，蔬菜的灌溉方式也有了很大的发展变化，无公害蔬菜生产适用的灌溉方式主要有以下几种：

（一）滴灌

滴灌是根据作物的需水要求，通过低压供水管道和滴灌软管带上的小孔，将作物生长发育所需的水分以很小的流量均匀、准确地输送到植物根际周围，满足蔬菜植物生长发育对水分需求的一种灌溉方式，采用滴灌同时也可将作物所需要的肥料加入水中施入根系附近的土壤。这种灌溉方式省水、省力，能适时适量地向作物根系供应水分，并且灌水与施肥同步进行，节水省肥，既能保持土壤良好的物理特性，提高水、肥的利用率，又能减少病虫害，是一种较为先进的灌溉方式。

（二）喷灌

喷灌是通过供水管道系统和安装在末级管道上的喷头，将水加压后，通过喷头喷入土壤中的一种灌溉方法，俗称"人工降雨"。喷灌分两种，一种喷头孔径较大，喷头支架较高水压大，喷灌控制半径较大，一般水滴也较大，主要适用于大田生产；另一种微喷喷头较小，喷灌控制面积小，喷出的水为雾状，常用于设施栽培或育苗栽培中。喷灌用水量比一般的浇灌少，可以根据作物不同生育期对水分的需求进行喷灌，以控制灌水量，灌水比较均匀，水的利用率也较高，同时喷灌能调节田间小气候，降低田间气温 2～3 ℃，是一种较为理想的灌溉方式。

（三）浇灌

浇灌是目前蔬菜生产中普遍采用的传统人工灌溉方式，这种方式简单易行，能根据不同蔬菜对水分的需求及时浇灌，满足蔬菜的生长要求，也能保证蔬菜产品的质量。但是，一般的人工浇灌方式耗时、耗力，尤其在干旱季节，如果不能及时灌溉，会造成植株缺水，生长势弱，抗逆能力下降，导致病虫害严重，施药量增加，降低蔬菜的品质。

子任务四　无公害蔬菜生产的田间管理技术

采用合理的农业生产技术措施，提高蔬菜植株抗逆能力，减轻病虫危害，减少农药施用量，是无公害蔬菜生产的重要措施。

一、品种选择与育苗

（一）品种选择

要因地制宜选用抗病品种和低富集硝酸盐的品种。尤其是对病害尚无有效防止办法的蔬菜种类，必须选用抗病品种，减少用药量。

（二）种子和苗床消毒

对病菌靠种子、土壤传播的菜类，严格做好种子和苗床消毒，减少苗期病害，减少用药量和农药污染。

（1）种子处理：播种前检验种子纯度、净度、干粒重、发芽率、水分和病虫害种子质量等，然后进行种子处理。

（2）温汤浸种：将种子放入 50~55 ℃ 的水中浸种，边浸边搅拌，适时补充适量热水保持水温 10~15 min，然后自然冷却水，根据种子吸水要求，浸泡一定时间，起到吸水和杀菌的作用。

（3）药剂处理：福尔马林用 50~100 倍液浸种 20~30 min，取出种子密闭熏蒸 2~3 h，再用清水冲洗干净，可防治黄瓜炭疽病和枯萎病；用硫酸铜 100 倍液浸种 10~15 min，取出用清水冲洗干净药液，可防治黄瓜炭疽病和枯萎病；用 10% 磷酸三钠溶液浸种，然后用水冲洗到中性为止，可预防番茄等蔬菜病毒病。

（4）苗床土消毒：用 40% 的福尔马林 50~100 倍于播种前三周用喷雾器均匀喷洒苗床土，用塑料薄膜盖严密闭 5 d，然后除去薄膜两周，待药性挥发后播种。

（三）适时播种

蔬菜播期与病虫害发生关系密切，要根据蔬菜的品种特性和当年的气候状况，选择适宜的播种期。

（四）培育壮苗

采用护根的营养钵、穴盘等方法育苗，加强苗期管理，及时练苗，培育适期苗龄，带土移栽，以减轻苗期病害，增强抗病力。

壮苗的标准是：枝叶完整、无损伤、无病虫、茎粗、节短、叶厚、叶柄短、色浓绿、根系粗壮、根系发达、苗龄适当，达到定植要求标准。

二、合理轮作

在同一地块上按一定年限轮换栽种几种不同种类的蔬菜作物称为轮作。合理安排蔬菜品种的轮作是无公害蔬菜生产的一个重要技术措施。合理轮作能有效地避免和减轻病虫害的发生，保持地力，降低成本。有条件的地区尽可能地避免同种类蔬菜连作，例如，茄果类蔬菜的长期连作，就容易导致青枯病、病毒病的发生，加大生产过程的用药量，引起农药污染。合理轮作还可以降低蔬菜的病原菌基数和病虫危害的发生率，有条件的地区尽可能地实行轮作，以水旱轮作或粮菜轮作为最好。轮作周期主要依据各类蔬菜主要病原菌在栽培环境中存活和侵染危害情况而定。如马铃薯、黄瓜和辣椒等需要 2~3 年，大白菜、番茄和茄子、冬瓜等需要 3~4 年。

三、中耕与除草

蔬菜栽培成活后，或播种出苗后，在天气晴朗、表土已干时及时进行中耕除草。中耕可以使表土疏松，使空气容易进入土壤中，增加土壤中的氧气含量，促进土壤中有机物的分解释放，易被植株吸收，促使作物生长健壮，抗逆性增强。中耕的次数和深浅根据不同的作物和土壤性质而定。生长期长的蔬菜中耕次数较多，反之就较少。根系深的蔬菜中耕较深，反之较浅。

四、植株调整

植株调整就是根据不同的蔬菜特性进行管理，植株调整的范围包括摘心、打杈、摘叶、疏花、疏果、压蔓、搭架等。

（一）摘心、打杈

摘除植株的顶芽叫摘心，摘除侧芽就是打杈。有些蔬菜作物如番茄、茄子等，为了控制植株的营养生长，促进生殖生长，果实发育，提高产品的质量，采取摘心、打杈的措施来调整植株。

（二）摘叶、束叶

蔬菜生长期摘去植株基部的老叶，有利于空气流通，减少病虫害和养分消耗，促进植株的生长发育，或有利于开花结果和果实的成熟。束叶适用于十字花科的卷心结球蔬菜或花菜，主要目的是防止昆虫危害和粉尘污染，保持花球的色泽，提高品质。

（三）疏花、疏果与保花保果

有些蔬菜如洋芋、藕等，摘除花蕾有利于地下食用器官的膨大；对另一些蔬菜如番茄、茄子和一些瓜类等，去掉一些畸形花、果和过多的果实，可以促进剩下的果实正常发育，提高产品质量和产量。

（四）压蔓和搭架

如南瓜、冬瓜等蔓生蔬菜通过压蔓使植株排列整齐，受光良好，管理方便。丝瓜、黄瓜等蔓生蔬菜搭架，既可增加叶的受光面积，提高光合效率，又能使田间通风良好，减少病虫害，有利于作物的生长。所有增强作物的生长势，提高作物的抗逆能力，减少病虫危害的田间管理措施都是无公害生产的重要技术措施。

五、嫁接防病

嫁接防病是指利用南瓜、葫芦等做砧木，分别用黄瓜、西瓜等蔬菜苗作接穗进行嫁接，防止枯萎病的发生。

六、田园清洁

蔬菜田园中的植株残体、老叶和杂草等，是病原菌和害虫良好的寄生环境，因此，在作物收获后，及时清除田间的作物残渣和杂草，减少病虫害来源，控制病虫危害，是无公害蔬菜生产的又一重要技术措施。

七、适时采收与采后处理

（一）适时采摘

按商品规格适时细心采收，果菜类避免碰伤，叶菜类摘去黄叶、老叶，除去泥土。

（二）及时清洗

必须用无污染的清洁水清洗蔬菜，通过清洗不仅洗尽蔬菜上的灰尘、泥土，还可减少部分农药残留的含量。通过浸洗后，氟的含量，叶菜类减少 53%～77%，根菜减少 17%～37%，果菜减少 19%～25%。

（三）严格包装

蔬菜采收后全部采用塑料筐或其他的无污染包装物包装和运输，防止碰伤和污染，保证蔬菜的外观质量。果菜采用托盘、保鲜膜包装。

子任务五　无公害蔬菜病虫害防治技术

一、无公害蔬菜病虫害防治的原则

无公害蔬菜病虫害防治的原则是：农业综合防治为主，农药防治为辅，在农药防治上，优先使用生物农药，合理应用高效低毒低残留农药，严禁使用高毒高残留农药，把病虫害控制在一定水平以下，使蔬菜中的农药残留量符合国家规定的标准。

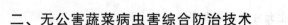

二、无公害蔬菜病虫害综合防治技术

（一）农业防治技术

1. 商品蔬菜及蔬菜种子检疫

对引进和输出的商品蔬菜、蔬菜种子和种苗进行检疫，防止国家检疫对象的病虫害传入或输出到蔬菜基地流行危害。

2. 运用科学、合理的栽培技术，提高蔬菜抗病虫害能力，减少用药量和用药次数，防止农药污染

（1）严格进行蔬菜种子消毒，降低因种子、种苗携带的病原菌进入大田造成病虫害发生。

（2）按各种蔬菜对温湿度要求，控制育苗、栽培的温度、湿度，提高蔬菜植株抗病虫能力；或利用设施栽培，避免或控制病菌浸染和虫害的传播危害；采取适宜的播种（或移栽）期，避开病虫发生高峰期危害。

（3）合理施肥，根据各种蔬菜不同生育期对营养元素的需求，合理施肥，并适当增施磷、钾肥，提高蔬菜作物抗病虫能力和品质。

（4）采取收获后清洁田园，利用冬季低温和夏季高温季节翻地——消灭部分病源、虫源，减少蔬菜病虫危害。

（二）生物防治

利用有益生物（包括生物制剂），防治蔬菜病虫危害，是无公害蔬菜生产中一种重要的防治措施。

1. 以虫治虫

利用捕食性天敌（如瓢虫、草蛉）和寄生性天敌（寄生蜂）来消灭虫害。

2. 以菌治病治虫

利用细菌、真菌、病毒等来消灭病虫害，如青虫菌、白僵菌、Bt 等。例如用浏阳霉素防治红蜘蛛；韶关霉素防治蚜虫；农抗 120 或武夷菌素防治白粉病、炭疽病、叶霉病；Bt 乳剂、青虫菌 6 号防治菜青虫危害等。

3. 利用昆虫激素防治虫害

利用昆虫外激素及内激素来防治虫害，如诱杀、迷向、调节脱皮变态等。

（三）物理防治及人工防治

利用害虫忌避习性、趋光习性、群集习性，采取物理防治或人工捕捉防治。如灯光诱杀、黄板（或黄条）诱蚜虫及温室白粉虱、铺银灰色薄膜避蚜、人工捕捉有群集习性的斜纹夜蛾幼虫或捕杀卵块。

（四）科学、安全地使用农药

贯彻"预防为主，综合防治"的方针，减少农药用量及使用次数，经济、有效、安全地将病虫害控制在最低水平。

1. 抓好蔬菜病虫害预测预报工作

按照蔬菜作物病虫害预测预报，在病虫害发生危害高峰期之前，及时进行防治。

2. 科学使用化学农药

（1）严格按《中华人民共和国农药安全使用标准》原则，在蔬菜生产中禁止使用剧毒、高毒、高残留农药，如水胺硫磷、甲胺磷、甲基对硫磷（甲基 1605）、甲基异柳磷、喹硫磷、久效磷、磷胺、地虫磷（大风雷）、氧化乐果、速扑杀、呋喃丹（克百液）、天多威（万灵）、涕灭威（铁灭克）、三氯山杀螨醇、普特丹、杀虫脒、杀虫威等高毒、高残留农药。（表 1-3-5）

（2）选择低毒、低残留的农药，严格控制施药量和施药时间，在商品菜采收前严禁施用农药。例如叶菜收获前 7 ~ 12 d、茄果类蔬菜采收前 2 ~ 7 d、瓜菜采收前 2 ~ 3 d 禁用农药。

表 1-3-5　农药在蔬菜上允许残留量参考标准

农药名称	致死中量/（mg/kg）	日允许最大摄入量/（mg/kg）	允许残留量/ppm
40% 乐果乳油	245	0.02	中国：青菜 1.0，番茄 1.0；日本：蔬菜 1.0；FAO/WHO：番茄 1.0，其他蔬菜 2.0
90% 敌百虫晶体	630	0.01	中国：叶菜 0.1，茄子、黄瓜 0.5；日本：蔬菜 0.5；FAO/WHO：番茄 0.2
80% 敌敌畏乳油	80	0.004	中国：叶菜 0.1，番茄、黄瓜 0.5；日本：蔬菜 0.1；FAO/WHO：蔬菜 0.5
40% 乙酰甲胺磷乳油	823	0.02	中国：叶菜 2.0；美国、墨西哥：芹菜、莴苣 10.0；FAO/WHO：番茄 5.0；澳大利亚：甘蓝 5.0
10% 二氯苯醚菊酯乳油	1200	0.03	中国：萝卜根 0.1，萝卜叶 2.0；FAO/WHO：甘蓝、芹菜 5.0，番茄 2.0，茄子、辣椒 1.0，菜花、黄瓜 0.5
50% 辛硫磷乳油	2170	—	中国：大白菜、韭菜、甘蓝、黄瓜、洋葱、大葱 0.05；意大利：蔬菜 0.5；德国：蔬菜 0.5
20% 速灭杀丁乳油	450	0.007	中国：甘蓝 1.0，番茄 0.5；日本：蔬菜 1.0；FAO/WHO：芹菜、甘蓝 2.0
2.5% 溴氰菊酯乳油	138.7	0.01	中国：黄瓜、萝卜根 0.05，萝卜叶 2.0，叶菜 0.2；美国：番茄、豌豆 1.0；FAO/WHO：叶菜 .2；澳大利亚、德国：蔬菜 1.0
25% 喹硫磷乳油	71	0.015	中国：叶菜、豇豆、青椒、红辣椒、洋葱、大葱 0.2；意大利：果蔬 0.02
50% 马拉硫磷乳油	1400	0.02	中国：胡萝卜 0.5；日本：果菜 0.5，甘蓝、芹菜、莴苣 2.0；FAO/WHO：甘蓝 0.5，芹菜 1.0；美国：菜花、甘蓝、茄子、豌豆、番茄 3.0
25% 瑞毒霉可湿性粉剂	669	0.03	FAO/WHO：黄瓜、番茄 0.5，菠菜 1.0；澳大利亚：叶菜 0.03
65% 代森锌可湿性粉剂	5200	0.005	美国：芹菜 5.0，黄瓜、番茄 4.0，甘蓝、花菜、胡萝卜 7.0，莴苣、菠菜 10.0；德国：番茄、黄瓜 1.0
70% 代森锰锌可湿性粉剂	500	0.05	日本：蔬菜 0.4，黄瓜、番茄 1.0；瑞典：果蔬 0.01；
波尔多液			意大利：果蔬 20.0；德国果蔬 20.0
25% 粉锈宁可湿性粉剂	1200	0.01	中国：黄瓜 2；FAO/WHO：番茄、辣椒、0.5，黄瓜 0.2
75% 百菌清可湿性粉剂	3700	0.05	中国：黄瓜 1.0，番茄 5.0；日本：蔬菜 0.1；FAO/WHO：芹菜、黄瓜 2.0，番茄 5.0；莴苣 10.0
70% 敌克松可湿性粉剂	60	0.05	加拿大：菜豆、黄瓜、豌豆、菠菜 0.1
50% 多菌灵可湿性粉剂	5000	0.01	中国：黄瓜 0.5；南斯拉夫：蔬菜 0.1；FAO/WHO：芹菜、黄瓜 2.0，番茄 5.0，莴苣 10.0
70% 甲基布托津可湿性粉	15000	0.08	日本：蔬菜 2.0；澳大利亚：蔬菜 2.0；美国：芹菜 3.0，胡萝卜 0.5
48% 氟乐灵乳油	10000		美国：胡萝卜、叶菜 0.05；德国：花椰菜 3.0；意大利：蔬菜 0.05；加拿大：胡萝卜 0.5

子任务六　无公害蔬菜、绿色蔬菜与有机蔬菜的区别

一、无公害蔬菜

无公害蔬菜，指产地生态环境清洁，按照特定的技术操作规程生产，将有害物含量控制在规定标准内，并由授权部门审定批准，允许使用无公害标志的食品。无公害食品注重产品的安全质量，其标准要求不是很高，涉及的内容也不是很多，适合我国当前的农业生产发展水平和国内消费者的需求，对于多数生产者来说，达到这一要求不是很难。当代农产品生产需要由普通农产品发展到无公害农产品，再发展至绿色食品或有机食品，绿色食品跨接在无公害食品和有机食品之间，无公害食品是绿色食品发展的初级阶段，有机食品是质量更高的绿色食品。

二、绿色蔬菜

绿色食品概念是我们国家提出的，指遵循可持续发展原则，按照特定生产方式生产，经专门机构认证、许可使用绿色食品标志的无污染、安全、优质、营养类食品。由于与环境保护有关的事物国际上通常都冠之以"绿色"，为了更加突出这类食品出自良好生态环境，因此定名为绿色食品。

无污染、安全、优质、营养是绿色食品的特征。无污染是指在绿色食品生产、加工过程中，通过严密监测、控制，防范农药残留、放射性物质、重金属、有害细菌等对食品生产各个环节的污染，以确保绿色食品产品的洁净。

为适应我国国内消费者的需求及当前我国农业生产发展水平与国际市场竞争，从 1996 年开始，在申报审批过程中将绿色食品区分为 A 级和 AA 级。

A 级绿色食品系指在生态环境质量符合规定标准的产地，生产过程中允许限量使用限定的化学合成物质，按特定的操作规程生产、加工，产品质量及包装经检测、检验符合特定标准，并经专门机构认定，许可使用 A 级绿色食品标志的产品。

AA 级绿色食品系指在环境质量符合规定标准的产地，生产过程中不使用任何有害化学合成物质，按特定的操作规程生产、加工，产品质量及包装经检测、检验符合特定标准，并经专门机构认定，许可使用 AA 级绿色食品标志的产品。AA 级绿色食品标准已经达到甚至超过国际有机农业运动联盟的有机食品的基本要求。

三、有机蔬菜

有机食品是国际上普遍认同的叫法，这一名词是从英法 Organic Food 直译过来的，在其他语言中也有叫生态或生物食品的。这里所说的"有机"不是化学上的概念。国际有机农业运动联合会（IFOAM）给有机食品下的定义是：根据有机食品种植标准和生产加工技术规范而生产的、经过有机食品颁证组织认证并颁发证书的一切食品和农产品。国家环保局有机食品发展中心（OFDC）认证标准中有机食品的定义是：来自于有机农业生产体系，根据有机认证标准生产、加工，并经独立的有机食品认证机构认证的农产品及其加工品等，包括粮食、蔬菜、水果、奶制品、禽畜产品、蜂蜜、水产品、调料等。

有机食品与无公害食品、绿色食品的最显著差别是，前者在其生产和加工过程中绝对禁止使用农药、化肥、除草剂、合成色素、激素等人工合成物质，后者则允许有限制地使用这些物质。因此，有机食品的生产要比其他食品难得多，需要建立全新的生产体系，采用相应的替代技术。

四、绿色无公害蔬菜

绿色无公害食品是出自洁净生态环境、生产方式与环境保护有关、有害物含量控制在一定范围之内、经过专门机构认证的一类无污染的、安全食品的泛称，它包括无公害食品、绿色食品和有机食品。在绿色无公害食品认识上要注意如下几个问题：

（1）绿色无公害食品未必都是绿颜色的，绿颜色的食品也未必是绿色无公害食品，绿色是指与环境保护有关的事物，如绿色和平组织、绿色壁垒、绿色冰箱等。

（2）无污染是一个相对的概念，食品中所含物质是否有害也是相对的，要有一个量的概念，只有某种物质达到一定的量才会有害，才会对食品造成污染，只要有害物含量控制在标准规定的范围之内就有可能称为绿色无公害食品。

（3）并不是只有偏远的、无污染的地区才能从事绿色无公害食品生产，在大城市郊区，只要环境中的污染物不超过标准规定的范围，也能够进行绿色无公害食品生产，从减轻农用化学物质污染的作用分析，在发达地区更有重要的环保意义。

（4）并不是封闭、落后、偏远的山区及没受人类活动污染的地区等地方生产出来的食品就一定是绿色无公害食品，有时候这些地区的大气、土壤或河流中含有天然的有害物。

（5）野生的、天然的食品，如野菜、野果等也不能算作真正的绿色无公害食品，有时这些野生食品或者它们的生存环境中含有过量的污染物，是不是绿色无公害食品还要经过专门机构认证。

行动（Action）

活动一　无公害黄瓜生产技术操作规程

黄瓜是浅根性蔬菜，生长适温为 18～32 ℃，光合作用适温为 25～32 ℃，夜间以 15～18 ℃ 为宜，地温以 25 ℃ 为宜。黄瓜不耐 5 ℃ 以下低温，35 ℃ 以上生长不良。黄瓜对土壤含水量的要求是始瓜期 18%～20%，盛瓜期 20%～22%。温室栽培黄瓜，因地温较低，造成黄瓜根群分布更浅，多在 10～20 cm 的土层中，故耐旱能力差，要求土壤保水保肥、有机质含量高。黄瓜根系再生能力差，虽易发生不定根，但木栓化早。因此，温室栽培黄瓜要求早分苗，少伤根，利用嫁接栽培实现丰产的目的。

一、地块选择

选择两季以上未种过葫芦科作物的田块，要求疏松肥沃、富含有机质、保水保肥能力较强的弱酸性至中性砂质土壤，最适 pH 在 5.7～7.2。当 pH 在 5.5 以下时，植株会发生多种生理障碍，黄化枯死；当 pH 高于 7.2 时，易烧根死苗，发生盐害。

二、品种选择

选用抗病、抗逆性强，商品性状好，产量高的品种。可选用津春 3 号、津绿 3 号、中农 13 号、长春密刺、新泰密刺、山东密刺等。

三、播种

（一）播种期

日光温室冬茬播种期为 8 月中下旬，冬春茬为 9 月上旬至 9 月下旬，春茬为 12 月上中旬。大棚春茬播种期为 2 月上中旬，秋延后为 6 月下旬至 7 月中旬，秋茬为 6 月下旬至 7 月上旬。

（二）播种方法

1. 一般播种

在育苗地挖 15 cm 深的苗床，内铺配制好的床土 10 cm，浇水渗透后，上铺细土（或药土），按株行距 3 cm×3 cm 点种，上覆药土 2 cm，床上覆盖塑料薄膜。

2. 容器播种

用直径 10 cm、高 10 cm 的纸筒（塑料薄膜筒或育苗钵亦可），内装配制好的床土 8 cm 厚，上铺细土（或药土），每纸筒内点播 1 粒种子，浇透水，上覆药土 2 cm。先将 15 cm 深的苗床浇透水，再将筒式钵摆放在苗床里。

　　3. 嫁接苗的播种

　　黄瓜作接穗，南瓜作砧木，黄瓜专用砧有南砧 1 号、云南黑籽南瓜、火凤凰等。用靠接法的，黄瓜早播种 3 d；用插接法的，南瓜比黄瓜早播种 3~4 d。

四、苗期管理

（一）温度管理

黄瓜苗期的温度管理方法（表 1-3-6）。

表 1-3-6　黄瓜苗期的温度管理方法

时　　期	白天适宜温度/℃	夜间适宜温度/℃
播后至出土	28~32	18~20
出土至见心	25~30	16~18
见心至分苗	20~25	14~16
分苗至缓苗	28~30	16~18
缓苗至定植	20~25	12~16

（二）间苗

间苗是指及时间除病虫苗、弱小苗和变异苗。

（三）分苗

当幼苗子叶展平有 1 心时，在分苗床内按行距 10 cm 开沟，株距 10 cm 坐水栽苗。也可将苗栽在纸筒、塑料薄膜筒或育苗钵内。

（四）嫁接

使用靠接的，当黄瓜第 1 片真叶展开，南瓜子叶展平时去心嫁接；使用插接的，当南瓜和黄瓜均有 1 片真叶时嫁接，随即坐水栽在营养钵里或分苗床上，株行距 12 cm×12 cm。

（五）分苗后的管理

温室冬春茬、大棚早春茬如苗床温度低可加扣小拱棚保温，缓苗后可松土 1 次提高地温。不旱不浇水，显旱时喷水补墒。

（六）嫁接后的管理

嫁接苗应立即覆盖小拱棚，开始 2~3 d 棚室要盖草苫遮阴（但要留有空隙，适当给予弱光）。在接口愈合的 7~10 d，昼温提高到 25~30 ℃，以后逐渐降到 22~28 ℃；夜温由 18~16 ℃ 逐步降到 14~16 ℃，空气湿度由 90% 逐步降到 65%~70%，接穗长出新叶时，断接穗根，撤掉小拱棚。

（七）壮苗标准

株高 15 cm 左右，3~4 叶 1 心，子叶完好，节间短粗，叶片浓绿肥厚，根系发达，健壮无病，苗龄 35 d 左右。

五、定植

（一）定植前准备

　　1. 整地施肥

基肥品种以优质有机肥、常用化肥、复混肥等为主，每 667 m² 施优质有机肥（以优质腐熟猪厩肥

为例）5 000 kg、氮肥（N）4 kg（折合尿素 8.5 kg）、磷肥（P$_2$O$_5$）6 kg（折合过磷酸钙 50 kg）、钾肥（K$_2$O）3 kg（折合硫酸钾 6 kg）。

2. 棚室防虫、消毒

（1）清洁棚室，高温闷棚。

及时清除前茬作物残体，在定植前 10~15 d 扣棚，利用太阳能高温闷棚。

（2）设防虫网。

在棚室通风口用 20~30 目的尼龙网纱密封，阻止蚜虫进入。

（3）铺设银灰膜驱避蚜虫。

地面铺银灰色地膜，或将银灰膜剪成 10~15 cm 宽的膜条，挂在棚室放风口处。

（4）棚室杀菌、杀虫。

每 667 m^2 棚室用硫磺粉 2~3 kg 加 80% 敌敌畏乳油 0.25 kg，拌上锯末分堆点燃，密闭棚室一昼夜，经放风无味后再定植。

（二）定植时间、密度和方法

春露地栽培，断霜后平均气温在 18 ℃ 以上，苗龄为 5~6 片叶时，选晴天进行定植。棚室栽培，应在夜间最低温度稳定在 12 ℃ 以上时定植。挖穴坐水栽苗，每 667 m^2 栽苗 2 500~4 000 株。

（三）定植后的管理

定植后及时中耕，提高地温。春季雨水多时，要防止畦面和沟内积水；夏季幼苗蒸腾量大，应视苗情及时补水。其间中耕 2~3 次，收根瓜时停止中耕。抽蔓期，在距苗 7~8 cm 处插竹竿搭成"人"字架，每 3~4 节绑一次蔓。主蔓结瓜品种要注意及时摘除侧蔓和卷须。当所留的主、侧蔓长满架时打顶，并除去病叶、老叶，以利通风透光。

（四）水肥管理

（1）浇水——定植后浇 1 次缓苗水，不旱不浇水。摘根瓜后进入结瓜期和盛瓜期，需水量增加，要因季节、长势、天气等因素调整浇水间隔时间，每次要浇小水，并在晴天上午进行；遇寒流或阴雪天不浇水；有条件的可用膜下滴灌，通过放风调节湿度。

（2）追肥——进入结瓜初期，结合浇水每隔 2 水追 1 次肥，结瓜盛期可隔 1 水追 1 次肥，开沟追施或穴施，每次追施氮肥（N）2~3 kg（折合尿素 4.3~6.5 kg）。生长中期追施钾肥（K$_2$O）4 kg（折合硫酸钾 8 kg）。

（3）叶面喷肥——结瓜盛期用 0.3%~0.5% 的磷酸二氢钾和 0.5%~1% 的尿素溶液叶面喷施 2~3 次。

（五）温、湿度管理

棚室冬春黄瓜生产，在早晨 8 时温度应为 10~12 ℃，如湿度超过 90% 可放小风排湿，然后盖严棚膜提温；温度上升到 30 ℃ 时，应放风降温、排湿，保持相对湿度在 80% 以下；当棚室温度降到 26 ℃ 时关棚保温，再逐步下降到 18 ℃ 时盖苫。为了防止夜间湿度大结露，应在盖苫后放风 1~2 h，降低湿度，同时保证棚室最低温度不低于 10 ℃。若达不到要求温度，苗小时可加盖小拱棚，苗大时加盖遮阳网。日光温室加盖双苫或保温被，大棚四周可加盖裙苫。连续阴天温度低时，要控制放风开门时间，有沼气的可点燃进行补温；病虫害防治使用烟雾剂。天气骤晴升温快时，要及时向叶面喷水（水中可加 0.5% 的葡萄糖）或盖草苫减少阳光直射，以免因根吸收滞后造成植株萎蔫。

（六）植株调整

当植株高 25 cm 甩蔓时要拉绳吊蔓，根瓜要及时采摘以免赘秧。生长期短的秋冬茬或冬春茬，

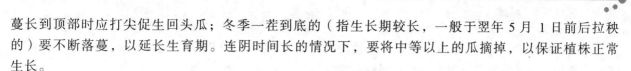

蔓长到顶部时应打尖促生回头瓜；冬季一茬到底的（指生长期较长，一般于翌年 5 月 1 日前后拉秧的）要不断落蔓，以延长生育期。连阴时间长的情况下，要将中等以上的瓜摘掉，以保证植株正常生长。

六、病虫害防治

无公害生产必须按照"预防为主，综合防治"的植保方针，坚持以"农业防治、物理防治、生物防治为主，化学防治为辅"的无害化治理原则。

（一）农业防治

1. 抗病品种

针对当地主要病虫害选用高抗、多抗的品种。

2. 创造适宜的生长发育环境条件

培育适龄壮苗，提高植株抗逆性。控制好温度和空气湿度，通过放风和辅助加温，调节黄瓜不同生育时期的适宜温度，避免低温和高温障害。提供适宜的肥水，充足的光照和二氧化碳。采用深沟高畦栽培，严防积水，清洁田园，使环境有利于植株的生长发育，避免侵染性病害的发生。

3. 耕作制度

与非瓜类作物轮作 3 年以上。

4. 科学施肥

平衡施肥，增施商品有机肥，少施化肥，防止土壤盐渍化。

（二）物理防治

1. 设施防护

覆盖塑料薄膜、防虫网，进行避雨、遮阳、防虫栽培，减轻病虫害的发生。

2. 黄板诱杀

设施内悬挂黄板诱杀蚜虫等害虫。黄板的规格为 25 cm×40 cm，每 667 m^2 悬挂 30~40 块。

3. 银灰膜驱避蚜虫

铺设银灰色地膜或张挂银灰膜膜条避蚜。

4. 杀虫灯诱杀害虫

利用频振式杀虫灯、黑光灯等诱杀害虫。

5. 高温消毒

棚室在夏季宜利用太阳能进行土壤高温消毒处理。高温闷棚防治黄瓜霜霉病的方法是：选晴天上午浇 1 次大水后封闭棚室，将棚温提高到 46~48 ℃，持续 2 h，然后从棚顶慢慢加大放风口，缓缓使室温下降。以后每隔 15 d 闷棚 1 次，闷棚后加强肥水管理。

6. 热烫浸种

将种子用 75~80 ℃的热水烫种 10 min 效果较好，烫种时要不停地向一个方向搅拌，以保证水温基本恒定，使种子受热均匀。10 min 后，把水温迅速降至 30 ℃，停止搅动，转入常规的浸种催芽过程。

（三）生物防治

采用抗生素、植物源农药等生物药剂防治病虫害。

（四）化学防治

必须使用农药时，保护地优先采用粉尘法、烟熏法。注意轮换用药，合理混用，严格控制农药安全间隔期。

1. 斑潜蝇

可用黄板诱杀，或在黄瓜周围定植一定量的蚕豆、牛皮菜等敏感作物，集中用药杀灭。也可用 1.8% 阿巴丁乳油 2 000 倍液或斑潜净 2 000 倍液喷雾防治。

2. 蚜虫

可用一遍净 2 000 倍液或康福多（每 667 m^2 用药 5～10 mL）喷雾防治。

3. 霜霉病

可用 53% 雷多米尔 600～750 倍液或 64% 杀毒矾 600～750 倍液喷雾防治。

4. 细菌性角斑病

可用 77% 可杀得 600～800 倍液喷雾防治。

5. 疫病

可用雷多米尔 400～500 倍液或甲霜灵·锰锌 400～500 倍液喷雾防治。

6. 枯萎病

可用 10% 双效灵 200 倍液或 50% 甲基托布津 400 倍液灌根，或每 667 m^2 用多菌灵 4 kg 拌细土施于畦内。重病区或保护地，应推广使用黑籽南瓜嫁接防疫。

在综合防治病虫害上，除采取培养无病壮苗、加强植株调整、降低湿度、高温闷棚、营养防治等措施外，生育期内主要选用多抗霉素、武夷菌素、农用链霉素、阿维菌素等高效、低毒、无公害的农药对症防治，在阴雨、雪、雾天也可采用高效、低毒的化学烟雾剂适时熏蒸防治。

七、适时采收

根瓜提前采收，以防坠秧。盛果期可按市场需求及时采收，一般雌花坐果 8～10 d 采收嫩果。及时采收有利于余下的雌花坐果，又能保证果实嫩脆。

活动二　简述无公害蔬菜生产的技术要点

蔬菜生产中，应做到"预防为主，综合防治"的指导方针，建立无污染源生产基地，并遵循以下十项技术要点：

（1）严禁施用剧毒和高残留农药，如 3911、1605、呋喃丹等。

（2）选用高效、低毒、低残留、对害虫天敌杀伤力小的农药，如辛硫磷、多菌灵等。

（3）蔬菜基地要远离工矿业污染源，避免"三废"污染。

（4）选用抗病、抗虫优质丰产良种。

（5）深耕、轮作换茬，调整好温、湿度，培育良好的生态环境。

（6）推广应用微生物农药。

（7）搞好病虫害预测预报，对症适时适量用药。

（8）推广不造成污染的物理防治方法，如温汤浸种，高温闷棚，黑籽南瓜嫁接等。

（9）搞好配方施肥，控制氮肥用量，推广施用活性菌有机肥等。

（10）搞好植物检疫，严防黄瓜黑星病、番茄溃疡病等毁灭性病害传入蔓延。

评估（Evaluate）

完成了本节学习，通过下面的练习检查（结合当地实际）：

1. 简述无公害蔬菜生产的标准。

2. 简述无公害蔬菜的施肥、灌溉、田间管理、病虫害防治技术。

任务二　有机生态型无土栽培技术

目标（Object）

有机生态型无土栽培是提高作物的产量和品质，减少农药用量，产品洁净卫生、节水、节肥、省工，可利用非耕地生产园艺产品的技术，是设施栽培的主要推广技术。通过本节的学习，你将能够学习：① 为什么要学习有机生态型无土栽培技术？② 日光温室蔬菜有机生态型无土栽培技术。③ 果树有机生产的管理及栽培技术。

任务（Task）

通过有机生态型无土栽培不仅减少农药用量，而且产品洁净卫生、节水、节肥、省工，并可利用非耕地；是目前提高作物的产量和品质的主要推广技术，为此：① 了解有机生态型无土栽培技术；② 掌握日光温室蔬菜、果树有机生态型无土栽培技术。

准备（Prepare）

一、为什么要学习生态型无土栽培技术

（一）我国蔬菜生产的现状

1. 技术落后，农药残留量高

目前我国蔬菜生产主要以家庭为单位，从而形成了生产技术落后、劳动繁重、损耗严重，且产量低、入不敷出的恶性循环现象。同时，生产者为了追求个人利益，大量使用农药化肥来盲目增加产量，导致蔬菜农药残留、致癌物质硝酸盐等严重超标，给消费者身心健康造成极大伤害！

2. 供不应求，隐患重重

据统计 2010 年，我国人口涨至 14 亿，耕地面积减少至 19.20 亿亩，也就是说人均耕地面积不足 1.4 亩，且耕地面积以每年 433 万亩在减少。而且农村青壮劳动力大量涌入城镇，农业生产种植后继无人，给我国农产品供给埋下了巨大隐患。

3. 土壤盐碱化，污染严重

传统种植方式，大水漫灌，大量使用化肥、喷洒农药，导致资源大量浪费、土壤盐碱化严重，破坏了我们赖以生存的环境。而且随着城市化速度的加快，大量耕地被侵占、水源被污染，这也让我们城郊蔬菜主要生产供给区的蔬菜品质得不到保障。

（二）传统营养液无土栽培不适合国情

1. 投资巨大，操作困难

营养液无土栽培主要靠营养液供给养分，需要电导仪等高科技的设备，对配制营养液和营养液槽要求非常严格，一座标准大棚投资就要几十万元。营养液的配制、循环、监控及控温、控光等管理，操作难度大，都必须专业技术人员操作。营养液无土栽培 1941 年进入中国，目前仅用于科教、观光农业，实际生产种植几乎没有。

2. 成本高昂，得不偿失

以亩为单位，营养液无土栽培仅营养液成本就 7 000 多元，配制营养液的化合物和微量元素购买成本高、保存要求严格；营养液专用槽 5 000 多元，全自动控温、补光、循环、监控设备成本昂贵，水电能耗大。

3. 品质差，能耗高，不环保

营养液无土栽培在生产过程中，使用无机化合物配制的营养液供给养分，导致种植出的植物硝酸

盐含量严重超标，达不到绿色食品的标准，严重危害了人们的身体健康；而且营养液不能重复利用，维系营养液流动耗电量大。这样不仅能耗大，而且排出液有害物质含量高，给环境造成严重污染！

如何低投入、低成本、高产出、高效率、高品质的生产出绿色无公害蔬菜，取决于种植技术的突破……

二、日光温室蔬菜有机生态型无土栽培技术（彩图41，彩图42，彩图43，彩图44）

有机生态型无土栽培技术是指以农作物秸秆、玉米芯、菇渣、炉渣等有机、无机物按一定比例混合发酵作为栽培基质，代替土壤生产，同时使用有机固态肥并直接用清水灌溉作物的一种非营养液无土栽培技术。

栽培基质分为有机基质和无机基质两大类。有机基质包括草炭、食用菌生产后的废料（菇渣）、玉米秆、麦草等。无机基质可选用炉渣、河沙、蛭石等，有机基质必须经充分高温发酵后方可使用。

基质比例为牛粪：菇渣：玉米秆：炉渣 = 1 : 1 : 1 : 1 = 25% : 25% : 25% : 25%。70 m 长、9 m 宽的温室需牛粪 20 m^3，菇渣 20 m^3，发酵好的玉米秸秆 20 m^3（铡好的玉米秸秆 60 m^3，约需 10 亩），炉渣 20 m^3。

（一）高温发料

有机基质在栽培前两月准备发酵，温度低时在温室内发料，温度高时在开阔的场地发料，发料要在干净的水泥地坪上或棚膜上进行，基质要与土壤隔离，一般于 7 月上旬温度高时开始发料。先将玉米秸秆用铡草机铡成 2 cm 长的段，加水浸湿（用手紧握，指间有水滴出即可），每方加入过磷酸钙 2 kg，堆成垛，上盖棚膜，进行发酵，每 10～15 d 翻料一次，并根据干湿程度补充水分，发酵 30 d 后加入牛粪和菇渣并掺匀继续发酵，牛粪和菇渣要拍细过筛，粒径要小于 2 cm，每 10 d 翻料一次，当料充分变细且无异味时，表示料已发酵好。

（二）配料

将发酵好的料按比例充分混匀（炉渣粒径必须小于 0.5 cm），配料的同时，每方基质中加入添加肥 1.5 kg，敌百虫原药 15 g，50% 的多菌灵可湿性粉剂 15 g，各种料和肥充分混匀后用棚膜覆盖杀菌灭虫 7～10 d。

（三）栽培槽制作

将温室整平后浇水，在地面按南北向开栽培槽，北高南低，自然落差 3～5 cm，栽培槽上口宽 65 cm，底宽 60 cm，槽深 25 cm，槽间距 60 cm，槽底中间开一条宽 20 cm，深 5 cm 的"U"型槽，在槽南端每两槽间挖一 30 cm 见方的小坑，作渗水井用，用一根直径 2 cm 的细管与槽底相连，以利排除过多积水。槽底及四壁铺 0.1 mm 厚的双层薄膜与土壤隔离，两边压一层砖即可。

（四）装料

先在所设的"U"形槽内铺直径 1～2 cm 的粗炉渣 5～10 cm，再在其上铺双层编织袋，用于保水并将基质和粗煤渣隔离，然后将发好的料装满栽培槽，并用水浇透，趁势压实、压平。

（五）供水系统

采用薄壁微喷滴灌带清水灌溉。温室内建蓄水池一个，购置 0.75～1.2 kW 潜水泵一个以及薄壁微喷滴灌带一套。铺设时每棚设一根主管，长度为棚长的 1/2，一根分管长度与温室同长，从中间用三通与主管相连，在分管上对应栽培槽位置铺设 2 根薄壁微喷滴灌带，滴灌带距栽培槽两边各 10 cm。

（六）定植及管理

在做好的栽培槽内，按 40 cm 行距、45 cm 的株距三角形定植辣椒，定植完毕后覆 70 cm 宽的地膜，以利保温保湿。温室管理按正常管理要求进行，栽培基质可连续使用 3~5 年。

三、果树有机生产的管理及栽培技术

（一）果树有机生产的基本要求

有机水果是指根据国际有机农业标准进行生产，并通过独立的有机食品认证机构认证的水果。果树有机生产必须满足下列条件：

（1）生产基地在最近 3 年内未使用过农药、化肥等。

（2）果苗为非转基因植物。

（3）生产单位需建立长期的土地培肥、植物保护计划。

（4）生产基地无水土流失及其他环境问题。

（5）果品在收获、清洗、贮存和运输过程中未受化学物质的污染。

（6）从种植其他作物转为有机果树种植需要 2 年以上的转换期（新开垦荒地例外）。

（7）有机生产的过程必须有完整的档案记录。其中，果树有机生产最基本的要求是在施肥、防病虫、控制杂草等管理中禁止使用人工合成的化肥、杀虫剂和除草剂等现代农业投入品。

（二）果树有机栽培技术

1. 园地选择

选择适宜果树生长的地点是果树有机生产成功与否的重要基础。首先，在种植之前必须明确该地是否符合有机生产的环境要求，其次要明确该地区是否为该品种果树生长最适区。此外，还要调查所选园地是否存在难以根除的杂草。

2. 树种与品种选择

选择抗性品种是有机栽培者对付逆境胁迫、病虫害危害的重要措施之一。如桃细菌性斑腐病，最佳或唯一控制方法是选用抗性品种。目前还没有发现对直接以果实为食的节肢动物害虫的遗传抗性资源，但是对间接危害果实害虫的抗性资源有很多，如抗蚜虫的树莓、抗葡萄根瘤病的砧木、抗螨虫的草莓品种、抗线虫的桃砧木等。

3. 园地准备

园地准备是控制果园杂草和病害、提供果树生长所需肥力的重要基础性工作。一般来说，果树不适种植在太肥沃的土壤上。肥力太高特别是含 N 高的土壤，将导致果树营养生长过度，进而影响结果。在种植前园地主要应做好以下工作：

（1）分析土壤营养状况和调节土壤的 pH。在园地准备前，首先要进行土壤分析，确定所种植水果的肥力要求，据此指导有机肥和矿粉的施用。适合果树生长的最适 pH 一般为 6.5 左右，在整地过程中可用石灰（提高 pH）或硫磺（降低 pH）调节土壤的 pH，使之达到果树生长要求。

（2）翻耕土壤并种植覆盖作物。种植紫壳豌豆、印度麻和田菁等覆盖作物不仅能提高土壤肥力，而且还可抑制果园杂草生长。其策略是将土地进行翻耕，然后种上覆盖作物，在覆盖作物开花前将其翻耕入土壤中。一般情况下，有机果树种植前需进行几个覆盖作物——翻耕的循环。翻耕又分秋耕和春耕，秋耕将土地表面的草皮翻入土壤使之腐烂，春耕一般在土壤干燥情况下进行，每隔 10 d 进行 1 次，持续时间至少 1 个月，以杀死正在萌发的杂草。适于夏季种植的覆盖作物有玉米、饲料大豆、高粱、苏丹草、粟等，而黑麦、毛叶苕子、冬季豌豆、燕麦等适于冬季种植。

（3）做好翻耕、整地、筑畦等工作，防止果园积水。

（4）自然光照晒土。晒土具有抑制杂草生长、消除一些土传病害和线虫等功效。晒土对草莓等一年生水果较为有效。晒土时间一般选在夏季，持续时间通常需 6~8 周。晒土时需将透明聚乙烯薄膜盖在湿地上，以提高土壤温度，使之有利于杀死大部分有害生物。

4. 果园地表管理和覆盖

果园地表或行间管理有清耕、种植覆盖作物或用有机废料覆盖等方法。

覆盖作物应选择适应当地自然环境并与种植者的管理计划相符合的作物。在环境适合的情况下，一般选择鸭茅、酥油草等作为覆盖作物，这些草在夏季进入休眠，从而避免了与果树争水争肥。

对于夏季生长的豆科作物，因其根系较深，易与果树竞争水分，一般不适于在树冠下种植。但由于豆科作物能提供果树 N 素营养，并增加土壤的通气性和土壤有机质含量，对提高土壤的持水力有益。因此，根据园地情况也可适当种植。

种植覆盖作物还有助于天敌生长，并能控制果园病虫害和杂草。适宜的覆盖作物有芥菜类、荞麦、矮高粱、伞形科及菊科植物，这些植物对多数有益昆虫的生长有利，并且不会招引多数种类的害虫。一些类型的植被与杂草之间还表现出植化相克效应，如以黑麦、高粱、小麦、大麦和燕麦作为覆盖材料时，其释放的物质对杂草萌发和生长有抑制效应。但一些地表覆盖作物也能增加害虫和病害的发生。如蒲公英和繁缕是感染桃的一些病毒的寄主，豆科作物能吸引半翅类害虫，如无泽盲蝽和臭蝽。

用有机废料如稻草、树叶或锯屑等覆盖也能明显抑制杂草生长，特别是覆盖深厚或底层再盖上一层纸或纸板时对抑制杂草效果更好。覆盖方法视作物种类稍有差异，例如草莓覆盖必须盖住行间的过道以抑制爬行类杂草的侵入，在葡萄园或果园覆盖只限于单株树下或沿着整行即可。一般来说，覆盖应离开主杆 20～30 cm 为宜，这样不仅可减轻冬季田鼠的危害，并且也减轻了根茎腐烂和其他砧木病害发生的机会。除控制杂草外，有机覆盖材料的缓慢降解还有提供果树生长所需的 K、P、N 等元素、增加土壤团粒数量、增强土壤持水力、调节土壤温度和减轻果树受逆境胁迫等功效。

近年来，美国有机果树种植中采用机织的农用纺织品覆盖，该种化学纤维透气、透水，对抑制杂草生长非常有效，正在替代传统非可透的塑料覆盖用于多年生果树栽培中。

5. 果树有机栽培的肥料管理技术

果实的主要成分为水，因此，依赖覆盖作物或有机覆盖材料、施用石灰或其他缓释矿粉等措施可基本满足果实生长的肥力需求。不过，为提高有机栽培的果树产量与品质，仍需要增施有机肥。

（1）常用的有机肥料，如堆肥、厩肥、棉籽粉、羽毛、血粉等含有大量的不溶成分，肥效迟缓。为确保其足量降解，使果树适时获得营养，一般应在早春提前施用。

（2）当果树营养不足时，应用可溶性的有机肥料，如鱼乳状液、可溶性的鱼粉或水溶性的血粉等进行叶面喷施。

（3）有机肥施用量一般根据果树需 N 量和有机肥料的含 N 量来确定。为防止施用过量，还必须考虑果园中的豆科覆盖作物或覆盖材料的贡献。

（4）由于根据 N 来计算肥料的用量常会导致土壤元素失衡，因此，还需结合田间观察、土壤和叶分析来确定果树的营养状况。由于叶分析能在症状出现之前确定缺素或营养过量，因而更能准确指导施肥。

6. 果树有机栽培的杂草管理

在果树有机栽培中，控制杂草是田间管理的重要工作之一。主要措施有：

（1）耕作。耕作主要用来控制行间杂草，同时也将覆盖作物翻耕到土壤中。耕作深度不宜过深，否则易损伤根系并且还会将土壤深层的杂草种子带到地表使之易萌发。

（2）应用有机类除草剂。如美国 Rineer 公司生产的除草剂"Superfast"，是一种基于脂肪酸的钾盐，为一种非运转、接触型除草剂，对刚萌发的一年生杂草最有效，但对多年生或者已经长大的一年生杂草，需喷多次才有效。

（3）养禽除草。草食鹅已用于草莓、越橘和树莓等果树上的杂草控制。如在俄克拉荷马州，有机栽培者用鹅成功控制了商业化规模莓和越橘种植园的杂草。一般说来，鹅对消除刚萌发的小草最为有效。它们最喜爱食用狗牙根和石茅这两种果园里特别难除的杂草。

（4）火灼除草。其原理是用高温烫杀杂草，使杂草细胞破裂而死亡。火灼杀草在越橘和葡萄中已开展，但对植株会造成一定程度的伤害，可结合喷水防止烧伤植株。

7. 果树有机栽培的害虫控制

多年生果树作物与一年生作物在害虫管理方面的主要区别是：不能依赖轮作来防治害虫（草莓、树莓等是例外）。多年生果园稳定的农业环境，为害虫群体的建立提供了条件。当然反过来，也对果园有益生物种群的形成有利。有机果园害虫控制的主要途径有：

（1）培养健康和强健的果树植株。培养健康植株、维持良好的生长势对控制间接危害果实的害虫（以叶、茎为食）更为有效。如李树在生长初期常受毛虫（间接害虫）危害而落叶，但如果李树长势良好，就能很快恢复，当年仍能获得较好的产量。

（2）生物控制。生物控制是指利用有益生物来控制害虫虫口数量。一些有益的节肢动物对控制果树害虫较为有效，如捕食螨捕食红蜘蛛、瓢虫和草蛉防治蚜虫，胡蜂寄生于几种害虫的卵与蛾的幼虫。不过，这些有益的节肢动物并不能完全控制直接以果实为食的害虫，因此，通常还需要其他的控制措施。成功利用有益生物控制害虫有四个不可或缺的要素：① 选择合适的天敌。如胡蜂寄生害虫的卵，因此，不能用于控制已活跃田间的成虫。② 释放天敌必须与寄主易感的阶段相符，一般应提早释放。③释放天敌的数量要恰当，通常按种植面积计算。④ 要提供天敌的生存环境，如花蜜资源、交替捕食昆虫、充足的水分，如环境条件不适会造成有益昆虫迁移或死亡。

（3）有机和生物杀虫剂防治。经有机认证机构认可的杀虫剂通常来源于天然资源，在田间降解很快，对环境影响微小。如植物提取物、昆虫生长调节剂、干扰害虫交配的人工合成的信息素、肥皂、油、矿粉（如硫粉）等。生物杀虫剂有高度的专一性，不会伤害人类和有益昆虫。用于果树害虫管理的生物杀虫剂有：① 苏云杆菌 Bacillus thuringiensis（Bt）。美国开发的 Bt 产品有 Attack、Dipel、Thuricide 和 Javelin 等，我国也有众多 Bt 产品。Bt 杀虫剂已成功控制卷叶蛾、葡萄烟翅蛾、天幕毛虫等很多取食果树叶片的鳞翅类（蛾和蝶）幼虫。但 Bt 对取食茎、根颈、树干和果实等已渡过幼虫阶段的鳞翅目害虫不很有效（如树莓根颈蛀心虫、桃树钻蛀虫、苹果蠹蛾、葡萄蛀根虫）。另外还有用于防治甲虫幼虫的 Bacillus popilllae（Bp）细菌制剂。② 植物源杀虫剂。它是通过从植物中提取有杀虫剂特性的化合物配制而成。但很多植物源杀虫剂为广谱的有毒物质，对害虫和有益生物一样有毒，所以不一定是生物合理的选择。常用于有机栽培的植物源杀虫剂有除虫菊、鱼藤酮、鱼尾汀和楝树油等。③ 特殊配制的含有高脂肪酸的皂液。杀虫剂型的皂液能有效防治软体昆虫如蚜虫、粉虱、叶蝉和红蜘蛛等。防虫机理是皂液渗入昆虫的体内后，扰乱细胞膜的正常功能，引起细胞内含物渗漏。但肥皂只能在液态并且是触杀才有效。④ 休眠油。在果树萌芽前喷一层薄的休眠油可通过闷死越冬的成虫和卵而抑制卷叶虫、蚜虫，螨类和介壳虫的发生。⑤ 昆虫信息素。一般每种昆虫都有特定的信息素，利用信息素扰乱某些昆虫的交配已用于防治葡萄蛾、苹果蠹蛾、桃蛀心虫和东方果树蛾等害虫。⑥ 高岭土。高岭土是制作牙膏和果胶的原料，对环境安全。美国已开发出一种商品名为"Surround"的高岭土产品，以液态喷施，水分蒸发后在植株表面形成粉状的保护膜，当昆虫落在植物上时，这些很小的黏土颗粒将昆虫粘住，从而达到驱虫目的。"Surround"的高岭土对李象鼻虫这种有机栽培很难控制的害虫也较为有效。

8. 果树有机栽培的病害控制

（1）栽培措施

果树病害大多发生于特定的种或品种中，但也有一些是共同的病害，如多数水果因成熟软化而发生果实腐烂病。对果实腐烂病，可通过适当的疏除密丛枝条、摘除遮光果实的叶片和降低种植密度等增加果园通风透光的栽培措施来预防。

果树另一个共同的问题是根系腐烂病和不耐排水不良的土壤，克服办法是选择排水良好的土壤种植。因为即使是相对能忍受排水不良土壤的黑莓、梨和一些苹果砧木，在持续排水不良的条件下也会染病。

在土壤中加入一定数量的有机质也能抑制果树病害，如将石灰、覆盖作物、鸡粪、秸秆、杂草等材料翻耕入壤中，可控制鳄梨的根系腐烂病。

此外，保持植株健康的生长势、销毁果园修剪下的枝条、除去有病植株、消除病原生物寄主和食

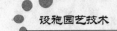

物源等也有利于防病。

（2）有机杀菌剂

铜和硫的化合物（主要指波尔多液与石硫合剂）是果树有机栽培主要的杀菌剂，缺点是应用不适当会伤害植株。硫还会伤害一些有益的昆虫，从而间接引起其他害虫危害。此外，长期使用含铜杀菌剂也会导致土壤铜过量。

 行动（Action）

活动 有机生态型无土栽培技术的优点和缺点有哪些

一、优点

有机生态型无土栽培技术作为现代农业高新技术，除了保持了无土栽培的优点——提高作物的产量与品质、减少农药用量、产品洁净卫生、不受地域限制（利用非可耕地生产蔬菜）、有效克服连作障碍、有效防治地下病虫害、节肥、节水、省力、高产等特点外，还具有以下优点：

1. 用有机肥取代传统的营养液

传统无土栽培是以各种无机化肥配制成一定浓度的营养液，以供作物吸收利用。有机生态型无土栽培则是以各种有机肥为主、无机肥为辅的固体形态直接混施于基质中，作为供应栽培作物所需营养的基础，在作物的整个生长期中，可隔十几天分若干次将固态肥或有机营养液直接追施于基质中，以保持养分的供应强度。

2. 操作管理简单

传统无土栽培的营养液，需维持各种营养元素的一定浓度及各种元素间的平衡，尤其是要注意微量元素的有效性。有机生态型无土栽培因采用基质栽培及施用有机肥，不仅各种营养元素齐全，其中微量元素更是供应有余，因此在管理上主要着重考虑氮、磷、钾三要素的供应总量及其平衡状况，大大地简化了操作管理过程。

3. 大幅度降低无土栽培设施系统的一次性投资

由于有机生态型无土栽培不使用营养液，从而可全部取消配制营养液所需的设备、测试系统、定时器、循环泵等设施。

4. 大量节省生产费用

有机生态型无土栽培主要施用消毒有机肥，与使用营养液相比，其肥料成本降低 60% ~ 80%，从而大大节省无土栽培的生产开支。

5. 对环境无污染

在无土栽培的条件下，灌溉过程中 10% 左右的水或营养液排到系统外是正常现象，但排出液中盐浓度过高，则会污染环境。有机生态型无土栽培系统排出液中硝酸盐的含量只有 1 ~ 4 mg/L，对环境无污染，而岩棉栽培系统排出液中硝酸盐的含量高达 212 mg/L，对地下水有严重污染。由此可见，应用有机生态型无土栽培方法生产蔬菜，不但产品洁净卫生，而且对环境也无污染。

6. 产品优质可达绿色食品或有机食品标准

从栽培基质到所施用的肥料，均以有机物质为主，所用有机肥经过一定加工处理（如利用高温和嫌氧发酵等）后，在其分解释放养分过程中，不会出现过多的有害无机盐，使用的少量无机化肥，不包括硝态氮肥，在栽培过程中也没有其他有害化学物质的污染，从而可使产品达到"A级绿色食品"标准。如果采用全有机肥作为肥料来源，可以符合 AA 级绿色食品和有机食品的施肥标准。

综上所述，有机生态型无土栽培具有投资省、成本低、用工少，易操作和产品高产优质的显著特点。它把有机农业导入无土栽培，是一种有机与无机农业相结合的高效益低成本的简易无土栽培

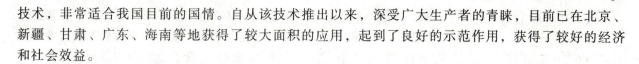

技术，非常适合我国目前的国情。自从该技术推出以来，深受广大生产者的青睐，目前已在北京、新疆、甘肃、广东、海南等地获得了较大面积的应用，起到了良好的示范作用，获得了较好的经济和社会效益。

二、缺点

1. 要求一定的设施作保障

有机生态型无土栽培与传统营养液无土栽培一样，需要在大棚、温室中进行。因为一是受露地风、雨的影响难以进行；二是不管哪一种无土栽培方式投入总要比传统土壤栽培多，如果露地种植往往菜价较低而竞争不过传统的露地土壤栽培。

2. 要求经过两茬以上的种植才能真正掌握

有机生态型无土栽培技术的原则是就地取材、降低成本，因此往往需要结合当地的实际情况进行两茬以上的种植才能真正掌握。

3 追肥用工量大

有机生态型无土栽培技术追肥主要靠固态肥的形式追施，一般 10～20 d 需要追施一次，因此追肥时用工量较大。但现在采用有机营养液（沼液等）进行追肥的方式已完全可以实现随滴灌追肥。

4. 第一次用工量大

有机生态型无土栽培采用槽培的方式，虽然做好的栽培槽可以使用 10 年以上，栽培基质可以使用 4 年以上，但第一次做槽和准备基质时用工量还是很大。

 ### 评估（Evaluate）

完成了本节学习，通过下面的练习检查：
1. 简述有机生态型无土栽培生产的标准。
2. 简述有机生态型无土栽培的施肥、灌溉、病虫害防治技术。

任务三　设施育苗技术

 ### 目标（Object）

设施育苗技术，是设施栽培的基本应用技术，通过任务三你将能够学习：

子任务一：种子处理技术	子任务二：无土育苗技术
子任务三：嫁接育苗技术	子任务四：扦插育苗技术
子任务五：组织培养育苗技术	子任务六：电热育苗技术

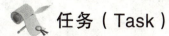 ### 任务（Task）

设施育苗是设施栽培及工厂化育苗的基础知识，是园艺作物设施栽培的前提，为此需掌握以下两点：① 了解设施育苗的类型；② 掌握设施育苗的种子处理、无土育苗、嫁接育苗、扦插育苗、组织培养育苗及电热育苗技术。

准备（Prepare）

我国是应用蔬菜育苗技术最早的国家之一，劳动人民创造出了多种育苗方式，如早期的风障、阳畦、酿热温床、电热温床等，并总结出了一系列传统的蔬菜育苗技术，对蔬菜生产的发展起到了很大

的促进作用。20 世纪 80 年代以来，农业种植业结构的调整给蔬菜产业的发展带来了契机，蔬菜生产日趋规模化、产业化，传统的育苗方式和育苗技术已不能适应较大规模蔬菜种植的需要，欧美等发达国家早在 20 世纪 70 年代推广应用的工厂化穴盘育苗技术于 20 世纪 80 年代初在我国北京、广州、江苏等地开始引进和研究，1987 年在北京建立第一个工厂化穴盘育苗场——花乡工厂化育苗场，进行穴盘苗商品化生产示范推广。目前，工厂化穴盘育苗已日益成为我国园艺作物育苗的主要形式。

子任务一 种子处理技术

传统的蔬菜育苗，一般是农户自育自用，设施、设备简单，规模较小，而且育成苗所需时间较长，有的在质量上也较差。实行秧苗的工厂化生产，所用设施设备精良，规模较大，育成苗的质量也好。

要快速育成高质量的幼苗，就必须保证有高质量的种子，这首先就需要从种子生产到加工贮藏过程严格把关，才能获得高发芽率和高纯度的优良种子。

适用于工厂化穴盘育苗的种子，其质量好坏应从以下几个方面来衡量：种子的外形是否适于精播机械；适宜条件下发芽率的高低，发芽率低于 85% 的不能做精量播种用；适宜条件下发芽快慢及整齐度；不适条件下发芽快慢及整齐度；出芽及幼株发育状况；有无病虫害。同时必须进行播种前的处理，以保持并进一步提高种子的质量，适应工厂化穴盘育苗的需要。

一、种子处理的意义

种子处理技术是罗马的 Piing 在公元 1 世纪首先提出的（用酒和柏树叶混合，产生氢氰酸防虫），但人们一般认为 MathieuTiuet 是第一个用实验证实种子处理的成功者，1750 年他通过用盐和石灰处理被污染的种子，降低了小麦腥黑穗病感染。自此以后，人们越来越普遍地用种子处理方法来保护植物。近年来，随着农业实践和研究的发展，种子处理的应用效果主要表现在以下几个方面：

（一）提高种子活力

种子活力是指种子健壮度，它包括迅速、整齐萌发的发芽潜力和生产潜力。影响种子活力的因素包括内在遗传因子和外界环境因子，内在遗传因子决定种子活力实现的可能性，而外界环境因子决定活力程度表达的可能性。对于提高和保持种子活力的处理，应在种子形成发育成熟过程、采前采后、贮藏过程、播种前这四个主要时期采取措施。

（二）病虫防治

将植物防护的重点从叶片等器官转至种子，可减少材料用量和费用，大大降低成本，减少对非目标生物的不利影响和因天气变化等因素的影响。种子处理可使种子和幼苗免遭栖居土壤中的病原菌的侵袭，亦可控制种子表面携带的病菌。

（三）打破种子休眠

种子处理可打破两种形式的休眠：一是因种皮（或果皮）坚硬不能正常吸水而产生的休眠；二是因种子内部的生理状态所造成的休眠。

（四）促进种子发芽

通过种子处理可促进发芽，使其在较短的时间内达到最大的出苗率，主要采取水分、生长调节剂及种子丸粒化时加入营养物质等处理方法。

（五）机械化精播

大多数作物种子的大小与形状是缺少规律性的，这对机械化精播是不利的，特别是体积很小的种子。在处理时，通过丸粒化技术可以改变种子的形状和大小，做成整齐一致的小球状（即丸粒化），便可解决工厂化育苗的精量播种问题。

二、种子处理技术（彩图 45，彩图 46，彩图 47，彩图 48）

为了促使种子发芽迅速，出苗整齐，加快植株生长发育，提早成熟，栽培上广泛地采用了播种前的种子处理技术，主要有浸种、催芽、机械破皮、层积处理、温度处理、化学处理、药剂消毒等。下面就常用的浸种、催芽技术做一介绍：

（一）浸种

1. 温汤浸种

将种子放在盆内，慢慢倒入种子量 5～6 倍的水，水温 50～55 ℃（约需两份开水兑一份冷水），边倒边搅动，10～15 min 后，使水温降至 25～28 ℃（喜温蔬菜如茄果类）或 20～22 ℃（喜凉蔬菜如白菜类）。待种子充分吸水后再取出，洗净、吸干。

2. 热水烫种

用于难吸水的种子（冬瓜、苦瓜等）。先用冷水浸润种子，再倒入种子量的 4 至 5 倍的 70～80 ℃的热水，边倒边搅动（或用两个容器来回倾倒）。待水温降至 50～55 ℃时，静置 7～8 min，以后步骤同温汤浸种。

3. 一般浸种

水温 25～30 ℃，不起消毒灭菌作用，适于极易吸水和发芽的种子，如豆类、瓜类等。在浸种过程中应随时检查种子，以种子完全浸透，种子内部不见干心为适度。

（二）催芽

催芽是将吸水膨胀的种子置于适温下促使种子萌芽，可在温箱、温床、或温室中进行。要注意掌握温湿度和通气条件。

三、种子处理的其他方法

（一）超干贮藏保持种子活力

种子超干贮藏是指把种子含水量降低到传统的 5% 安全含水量的下限以下进行常温贮藏的技术。研究表明，超干处理对于提高种子贮藏性能及种子的活力具有一定的增效作用，其效果大小与种子化学组成有一定的关系。富含疏水物质的种子，超干处理效果要好些。现已知含油分较多的作物种子更容易安全地达到 5% 以下的含水量。如含油分较高的大白菜种子，水分降至 0～1% 时对种子活力几乎没有影响；油菜、萝卜种子含水量降至 0.2%～0.5% 时，种子活力仍保持很好，而且种子寿命明显延长。对超干处理可以保持种子内部膜的完整性，提高保护酶的活力，降低丙二醛含量，防止膜质过氧化。高油分种子在超低水分状态下，细胞膜的完整性及脱氢酶、过氧化物酶和超氧化物歧化酶（SOD）活性等都能得以较好的保持，而脱落酸含量降低。

（二）硬化（hardening）、渗调处理（priming）（或称预浸、引发处理）

在农业生产实践中，种子的发芽出苗期是一个非常关键的时期。种子播后，出苗快而且整齐，才便于以后的管理，达到早熟丰产的目的。随着昂贵的杂交种子使用率的不断增加，穴盘育苗工厂化的实现，更要求种子有很高的出苗率及整齐度。试验研究证明，种子的预浸处理技术是一项很有效的处理技术，它可以提高种子出苗速度和整齐度，特别是在不利的环境条件下，如低温和盐碱等。

种子的预浸、引发处理是将种子浸泡在低水势的溶液中，完成其发芽前的吸收过程。这个水势可以用渗透调节物质将其调整至某个水平，以致在种子内的水分达到平衡时，种子既不能继续吸水，也不能发芽。这些种子经水洗净后，在常温下被干燥回原来的含水量，可以正常的方式进行播种或贮藏。一旦水势控制解除，种子便迅速发芽出苗。

用作渗透调节物质的种类包括无机盐类（KNO_3、K_3PO_4、NaH_2PO_4）、高分子化合物（聚乙二醇即PEG）及其他物质（甘露糖醇）等。其中PEG是较为理想的一种渗透剂，它是一种高分子惰性物质，有各种不同分子量类型，在种子处理时以分子量 6 000～10 000、浓度 20%～30% 为佳。处理时间和温度随种子种类的不同而异，处理温度一般不宜过高，通常在 15 ℃ 左右，在通气不良的情况下，温度过高会导致霉菌生长而降低种子活力。在 PEG 中加入一定量的 H_2O_2 可防止缺氧霉烂现象，在渗透液中加入适量的赤霉素或激动素等，可提高渗透效果，特别是有些活力低的种子经处理后活力明显提高。在应用 PEG 处理某种种子时，要事先进行试验，找出最佳的剂量（浓度）、处理温度及时间等条件，然后再大量应用。

在高温或低温季节播种前，利用无机盐类如 KNO_3、K_3PO_4 等处理某些蔬菜种子，也具有提高种子活力和发芽率的作用，使其发芽整齐。处理常用的浓度的为 1%～3%，温度为 20～25 ℃，时间约 7 d 左右。微量元素浸种处理对种子活力也有一定影响，常用的微量元素有硼、锰、锌、铜和钼等。据报道，用 0.3 g/L 的硼砂或钼酸氨处理辣椒种子，明显提高发芽率和减少发芽天数。用硼溶液浸种，可提高萝卜、甘蓝种子的活力，钼可促进白菜、番茄、花椰菜等种子的萌发。

无机盐类和微量元素浸种提高种子活力、促进发芽的效果受种子类型、溶液浓度、处理时间和温度等条件的影响，所以在使用前应根据种子类别，找出最佳的处理方法是很有必要的。

（三）浸泡、包衣和丸粒化防治病虫

通过浸泡、包衣和丸粒化等方法进行种子处理，以达防治病虫的目的。

用二硫化二甲秋蓝姆水溶液浸泡种子 24 h 或更长时间可防治很多病害，如白菜、甜菜、芹菜等蔬菜种子所带病原菌的侵染，更长时间的浸泡还可使甜菜的田间出苗更快、更好。10%磷酸三钠或 2%氢氧化钠的水溶液浸种 15 min 后捞出洗净，有钝化番茄花叶病毒的效果。

薄膜包衣技术从 20 世纪 80 年代开始有了重大发展，所用包衣胶黏剂是水溶性可分散的多糖类及其衍生物（如藻酸盐、淀粉、半乳甘露聚糖及纤维素）或合成聚合物（如聚乙环氧乙烷、聚乙烯醇和聚乙烯吡啶烷酮），所以种子包衣对水和空气是可以渗透的。包衣处理的种子可以小至苋菜、大至蚕豆。杀虫剂、杀菌剂、除草剂、营养物质、根瘤菌或激素等都可混入包衣剂中，种子包衣后在土壤中遇水只能吸胀而几乎不被溶解，从而使药剂或营养物质等逐步释放，延长持效期，提高种子质量，节省药、肥，减少施药次数。

种子的丸粒化是一项综合性的新技术，是利用有利种子萌发的药品、肥料以及对种子无副作用的辅助填料（主要包括泥、纤维素粉、石灰石、蛭石和泥炭等），经过充分搅拌之后，均匀地包裹在种子表面，使种子成为圆球形，以利于机械的精量播种。丸粒化时可加入胶黏剂、杀菌虫剂、生长促进剂等。制成的种子丸粒，具有一定的强度，在运输、播种过程中不会轻易破碎，而且播种后有利于种子吸水、萌发，增强对不良环境的抵抗能力。

（四）打破休眠

对于种皮（果皮）坚硬的种子采取划破种子表壳、摩擦或去皮（壳）的方法，使其容易吸水发芽。如对伞形科的胡萝卜、芹菜、茴香、防风等种子进行机械摩擦，使果皮产生裂痕以利吸水；如西瓜、特别是小粒种或多倍体种子，可磕开种皮（或另加包衣），以利吸水发芽；用硫脲或赤霉素、细胞激动素处理，可打破芹菜、莴苣的热休眠；用温水浸种及双氧水处理后再进行变温，可打破茄子种子的休眠。

🔧 行动（Action）

活动一　简述蔬菜种子处理的技术要点

蔬菜种子播种前进行处理可以促进种子吸水、萌动，使之出芽率高、发芽快，还能杀死种皮上的病菌。常用的方法有：

1. 温水浸种

用 50～55 ℃（2 份开水，1 份凉水）的温水浸泡 7～8 min，并不断搅拌，然后再加入凉水。喜温菜籽降至 25～30 ℃，喜凉菜籽降至 20～25 ℃。浸泡时时间因种子不同而异，黄瓜、南瓜、甜瓜浸泡 3～4 h；茄果类、丝瓜、冬瓜浸泡 8～10 h；西瓜、胡萝卜、菠菜浸泡 24 h；萝卜、白菜浸泡个 1～3 h；甘蓝、菜花、豆类浸泡 1～2 h。温水浸种应注意：浸泡用的容器要干净；用水量应适中，以水刚刚淹没种子为宜；浸泡 4～5 h 要换水一次，浸泡过程中要清除飘浮在水面上的秕籽。

2. 福尔马林消毒

把浸泡好的种子，放入 1 000 倍的福尔马林溶液中，浸泡 15 min，然后取出熏蒸 2～3 h，再洗净直接播种。

3. 高锰酸钾浸种

把浸泡好的种子，用 1% 的高锰酸钾溶液浸种 30～60 min，或用 4% 的氯化钠 20 倍液浸种 20～30 min，捞出冲洗，晾干后即可播种。

4. 催芽

用纱布或毛巾将经温汤浸过的种子包起来，放入渗水容器中盖上湿毛巾，放在适温下催芽。喜温菜为 25～30 ℃，喜凉菜为 20～25 ℃。催芽时间：白菜类 12 h，番茄 2～3 d，茄子 3～6 d，青椒 2～3 d，西瓜 3～6 d，甜瓜和丝瓜 17 h。催芽后，出芽率达到 95% 以上，应马上播种。

活动二　简述花卉种子催芽技术

种子催芽就是促进种子萌发。一般花卉种子播后数天后（如一串红、翠菊、凤仙花或半月等）即可发芽，但有些种子要经数月或半年才能发芽，这样势必会增加管理上的困难。因此，对发芽困难、发芽迟缓和自然休眠期长的种子，在播种前可进行种子催芽处理。常用的催芽方法有以下几种：

一、清水浸种法

清水浸种法多用于休眠期短或不休眠的种子。用清水特别是热水浸种，可以使种皮变软，种子吸水膨胀，从而提高发芽率。浸种的水温和时间依不同花卉品种而异，一般浸种时间与水温成反比。适于用 90～100 ℃ 开水浸种的有紫藤、合欢等，适于用 35～40 ℃ 温水浸种的有海棠、珊瑚豆、金银花、观赏辣椒、金鱼草、文竹、天门冬、君子兰、棕榈、蒲葵等，适于用冷水浸种的有溲疏、锦带花、绣线菊等。温水和热水浸种，必须充分搅拌，一方面使种子受热均匀，一方面防止烫伤种子。

浸种的用水量要相当于种子的 2 倍。浸种的时间一般为 24～48 h，或更长些，但月光花、牵牛花、香豌豆等可用温水（30 ℃）浸 12 h 后播种，过久则易腐烂。通过浸种而充分吸水膨胀后的种子，稍加晾干后即可播种，或混沙堆放在室内促其略发芽后进行播种。

对于休眠期短、容易发芽的种子（如紫荆、珍珠梅、锦带花等），用 40～60 ℃ 温水浸种 1 至 2 d 就可直接播种。火炬树等种子，用 90 ℃ 热水浸泡，让其自然冷却 24 h，使其胶质、蜡质的种皮软化、吸水，而后发芽。但注意以水浸法处理种子时，要勤换新水，水温高过 60 ℃ 的时间不宜超过半小时，而后使水温降至 40 ℃ 以下，否则，种胚易死亡。

二、挫伤种皮法

桃花、梅花、郁李、美人蕉、荷花、棕榈等大粒种子，它们的外壳相当坚硬，吸水困难，胚根和胚芽很难突破外皮。播种前可擦伤或锉磨去部分种皮，使其易吸水发芽，也可用利刀将外壳刻伤，但不要伤害种仁，然后在水中浸泡 48 h 左右，待种仁充分吸水后再下种。

三、酸碱处理法

种皮坚硬的种子如棕榈、芍药、美人蕉、蔷薇等，可用 2%～3% 的盐酸或浓盐酸浸种，浸到种皮

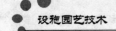

柔软为止，浸后必须用清水冲洗干净，以防影响种胚萌发。

四、沙藏催芽法

月季、蔷薇、贴梗海棠、桃、李、梅、杏等种子，必须在低温和湿润的环境下经过很长一段时间才能打破休眠而萌发。为此，在种子采收后应当把它们埋在湿润的素沙土中沙藏一冬。方法是：在秋季或初冬将种子与湿沙混合，使种子不互相接触，种子与沙的重量比为 1∶3，沙的含水量约为15% 左右，即用手攥时能成团，但攥不出水滴，手感到潮湿即可。可将种子与沙分层贮于花盆、木箱内，待种子膨胀后移入冷藏地点，温度为 0～5 ℃。每隔半月左右将种子翻动一次，必要时洒水保持湿润。

五、变温法

有些花卉种子如流苏、荚蒾、牡丹、芍药等，具有胚根和胚轴双休眠的习性，即其胚根（种胚内发育成根的部分）需要通过 1 至 2 个月或更长时间的 25～30 ℃的高温阶段才能打破休眠，而胚轴需要在 3～5 ℃的条件下 1 至 3 个月才能解除休眠。对于这些种子，必须在播前与湿沙混合，经一定时间的高温，再转入低温，经变温处理后，春季播种能很快发芽。但必须注意在处理时，要确保高温期和低温期的时间，否则种子播后仍难出苗。

六、低温法

有些花卉种子如刺梨、蜡梅、连翘、丁香以及一些秋播的草本花卉等，需要经过一定时间的低温（0～10 ℃）处理，才能打破种胚的休眠而发芽。方法是将种子与湿度为 60% 的沙子（手捏成团，松手即散）混合，然后装塑料袋，将口扎紧，放入花盆中，再连盆埋入 40～60 cm 深的露地。也可将种子置于 3～5 ℃冰箱内 60～90 d，春季取出播种即可。或者在秋季露地播种，使种子在室外经过冬季的自然低温，翌年发芽出土。

活动三　如何促进花卉种子发芽

家庭养花，很多花友把种子播下后，却迟迟不见花卉种子发芽，一些性急的朋友便想是否是水浇得不够，于是一浇再浇，花卉种子便在潮湿的泥土中霉烂了。要想促进花卉种子发芽，其实可以采取其他相关措施。如播种前对花卉种子进行药剂处理，温度处理，光照处理等。以下将一一介绍。

一、药剂处理

（1）使用 0.2% 硫脲溶液处理：叶牡丹、松叶牡丹等。

（2）使用 25% 10E-6GA 溶液处理：一串红、矮牵牛、荷苞花等。

（3）使用 100% 10E-6GA 溶液处理：百日草、仙客来、秋海棠、大岩桐、樱草、一串红等。

（4）使用 0.2% KNO$_3$ 溶液处理：金鱼草、凤仙花、金盏菊、波斯菊、千日红、醉蝶花、三色重、矮牵牛、虞美人、火苞草等。

各种花卉种子经药剂处理后，冲洗干净，催芽至露白即可播种。

二、温度处理

（1）低温处理：古代稀、福禄寿、花菱草等，在 5 ℃温度下放置 3 d，可以顺利发芽。

（2）变温处理：实施 24 h 周期的变温处理。矮牵牛在 20 ℃ 18 h、30 ℃ 6 h 或 20 ℃ 16 h、30 ℃ 18 h 周期变温条件下处理。黑种草和雁来红在 20 ℃ 8 h 的周期变温条件下处理。

（3）温水处理：仙客来、秋海棠等种子在 45 ℃温水中浸泡 10 h，滤干催芽，可顺利发芽。

（4）开水处理：椰子类的植物种子，用开水烫种处理后，可顺利发芽。

（5）层积法蔷薇科植物种子放置于 5 ℃湿润土壤中培养 90～100 d，即可顺利发芽。

三、光照处理

（1）嫌光性。对于嫌光性种子，播种后，放置于黑暗处（出芽后应及时移到光亮的地方）或充分覆土，如雁来红、蝴蝶花、福禄考、月月春、黑种草、金盏花、万寿菊、孔雀草、美女樱、三色堇等。

（2）好光性。对于好光性种子，如：霍香蓟、香雪球、四季秋海棠、丽格海棠、球根海棠、非洲凤仙、金鱼草、一串红、夏萱等，采用透光性良好的质材作为播种介质，如：蛭石、珍珠盐。

 ## 评估（Evaluate）

完成了本节学习，通过下面的练习检查（结合当地实际）：
1. 简述蔬菜种子的常用处理技术。
2. 简述花卉种子的常用处理技术。

子任务二 无土育苗技术

一、无土育苗的定义

无土育苗是指不用天然土壤，而用蛭石、草炭、珍珠岩、岩棉、矿棉等轻质人工或天然基质进行育苗。无土育苗除了用于无土栽培外，目前也大量用于土壤栽培。无土育苗又可分为穴盘无土育苗和简易无土育苗

穴盘无土育苗又叫机械化育苗或工厂化育苗，是以草炭、蛭石等轻质材料做基质，装入穴盘中，采用机械化精量播种，一次成苗的现代化育苗体系。是目前育苗技术的改革，能充分发挥无土育苗的优越性，是无土育苗的主要方式。穴盘育苗技术诞生于 20 世纪 60 年代，70 年代开始较大面积发展起来。从全世界范围来看，穴盘育苗普及推广面积最大的是美国。我国是 20 世纪 80 年代中期将这项育苗技术正式引进，"七五"期间，北京郊区相继建起了花乡、双青、朝阳三座育苗场，均采用国外引进生产线，国内配套附属设施，科研单位和部门承担技术设备引进和消化洗手研究工作。

简易无土育苗，是以草炭、蛭石等轻质材料做基质，利用营养钵或穴盘进行的人工育苗，是在没有实行规模化育苗，不能实行机械化育苗时，分散个体育苗时采用的方法。

二、无土育苗的特点

（1）省工、省力，机械化生产效率高。采用精量播种，一次成苗，从基质混拌、装盘、播种、覆盖至浇水、施肥、打药等一系列作业实现了机械化自动控制，比常规苗缩短苗龄 10 ~ 20 d，劳动效率提高 5 ~ 7 倍。常规育苗人均管理 2.5 万株，无土育苗人均管理 20 万 ~ 40 万株。由于机械化作业管理程度度高，减轻了作业强度，减少了工作量。

（2）节省能源、种子和育苗场地。干籽直播，一穴一粒节省种子。穴盘育苗集中，单位面积上育苗量比常规育苗量大，根据穴盘每盘的孔数不同，每公顷地可育苗 315 万 ~ 1 260 万株。

（3）成本低。穴盘育苗与常规育苗比，成本可降低 30% ~ 50%。

（4）便于规模化生产及管理。穴盘育苗采用标准化的机械设备，生产效率高，便于制定从基质混拌、装盘、播种、覆盖至浇水、施肥、打药等一系列作业的技术规程，形成规模化生产及管理。

（5）幼苗质量好、没有缓苗期。由于幼苗抗逆性强，定植时带坨移栽，缓苗快，成活率高。

（6）适合远距离运输。穴盘育苗是以轻基质无土材料做育苗基质，具有比重轻、保水能力强、根坨不易散，可保证运输当中不死苗等特点，适合远距离运输。穴盘苗重量轻，每株重量仅 30 ~ 50 g，是常规苗的 6% ~ 10%。

（7）适合于机械化移栽。移栽效率提高 4 ~ 5 倍，为蔬菜生产机械化开辟了广阔的前景。

（8）有利于规范化管理，提高商品苗质量。由于穴盘育苗采用工厂化、专业化生产方式育苗，有

利于推广优良品种，减少假冒伪劣种子的泛滥危害，提高商品苗质量。

三、无土育苗的设备及资材

（一）基质消毒机

为防止育苗基质中带有致病微生物或线虫等，最好将基质消毒后再用。育苗基质由专业生产公司消毒后装袋出售，目前一般是自己配制，如果选用新挖出的草炭或刚刚烧制出炉的蛭石，可以不再消毒，直接混合使用。如果掺有其他有机肥或来源不卫生的基质，则需小型钵状穴室的塑料盘。育苗穴盘根据用途和蔬菜种类的不同其规格不尽相同，用于机械化播种的穴盘规格一般是按自动精播生产线的规格要求制作的，多为 30 cm×60 cm。育苗穴盘中每个小穴的面积和深度依育苗种类而定，因此每张盘上由 32、40、50、72、128、200 等数量不等的小穴组成，小穴深度也各异，3~10 cm 不等。

（二）精量播种系统（彩图 49）

1. 机械转动式精量播种机

对种子的形状要求极为严格，种子需要进行丸粒化方能使用。

（1）进口机械转动式精量播种机，是以美国加州文图尔公司生产的精量播种生产线为代表，其工作包括基质混拌、装盘、压穴播种、覆盖喷水等一系列作业，每小时播种 500~800 盘，最高时速可达 1 500 盘。

（2）国产机械转动式精量播种机，原理和文图尔机械大同小异，体积较进口的小巧玲珑，但速度和播种质量均不如进口机械。

2. 气吸式精量播种机

对种子的形状要求不甚严格，种子不需要进行丸粒化，但应注意不同粒径大小的种子，应配有不同规格的播种盘。它们都是进口机械。

全自动气吸式精量播种机，从西班牙和美国进口的。以西班牙的气吸式精量播种机速度较快，每次可播种一盘，其他型号的每次只能播种一行，速度较慢。

手动气吸式精量播种机，包括美国和韩国进口的，播种速度每小时 60~120 盘。

（三）穴盘（彩图 50）

因选用材质不同，可分为纸格穴盘、聚乙烯穴盘、聚苯乙烯穴盘。根据制作工艺不同可分为美式和欧式两种类型，美式盘大多为塑料片材吸塑而成，而欧式盘是选用发泡塑料注塑而成。制作材料上相比较而言，美式盘较适合我国应用，目前国内育苗主要选用的是美式穴盘。

国际上使用的穴盘，外形大小多为 54.9 cm×27.8 cm，小穴深度视孔大小而异，3~10 cm 不等。每个苗盘有 50~800（50、72、128、200、288、392、512、648）个孔穴等多种类型。目前国内选用的是美国（Polyform）公司的穴盘和韩国生产的穴盘，常见穴盘规格为 72 孔、128 孔、288 孔。美国穴盘每盘容积分别为 4 630 mL、3 645 mL 和 2 765 mL。美式吸塑穴盘分重型、轻型和普通型三种，轻型盘自重 130 g 左右，中型盘自重 200 g 以上，购置轻型盘比重盘可节省 30% 开支，但从寿命来看，重盘使用次数是轻盘 3~5 倍，如果精心使用，每个穴盘可连续用 2~3 年。与韩国穴盘相比，72 孔容积偏小，仅为 3 186 mL，128 孔和 288 孔容积比美国穴盘容积大，分别为 4 559 mL 和 2 909 mL，每个盘自重为 180 g 以上，价格比美国盘便宜。

（四）育苗基质

育苗基质是无土育苗成功与否的关键因素之一，目前主要有草炭、蛭石、珍珠岩，此外，蘑菇渣、腐叶土、处理后的酒糟、锯末、玉米芯等均可作为基质材料。其中以草炭最常用，特别是草炭有其他基质混合的混合基质。国内穴盘育苗多采用 2∶1 的草炭∶蛭石、3∶1 的草炭∶蛭石。国内外穴盘育苗普遍采用草炭 50%~60%、蛭石 30%~40%、珍珠岩 10%。

（五）育苗床架

育苗床架设置的作用，一是为育苗者作业方便，二是可以提高育苗盘的温度，三是可防止幼苗的根扎入地下，有利于根坨的形成。

育苗床架分为固定式和可移动式，由床屉和支架两部分组成。一般床屉规格为宽 84 cm（穴盘宽度的 3 倍），长 217 cm（穴盘长度的 4 倍），高度为 50～70 cm。每个床屉放 12 个穴盘，6.7/m²，一栋 95 m 长、6 m 宽的温室可容纳 2 592 个穴盘。

（六）肥水供给系统

喷肥喷水设备是工厂化育苗必要设备之一，喷肥喷水设备的应用可以减少劳动强度，提高劳动效率，操作简便，有利于实现自动化管理。此系统包括压力泵、加肥罐、管道、喷头等。要求喷头喷水量要均匀，可分为固定式和行走式两种。

（1）行走式喷水喷肥车要求行走速度平稳，又可分为悬挂式行走喷水喷肥车和轨道式行走喷水喷肥车。悬挂式行走喷水喷肥车比轨道式行走喷水喷肥车节省轨道占地，但是对温室骨架要求严格，必须结构合理、坚固耐用。

（2）固定式喷水喷肥设备是在苗床架上安装固定的管道和喷头。

此外，需要性能良好的育苗温室和催芽室、成苗室。

四、穴盘育苗及其流程

穴盘育苗法是将种子直接播入装有营养基质的育苗穴盘内，在穴盘内培育成半成苗或成龄苗。这是现代蔬菜育苗技术发展到较高层次的一种育苗方法，它是在人工控制的最佳环境条件下，采用科学化、标准化技术措施，运用机械化、自动化手段，使蔬菜育苗实现快速、优质、高效率的大规模生产。因此，采用的设施也要求档次高、自动化程度高，通常是具有自动控温、控湿、通风装置的现代化温室或大棚，这种棚室空间大，适于机械化操作，装有自动滴灌、喷水、喷药等设备，并且从基质消毒（或种子处理）至出苗是程序化的自动流水线作业，还有自动控温的催芽室、幼苗绿化室等。

五、无土育苗技术

（一）种子处理

1. 种子消毒

采用常规的温汤浸种或药剂处理对种子进行消毒，然后将种子风干或丸粒化备用。

2. 种子活化处理

种子活化处理可加快种子萌发速度，提高种子发芽率、整齐度、活力。

（1）赤霉素活化茄子种子。将茄子种子置于 55～60 ℃的温水中，搅拌至水温 30 ℃，然后浸泡 2 h，取出种子稍加风干后置于 500～1 000 mg/L 赤霉素溶液中浸泡 24 h，把种子风干备用或进行种子丸粒化。

（2）硝酸钾活化处理芹菜种子。用 2%～4% 浓度的硝酸钾溶液，在 20±1 ℃的温度下振荡或通气处理 6 d，取出种子风干备用或进行种子丸粒化。用硝酸钠、氯化钠、氯化镁处理蔬菜种子均有活化作用。

（3）微量元素浸种。用 500～1 000 mg/L 的硼酸、硫酸锰、硫酸锌、钼酸铵等溶液对茄果类种子浸种 24 h，可壮苗。

3. 种子包衣和种子丸粒化

种子包衣始于 20 世纪 30 年代英国的一个种子公司，大规模商业化种子包衣于 20 世纪 60 年代开始，现在种子包衣技术已广泛用于蔬菜、花卉及大田种子。

（1）种子丸粒化材料。种子丸粒化是用可溶性胶将填充料，以及一些有益于种子萌发的附料黏合在种子表面，使种子成为一个个表面光滑的形状大小一致的圆球形，使其粒径变大，重量增加。其目的是有利于播种机工作，节省种子用量。种子丸粒化材料主要是以硅藻土作为填充料，还可用蛭石粉、滑石粉、膨胀土、炉渣灰等。填充粒径一般是35~70目。常用的可溶性胶有阿拉伯胶、树胶、乳胶、聚酯酸乙烯酯、乙烯吡咯烷酮、羧甲基纤维素、甲基纤维素、醋酸乙烯共聚物，以及糖类等。种子包衣过程中亦可加入抗菌剂、杀虫剂、肥料、种子活化剂、微生物菌种、吸水性材料等。

（2）种子丸粒化加工主要有两种方法：

① 气流成粒法：通过气流作用，使种子在造丸筒中处于漂浮状态。包衣料和黏结剂随着气流喷入造丸筒，吸附在种子表面，种子在气流作用下不停地运动，相互撞击和摩擦，把吸附在表面的包衣料不断压实，最后在种子表面形成包衣。目前我国还未见使用该方法的报道。

② 载锅转动法：将种子放在立式圆形载锅中，载锅不停地转动。先用高压喷枪将水喷成雾状，均匀地喷在种子表面，然后将填充料均匀地加进旋转锅中，使种子不停转动致愈滚愈大，当种子粒径即将达到预定的大小时，将可溶性糖胶用高压喷枪喷洒在种子表面，再加入一些包衣料，使其表面光滑、坚实。

丸粒化后的种子放入振动筛中，筛出过大过小的种子。将过筛后的种子放入烘干机中，在30~40℃条件下合格的装包衣应达到遇水后能迅速崩裂的标准，以利于播种后种子能迅速吸水萌发。目前，我国主要采用此种方法进行丸粒化加工。

（二）穴盘及苗龄的选择

1. 穴盘及苗龄的选择

穴盘的孔数多少要与苗龄大小相适应，才能满足幼苗生长发育需要的营养面积（见表1-3-7）。

表1-3-7　穴盘及苗龄的选择

种　　类	穴盘/孔	育苗期/天	成苗标准/叶数
冬春季茄子	288（128）	30~35	2叶1心
	128（72）	70~75	4~5
	72（50）	80~85	6~7
冬春季甜椒	288（128）	28~30	2叶1心
	128（72）	75~80	8~10
冬春季番茄	288（128）	22~25	2叶1心
	128（72）	45~50	4~5
	72（50）	60~65	6~7
夏秋季番茄	200 或 72	18~22	3叶1心
夏播芹菜	288（128）	50左右	4~5
	128（72）	60左右	5~6
生菜	288（128）	25~30	3~4
	128（72）	35~40	4~5
黄瓜	72（50）	25~35	3~4
大白菜	288（128）	15~18	3~4
	128（72）	18~20	4~5
结球甘蓝	288（128）	20左右	2叶1心
	128（72）	75~80	5~6
花椰菜	288（128）	20左右	2叶1心
	128（72）	75~80	5~6
抱子甘蓝	288（128）	20~25	2叶1心
	128（72）	65~70	5~6
羽衣甘蓝	288（128）	30~35	3叶1心
	128（72）	60~65	5~6
木耳菜	288（128）	30~35	2~3
蕹菜	288（128）	25~30	5~6
菜豆	128（72）	15~18	2叶1心

2. 苗盘的清洗和消毒

育苗后的穴盘应进行清洗和消毒，消毒方法如下：

（1）甲醛消毒法。将穴盘放进稀释 100 倍的 40% 甲醛溶液中（即 1 L 甲醛加 99 L 水），浸泡 30 min，取出晾干备用。

（2）漂白粉消毒法。将穴盘放进稀释 100 倍的漂白粉溶液中（即 1 kg 漂白粉加 99 kg 水），浸泡 8 ~ 10 h，取出晾干备用。

（3）甲醛、高锰酸钾消毒法。将穴盘放入密闭的房间中，每立方米用 40% 甲醛 30 mL，高锰酸钾 15 g。将高锰酸钾分放在罐头瓶中，倒入甲醛，然后密闭房间 24 h。

（三）适宜基质及配方的选择

1. 适宜基质及配方的选择

我国无土育苗基质主要是草炭、蛭石、珍珠岩。由于加入珍珠岩后，基质容易产生青苔，因此，主要采用草炭和蛭石。

基质中加适量的肥料，供给幼苗生长发育需要的营养，育苗期间不浇营养液只浇清水，可以避免因浇液勤而造成的空气湿度过大，发生病害，同时减少了配制营养液的麻烦，简化管理（表 1-3-8，表 1-3-9，表 1-3-10）。

表 1-3-8 育苗基质中化肥的适宜用量　　　　　　单位：mg/m³

蔬菜种类	氮磷钾（NPK）复合肥（15 : 15 : 15）	尿素 + 磷酸二氢钾	
冬春茄子	3 ~ 3.4	1.5	1.5
冬春辣椒	2.2 ~ 2.7	1.3	1.5
冬春番茄	2.0 ~ 2.5	1.2	1.2
春黄瓜	1.9 ~ 2.4	1.0	1.0
夏播番茄	1.5 ~ 2.0	0.8	0.8
夏播芹菜	0.7 ~ 1.2	0.5	0.5
生菜	0.7 ~ 1.2	0.5	0.7
甘蓝	2.6 ~ 3.1	1.5	0.8
西瓜	0.5 ~ 1.0	0.3	0.5
花椰菜	2.6 ~ 3.1	1.5	0.8
芥蓝	0.7 ~ 1.2	0.5	0.7
芦笋	2.2 ~ 2.7	1.3	1.5
甜瓜	1.9 ~ 2.4	1.0	1.0
西葫芦	1.9 ~ 2.4	1.0	1.0
洋葱	0.7 ~ 1.2	0.5	0.5

表 1-3-9 穴盘育苗基质矿质元素含量标准

矿质元素	含量/（mg/L）
硝态氮（NH_4^+-N）	<20
铵态氮（NO_3^--N）	40 ~ 100
磷（P）	3 ~ 5
钾（K）	60 ~ 150
钙（Ca）	80 ~ 200
镁（Mg）	30 ~ 70

基质反复使用应进行消毒，方法如前所述。一般采用 40% 甲醛稀释 50～100 倍，均匀地喷洒在基质上，每立方米基质喷洒 10～20 kg，充分混合均匀后，盖上塑料薄膜闷 24 h，然后揭掉薄膜，待药味散发后使用。

表 1-3-10　穴盘规格及其用基质量

产地	规格 /穴	上口边长 /cm	下口边长 /cm	穴深 /cm	容积 / (mL/盘)	装盘数 / (个/m³)	基质用量 / (m³/千盘)
美国	72	4.2	2.4	5.5	4633	215	4.65
	128	3.1	1.5	4.8	6343	274	3.65
	288	2.0	0.9	4.0	2765	362	2.76
韩国	72	3.8	2.0	4.8	3186	313	3.20
	128	3.0	1.4	6.5	4559	219	4.57
	288	2.0	0.9	4.6	2909	343	2.92

（四）播种

无土育苗多采用分格室的育苗盘，播种时每穴一粒种子，成苗时一室一株，因此要求播种技术十分严格。可分为全自动机械播种、手动机械和手工播种 3 种方式。其作业程序包括采用基质混合、装盘、压穴、播种、覆盖和喷水。全自动机械播种以上全部作业程序均使用自动机械完成，一穴一粒的准确率达到 95% 以上才是较好的播种质量。手动机械播种是采用机械播种，手工播种是手工点籽，其他作业都用手工完成。

1. 基质混合

无土育苗主要采用草炭和蛭石，其比例为 2 份草炭加 1 份蛭石，或 3 份草炭加 1 份蛭石。如果按 2 份草炭加 1 份蛭石的比例配制基质，此外按配方加入化肥。基质混合均匀后加入适量水分，使基质含水量达到 40%～45%，基质过干或过湿均会影响种子发芽。

2. 装盘

将混合好的基质装入穴盘中装满，用刮板刮平。特别是四角和四周的孔穴一定要装满，否则，基质深浅不一，播种深度不一致，幼苗出土不一致，不齐；基质装量多少不一，影响基质保水性和幼苗营养供给。

3. 压穴

装好的盘要进行压穴，以利于将种子播入其中，可用专门制作压穴器压穴，也可将装好基质的穴盘垂直码放在一起，4～5 盘一摞，两手平放在盘上均匀下压至要求深度为止。

4. 播种

将种子点在压好穴的盘中，播种深度一般以 0.5～1 cm 为宜，或用手动播种机播种，每穴一粒，避免漏播。一般是干籽播种适合于机械化播种育苗，同时应配套催芽室等保证发芽温度温室设施。

5. 覆盖

播种后用混合好的基质覆盖穴盘，方法是将基质倒在穴盘上，用刮板刮去多余的基质，覆盖基质不要过厚，与格室相平为宜。

6. 浇水

播种覆盖后及时浇水，浇水一定浇透，以穴盘底部的渗水口看到水滴为宜。低温期覆盖浇水之后穴盘表面覆盖地膜保温保湿。高温期还要用遮阳网或在地膜上覆盖纸被等遮光，防止烤苗。

（五）苗期管理

1. 温度管理

播种后将苗盘放入催芽室等保温好的温室中，当种子发芽个别出土时，揭掉地膜，见光，防止烤苗。如果不能保证温度，应铺设电热线或采取其他方式加温。如果夏季高温应采取遮阳措施，防止烂种。喜温蔬菜如果菜类、豆类发芽的适宜温度为 25 ~ 30 ℃。生长适温为白天 20 ~ 30 ℃，夜间 13 ~ 18 ℃；耐寒蔬菜如白菜类、根菜类、绿叶菜类适宜的发芽温度为 15 ~ 25 ℃，生长适温为白天 18 ~ 22 ℃，夜间 8 ~ 12 ℃；原产温带的花卉多数种类的发芽适宜温度为 20 ~ 25 ℃；耐寒性宿根花卉及露地二年生花卉种子发芽适宜温度为 15 ~ 20 ℃；热带花卉种子发芽温度为 32 ℃。生长温度白天 15 ~ 30 ℃，夜间为 10 ~ 18 ℃。

2. 水分管理

只要观察到基质基本干了就要浇水，每次浇透水，以穴盘底部的渗水口看到水滴为宜，防止基质营养流失。穴盘育苗基质量少、疏松失水较快，浇水次数要频繁。由于孔穴较小，往往浇水不均匀，特别是穴盘四周和四角易干，要浇到，多停留，必要时要个别补浇。一般夏季每天浇水 1 ~ 2 次，冬季几天浇一次水，不同生育阶段基质水分含量不同（表 1-3-11）。

表 1-3-11　不同生育阶段基质水分含量（相当最大持水量的%）

蔬菜种类	播种至出苗	子叶展开至 2 叶 1 心	3 叶 1 心至成苗
茄子	85 ~ 90	70 ~ 75	65 ~ 70
辣椒	85 ~ 90	70 ~ 75	65 ~ 70
番茄	75 ~ 85	65 ~ 70	60 ~ 65
黄瓜	85 ~ 90	75 ~ 80	75
芹菜	85 ~ 90	75 ~ 80	70 ~ 75
生菜	85 ~ 90	75 ~ 80	70 ~ 75
甘蓝	75 ~ 85	70 ~ 75	55 ~ 60

3. 营养施肥管理

无土育苗的基质在配制时已经加入适量的有机肥和无机肥，营养丰富，所以在育苗期间一般不施肥，只浇清水不浇营养液。如果幼苗叶色淡表现缺肥，可叶面喷肥（0.3% 尿素、0.3% 磷酸二氢钾、0.3% 硫酸钾等）。

4. 化控技术的应用

穴盘育苗一次成苗，不必移苗。而穴盘育苗适合育小苗，由于我国北方习惯大苗定植，而穴盘育大苗由于营养面积不够造成幼苗徒长。因此育大苗时及夏季育苗要适当应用化控技术控制幼苗徒长。夏季黄瓜育苗还应使用乙烯利促进雌花形成，其他还有矮壮素、多效唑、矮丰灵等。

六、穴盘育苗的营养液配方与管理

营养液的配方与施用决定于基质本身的成分，采用草炭、有机肥和复合肥合成的专用基质，以浇水为主适当补充些大量元素就够了。采用草炭、蛭石各半的通用育苗基质，则必须掌握营养液配方和施肥量。

营养液配方一般以大量元素为主，微量元素多由基质提供。氮肥以尿素态氮和铵态氮占 40% ~ 50%，硝态氮占 50% ~ 55%。N∶P∶K 以 1∶1∶1 或 1∶1.7∶1.7 为适，要求基质 pH 5.5 ~ 7.0 为宜，温度适于秧苗生长，不能过高过低，选用肥料配方，磷的浓度稍高对培育壮苗有利。

肥料浓度视情况而定，经常灌水与液肥结合施用的，不论番茄或甘蓝苗，按氮肥浓度 40 ~ 60 mg/L 已满足了吸收需要（其他元素类推），如混以有机肥的基质，自真叶展开后开始喷淋，每日浇灌 1 ~ 3 次，依气候和苗的长势而异，由于每穴基质很少，很易缺水，补水补液要比常规育苗次数频繁，每次

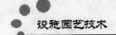

每盘浇灌量 200～250 mL 即够。若每周浇灌液肥仅两次，则每盘浇 500～750 mL 为宜，而且浓度要提高到 130 mL/L。而使用无基肥基质时，自发芽后就要每日浇灌稀液肥（氮 40～60 mL/L），真叶展开后还要调整次数和浓度。

美国在花卉穴盘育苗上推荐的施肥计划是：发根开始期要求通气、高湿，于播后 3～5 d 内浇灌 KNO_3 35 mL/L，再经 5 d，视长势再施一次。至 2 叶 1 心期，要求通气、低湿，每两周至少施一次 N80-P10-K80-Ca20-Mgl0 mg/L 的营养液。至真叶生长期，每周施两次 N60-P20-K160-Ca80-Mg40 mg/L 的营养液。至出圃前要进行炼苗，限制浇水施肥。

七、穴盘苗作物种类

（一）蔬菜

（1）茄果类：番茄、茄子、辣椒。

（2）瓜类：黄瓜、南瓜、冬瓜、丝瓜、苦瓜、西瓜、甜瓜、瓠瓜、西葫芦。

（3）豆类：菜豆、豇豆、毛豆。

（4）甘蓝类：甘蓝、青花菜、花椰菜、抱子甘蓝、菜用羽衣甘蓝、芥蓝。

（5）叶菜类：芹菜、莴苣、大白菜、洋葱、蕹菜、落葵。

（6）其他：菜用玉米、芦笋、黄秋葵。

（二）花卉

切花菊、非洲菊、万寿菊、翠菊、银叶菊、康乃馨、丝石竹、郁金香、观赏南瓜、红豆杉、鸡冠花、一串红、矮牵牛、三色堇、紫薇、天竺葵、丁香、鼠尾草、孔雀草、紫罗兰等。

精量播种机以真空吸入法每穴播 1 粒种子，如种子发育率不足 100%，造成空穴，补苗费工，因此对种子质量包括纯度、净度、发芽率、发芽势等都要求很高。必须精选和进行必要预处理，低于 85% 发芽率的不能用于精量播种。

八、穴盘育苗环境及调控

幼苗的生长发育受环境条件的影响，只有在育苗过程中创造适宜的环境条件，才能达到培育壮苗的目的。无土育苗与土壤育苗一样，必须严格控制光、温、水、气等条件。

（一）温度

主要蔬菜和主要花卉的昼夜最适温度（表 1-3-12，表 1-3-13）。

表 1-3-12　主要蔬菜的昼夜最适温度

蔬菜种类	白天气温 /℃	夜间气温 /℃	适宜土温 /℃	蔬菜种类	白天气温 /℃	夜间气温 /℃	适宜土温 /℃
番茄	20～25	12～16	20～23	毛豆	18～16	13～18	18～23
茄子	23～28	16～20	23～25	花椰菜	15～22	8～15	15～18
辣椒	23～28	17～20	23～25	白菜	15～22	8～15	15～18
黄瓜	22～28	15～18	20～25	甘蓝	15～22	8～15	15～18
南瓜	23～30	18～20	20～25	草莓	15～22	8～15	15～18
西瓜	25～23	20	23～25	莴苣	15～22	8～15	15～18

表 1-3-13　主要花卉的昼夜最适温度

种类	白天最适温度/℃	夜间最适温度/℃	种类	白天最适温度/℃	夜间最适温度/℃
金鱼草	14～16	7～9	翠菊	20～23	14～17
香豌豆	17～19	9～12	百日草	25～27	16～20
矮牵牛	27～28	15～17	非洲紫罗兰	19～21	23.5～25.5
彩叶草	23～24	16～18	月季	21～24	13.5～16

（二）光照（彩图 49）

光照对于蔬菜、花卉种子的发芽并非都是必需的。

需要光照的蔬菜有莴苣、芹菜、胡萝卜，花卉有报春花、毛地黄。一些蔬菜或花卉作物，如韭菜、洋葱、黑种草、雁来红等在光下却会发芽不良。

苗期管理的中心是设法提高光能利用率，改善秧苗受光条件，这是育成壮苗的重要前提之一。那么生产上具体措施有哪些呢？

（1）选择合理的育苗设施方向并改进其结构，尽量增大采光面，增加入射光，减少阴影。

（2）选用透光性好的覆盖材料，及时清扫，保持表面洁净，增加光照强度。

（3）加强不透明覆盖物的揭盖管理，处理好保温和改善光照条件的关系，尽可能早揭晚盖，延长光照时间。

（4）幼苗出土后应及时见光绿化，并随着幼苗生长逐渐拉大苗距，避免相互遮阴。

（5）人工补光育苗。

目的一，作为光合作用的能源，克服由于光照不足引起的幼苗光合作用减弱，缩短育苗时间。目的二，用补光的方法抑制或促进花芽分化，调节花期。

因此，对于大规模、专业化、商品化育苗，人工补光可以缩短育苗的周期，提高设施利用效率，保持育苗生产的稳定性，实现按计划向生产者提供秧苗。

（三）水分（彩图 50）

水分是幼苗生长发育不可缺少的条件，在幼苗的组织器官中，水分约占其总重量的85%以上。育苗期间，控制适宜的水分是增加幼苗物质积累，培育壮苗的有效途径。

（四）气体

在育苗过程中，对秧苗生长发育影响较大的气体主要是 CO_2 和 O_2，此外还包括有毒气体（如 SO_2、NO_2、NH_3 等）。

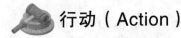 行动（Action）

活动一　简述蔬菜穴盘育苗养分管理技术（彩图 51，彩图 52，彩图 53，彩图 54，彩图 55，彩图 56，彩图 57，彩图 58）

幼苗对矿质养分的吸收利用，除受自身遗传特性的影响外，还与环境因子、灌溉等其他育苗技术措施密切相关，是一个非常复杂的过程。特别是穴盘育苗条件下，根系发育空间有限，基质缓冲能力小，根基环境变化快，养分容易被淋冲，更增加了施肥的难度。此外，育苗者还需依靠养分供给控制幼苗的生长速度。在蔬菜穴盘育苗生产中，即使是多年从事育苗工作的技术工人，仍难以完全避免幼苗缺素症和中毒症的发生。

一、蔬菜幼苗对养分的需求

在幼苗的组成中，有一些元素是幼苗结构或新陈代谢中的基本组分，缺失时能引起严重的幼苗生长、发育异常，被称为必需营养元素。目前明确的植物必需营养元素有 16 种，即碳、氢、氧、氮、磷、钾、钙、镁、硫、铁、锰、锌、铜、钼、硼、氯。此外还有一类元素，它们对幼苗的生长发育具有良好的作用，或为某些蔬菜种类在特定条件下所必需，人们称之为有益元素，其中主要包括硅、钠、钴、硒、镍、铝等。

在必需营养元素中，来自空气中的二氧化碳和灌水，而其他元素几乎全部来自育苗基质。只有豆科植物根系可固定空气中 N_2，叶片也能从空气中吸收一部分气态养分，如 SO_2 等。育苗基质是蔬菜幼苗生长所需养分的主要来源。

二、蔬菜穴盘苗营养状况的分析判断

根据幼苗形态特征或组织中营养成分含量，判断幼苗植株营养元素丰缺状况。每一种营养元素在幼苗体内的含量通常存在缺乏、适量和过剩 3 种情况。当幼苗体内缺乏某种营养元素，即含量低于养分临界值（幼苗正常生长体内必须保持养分的数量）时，幼苗表现缺素症；当体内养分含量处于适量范围时，幼苗生长发育正常；体内养分含量超过临界值时，可能导致营养元素的过量毒害。为了诊断幼苗体内营养元素的含量状况，可以参考资料 5。

三、蔬菜穴盘育苗养分供给应注意的问题

（一）基质 pH

育苗基质的 pH 是影响基质中营养元素有效性的重要因素。在 pH 低的基质（酸性基质）中，Fe、Mn、Zn、Cu、B 等元素的溶解度较大，有效性提高；但在中性或碱性的基质中，则因易发生沉淀或吸附作用而使其有效性降低。P 在中性（pH 6.5～7.5）基质中的有效性较高，但在酸性基质中，则易与 Fe、Al 或 Ca 发生化学变化而沉淀，有效性明显下降。通常是生长在偏酸性或偏碱性基质中的幼苗较易发生缺素症。

（二）营养元素比例

营养元素之间普遍存在协同与拮抗作用。如大量施用氮肥会使幼苗的生长量急剧增加，对其他营养元素的需要量也相应提高，若不能同时提高其他营养元素的供应量，就会导致营养元素比例失调，发生生理障碍。基质中由于某种营养元素的过量存在而引起的元素间拮抗作用，也会促使另一种元素的吸收、利用被抑制而促发缺素症。如大量施用钾肥会诱发缺镁症，大量施用磷肥会诱发缺锌症等。

（三）温度管理

根际高温或低温都会影响根系生长和细胞活力，进而影响幼苗养分吸收面积和吸收能力。如低温，会降低基质养分的释放速度，同时会影响幼苗根系对大多数营养元素的吸收速度，尤以对 P、K 的吸收最为敏感。此外，低温还明显阻抑铵态氮向硝态氮转化，易造成根际铵的积累和幼苗铵中毒。

四、操作技术

育苗基质的孔隙度远大于土壤，灌水不可避免地会造成基质养分的冲淋。当灌水频度高、每次灌溉量大时，养分的冲淋也相应增大，此时应适当增加施肥频度或肥料浓度。

目前，穴盘育苗广泛使用灌溉施肥技术，其中一个非常关键的技术设备就是定比稀释器。定比稀释器是灌溉施肥过程中控制肥料浓度的一个装置，使用一段时间后，可能发生准确度和精度的变

化，应隔一个月进行一次校准，否则会发生养分供给增大或减小的情况，进而引发幼苗养分供给过量或不足。

活动二　简述育苗基质定植后管理

一、肥料管理

定植后 20 d 内只浇清水，根据苗的生长情况确定是否浇灌营养液或追肥。一般定植后 20 d 开始浇低浓度的营养液（大量元素营养液，通常浓度的二分之一左右），到收获旺盛期和后期可适当加大营养液浓度。若追施有机颗粒肥和生物菌肥，则可每隔 10 ~ 15 d 追施 1 次，每次每立方米基质追肥量：全 N 80 ~ 150 g、全 P（P_2O_5）30 ~ 50 g，全 K（K_2O）50 ~ 180 g。

二、水分管理

依据天气和苗的长势来确定，以保持基质含水量达 60% ~ 85% 为原则（按占干基质计）。灌溉的水量必须根据气候变化和植株大小进行调整，阴雨天停止灌溉，冬季隔 1 d 灌溉 1 次。

三、温度管理

温度保持在白天 15 ~ 28 ℃，夜间 15 ~ 20 ℃。冬季应采取保温或加温的方式，夏季采取通风换气等方式降温。

四、光照管理

根据作物不同需光特性，尽可能增加光照强度和光照时数，采用各种提高透光率措施增加设施内光照。

活动三　综述无土栽培营养液的管理

一、无土栽培对营养液的要求

营养液配方是根据作物正常生长发育，获得一定产量所需各种元素的量，配制成不同浓度，经过栽培试验筛选出的最佳配方，因此能够满足作物生长发育的需要。然而植物根系是以吸收离子的形式利用养分，而且并不是全部吸收，所以营养液中某种离子的浓度过高或过低都会引起作物的生育障碍。因此，在营养液的配方和配制营养液的时候，应考虑营养液中各种离子的浓度和总的离子浓度。

（一）营养液组成的浓度范围

表 1-3-14，表 1-3-15 分别为营养液的组成浓度范围和微量元素及其化合物的适宜浓度。

表 1-3-14　营养液的组成浓度范围

营养液组成	最低	最适	最高	单位
NO_3^-	4	16	25	mN/L
	56	224	350	mg/L
NH_4^+			4	mN/L
			56	mg/L
P	2	4	12	mN/L
	20	40	120	mg/L

续表 1-3-14

营养液组成	最低	最适	最高	单位
K	2	8	15	mN/L
	75	312	585	mg/L
Ca	3	8	36	mN/L
	60	160	720	mg/L
Mg	1	4	8	mN/L
	12	48	96	mg/L
S	1	4	90	mN/L
	16	64	1440	mg/L
Na			10	mN/L
			230	mg/L
Cl			10	mN/L
		1.75	350	mg/L

表 1-3-15　营养液中微量元素及其化合物的适宜浓度

元素	适宜浓度 a /（mg/L）	分子式	分子量	含量 b （%）	化合物浓度 a/b /（mg/L）	溶解度 /（g/L）
Fe	3	FeEDTA	421	12.5	24	421
		$FeSO_4 \cdot 7H_2O$	270	20.0	15	260
B	0.5	H_2BO_3	62	18.0	3	100
		$NaB_4O_7 \cdot 10H_2O$	381	11.6	4.5	25
Mn	0.5	$MnCl_2 \cdot 4H_2O$	198	28.0	1.8	735
		$MnSO_4 \cdot 4H_2O$	223	23.5	2	629
Zn	0.05	$ZnSO_4 \cdot 7H_2O$	288	23.0	0.022	550
Cu	0.02	$CuSO_4 \cdot 5H_2O$	250	25.5	0.05	220
Mo	0.01	Na_2MoO_4	206	47.0	0.02	
		$(NH_4)_2MoO_4$	196	49.0	0.02	

（二）NO_3^--N 与 NH_4^+-N 的比例

大多数蔬菜作物喜硝态氮，如果铵态氮吸收过多则引起 NH_4^+ 中毒，产生生育障碍，并抑制 Ca^{2+}、Mg^{2+} 吸收导致生育不良。另外，硝态氮被作物吸收后需要还原成铵态氮才能进入氮代谢过程，否则硝态氮积累过剩对人体造成危害。硝态氮的还原过程需要在光照充足的情况下，有酶和能量参与完成。因此无土栽培的营养液氮源应以硝态氮为主，配合一定比例的铵态氮有利于作物的生育。在低温、弱光的冬季适当提高铵态氮的比例，高温、强光的夏季可降低铵态氮的比例，甚至可以不加铵态氮。一般番茄硝态氮和铵态氮的比例为 5∶1～11.5∶0.5；黄瓜最好不超过 3∶1。

二、营养液的总浓度

在设计营养液配方和配制营养液时不但要求对组成元素进行精确计算而且要考虑营养液的总浓度是否适合作物生育要求。因为营养液的总浓度过高直接影响作物根系吸收，造成生育障碍、萎蔫甚至死亡（表 1-3-16）。

表 1-3-16 营养液总的浓度范围

浓度单位	最低	最适	最高
mg/L（ppm）	830	2500	4200
ms/cm	0.83	2.5	4.2
渗透压（pa）	0.3×105	0.9×105	1.5×105
mmol/L	12	37	62
%	0.1	0.3	0.4～0.5

不同无土栽培系统要求营养液的总浓度不同。开放式无土栽培系统，营养液的 EC 值应控制在 2～3 ms/cm；封闭式无土栽培系统，不低于 2 ms/cm 即可。

各种作物对营养液的总浓度要求有所不同。黄瓜 EC 值控制在 1.8～2.5 ms/cm，番茄 EC 值在 2～2.5 ms/cm，岩棉培 EC 值在 2.5～3 ms/cm，茄子 EC 值在 2.5 ms/cm，甜椒 EC 值在 2.0 ms/cm，甜瓜 EC 值在 2 ms/cm，莴苣 EC 值在 1.4～1.7 ms/cm，叶菜 EC 值在 2 ms/cm。此外，苗期营养液的总浓度可略低于成株期，夏季营养液的总浓度低于冬季。

因此在栽培过程中，应对营养液进行监测，防止由于栽培期间水分蒸发、根系吸收后残留的非营养成分、中和生理酸碱性所产生的盐分、使用硬水所带的盐分等原因造成营养液浓度过高，盐分积累，使作物发生盐害。最简单常用的方法是采用电导仪直接测定营养液的 EC 值。当营养液配制使用后，往往通过补充水分使营养液面保持一定深度的方法，维持营养液的浓度。水培一般每周测定 1～2 次 EC 值，较先进的水培设施采取时时监控，如果 EC 值超过适宜范围就要更换营养液。作物根系吸收养分后营养液的 EC 值应该降低，但是实际生产中由于盐分的积累可能出现 EC 值虽然高，而营养成分很低的状况。如果忽视就会造成营养缺乏及盐害。此时补充营养作物仍能正常生长，说明营养液盐分过多，最好通过测定营养液中主要营养元素（N、P、K）含量来确定，如果营养元素含量低，EC 值很高，需要更换营养液。一般情况果菜类蔬菜生育期 3～6 个月左右，生育期间不需要更换营养液，待下茬生产时更换即可。生育期 1～2 个月的叶菜可连续生产 3～4 茬更换一次营养液。基质栽培中如果发现从基质中流出的营养液 EC 值过高，或发现植物出现盐害受到抑制症状，应及时浇灌清水洗盐。浇几次清水或降低营养液浓度浇灌几次，或更换营养液。

三、营养液的酸碱度

营养液的 pH 直接影响作物根系细胞质对矿质元素的透过性，同时也影响盐分的溶解度，从而影响营养液总浓度，间接影响根系吸收。无土栽培的营养液 pH 为 5.8～6.2 的弱酸范围生长最适宜，不能超过 pH5.5～6.5。pH ＞ 7 时，Fe、Mn、Cu、Zn 等易产生沉淀；pH ＜ 5 时，营养液具有腐蚀性，有些元素溶出，植物中毒，根尖发黄、坏死，叶片失绿。

植物对营养液的 pH 比 EC 值的适应范围窄，而且影响营养液 pH 的因素较多。例如根系优先选择吸收硝态氮，则营养液的 pH 上升；而优先选择吸收铵态氮，则 pH 下降。另外营养液的 pH 受根系分泌物的影响而变化。

营养液 pH 最简单的测定方法是用 pH 试纸，既简单又准确的方法是用电导仪。营养液的 pH 多采用 NaOH、KOH、NH_4OH、HNO_3、H_2SO_4、HCl、H_3PO_4 调节。但是在硬水地区，H_3PO_4 使用过多，营养液的 P 超过 50 mg/L 会造成 Ca 沉淀，因此应磷酸与硝酸配合使用。使用硫酸成本低，但是过多的硫酸会造成 SO_4^{2-} 积累，使营养液的离子浓度升高，但一般情况下影响不大。

四、营养液的容存氧

（一）植物对营养液中氧气的要求

植物根系生长发育需要充足的氧气，要求营养液中能够充分的溶解氧气，来满足根系生长及吸收

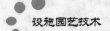

的需求。营养液中氧气溶解量可以用溶存氧浓度表示。

溶存氧浓度（DO），是指在一定温度、一定大气压力条件下，单位体积营养液中溶解的氧气数量，以毫克/升（mg/L）表示。

氧的饱和溶解度，是指在一定温度、一定压力条件下，单位营养液中能够溶解的氧气达到饱和时的溶存氧含量。由于在一定温度、一定压力条件下，溶解于溶液中的空气，其氧气占空气的比例是一定的，因此也可用空气饱和百分数（%）来表示，此时溶液中的氧气含量相当于饱和溶解度的百分比。

营养液中的溶存氧浓度可以用溶氧仪（测氧仪）测定，方法简便、快捷。一般是测定溶液的空气饱和百分数（A），然后通过溶液的夜温与氧气含量的关系表查出该溶液液温下的饱和溶存氧含量（M），并用下列公式计算出此营养液中实际的溶存氧含量 M_0（表 1-3-17）：

$$M_0 = M \times A$$

式中　M_0——在一定温度和压力下营养液的实际溶存氧含量（mg/L）；

　　　　M——在一定温度和压力下营养液中饱和溶存氧含量（mg/L）；

　　　　A——在一定温度和压力下营养液中的空气饱和百分数（%）。

表 1-3-17　在一个标准大气压下不同温度溶液中饱和溶存氧含量

温度 /°C	溶存氧 /（mg/L）	温度 /°C	溶存氧 /（mg/L）	温度 /°C	溶存氧 /（mg/L）	温度 /°C	溶存氧 /（mg/L）
1	14.23	11	11.08	21	8.99	31	7.50
2	13.84	12	10.83	22	8.83	32	7.40
3	13.48	13	10.60	23	8.68	33	7.30
4	13.13	14	10.37	24	8.53	34	7.20
5	12.80	15	10.15	25	8.38	35	7.10
6	12.48	16	9.95	26	8.22	36	7.00
7	12.17	17	9.74	27	8.07	37	6.90
8	11.87	18	9.54	28	7.92	38	6.80
9	11.59	19	9.35	29	7.77	39	6.70
10	11.33	20	9.17	30	7.63	40	6.60

营养液中溶存氧的多少与液温和大气压有关，温度越高，大气压力越小，营养液的溶存氧含量越低；反之越高。此外，还与植物根系和微生物的呼吸有关，温度越高呼吸强度越大，呼吸消耗营养液中的溶存氧越多。另外，不同作物呼吸强度不同，需氧量不同。一般营养液中的溶存氧含量维持在 4 ~ 5 mg/L 以上，都能满足大多数植物的正常生长。但是无土栽培中特别是水培中营养液中的溶存氧很快就会消耗掉，因此必须采取一些方法补充植物根系对溶存氧的需求。

（二）补充营养液中溶存氧含量的途径

1. 落差法

在营养液循环流动进入贮液池时，用机械方法将营养液提高，人为造成落差，然后落入贮液池中溅起水泡，溅泼面分散来给营养液加氧。此法效果较好，是一种普遍采用的方法。

2. 喷雾

使营养液以喷雾的形式喷射出，在雾化的过程中与空气接触给营养液加氧。效果较好，是一种普遍采用的方法。

3. 营养液循环流动

通过水泵使营养液在贮液池和种植槽之间循环流动，此过程中增加营养液和空气的接触面来提高营养液的溶存氧含量。效果较好，是一种普遍采用的方法，但是不同的设施效果有差别。

4. 增氧器

在进水口安装增氧器或空气混入器，提高营养液中溶存氧，在较先进的水培设施中普遍采用。

5. 间歇供氧

利用停止供氧供液时，营养液从种植槽流回贮液池的间歇期间，根系暴露于空气中吸收氧气，效果较好。

6. 滴灌

采用基质无土栽培方式时，通过控制滴灌流量及时间，使根系得到充足的氧气，效果好。基质栽培普遍采用此法。

7. 搅拌

利用机械方法搅拌营养液让空气溶解于营养液中，效果好。但是操作困难，易伤根，很少使用。

8. 压缩空气

用压缩空气泵通过气泡器，将空气直接以细微气泡的形式在营养液中扩散，提高营养液的溶存氧，效果好。但是在大规模生产中在种植槽上安装大量通气管道和气泡器，施工难度大，成本高，一般很少使用。

9. 反应氧

用化学增氧剂加入营养液中产生氧气的方法。如日本的双氧水缓慢释放装置，效果好，但价格昂贵，生产上很难使用，目前主要用于家庭用小型装置。

五、无土栽培对营养液温度的要求

植物根系生长除需要营养液适宜的 pH、EC 值外，主要的是要求适宜、恒定的温度。一般植物生长要求营养液液温范围在 13 ~ 25 ℃，最适温度在 18 ~ 20 ℃。但是由于营养液的温度比土温变化快，温差大。特别是地上无土栽培设施，水培比基质培的营养液温度变化快、变幅大，因此营养液温度的保持和调节在无土栽培中非常重要。

一般的方法是把贮液池设置在地下，同时加大贮液池的容量，保持营养液温度比较恒定。同时冬季利用泡沫板等保温材料作种植槽保温，种植槽外部覆盖黑膜吸热；夏季在用泡沫板等材料作种植槽隔热，种植槽外部覆盖反光膜隔热。在现代化温室无土栽培的贮液池设有增温、降温等调温设备。例如利用电热和锅炉加温热水管循环升温、冷水管循环降温。但是我国目前的无土栽培中多数没有调温设备，难以控制营养液温度。

六、无土栽培对水质的要求（彩图 59）

（一）对水质的要求

水质的好坏直接影响到营养液的组成和某些成分的有效性。因此，进行无土栽培之前首先要对当地的水质进行分析检验。要求比国家环保局颁布的《农田灌溉水质标准》（GB5084-85）的要求稍高，但是可低于饮用水水质的要求。水质要求的主要指标如下：

1. 水质的硬度

根据水中含有钙盐和镁盐的多少将水分为软水和硬水。硬水中含有的钙盐主要有重碳酸钙 $[Ga(HCO_3)_2]$、硫酸钙 $[CaSO_4]$、氯化钙 $[CaCl_2]$、碳酸钙 $[CaCO_3]$，镁盐主要有氯化镁 $[MgCl_2]$、硫酸镁 $[MgSO_4]$、碳酸氢镁 $[Mg(HCO_3)_2]$、碳酸镁 $[MgCO_3]$ 等。软水中的钙盐和镁盐含量较低。

硬水中含有较多的钙盐、镁盐，导致营养液的 pH 较高，同时造成营养液浓度偏高，盐分浓度过高。因此在利用硬水配制营养液时，将硬水中的钙、镁含量计算出，并从营养液配方中扣除。一般利用 15 度以下的水进行无土栽培较好。我国在石灰岩地区和钙质地区多为硬水。华北地区许多地方的水是硬水，南方地区除石灰岩地区之外，大多为软水。

水的硬度，用单位体积的水中 CaO 含量表示，即每度相当于 10 mg/L。水的硬度划分（表 1-3-18）。

表 1-3-18　水的硬度划分标准

水质种类	CaO 含量 /（mg/L）	硬度/度
极软水	0～40	0～4
软水	40～80	4～8
中硬水	80～160	8～16
硬水	160～300	16～30
极硬水	>300	>30

2. 水质的酸碱度

pH 在 5.5～8.5 之间的水均可使用。

3. 水质的悬浮物

悬浮物≤10 mg/L 的水可以用。水中的悬浮物超标，容易造成输水管道的滴头堵塞。如果利用河水、水库水、雨水作水源需要经过沉淀、澄清后才能使用。

4. 水的氯化钠含量

要求水中的氯化钠含量≤200 mg/L，还应根据不同作物个别考虑。

5. 水的溶存氧含量

无严格要求，最好在使用之前水的溶存氧含量≥3 mg/L。

6. 氯（Cl_2）

主要来自自来水和设施消毒的残留。因此在用自来水配制营养液在进入栽培系统之前放置半天，设施消毒后空置半天，以便剩余的氯挥发掉。

7. 重金属

如果当地的空气和地下水、水库水、河水等水源污染严重，水中会含有重金属、农药等有毒物质而造成危害。在无土栽培的水中重金属及有毒物质含量不能超过以下标准（表 1-3-19）。

表 1-3-19　无土栽培水中重金属及有毒物质含量标准

名　称	标准 /（mg/L）	名　称	标准 /（mg/L）
汞（Hg）	≤0.001	镉（Cd）	≤0.005
砷（As）	≤0.05	铅（Pd）	≤0.05
硒（Se）	≤0.02	铬（Cr）	≤0.05
铜（Cu）	≤0.10	锌（Zn）	≤0.2
氟化物（F）	≤3.0	大肠杆菌	≤1 000 个/L
六六六	≤0.02	DDT	≤0.02

（二）无土栽培用水源的选择

1. 自来水

符合饮用水标准，在水质上有保障，但是成本高。

2. 井水（地下水）

需要经过分析化验后使用，防止地下水污染。

3. 收集雨水、水库水、河水

需要沉淀过滤后使用，如果当地的空气污染严重则不能用雨水作为水源。

七、几种园艺作物营养液浓度配方介绍

（一）世界上的三大配方理论

1. 山崎配方理论

日本植物生理学家山崎以园式标准配方为基础，以果菜类为试材，根据作物吸收的元素量与吸水量之比，即吸收浓度（n/W）值来决定营养液配方的组成。

2. 日本园式标准配方理论

通过分析植物对不同元素的吸收量来决定营养液配方的组成。

3. 斯泰纳配方理论

荷兰科学家斯泰纳依据作物对离子的吸收具选择性而提出的。

（二）几种园艺作物营养液浓度配方

1. 几种蔬菜营养液配方（表 1-3-20）

表 1-3-20　几种蔬菜的吸收浓度确定的营养液的肥料配合

肥料 大量元素	溶解度（20 ℃） /（g/L）	当量重 /（mg/mmol）	厚皮甜瓜× mmol/L/（mg/L）	黄瓜× mmol/L /（mg/L）	番茄× mmol/L /（mg/L）	草莓× mmol/L /（mg/L）
$Ca(NO_3)_2 \cdot 4H_2O$	1270	118	×7 826	×7 826	×3 354	×226
KNO_3	315	101	×6 606	×6 606	×4 404	×3 303
$NH_4H_2PO_4$	368	38	×4 152	×3 114	×276	×1.557
$MgSO_4 \cdot 7H_2O$	252	123	×3 369	×4 492	×2 246	×1 123
EC（ms/cm）			2.0	2.0	1.1	0.75
渗透压（气压）			0.74	0.7	0.41	0.29
			结球莴苣	茼蒿	茄子	小芜箐
$Ca(NO_3)_2 \cdot 4H_2O$			×2 236	×4 472	×3 354	×2 236
KNO_3			×4 404	×8 808	×7 707	×5 505
$NH_4H_2PO_4$			×1.557	×4 152	×3 114	×1.557
$MgSO_4 \cdot 7H_2O$			×1 123	×4 492	×2 246	×1 123
EC（ms/cm）			0.85	2.0	1.5	0.95
渗透压（气压）			0.33	0.75	0.59	0.38
FeEDTA	421	421	12.5	16	Fe 2	采用井水时用
H_3BO_3	46	62	18.0	1.2	B 0.2	
$MnCl_2 \cdot 4H_2O$	735	198	27.7	0.72	Mn 0.2	
$ZnSO_4 \cdot 7H_2O$	366	288	23.0	0.09	Zn 0.02	采用雨水情况下追加的量
$CuSO_4 \cdot 5H_2O$	168	250	25.5	0.04	Cu 0.01	
$(NH_4)_2MoO_4$	100	196	49.0	0.01	Mo 0.005	
NaCl	264	58	61.0	1.64	Cl 1.00	

2. 黄瓜营养液的均衡配方（表 1-3-21）。

表 1-3-21　黄瓜营养液的均衡配方　　　　　　　　　　（单位：mmol/L）

N	P	K	Ca	Mg	Mn	B	Mo	Cu	Zn	Fe
224	40	312	160	48	1.5	0.5	0.05	0.02	0.05	2

3. 斯泰纳通用配方（表 1-3-22）

表 1-3-22　斯泰纳通用配方

（单位：mmol/L）

浓度单位	N	P	K	Ca	Mg	S
mg/L	168	31	273	180	48	11.2
mmol/L	12	1	7	4.5	2	3.5
mN/L	12	3	7	9	4	7

4. Hoagland 和 Snyde 配方（1938）（通用）（表 1-3-23）

表 1-3-23　Hoagland 和 Snyde 配方

（单位：mmol/L）

盐类浓度	NH_4^+-N	NO_3^--N	P	K	Ca	Mg	S
2160	1.0	14.0	1.0	6.0	4.0	2.0	2.0

采用以下化合物用量为：四水硝酸钙 945 mg/L、硝酸钾 607 mg/L、磷酸二氢铵 136 mg/L、七水硫酸镁 493 mg/L。是世界著名配方，用 1/2 剂量较妥。

5. 荷兰花卉研究所岩棉滴灌用配方（表 1-3-24）

表 1-3-24　岩棉滴灌用配方

（单位：mmol/L）

盐类浓度	NH_4^+-N	NO_3^--N	P	K	Ca	Mg	S
1394	0.8	8.94	1.5	5.24	2.2	0.6	0.6

采用以下化合物用量为：四水硝酸钙 600 mg/L、硝酸钾 378 mg/L、硝酸铵 64 mg/L、磷酸二氢钾 204 mg/L、七水硫酸镁 148 mg/L。以非洲菊为主，也可通用。

6. 荷兰花卉研究所岩棉滴灌用配方（表 1-3-25）

表 1-3-25　岩棉滴灌用配方

（单位：mmol/L）

盐类浓度	NH_4^+-N	NO_3^--N	P	K	Ca	Mg	S
1536	0.25	10.3	1.5	4.87	3.3	0.75	0.75

采用以下化合物用量为：四水硝酸钙 786 mg/L、硝酸钾 341 mg/L、硝酸铵 20 mg/L、磷酸二氢钾 204 mg/L、七水硫酸镁 185 mg/L。以非洲玫瑰为主，也可通用。

八、营养液的配制

（一）营养液配制的原则

配制营养液一般有两种，一种是浓缩贮备液（母液），一种是工作营养液（栽培营养液）。母液稀释成工作营养液，工作营养液是直接用于生产的。营养液配制总的原则是确保在配制后和使用时营养液都不会产生沉淀，又方便存放和使用。

1. 母液的配制

为了营养液存放、使用方便，一般先配制浓缩的母液，使用时再稀释。但是母液不能过浓，否则化合物可能会过饱和而析出且配制时溶解慢。因为每种配方都含有相互之间会产生难溶性物质的化合物，这些化合物在浓度高时更会产生难溶性的物质。因此一般母液分三类或更多类配制。最好存放在有色容器中放在荫凉处。

（1）A 母液。以钙盐为中心，凡不与钙作用产生沉淀的化合物在一起配制，一般包括 $Ca(NO_3)_2$、KNO_3，浓缩 100～200 倍。

（2）B母液。以磷酸盐为中心，凡不与磷酸根产生沉淀的化合物在一起配制，一般包括 $NH_4H_2PO_4$、$MgSO_4$，浓缩100~200倍。

（3）C母液。由铁和微量元素在一起配制而成。微量元素用量少，浓缩倍数可较高浓缩倍数1 000~3 000倍。

2. 工作营养液的配制

可利用母液稀释而成，也可直接配制。为了防止沉淀，首先在贮液池中加入大约配制营养液体积 1/2~2/3 的清水，然后按顺序一种一种的放入所需数量的母液或化合物，不断搅拌或循环营养液，使其溶解后再放入另外一种。

3. 酸液

为调节母液酸度需配制酸液，浓度为10%，单独存放。

（二）营养液浓度的表示方法

（1）化合物重量/升[(g/L，mg/L)]，这种方法可以直接称量化合物进行营养液配制，通常称为工作浓度或操作浓度，单位为 1 mg/L、1 μg/L、1 μl/L。

（2）元素重量/升[(g/L，mg/L)]，这种方法不能直接用来配制营养液，必须换算成某种化合物才能应用。但是它可以用来与其他配方进行比较。

（3）摩尔/升(mol/L)，由于营养液的浓度较低，用摩尔浓度或毫摩尔浓度表示更合适。这种方法也不能直接用来配制营养液。

（4）电导率（EC），是指单位距离的溶液其导电能力的大小，国际上通常以毫西门子/厘米（ms/cm）或微西门子/厘米（μs/cm）来表示。在一定浓度范围内，溶液的含盐量与电导率呈正相关，含盐量越高，溶液的电导率越大，渗透压也越大。因此电导率能反映出溶液中的盐分含量多少，但是不能反映出溶液中各种元素的浓度。电导率可以用电导仪测定，简单快捷，是生产上常用的检测营养液总浓度（盐分）的方法。

（5）渗透压，用 Pa 表示，可以用渗透计法、蒸气压法、冰点下降法测量，但是使用并不方便。

（三）营养液配方浓度的计算方法

以斯泰纳通用配方为例计算：

浓度单位	N	P	K	Ca	Mg	S
mg/L	168	31	273	180	48	11.2
mmol/L	12	1	7	4.5	2	3.5
mN/L	12	3	7	9	4	7

1. 根据元素的 mg/L 数按比例计算法

首先从需要量较大的钙开始计算，然后再计算与硝酸钙有关的其他元素，一般是计算氮，然后计算磷、钾，最后计算镁，因为镁化合物与其他元素不相互影响。

配方中钙的浓度为每升水含180 mg钙，如果用 $Ca(NO_3)_2$ 作为钙盐，$Ca(NO_3)_2$ 的分子量为 164，而在 164 mg 硝酸钙中含有 40 mg 钙。按比例法计算为：

$$40:164 = 180:x \qquad x = (164 \times 180)/40 = 738（mg/L）$$

因为　　　$Ca(NO_3)_2$ 的纯度为90%

所以　　　$Ca(NO_3)_2$ 的实际用量为：738 mg ÷ 90% = 820（mg/L）

然后计算 820 mg 硝酸钙中能提供的氮素量含量，以此类推就可以计算出配方中各种元素相应的化合物的用量。结果为：

$Ca(NO_3)_2$　　　820 mg/L；　　　　　　K_2SO_4　　　290 mg/L；

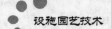

KNO₃   319 mg/L;   MgSO₄   526 mg/L;

KH_2PO_4 139 mg/L。

2. 配方计算方法

与按比例计算的原理相同，只是先计算 1 mg/L 元素所需化合物的量，然后乘以配方中各元素的量，即为所需元素相应的化合物的用量。还可将计算好的 1 mg/L 元素所需化合物的用量列表，然后查表计算。

3. 毫摩尔计算法

利用化合物配平的方法列表计算，如下所列：

配平结果	配方	N	P	K	Ca	Mg	S
化合物	mmol/L	12	1	7	4.5	2	3.5
Ca(NO₃)₂	4.5	9					
KNO₃	3	3		3			
KH₂PO₄	1		1	1			
K₂SO₄	1.5			3			1.5
MgSO₄	2					2	

用配平结果的摩尔数乘以化合物的分子量，计算得到各元素所用化合物用量如下：

Ca(NO₃)₂ $4.5 \times 164 \div 90\% = 820$（mg/L）

KNO₃ $3 \times 101 \div 95\% = 319$（mg/L）

KH₂PO₄ $1 \times 136 \div 93\% = 139$（mg/L）

K₂SO₄ $1.5 \times 174 \div 90\% = 290$（mg/L）

MgSO₄ $2 \times 120 \div 0.45 = 533$（mg/L）

评估（Evaluate）

完成了本节学习，通过下面的练习检查自己掌握程度：

1. 简述蔬菜基质穴盘育苗生产的主要流程。

2. 简述营养液栽培中的注意事项。

子任务三　嫁接育苗技术

一、嫁接的意义及现状

嫁接苗较自根苗能增强抗病性、抗逆性和肥水吸收性能，从而提高作物产量和品质。它在世界各国果树栽培中应用较普遍，本节主要讨论蔬菜嫁接育苗，果树嫁接育苗不做讨论。目前，在欧洲，50%以上的黄瓜和甜瓜采用嫁接栽培。在日本和韩国，不论是大田栽培还是温室栽培，应用嫁接苗已成为瓜类和茄果类蔬菜高产稳产的重要技术措施，成为克服蔬菜连作障碍的主要手段，西瓜嫁接栽培比例超过 95%，温室黄瓜占 70%～85%，保护地或露地栽培番茄也正逐步推广应用嫁接苗，并且嫁接目的多样化。

蔬菜嫁接主要集中于耕地面积小、保护地栽培面积大、轮作不便、连作障碍严重和需要精耕细作的国家。美国等一些国家耕地面积大，集约化程度相对较低，借助轮作可以解决连作障碍，向规模化、工厂化的商品性育苗型发展，幼苗嫁接的方法也发生了很大的变革，不仅要求嫁接的成活率要高，而且还要求嫁接的速度要快，以提高劳动生产率。因此，一些传统的嫁接方法在规模化育苗的手工嫁接时虽仍在采用，但也正向着简化工序、提高效率的方向发展。在日本、荷兰等发达国家，蔬菜幼苗嫁接的操作已逐渐被机械（智能化机器人）所代替，比手工嫁接能提高工效几十倍。

二、嫁接的主要方法

（一）靠接

适用于黄瓜、甜瓜、西瓜、西葫芦、苦瓜等蔬菜，尤其是应用胚轴较细的砧木嫁接，以黄瓜、甜瓜应用较多。嫁接适期为：砧木子叶全展，第一片真叶显露；接穗第一片真叶始露至半展。嫁接过早，幼苗太小操作不方便；嫁接过晚，成活率低。砧穗幼苗下胚轴长度 5～6 cm 利于操作。

通常，黄瓜比南瓜早播 2～5 d，黄瓜播种后 10～12 d 嫁接；西瓜比瓠瓜早播 3～10 d，比新土佐南瓜砧早播 5～6 d，前者出土后播种后者；甜瓜比南瓜早播 5～7 d，若采用甜瓜共砧需同时播种。幼苗生长过程中保持较高的苗床温湿度有利于下胚轴伸长，同时注意保持幼苗清洁，减少沙粒、灰尘污染。嫁接前适当控苗使其生长健壮。

嫁接时首先将砧木苗和接穗苗的基质喷湿，从育苗盘中挖出后用湿布覆盖，防止萎蔫。取接穗，在子叶下部 1～1.5 cm 处成 15°～20° 向上斜切一刀，深度达胚轴直径 3/5～2/3；去除砧木生长点和真叶，在其子叶节下 0.5～1 cm 处成 20°～30° 向下斜切一刀，深度达胚轴直径 2/3，砧木、接穗切口长度 0.6～0.8 cm。最后将砧木和接穗的切口相互套插在一起，用专用嫁接夹固定或用塑料条带绑缚。将砧穗复合体栽入营养钵中，保持两者根茎距离 1～2 cm，以利于成活后断茎去根。

靠接苗易管理，成活率高，生长整齐，操作容易。但此法嫁接速度慢，接口需要固定物，并且增加了成活后断茎去根工序；接口位置低，易受土壤污染和发生不定根，幼苗搬运和田间管理时接口部位易脱离。采用靠接要注意两点：① 南瓜幼苗下胚轴是一中空管状体，髓腔上部小、下部大，所以南瓜苗龄不宜太大，切口部位应靠近胚轴上部，砧穗切口深度、长度要合适。切口太浅，砧木与接穗结合面小，砧穗结合不牢固，养分输送不畅，易形成僵化幼苗，成活困难；切口太深，砧木茎易折断。② 接口和断根部位不能太低，以防栽植时被基质或土壤掩埋再生不定根或者髓腔中产生不定根入土，失去嫁接意义。

（二）插接

插接适用于西瓜、黄瓜、甜瓜等蔬菜嫁接，尤其是应用胚轴较粗的砧木种类。接穗子叶全展，砧木子叶展平、第一片真叶显露至初展为嫁接适宜时期。根据育苗季节与环境，南瓜砧木比黄瓜早播 2～5 d，黄瓜播种后 7～8 d 嫁接；瓠瓜比西瓜早播 5～10 d，即瓠瓜出苗后播种西瓜；南瓜比西瓜早播 2～5 d，西瓜播后 7～8 d 嫁接；共砧同时播种。育苗过程中根据砧穗生长状况调节苗床温湿度，促使幼茎粗壮，砧穗同时达到嫁接适期。砧木胚轴过细时可提前 2～3 d 摘除其生长点，促其增粗。

嫁接时首先喷湿接穗、砧木苗钵（盘）内基质，取出接穗苗，用水洗净根部放入白瓷盘，湿布覆盖保湿。砧木苗无须挖出，直接摆放在操作台上，用竹签剔除其真叶和生长点。去除真叶和生长点要求干净彻底，减少再次萌发，并注意不要损伤子叶。左手轻捏砧木苗子叶节，右手持一根宽度与接穗下胚轴粗细相近、前端削尖略扁的光滑竹签，紧贴砧木一片子叶基部内侧向另一片子叶下方斜插，深度 0.5～0.8 cm，竹签尖端在子叶节下 0.3～0.5 cm 出现，但不要穿破胚轴表皮，以手指能感觉到其尖端压力为度。插孔时要避开砧木胚轴的中心空腔，插入迅速准确，竹签暂不拔出。

然后用左手拇指和无名指将接穗两片子叶合拢捏住，食指和中指夹住其根部，右手持刀片在子叶节以下 0.5 cm 处成 30° 向前斜切，切口长度 0.5～0.8 cm，接着从背面再切一刀，角度小于前者，以划破胚轴表皮、切除根部为目的，使下胚轴呈不对称楔形。切削接穗时速度要快，刀口要平、直，并且切口方向与子叶伸展方向平行。拔出砧木上的竹签，将削好的接穗插入砧木小孔中，使两者密接。砧穗子叶伸展方向呈"十"字形，利于见光。插入接穗后用手稍晃动，以感觉比较紧实、不晃动为宜。

插接时，用竹签剔除其真叶和生长点后亦可向下直插，接穗胚轴两侧削口可稍长。直插嫁接容易成活，但往往接穗易由髓腔向下，易生不定根，影响嫁接效果。

插接法砧木苗无须取出，减少嫁接苗栽植和嫁接夹使用等工序，也不用断茎去根，嫁接速度快，操作方便，省工省力；嫁接部位紧靠子叶节，细胞分裂旺盛，维管束集中，愈合速度快，接口牢固，砧穗不易脱裂折断，成活率高；接口位置高，不易再度污染和感染，防病效果好。但插接对嫁接操作熟练程度、嫁接苗龄、成活期管理水平要求严格，技术不熟练时嫁接成活率低，后期生长不良。

（三）劈接

劈接是茄子嫁接采用的主要方法。砧木提前 7 ~ 15 d 播种，托鲁巴姆做砧木则需提前 25 ~ 35 d。砧木、接穗 1 片真叶时进行一次分苗，3 片真叶前后进行第二次分苗，此时可将其栽入营养钵中。砧木和接穗约 5 片真叶时嫁接，接前 5 ~ 6 d 适当控水促使砧穗粗壮，接前 2 d 一次性浇足水分。嫁接时首先将砧木于第二片真叶上方截断，用刀片将茎从中间劈开，劈口长度 1 ~ 2 cm。接着将接穗苗拔出，保留两片真叶和生长点，用锋利刀片将其基部削成楔形，切口长亦为 1 ~ 2 cm，然后将削好的接穗插入砧木劈口中，用夹子固定或用塑料带活结绑缚。番茄劈接时砧木提早 5 ~ 7 d 播种，砧木和接穗约 5 片真叶时嫁接。保留砧木基部第一片真叶切除上部茎，从切口中央向下垂直纵切一刀，深约 1.0 ~ 1.5 cm，接穗于第二片真叶处切断，并将基部削成楔形，切口长度与砧木切缝深度相同，最后将削好的接穗插入砧木切缝中，并使两者密接，加以固定。砧木苗较粗可于子叶节以上切断，然后纵切。劈接法砧穗苗龄均较大，操作简便，容易掌握，嫁接成活率也较高。

（四）适于机械化作业的嫁接方法

机械化嫁接过程中，要解决的重要问题是胚轴或茎的切断，砧木生长点的去除和砧、穗的把持固定方法。平、斜面对接嫁接法是为机械切焖接穗和砧木、去除砧木生长点以及使切断面容易固定接合而创造的新方法，根据机械的嫁接原理不同，砧、穗的把持固定可采用套管、嫁接夹或瞬间接合剂等方法。

1. 套管式嫁接

此法适用于黄瓜、西瓜、番茄、茄子等蔬菜。首先将砧木的胚轴（瓜类）或茎（茄果类在子叶或第一片真叶上方）沿其伸长方向 25° ~ 30° 斜向切断，在切断处套上嫁接专用支持套管，套管上端倾斜面与砧木斜面方向一致。然后，瓜类上端倾斜面与砧木斜面方向一致。然后，瓜类在接穗下胚轴上部、茄果类在子叶（或第一片真叶）上方，按照上述角度斜着切断，沿着与套管倾斜面相一致的方向把接穗插入支持套管，尽量使砧木与接穗的切面很好地压附靠近在一起。嫁接完毕后将幼苗放入驯化设施中保持一定温度和湿度，促进伤口愈合。砧木、接穗子叶刚刚展开，下胚轴长度 4 ~ 5 cm 时为嫁接适宜时期。砧木接穗过大成活率降低；接穗过小，虽不影响成活率，但以后生育迟缓，嫁接操作困难。茄果类幼苗嫁接，砧木、接穗幼苗茎粗不相吻合时，可适当调节嫁接切口处位置，使嫁接切口处的茎粗基本一致。

此法操作简单，嫁接效率高，驯化管理方便，成活率及幼苗质量高，很适于规模化的手工嫁接，也适于机械化作业和工厂化育苗。砧木可直接播于营养钵或穴盘中，无需取出，便于移动运送。

2. 单子叶切除式嫁接

为了提高瓜类幼苗的嫁接成活率，人们还设计出砧木单子叶切除式嫁接法。即将南瓜砧木的子叶保留一片，将另一片和生长点一起斜切掉，再与在胚轴处斜切的黄瓜接穗相接合的嫁接方法。南瓜子叶和生长点位置非常一致，所以把子叶基部支起就能确保把生长点和一片子叶切断。砧、穗的固定采用嫁接夹比较牢固，亦可用瞬间黏合剂（专用）涂于砧木与接穗接合部位周围。此法适于机械化作业，亦可用手工操作。日本井阔农机株式会社已制造出砧木单子叶切除智能嫁接机，由三人同时作业，每小时可嫁接幼苗 550 ~ 800 株，比手工嫁接提高工效 8 ~ 10 倍。

3. 平面嫁接

平面智能机嫁接法是由日本小松株式会社研制成功的全自动式智能嫁接机完成的嫁接方法，本嫁接机要求砧木、接穗的穴盘均为 128 穴。嫁接机的作业过程，首先，有一台砧木预切机，将用穴盘培育的砧木在穴盘行进中从子叶以下切除上部茎叶。然后,将切除了砧木上部的穴盘与接穗的穴盘同时放在全自动式智能嫁接机的传送带上,嫁接的作业由机械自动完成。砧木穴盘与接穗穴盘在嫁接机的传送带上同速行至作业处停住,一侧伸出一机器手把砧木穴盘中的一行砧木夹住,同时,切刀在贴近机器手面处重新切一次,使其露出新的切口;紧接着另一侧的机器手把接穗穴盘中的一行接穗夹住从下面切下,并迅速移至砧木之上将两切口平面对接,然后从喷头喷出的黏合剂将接口包住,再喷上一层硬化剂把砧木、接穗固定。

此法完全是智能机械化作业,嫁接效率高,每小时可嫁接 1 000 株;驯化管理方便,成活率及幼苗质量高;由于是对接固定,砧木、接穗的胚轴或茎粗度稍有差异不会影响其成活率;砧木在穴盘中无需取出,便于移动运送。平面智能机嫁接法适于子叶展开的黄瓜、西瓜和一到两片真叶的番茄、茄子。

三、蔬菜嫁接苗的生理特点及管理

(一)嫁接成活机理及影响因素

嫁接的基本原理是通过嫁接使砧木和接穗形成一个整体。砧木和接穗切口处细胞由于受刀伤刺激,两者的形成层和薄壁细胞组织开始旺盛分裂,从而在接口部位产生愈伤组织,将砧木和接穗结合在一起。与此同时,两者切口处输导组织相邻细胞也进行分化形成同型组织,使上下输导组织相连通而构成一个完整个体。这样砧木根系吸收的水分、矿质营养及合成的物质可通过输导组织运送到地上部,接穗光合同化产物也可以通过输导组织运送到地下部,以满足嫁接后植株正常生长的需要。尽管嫁接愈合时间因作物种类、年龄、嫁接方法和时期而不同,但砧木与接穗的愈合过程却基本相同。Moor(1984)将整个愈合过程的细胞学变化分为五个阶段:切断面形成坏死层;细胞质活化导致高尔基体累积与砧穗间密接;愈伤组织形成,坏死层消失;砧穗间出现维管束分化;嫁接愈合和成活。

嫁接后砧木与接穗接合部愈合,植株外观完整,内部组织联结紧密,水分养分畅通无阻,幼苗生育正常则为嫁接成活。

影响嫁接成活率的主要因素包括以下几个。

(1)嫁接亲和力

嫁接亲和力即砧木与接穗嫁接后正常愈合和生长发育的能力,这是嫁接成活与否的决定性因素,亲和力高的嫁接后容易成活,反之则不易成活。嫁接亲和力高低往往与砧木和接穗亲缘关系远近密切相关,亲缘关系近者亲和力较高,亲缘关系远者亲和力较低,甚至不亲和。也有亲缘关系较远而亲和力较高的特殊情况。

(2)砧木与接穗的生活力

这是影响嫁接成活率的直接因素。幼苗生长健壮,发育良好,生活力强者嫁接后容易成活,成活后生育状况也好;病弱苗、徒长苗生活力弱,嫁接后不易成活。

(3)环境条件

光照、温度、湿度等均是影响嫁接成活率的重要因素。嫁接过程和嫁接后管理过程中温度太低,湿度太小,遮光太重或持续时间过长均会影响愈伤组织形成和伤口愈合,降低成活率。

(4)嫁接技术及嫁接后管理水平

适宜嫁接时期内苗龄越小,可塑性越大,越有利于伤口愈合。瓜类蔬菜苗龄过大胚轴中空,苗龄过小操作不便,均不利于嫁接和成活。嫁接过程中砧木和接穗均需要一定切口长度,砧穗结合面宽大且两者形成层密接有利于愈伤组织形成和嫁接成活,同时操作过程中手要稳,刀要利,削面要平,切口吻合要好。此外,嫁接愈合期管理工作也至关重要,嫁接成活率也受人为因素影响。

(二)嫁接后管理

1. 愈合期管理

蔬菜嫁接后,对于亲和力强的嫁接组合,从砧木与接穗结合、愈伤组织增长融合,到维管束分化形成约需 10 d 左右。高温、高湿、中等强度光照条件下愈合速度快，成苗率高，因此加强该阶段的管理有利于促进伤口愈合，提高嫁接成活率。研究表明，嫁接愈合过程是一个物质和能量的消耗进程，二氧化碳施肥、叶面喷葡萄糖溶液、接口用促进生长的激素（NAA、KT）处理等措施均有利于提高嫁接成活率。

（1）光强

嫁接愈合过程中，前期应尽量避免阳光直射，以减少叶片蒸腾，防止幼苗失水萎蔫，但要注意让幼苗见散射光。嫁接后 2 ~ 3 d 内适当用遮阳网、草帘、苇帘或沾有泥土的废旧薄膜遮阳，光强 4 000 ~ 5 000 1x 为宜；3 d 后早晚不再遮阳，只在中午光照较强一段时间临时遮阳，再以后临时遮光时间逐渐缩短；7 ~ 8 d 后去除遮阳物，全日见光。

（2）温度

嫁接后保持较常规育苗稍高的温度可以加快愈合进程。黄瓜刚刚完成嫁接后提高地温到 22 ℃ 以上，气温白天 25 ~ 28 ℃，夜间 18 ~ 20 ℃，高于 30 ℃ 时适当遮光降温；西瓜和甜瓜气温白天 25 ~ 30 ℃，夜间 23 ℃，地温 25 ℃ 左右；番茄白天 23 ~ 28 ℃，夜间 18 ~ 20 ℃；茄子嫁接后前 3 d 气温要提高到 28 ~ 30 ℃。为了保证嫁接初期温度适宜，冬季低温条件下温室内要有加温设备，无加温设备时采用电热温床育苗为好。嫁接后 3 ~ 7 d，随通风量的增加降低温度 2 ~ 3 ℃。一周后叶片恢复生长，说明接口已经愈合，开始进入正常温度管理。

（3）湿度

将接穗水分蒸腾减少到最低限度是提高嫁接成活率的决定性因素之一。每株幼苗完成嫁接后立即将基质浇透水，随嫁接随将幼苗放入已充分浇湿的小拱棚中，用薄膜覆盖保湿，嫁接完毕后将四周封严。前 3 d 相对湿度最好在 90% ~ 95%，每日上下午各喷雾 1 ~ 2 次，保持高湿状态，薄膜上布满露滴为宜。喷水时喷头朝上，喷至膜面上最好，避免直接喷洒嫁接部位引起接口腐烂，倘若在薄膜下衬一层湿透的无纺布则保湿效果更好。4 ~ 6 d 内相对湿度可稍微降低，85% ~ 90% 为宜，一般只在中午前后喷雾。嫁接一周后转入正常管理，断根插接幼苗保温保湿时间适当延长以促进发根，为了减少病原菌侵染，提高幼苗抗病性，促进伤口愈合，喷雾时可配合喷洒丰产素或杀菌剂。

（4）通风

嫁接后前 3 d 一般不通风，保温保湿，断根插接幼苗高温高湿下易发病，每日可进行两次换气，但换气后需再次喷雾并密闭保湿。3 d 以后视作物种类和幼苗长势早晚通小风，再以后通风口逐渐加大，通风时间逐渐延长。10 d 左右幼苗成活后去除薄膜，进入常规管理。

2. 成活后管理

嫁接苗成活后的环境调控与普通育苗基本一致，但结合嫁接苗自身特点需要做好以下几项工作。

（1）断根

嫁接育苗主要利用砧木的根系。采用靠接等方法嫁接的幼苗仍保留接穗的完整根系，待其成活以后，要在靠近接口部位下方将接穗胚轴或茎剪断，一般下午进行较好。刚刚断根的嫁接苗若中午出现萎蔫可临时遮阳。断根前一天最好先用手将接穗胚轴或茎的下部捏几下，破坏其维管束，这样断根之后更容易缓苗。断根部位尽量上靠接口处，以防止与土壤接触重生不定根引起病原菌侵染失去嫁接防病意义。为避免切断的两部分重新接合，可将接穗带根下胚轴再切去一段或直接拔除。断根后 2 ~ 4 d 去掉嫁接夹等束缚物，对于接口处生出的不定根及时检查去除。

（2）去萌蘖

砧木嫁接时去掉其生长点和真叶，但幼苗成活和生长过程中会有萌蘖发生，在较高温度和湿度条件下生长迅速，一方面与接穗争夺养分，影响愈合成活速度和幼苗生长发育；另一方面会影响接穗的果实品质，失去商品价值。所以，从通风开始就要及时检查和清除所有砧木发生的萌蘖，保证接穗顺利生长。番茄、茄子嫁接成活后还要及时摘心或去除砧木的真叶及子叶。

（3）其他

幼苗成活后及时检查，除去未成活的嫁接苗，成活嫁接苗分级管理。对成活稍差的幼苗以促为主，成活好的幼苗进入正常管理。随幼苗生长逐渐拉大苗距，避免相互遮阳，苗床应保证良好的光照、温度、湿度，以促进幼苗生长。番茄嫁接苗容易倒伏，应立杆或支架绑缚。幼苗定植前注意炼苗。

 # 行动（Action）

活动一　黄瓜嫁接育苗技术操作规程

利用黑籽南瓜或南砧 1 号作砧木培育嫁接苗，在棚室黄瓜生产上具有特别重要的意义。一是能避免发生镰刀菌枯萎病等土传病害；二是嫁接的黄瓜植株生长势强，耐寒、耐热、抗病等抗逆性和适应性增强；三是嫁接的黄瓜高产性强，一般增产 30%。

一、嫁接方法

黄瓜嫁接育苗主要采用靠接法。靠接法也称舌接法，是将接穗与砧木苗在子叶下切口舌接而成，接好后去掉砧木顶芽，同栽于一营养钵内，各自利用根系吸收养分，待嫁接苗成活后切断接穗根系，即成为嫁接苗。

具体操作按以下程序进行：

（一）苗床设置

嫁接黄瓜要设置 3 个苗床：一个是黄瓜播种苗床，一个是南瓜播种苗床，另一个是栽植嫁接苗的苗床。黄瓜苗床和南瓜苗床都按东西向建成宽 120 cm、高出地面 7 cm 的两个畦。黄瓜苗床最好建在棚室入口处，以利于通风炼苗。南瓜苗需高温，苗床宜建在棚室里边。嫁接苗栽植床按南北向建成宽 120 ~ 200 cm、高出地面 7 cm 左右的畦。3 个苗床的营养土要以 3 份肥沃的园田土与 1 份腐熟的圈粪混合拌匀，每立方米营养土中再掺上 400 ~ 500 g 尿素和 5 ~ 6 kg 草木灰，然后过筛运入棚室内做畦建床。

（二）种子处理

将黄瓜种子放入 55 ℃ 的水中浸种。浸种时要不停地搅拌，一直搅拌到水温降至 25 ℃，用手搓掉种子表面的黏液，再换上 25 ℃ 的温水浸泡 6 h。然后捞出种子置于干净的、用开水烫过的纱布中且外包一层地膜，放到 25 ℃ 左右的环境中催芽 1 ~ 2 d，待 70% 的种子露白芽后即可播种。

南瓜的浸种方法与黄瓜基本相同，不同之处是南瓜浸种的时间要比黄瓜推迟 5 ~ 6 d。其浸种的水温可以提高到 75 ℃ 左右，用水量一般为种子量的 3 倍；种子倒入热水中后一直搅拌到水温降至 30 ℃ 时为止；搓掉种皮上的黏液，再换上 25 ℃ 的温水浸泡 10 ~ 12 h；催芽的温度为 25 ~ 30 ℃，一般 36 h 即可露芽；也可不经催芽阶段，浸泡结束后直接播种。

（三）错期播种

不同的嫁接方法要求的适宜苗龄不同。黄瓜出苗后生长速度慢，黑籽南瓜生长快，要使两种苗同一时间达到适宜嫁接的标准，就要错开播种期。靠接法要先播种黄瓜，黄瓜播种后 5 ~ 7 d，再播种南瓜，这样可使两种苗子茎粗相似，易于嫁接，成活率高。

（四）出苗期管理和嫁接时间

黄瓜出齐苗后要适当通风炼苗。待南瓜苗的子叶展开，第一片真叶初露时；黄瓜苗的子叶由黄变绿，完全展开，第二片真叶微露时，这时为靠接的最佳时机。

（五）靠接的技术要点

用竹签将两种苗都取出，以南瓜苗作砧木，先将南瓜苗的顶心剔除（用竹签的尖端剔），用刮脸刀

片从子叶节下方 1 cm 处，自上向下成 45° 角下刀，斜割的深度为茎粗的一半，最多不超过 2/3，割后将茎轻轻握于左手。再取黄瓜苗从子叶节下部 1.5 cm 处，自下而上成 45° 角下刀，向上斜割幼茎的一半深，然后将两种苗对挂住切口，立即用嫁接夹夹上，随后栽入嫁接苗床。嫁接时要注意以下几点：① 苗子起出后要用清水冲掉根系上的泥土；② 嫁接速度要快，切口要镶嵌准；③ 嫁接好的苗子要立即进行栽植，刀口处一定不能沾上泥土，并要把黄瓜茎的一边朝向北边；④ 边栽植边盖上小拱棚塑料膜和覆盖遮阴物，以及时保温、保湿和遮阴。

（六）靠接的栽植方法

用小木棍或小铁铲在育嫁接苗的苗床，按东西方向 10 cm 行距划出 5 cm 深的沟，浇透水。水渗到 2/3 时，按株距 10 cm 将嫁接苗的两条根轻轻按入泥土中，用土把沟填平。边栽植，边盖拱棚，在棚顶部放草帘子遮阴。

二、嫁接后的苗床管理

（一）温度管理

适于黄瓜接口愈合的温度为 25 ℃。如果温度过低，接口愈合慢，影响成活率；如果温度过高，则易导致嫁接苗失水萎蔫。因此嫁接后一定要控制好秧苗温度。一般嫁接后 3～5 d 内的温度为白天 24～26 ℃，不超过 27 ℃；夜间 18～20 ℃，不低于 15 ℃。3～5 d 以后开始通风降温，白天可降至 22～24 ℃，夜间可降至 12～15 ℃。

（二）湿度管理

嫁接苗床的空气湿度较低，接穗易失水萎蔫，会严重影响嫁接苗的成活率。因此，嫁接后 3～5 d 内，苗床的湿度应控制在 85%～95%。

（三）遮阳

遮阳的目的是防止高温和保持苗床的湿度。遮阳的方法是在小拱棚的外面覆盖稀疏的草帘，避免阳光直接照射秧苗而引起秧苗凋萎，夜间还起保温作用。一般嫁接后 2～3 d 内，可在早晚揭掉草帘接受散射光，以后要逐渐增加光照时间，1 周后不再遮光。

（四）通风

嫁接 3～5 d 后，嫁接苗开始生长时，可开始通风。初通风时通风量要小，以后逐渐增大通风量，通风的时间也随之逐渐延长，一般 9～10 d 后可进行大通风。若发现秧苗萎蔫，应及时遮阴喷水，停止通风，避免通风过急或时间过长造成损失。

（五）接穗断根

在嫁接苗栽植 10～11 d 后，即可给黄瓜断根。用刀片割断黄瓜根部上的幼茎，并随即拔出黄瓜根。断根 5 d 左右，黄瓜接穗长到 4～5 片真叶时，可以定植。

活动二　简述西瓜嫁接育苗技术要点

西瓜规模化栽培中，连作障碍致使枯萎病等土传病害流行，严重影响了西瓜产业的可持续发展。西瓜嫁接育苗技术是克服土传病害最为有效的手段。

一、选用砧木和西瓜品种

选用抗西瓜枯萎病及其他病害、与接穗西瓜亲和力强、嫁接成活率高、嫁接苗能顺利生长和正常结果且对果实品质无不良影响、嫁接时操作便利等性状的砧木，如葫芦、瓠瓜等作西瓜嫁接专用的优质砧木品种；早熟西瓜可选用早佳、京欣 1 号、抗裂京欣 1 号等品种，中熟品种可选用庆红宝、金钟冠龙等。

二、嫁接育苗

（一）嫁接前营养土配制

将多年未种过瓜的无病菌田土和腐熟的厩肥或堆肥，按 2∶1 的比例混合均匀，过筛后装入营养钵中或育苗杯内。

（二）播种砧木和接穗

嫁接栽培西瓜的播种期比常规栽培提早 5~7 d，插接法先播砧木种子，5~7 d 后或砧木苗出土时西瓜种子浸种催芽播种。砧木播在营养钵内，一钵一粒，西瓜种子可播在育苗盘中，一穴一粒。早春嫁接育苗宜在大棚内进行，并配备加温设施。提倡小苗嫁接，接穗西瓜苗子叶出壳、转为绿色后，砧木苗第一片真叶出现到完全展开为嫁接适期。

（三）嫁接

西瓜嫁接多采用插接法。插接法操作步骤：嫁接前用 600 倍的多菌灵溶液对砧木、接穗及周围环境进行消毒，苗床浇透水。嫁接用竹签，两端渐尖，较砧木胚轴稍细。把砧木苗的生长点剪除，然后在切口处下戳一深约 0.5 cm 的孔。为避免插入胚轴髓腔，插孔稍偏一侧，深度以不戳破下胚轴表皮、从外面隐约可见竹签为宜。再取接穗，左手握住接穗的两片子叶，右手用刀片在离子叶节 0.3~0.5 cm 处由子叶端向根端削成楔形，削面长约 0.5 cm 左右，然后左手扶砧木，右手取出竹签，并把接穗插入砧木孔中，使砧木与接穗切面紧密吻合，同时使砧木与接穗子叶成"十字形"，插入深度以削口与砧木插孔平为度。如砧木与接穗苗大小适宜，嫁接技术熟练，一般不需固定。嫁接后及时将苗移入小拱棚内，并盖好薄膜和遮阳网。

三、嫁接苗管理

（一）湿度

嫁接好的苗立即移入小拱棚内，此时棚内湿度要求达到饱和状，小棚膜面出现水珠，2~3 d 不通风。4~5 d 后要防止接穗萎蔫，并使之逐渐接触外界条件，在上午 9 时或下午 3~4 时棚内湿度较高时开始短时间通风换气，以后逐渐增加通风量和通风时间，降低小棚内的空气湿度。嫁接成活后即可转入正常的湿度管理。刚嫁接后如接穗出现凋萎，可用喷雾器喷与室温相同的水。

（二）温度

刚嫁接时以白天 26~28 ℃、夜间 24~25 ℃为宜。若晴天小拱棚内的温度上升到 30 ℃以上，夜间降到 15 ℃以下，而白天又不能采用通风降温，可用遮阳网等遮盖降温，夜间可用电热线加温。嫁接 4~5 d 后开始通风换气进行降温，以后随着日数的增加、接口的愈合，可转入一般苗床的温度管理。嫁接 7 d 后，白天气温 23~24 ℃，夜间 18~20 ℃，地温保持 22~24 ℃。以后要降低夜间的气温和地温，嫁接苗移栽前 7 d 白天气温保持 23~24 ℃，夜间温度降至 15~13 ℃。

（三）光照

嫁接后要避免阳光直射苗床，在小拱棚外面覆盖遮阳网等覆盖物，嫁接当天和次日必须严密遮光，第三天早晚除去覆盖物，见弱光 30~40 min。以后逐渐延长光照时间，7 d 后只在中午遮光，10 d 后恢复一般苗床管理。遮光时应注意天气情况，阴雨天少遮光或不遮光。

（四）抹芽

成活后，发现砧木出现萌芽要及时摘除，注意不要伤及接穗和砧木子叶。

（五）施肥

嫁接苗成活后追一次肥，用 0.2%～0.3% 尿素溶液或 0.2%～0.3% 磷酸二氢钾溶液叶面喷施。

 ## 评估（Evaluate）

完成了本节学习，通过下面的练习检查掌握程度：
1. 简述嫁接育苗技术的应用范围。
2. 简述嫁接育苗技术的技术要点。

附件 3-3-1　嫁接育苗技术问答

一、什么是嫁接育苗？

嫁接是切取植物的枝或芽作接穗，接在另一植株的茎干或根（叫砧木）上，使之愈合成活为一个独立的植株。用这种方法培育的苗木叫嫁接苗。嫁接苗长出的树，它的根系和树冠是分别由砧木和接穗发育起来的，因而，兼有二者的遗传特性。接穗是培育目的树种和品种。嫁接苗接穗与砧木的组合十分重要，必须选配适当。砧穗组合常以"穗/砧"表示，例如，毛白杨/加杨，表示嫁接在加拿大杨上的毛白杨苗。

二、嫁接育苗有什么特点？

嫁接苗具有以下特点：

（一）根系具有砧木植株的遗传特性

嫁接苗既可以通过选择适宜的砧木种类，增强嫁接树对环境条件的适应性，如抗旱、耐涝、耐盐碱性等，又可以利用砧木的乔化或矮化特性，控制树体的大小。

（二）树干与树冠是母株营养器官生长发育的延续

嫁接苗的树干与树冠是接穗母株生长发育的延续，因此，既能较早结保持其母株的特性，遗传性比较稳定，一般不会像实生苗那样容易产生性状分离现象。所以，建立林木种子园，果树和经济林栽培以及观赏植物的繁殖等，多采用嫁接苗。尤其对于一些用其他营养繁殖方法，如插条等生根比较困难的树种，更适合采用嫁接方法育苗。

三、影响嫁接成活的因素有哪些？

（一）亲和力

亲和力是砧木与接穗双方嫁接能否良好愈合成为一个新植株，且正常生长发育的能力。亲和力与砧木和接穗树种之间的亲缘关系相关。一般地说，亲缘关系愈近的树种之间亲和力也愈强。如同品种或同种间嫁接亲和力最好，叫本砧嫁接，像油松接于油松。同属不同种之间嫁接也较亲和，像苹果接于海棠。不同属之间的树木嫁接就比较困难，不同科之间的树种嫁接就更困难了。

（二）树木的内含物和分泌物

砧木或接穗树种若具有某种特殊的内含物质或分泌物质会影响嫁接愈合成活。例如核桃内含单宁物质，核桃还有伤流，松树类分泌有松脂，这些物质均对砧穗的愈合成活有影响，需要采取一定的措施才能提高嫁接成活率。

（三）砧木与接穗产生愈合组织的能力

对于有亲和力的树种，嫁接之所以成活，是因为植物受到创伤后，其形成层细胞具有产生愈合组织的能力（形成层是介于树木干茎的木质部与韧皮部之间，再生力很强的薄壁细胞层）。砧木和接穗自身产生愈合组织的能力，以及二者接口处形成层相互密接程度，直接影响嫁接的成活率。

（四）温度

砧穗产生愈合组织需要一定的温度，一般树种需 20～25 ℃。田间嫁接宜在砧木形成层细胞分裂最活跃的时期，即茎干加粗生长的时期进行，但在生产上，往往在穗条贮藏中因难以控制芽的萌动，而嫁接时间略有提前，一般树种枝接，春季在砧木树液开始流动时即可嫁接。

（五）嫁接技术

嫁接的各个技术环节操作质量的好坏，直接影响嫁接成活率。

四、怎样选择嫁接砧木？

砧木对嫁接树的生长有重要影响，选择不当，将给生产造成不良后果。在选择砧木时，应注意以下各点：一要与培育目的树种（接穗）有良好的亲和力；二要适应栽培地区的环境条件；三要对栽培目的树种或品种的生长发育无不良影响；四要具有符合栽培要求的特殊性状，如矮化或抗某种病虫害等；五要容易繁殖。

五、怎样选择接穗？

要从栽培目的树种和品种中，选择生长发育健壮、无检疫病虫害的优良植株采穗条。如培育果树嫁接苗，必须从营养繁殖的成年树或采穗圃中的树上采条，因为无性繁殖能保持母树的优良性。

六、接穗贮运应注意哪些问题？

穗条在贮藏运输过程中，必须注意保持湿度和适宜的温度，防止失水、发霉和萌芽，确保枝芽有良好的生命力。

在生长季节里采集的穗条，应随采随用，如短期贮放可置于阴凉的地窖内，穗条基部浸于有水的容器中，或立刻用湿沙土培好。休眠期采集的接穗，短期贮藏可置于地窖中，方法同上。若越冬贮藏，可用室外沟藏，方法与贮藏插条育苗的穗条相同；也可贮放在水果冷藏库中。如在冷库中贮藏，最好将穗条蜡封，贮放枝条可仅蜡封其基部；若贮存已截制好的接穗枝段，则要将其全面蜡封。蜡封接穗有利于保持穗枝的质量，延长贮藏期；嫁接后防止失水，提高嫁接成活率。

穗条的运输包装方法和要求，与插条育苗相同，关键在于保鲜，保持穗条的生命力。

七、常用的嫁接方法有哪些？

常用的嫁接方法有六种：芽接、枝接、根接、子苗砧嫁接、培育中间砧苗的嫁接方法（包括连续芽接法、芽接枝接法、二重枝（芽）接法）和嫁接插条育苗法。

八、芽接有哪几种方法？

芽接是从接穗枝条上取芽（称接芽），嫁接在砧木上，使其成活萌发为新植株的嫁接方法。芽接穗枝多取用当年生枝的新生芽，随接随采，并立即剪去叶片，保鲜保存。但若采用带木质芽接，可用休眠期采集的一年生枝的芽。芽接节省接穗，1 个芽即可嫁接发育成 1 株嫁接苗；嫁接技术简单，容易掌握，工效高；愈合较快，接合牢固；嫁接时期长，在整个生长季节都可进行，但以砧木皮层容易剥离时最好；接芽不成活的可以及时补接，能保证单位面积的嫁接苗产量。

芽接有"T"形芽接、芽块状芽接、带木质嵌芽接、套芽接等四种。

九、枝接常用哪几种方法？

枝接是用枝条截制成接穗进行嫁接的方法。接穗的长短，依不同树种节间的长短而异，一般每枝接穗要带有 2~4 个饱满芽，为节省接穗，也可用单芽枝接。枝接的优点是嫁接苗生长较快，在嫁接时间上不受砧木离皮与否的限制，可早春进行嫁接，嫁接苗当年萌发，秋季可出圃。但不如芽接节省穗条。必须在低温、湿润条件下保存好穗条，保持穗芽处于不萌动状态，才可提高嫁接成活率。采用绿枝嫁接多在新梢停止生长、枝条半木质化时进行。

常用的枝接方法有劈接法、切接法、插皮接法、切腹接法、插皮腹接法、合接与舌接法、髓心形成层对接法、靠接法和绿枝接法。

十、针叶树嫁接适合用哪种嫁接方法？

髓心形成层对接多用于针叶树种的嫁接。春季宜在砧木的芽开始膨胀时进行，夏秋季当新梢木质化时也可进行。

近些年来，将形成层对接加以改进，即在嫁接时就进行剪砧，称为"新对接法"。此法可用于进行地面嫁接（在砧木地面以上 10 cm 左右剪砧），也可用于顶梢嫁接。用于杉木、松树类都有良好效果，并有利于嫁接苗茎干的直立生长。

十一、髓心形成层对接法的技术要点是什么？

取长 10 cm 左右带顶芽的一年生枝作接穗，除保留顶芽以下 10 余束针叶和 2~3 个轮生芽外，其余针叶和芽全部剪除。削穗时，从保留的针叶以下 1 cm 左右入刀，逐渐向下通过髓心平直切削，削面长 5 cm 左右，再于削面背面下短削一小斜面。

砧木利用中干顶梢，在略粗于接穗的部位 6~8 cm 范围内摘掉针叶，然后下刀略带木质部切削接口，削面的长宽皆与接穗削面相当，切开的皮层可保留，也可切掉一部分。将接穗长削面朝里对准形成层插入，用塑料条带绑缚严紧，也可用地膜包裹再用包装绳绑缚。待成活后再从接口以上剪去砧木枝头，并摘掉砧木接口以下轮生枝的芽，以保持接穗萌发枝的生长优势。随着嫁接苗的生长逐渐去掉接口以下的轮生枝。

春季宜在砧木的芽开始膨胀时进行，夏秋季当新梢木质化时也可进行。

十二、怎样进行根接？

根接是用树木的根段作砧木进行枝接的嫁接方法。砧根的粗度以 2~3 cm 为宜，在嫁接方法上可用劈接、切腹接、插皮接等。粗度不同可正接，也可倒接，只要插入时对准形成层并缚紧，成活率都很高。根接的接口一般均埋入土中，绑缚材料最好用容易腐烂的麻绳、马阑等物，可省去成活后的解绑用工。根接可以在室内进行，春季随接随栽植于苗圃。如在休眠期嫁接，接后可植于温室苗床，或在背阴处开沟用湿沙埋藏，翌春栽植于田间。

十三、什么是子苗砧嫁接？

子苗砧嫁接也称芽苗嫁接或子苗嫁接，只适用于核桃、板栗等大粒种子的坚果类树种。是采用种子发芽后叶片将展开时的幼苗作砧木进行枝接的嫁接方法。

十四、什么是培育中间砧苗的嫁接方法？

中间砧是指在一般的实生砧木与栽培品种之间，加接 1 段具有特殊性状的枝段，此枝段称为中间砧。所以中间砧嫁接苗是由基砧（多为实生苗）、中间砧品种的枝段、栽培品种 3 段组成，可表示为：栽培品种/中间砧品种/基砧树种。

十五、什么是芽接插条育苗法？

有些树种，例如白杨等，直接插条育苗生根比较困难，可以借助于插条容易生根的其他杨树，采用嫁接与插条相结合的方法进行繁殖，称为嫁接插条育苗法。就是将此类树种嫁接在与之亲和力较好且插条易生根的杨树枝段上，再用以进行扦插育苗。具体方法有枝接插条法和芽接插条法。

十六、提高嫁接成活率的措施有哪些？

提高嫁接成活率的关键在于以下 3 个方面：

（1）在接穗的采集、贮运过程中（包括砧木的调运及贮藏）要切实搞好保湿、保鲜，防止干萎、发霉和芽萌动，保持其具有良好的生命力。

（2）在嫁接过程中要做到快、平、准、严。即刀具要快（锋利），动作要快，减少接穗削面和砧木接口的晾晒时间；接穗削面要平滑；插入接口时砧穗二者的形成层要对准；接口的包扎绑缚要严紧，并搞好接口及接穗的保湿措施，例如接穗蜡封、套袋、接口培湿土、遮阴等。

（3）掌握和创造有利于形成愈合组织的条件。例如选择适宜的嫁接时间；宜在气温适当及砧木形成层细胞最活跃的时期（粗生长高峰期）嫁接，对温度、湿度要求较高的树种，采用温室嫁接；对某些有伤流的树种如核桃，要在伤流少的时期嫁接，或采取砧木基部切割到木质部放水等措施；对分泌脂类的树种如油松，除避开松脂分泌旺盛时期外，嫁接时要用 30～40 ℃温水浸泡接穗基部，削穗时还要不时用酒精棉球擦去刀具上的松脂。

十七、嫁接苗的管理技术要点？

（一）检查成活

芽接一般 15 d 左右即可检查成活情况。凡芽体和芽片呈新鲜状态，叶柄一触即落的，表示叶柄产生离层，已嫁接成活；凡芽体变黑，叶柄不易掉落的，未接活。对未接活的，应立即补接。枝接未活的，要从砧木萌蘖条中选留 1 健壮枝进行培养，用作补接，其余的均剪除。

（二）除萌蘖

为集中养分供给接口愈合和促进已接活新梢的健壮生长，要随时将砧木上的萌芽和萌蘖条剪除。

（三）解绑带

当确认嫁接已经成活，接口愈合已牢固时，要及时解除绑带，避免因植株增粗绑带缢入皮层，影响生长。芽接一般 20 d 左右即可解除绑带，但对秋季芽接的，不要过早解绑，有利于保护接芽过冬防止干萎。枝接的最好在新梢长到 20 cm 以上时解除绑带。如解绑过早，接口仍有失水的危险而影响成活。对于套塑料袋保湿的，要及时开口通风降温，再逐渐撤除。

（四）剪砧

芽接的接芽成活后，将接芽以上砧木的枝干剪掉，叫做剪砧。夏秋季芽接的，为防止接芽当年萌发，难以越冬；应在第二年春萌芽前剪砧。春夏季早期芽接的可在嫁接时或在接芽成活后立即剪砧。剪砧的剪口宜在接芽以上 0.3～0.5 cm，并稍向芽背面倾斜。剪口过高影响断面愈合，往往形成干桩；过低会伤害接芽，不利萌发和新梢生长。

（五）立支柱

在春季多风害的地区，为防止接活的新梢遭风折，当新梢长到 20～30 cm 时，要立支柱用绳拢缚新梢。也可以分两次剪砧，即在第一次剪砧时，在接口以上留一定长度的茎干，作为活支柱拢缚新梢，等风害季节过后再进行第二次剪砧，从新梢以上剪断。在立支柱时，新梢绑缚不要过紧，稍稍拢住即可。

（六）其他管理

嫁接苗的病虫害防治及施肥、灌水、排涝等，均与其他育苗方法相同。

子任务四　扦插育苗技术

一、扦插育苗（彩图 60，彩图 61，彩图 62）

取植物的部分营养器官插入基质中，在适宜环境下令其生根，然后培育成苗的技术称为扦插育苗。

扦插育苗利于保持种性，节省种子，缩短育苗周期，加快发根速度，提早开花结果，并且可实行多层立体工厂化育苗，因此在多种园艺作物上得到应用。扦插育苗是花卉、果树无性繁殖的主要方法之一，在蔬菜上也有应用。

二、扦插时间

扦插一年四季都可进行，一般多在早春和夏末，此时的自然环境最好。

三、扦插选择

插穗应选择易生根且遗传变异小的部位作为繁殖材料。木质化程度低的植物如秋海棠、常春藤等节间常有气生根，可以剪取有节间的带叶茎段作插穗；木质化程度高的植物可以用硬枝或嫩枝作插穗。还有些植物可以用根做插穗诱导不定芽和不定根。

四、扦插方法

（一）叶插

凡是能自叶上发生不定芽及不定根的种类，均可用叶插法。适合叶插法的花卉应具有粗壮的叶柄、叶脉或肥厚的叶片，如落地生根、石莲花、景天树、虎皮兰等。果树几乎不用叶插。

（二）枝插

枝插又分软枝扦插和硬枝扦插。软枝扦插主要用于温室花卉和常绿花木，如天竺葵、秋海棠类等。硬枝扦插多用于落叶花木，如石榴、月季、木槿、一品红等花卉和果树。

（三）根插

根插主要用于芍药、牡丹、荷包、荷兰菊、宿根福禄考等根上能长不定芽的花卉种类和枝插不易成活的某些果树树种，如枣、柿、核桃等。

（四）扦插基质

扦插基质要求通气、保水、排水性良好，且无病原菌感染，常用的有蛭石、珍珠岩、泥炭、炉渣、沙子、锯末等。复合基质沙子：炉渣 1：1、蛭石：珍珠岩 1：1、泥炭：珍珠岩 1：1、泥炭：蛭石 1：1、泥炭：沙子 1：1 等作为扦插基质效果较好。

五、影响扦插生根的环境因素

（1）光照：扦插后 2～3 d 内应适当遮阴。

（2）温度：多数为 15～25 ℃。

（3）湿度：一周内保持 80%～90% 的空气湿度。

（4）氧气：保持基质 15% 的氧气含量。

行动（Action）

活动一　番茄扦插育苗技术操作规程

番茄扦插育苗是利用番茄侧枝进行无性繁殖的育苗方式。这种育苗方式可以较好地保持品种特性；育苗时间短，一般 15～20 d；结果早，还能节约种子成本。由于番茄扦插育苗结果早，对营养生长抑制较大，加上根系为不定根，植株生长势较弱，容易早衰，栽培上要加强管理，注意在前期补充养分。

一、扦插时间

扦插育苗的时间根据栽培季节而定。露地栽培可于 4 月底至 5 月上旬扦插；大棚秋延后栽培可于 6 月底 7 月初扦插，最迟在 8 月上旬扦插；有日光温室可越冬栽培的于 8 月开始扦插。

二、扦插方式

可选择用营养土扦插或水插的方法来育苗。春季和晚秋采用营养土扦插，以 4～5 月扦插的成活率最高；7～8 月高温高湿季节，苗棚如果没有很好的降温设施，即使覆盖遮阳网，采用营养土扦插也很容易引起插条腐烂，导致育苗失败，因此宜采用室内水插法。

三、插条选择

在生长势好、抗病力强的植株上选择无病、粗壮、叶色深绿、节间短、长 15～20 cm、具有 4～5 节、生长点完好、带花蕾但未开花的侧枝作扦插枝。

四、修剪枝条

将侧枝从基部掰下，去除下部大叶片，保留中上部 3～4 张叶片即可。番茄的节位处最易生根，可切除侧枝第一节位下部的茎秆。

五、扦插

（一）营养土扦插

将 2 份无病虫害、没有种过茄科作物的肥沃园土加 1 份腐熟有机肥混合过筛，喷 200 mg/L 高锰酸钾溶液消毒，每立方米营养土中加过磷酸钙 1 kg、草木灰 5～10 kg 拌匀，装入营养钵中，摆放于苗床上。为促进发根，可将枝条下端 3～4 cm 的部分浸入 50 mg/L 萘乙酸溶液或 100 mg/L 吲哚乙酸溶液中 10 min，或者用 0.3% 磷酸二氢钾和 0.2% 尿素混合液浸泡 2～3 h，之后用清水冲洗。营养钵浇透水后扦插，深度为 3～5 cm，扦插后立即搭小拱棚，覆盖遮阳网，以保温、保湿和遮光。

（二）水插

将 1 g 吲哚乙酸粉剂加入少量酒精溶解，然后加入 5 kg 清水制成生根原液。量取 10 mL 原液倒入 10 kg 清水中即为生根液。取硝酸钾 10.2 g、硝酸钙 4.9 g、磷酸二氢钾 2.3 g、硫酸镁 4.9 g，分别加少量水溶解，然后依次倒入盛有 10 kg 清水的容器内搅匀，即成水插育苗营养液。将容积为 500 mL 的广口瓶消毒，倒入生根液后插入插条，每瓶插 10～12 条，待插条发根后再用营养液培养。

（三）扦插后管理

1. 营养土扦插

扦插后 5～7 d 是伤口愈合期，这个阶段要避免阳光直射，遮光率以 70%～80% 为宜，禁止通风，棚温白天保持在 25～30 ℃、夜间保持在 17～18 ℃，地温保持在 18～23 ℃，空气相对湿度保持在 90%

以上。扦插苗开始萌发不定根后，可早晚揭开覆盖物，适当增加光照时间和强度，适量通风，棚温白天保持在 25～28 ℃、夜间保持在 15～17 ℃，地温保持在 18～23 ℃，每隔 5～7 d 喷一次 0.1%～0.2% 磷酸二氢钾溶液。扦插后 15 d，枝条下端萌发出 5～7 条 5 cm 以上的新根和许多不定根时进入成苗期，此时可按照正常苗的管理方法进行管理。

2. 水插

插入插条后，室温白天保持在 22～28 ℃、夜间保持在 15～20 ℃。隔日换一次水，气温过高或枝条过多时每天换水。插条长成根系发达的幼苗时移入育苗棚炼苗。

活动二　金银花扦插的生产技术要点

一、品种选择

金银花品种繁多，生产上栽培的优良品种主要有大毛花和鸡爪花。大毛花树势直立性强，干性明显，枝条粗壮，果枝节间短，现蕾能力强，花蕾肥大，是生产上首选品种。

二、扦插时间

金银花一年四季除严冬外均可扦插育苗，以夏季 8 月上中旬为佳。育苗过早，枝条成熟度差，气温低，影响成活率。同时由于金银花正处在现蕾盛期，剪枝对产量影响较大。育苗过晚虽然成活率比较高，但由于生长时间短，苗木小，根系差，年前无法移栽定植。扦插宜选择雨后阴天，此时气温适宜，土壤湿润，空气湿度大，扦插成活率高，生长较好。

三、精细整地

为方便管理和促进苗木快速生长，金银花育苗地要选择地势平坦、土壤肥沃、无土传病害、排灌方便的沙质土壤或壤土地。耕翻前 3～5 d 浇一次透水，每亩施腐熟有机肥 3 000～4 000 kg，过磷酸钙 50 kg，硫酸亚铁 2～3 kg。耕深 25 cm 以上，耕后细耙，耙后作成 2～3 m 宽的畦，畦长视育苗量而定。

四、插条选择与处理

金银花插条应从品种纯正、生长健壮、无病虫害的植株上选取。生长充实、已木质化的当年生枝条或 1～2 年枝条都是理想的插条。过嫩的枝条成活率不高，而多年生枝条生根迟，苗木质量差。这两类枝条均不宜作插条。要求插条长 30～35 cm，粗度 0.5 cm 以上，每个插条上应有 2～3 个节。上端在芽的上方 1～2 cm 处剪成平口，下端在近节处剪成斜口，以利生根。插条上的叶片只保留上端 2～4 片叶，其余叶片全部去掉。剪好的插条按大小分级，插前可将插条下端在 500 ppm 吲哚丁酸溶液中蘸 5～10 s，稍晾干后即进行扦插。也可用 ABT 生根粉 2 号处理，以促进生根。

五、扦插方法

为便于管理和保证育苗密度，可采用 10×30 cm 株行距，每亩育苗 2 万株左右。大插条育苗可采用 20×30 cm 株行距，每亩育苗 1 万株左右。直径 0.5 cm 以下的小插条育苗，株行距可缩小到 5×30 cm，每亩育苗 4 万株左右。育苗时按 30 cm 行距开 15～20 cm 深的沟，将插条按计划的株距均匀摆入沟内填土踏实，入土深度为插条长度的 1/2，直插、斜插均可。如采用斜插，入土深度可适当加深，但不宜超过插条的 2/3。

六、插后管理

（一）浇水

插条生根需要充足的水分，苗木扦插当天要浇透水，第一水后隔 2～3 d 浇一次水，连浇 3～5 次。

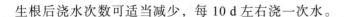

生根后浇水次数可适当减少，每 10 d 左右浇一次水。

（二）追肥

金银花夏季扦插后经过 7~8 d 芽即开始萌动，15~20 d 即可生根，此时可进行适量追肥，每亩可施尿素 2.5~3 kg。40 d 后每亩可追施尿素 8~10 kg。

（三）中耕

土壤通气状况直接影响生根和根系生长。苗木生根后即可进行中耕除草，初次中耕要离开插条 5 cm 远，防止触动插条，注意中耕不宜太深。

（四）摘心

当苗木新发枝长到 25~30 cm 高时，要及时摘心，以利枝条发粗，为将来金银花整形打好基础。同时也有利于其他枝条生长，达到长势均衡健壮。

（五）防治病虫

褐斑病，主要危害金银花叶片，严重时造成落叶，影响树势。发病前可用 1：1：100 倍波尔多液喷施进行预防。发病初期用 70% 代森锰锌可湿性粉 800 倍液或 5% 菌毒清水剂 800 倍液喷施。每隔 7~10 d 喷一次，共喷 2~3 次。白粉病，主要危害金银花叶片和嫩梢。发病初期可用 2% 农抗 120 水剂 200 倍液或 70% 甲基硫菌灵可湿性粉 1 000~1 500 倍液喷施。蛴螬，主要危害金银花植株根部，可用 50% 辛硫磷乳油 1 000 倍液或 90% 敌百虫晶体 800~1 000 倍液浇灌植株根部。

活动三　葡萄扦插的生产技术要点

一、苗圃地选择

选择苗圃地，应是交通便利、靠近水源、地势平坦、土层深厚的沙质壤土，而且是背风向阳，供水、排水方便，地下水位不高的地方。要避免在黏重土壤或轻沙土缺有机质的土地上建立苗圃。育苗应有规划，要按准备繁殖的各个品种划分小区，防止品种混杂，有条件的地方要实行轮作，2~3 年倒茬 1 次种植豆类作物以恢复地力，有利于苗木生长。

二、插条准备

结合冬季修剪，按照计划繁殖的品种，剪取充分成熟、芽眼饱满、没受损伤、没有病虫害的枝条。剪下条子按 5~6 芽进行整理，剪掉副梢、卷须，然后根据不同品种分别按 50~100 支结扎成捆，拴上品种标牌。

三、插条贮藏

贮藏通常用沟藏或窖藏，贮藏地点宜选择高燥、背阴、地下水位低的地方。插条应该用 5 度石硫合剂喷雾进行消毒。

（一）沟藏

选好地点后，挖 1~2 m 宽、1~1.5 m 深、长度按贮藏量多少而定的沟，然后竖立于沟内，用湿沙填满枝条间和捆间，可以一层或二层，上盖 30 cm 湿沙。每 2 m 用草把留排气孔一个。

（二）窖藏

窖藏可以利用当地果窖、菜窖，湿度应保持 80%，温度 0~-5 ℃。

四、插前处理

春季在大田葡萄开始萌芽时，将贮存的插条取出进行处理。葡萄扦插育苗时用单芽、2芽、3芽以及更长都可以，一般用2~3芽的插条扦插容易管理。扦插前将插条由沟内（窖内）挖出，按2~3芽断截。如果节间过短，可多留1~2芽。插条长度15 cm左右，在插条上端离顶芽1~1.5 cm处平剪，在插条下端靠近芽眼处剪成马耳形，按50~100支捆绑成捆，将下部剪口压齐，放在水中浸泡24 h，使插条吸收足够水分，以利于成活。

五、插条催根

插条催根分为加温催根、药剂催根，加温催根又可以分为电热加温、火炕加温。

（一）火炕催根

温度控制在25~28 ℃之间，不要超过30 ℃。操作过程是把浸泡过的插条依次摆在火炕的炕面上，插条的大部分用湿沙埋好，露在湿沙外面一个顶芽。插条捆与捆之间用湿沙隔开，插条间的空隙也用湿沙填实，在火炕上定点插上温度计，以便检查火炕温度。火炕结构：炕面下挖3道沟，沟深20 cm，宽25 cm，中间一条为主烟道，由烧火口延伸至前端，两侧的沟为副烟道，主副烟道相距30 cm左右，在火炕前端相同，主副烟道都修成缓坡状，烟一直回龙到上面的出烟口（烟囱），烟道上辅右棉瓦，再填上一层土拍实为炕面，床面宽1.5 cm，长度根据数量而定。

火炕管理：重点是温度、湿度。床温保持25~28 ℃，不要超过30 ℃，湿度保持80%，坑面上覆盖农膜，白天要用草帘覆盖，温度最好控制15 ℃以下，经过15 d左右，插条基部形成白色的愈伤组织，有的还长出幼根，这时要停止加温，然后将插条锻炼2~3 d，就可以到大田扦插。注意插条催根刚刚形成愈伤组织为度，不要长出幼根，以利成活，经过催根后一般在5月上旬扦插。

（二）电热温床催根

电热床应选在冷凉背阴之处，挖床深40 cm，宽1.2 m，长5~10 m左右。床底上铺2~3 cm厚的锯木屑以防止散热，上面盖一层细土或湿沙，厚约5 cm。细土或湿砂压平之后，再放上布电热线的木框（木框大小刚好放在床内），木框两侧按5 cm间距钉上铁钉，将电热线往返缠绕在铁钉上。布完电热线后，再铺上湿砂3~5 cm厚。在这层湿沙上摆放插条，插条捆间都要用湿沙或湿木屑填满，以保持湿度。控制温度一般使用控温仪，电热线两头接在控温仪上，感温头插在床内插条的基部。也可以在床上插上温度计，直接观察温度，要求与火炕催根相同（25~28 ℃）。注意保持插条基部的温度，约经半个月左右，即可形成愈伤组织和幼根。

3. 药剂催根

生长调节剂对促进生根有显著的效果。一般常用于葡萄催根的有万分之一的萘乙酸、吲哚乙酸或吲哚丁酸的水溶液。将插条基部4 cm浸泡上述生长剂的溶液中24 h，然后直接扦插，如果再经过火炕催根或电热线温床催根处理，扦插成活率更高。有的也可将药液浓度增大，浸泡时间缩短，如用万分之四的萘乙酸浸泡基部1 min，或用万分之八的吲哚丁酸浸泡5 s。

经生长调节剂处理的插条，扦插后能提前形成不定根，并可增加发根的数量和粗度，提高苗木质量。

六、露地扦插育苗

露地育苗时间为4月中下旬，地温达15 ℃以上是最佳时期，扦插育苗一般用垄插和畦插两种。

（一）垄插

东西起垄，垄距50 cm，垄宽30 cm，沟深20 cm左右，垄的两侧按10~15 cm将插条斜插于垄中，顶芽与地面平，顶芽向上，然后一次性灌足水。

（二）畦插

畦宽 1 m、畦长 5～10 m，畦内按 3 行开沟，将插条插入沟内，顶芽与地面平，插后浇透水，待水渗下后，在畦面上复沙。

（三）扦插后管理

在萌芽前一般不再浇水，以免降低地温，不利于生根，对保水性差的土壤，在萌芽前干旱时注意浇水，苗木生长期应加强施肥、浇水、中耕、除草，一般追肥 2～3 次，前期以氮为主，后期以磷、钾肥为主，尽量使苗木生长的充实，还应注意病虫害发生。为了枝蔓生长粗壮，成熟良好，每株苗只留一个新条，副梢上留 2 片叶摘心，苗木长到 30 cm 后应摘心，到 8 月下旬，不论苗木高度是否达到 30 cm，一律进行摘心，促进苗木提早成熟。

七、地膜覆盖育苗

继火炕催根、电热线催根育苗之后各地育苗户广泛用地膜覆盖直接扦插育苗。地膜覆盖育苗方法有两种，即垄插和畦插。

（一）垄插

按垄距 50 cm，垄宽 30 cm，沟深 20 cm，东西向起垄后，进行灌水覆膜，然后按 10～15 cm 株距，顶芽向上斜插于垄的两侧，然后再进行灌水，发芽前再不进行灌水。

（二）畦插

按宽 1 m、长 5～10 m 进行整地后灌水覆膜，每畦插 3 行，行距 30 cm，株距 10～15 cm 进行扦插。

注意，为防止扦插时戳破的地膜沾在插条基部而影响生根，在扦插前用铁棍、竹杆将地膜戳一个小洞，然后插条从洞口中插入，插条萌发后，将苗眼周围盖些干土，防止地膜晒热烧苗，扦插后的苗木管理同前。

八、温棚单芽塑料袋快速育苗

营养袋高 16 cm，直径 5 cm，底部留一个小孔以便排水。营养土为沙土 2 份、有机肥 1 份、田土 1 份，充分拌匀后装入袋内，装实后的土面距袋口 1 cm，做好阳畦或加热温床，将营养袋排紧放入，灌透水后将插条插入。

插条插完后，在阳畦上架设拱形支架，上覆薄膜。晴天打开棚的两端进行通风，棚温以 25～28 ℃ 为好，经常喷水保持湿度，同时应注意病虫害发生。

扦插后 15 d，插条开始生根，一个月左右绝大部分芽生长到 10～15 cm 就可以移栽，水源方便的地方可直接定植，定植前把营养袋苗运到田间以后，撕开袋子，土壤不散、不伤根系、不缓苗，成活率一般可达 95% 以上。

九、病害防治

（一）霜霉病

主要危害叶片，有时在新梢和浆果上发现。受害的叶片开始呈现油浸状病斑，然后逐渐失绿，变为黄褐色病斑，叶背产生一层灰白色霜霉。此病在高温多湿的条件下最易发病，发病后在 2～3 星期内就大批落叶，使枝蔓不能成熟。

防治措施：① 去掉近地面不必要的枝蔓，保持通风透光良好，雨季注意排水，减少园地湿度，防止积水。② 发现病叶等摘除深埋，秋季结合冬剪清扫园地，烧毁枯枝落叶，③ 发病前每半月喷一次 200 倍半量式波尔多液，共喷 4～5 次，可控制此病。发现病叶后喷 40% 乙膦铝可湿性粉剂 200～300 倍液，

或 25% 瑞毒霉（甲霜灵）可湿性粉剂 1 000 ~ 1 500 倍液，这是防治霜毒病的特效药。

（二）白粉病

叶片、新梢和浆果都能被害。叶片被害时，先在叶面上产生淡灰色小霉斑，以后逐渐扩大成灰白色，上生白粉状的霉层，有时产生小黑粒点。白粉斑下叶表面呈褐色花斑，严重时病叶卷曲枯死，浆果受害后在果面上覆盖一层白粉，白粉下呈褐色芒状花纹，浆果停止生长，遇雨后裂果腐烂。

防治措施：① 及时摘除病果、病叶和腐梢深埋。② 改善通风透光条件。③ 发芽前喷波美 5 度石硫合剂，生长期喷波美 0.2 ~ 0.3 度石硫合剂，高湿炎热天气要在傍晚喷药，避免发生药害。发病初期可喷 25% 粉锈宁可湿性粉剂 1 500 ~ 2 000 倍液或 40% 硫黄胶悬液 400 ~ 500 倍液，或喷碱面液 0.2% ~ 0.5% 加 0.1% 肥皂（100 斤水加 2 ~ 5 两碱面加 1 两肥皂），先用少量热水溶解肥皂，再加入配好的碱液内。这些药剂对防治白粉病都有良好效果。

 评估（Evaluate）

完成了本节学习，通过下面的练习检查自己掌握程度：

1. 简述扦插育苗技术的应用范围。
2. 简述扦插育苗技术的技术要点。

附件 3-3-2　扦插育苗技术问答

一、什么叫营养繁殖苗？它有哪些特点？

营养繁殖苗是利用乔灌木树种的苗木干茎、枝条、芽、根等营养器官繁殖的苗木，又称无性繁殖苗。营养繁殖苗具有能保持其母株的优良遗传特性、结实较早等特点，是经济林木、果树和用材林木良种繁育的主要育苗方法。

二、生产上常用的营养繁殖方法有哪些？

生产上常用的营养繁殖育苗方法有：插条育苗、埋条育苗、插根育苗、留根育苗、压条育苗、根蘖育苗以及嫁接育苗等。除嫁接苗外，其他繁殖方法苗木的根系均由繁殖器官自身产生，所以又统称为自根苗。用树种的组织和细胞培养的苗，即组培苗也属于营养繁殖苗。用组培方法繁育苗木不仅速度快、繁殖率高，而且还可用来培育不带病毒的脱毒苗。组培繁育方法也称为快繁技术，发展很快，已在我国多种花卉、果树和林木树种的育苗中应用。

三、什么是扦插育苗？

扦插育苗是截取树木的一段苗木干茎或一段枝条作育苗材料，扦插于土壤或基质中，促其生根而培育苗木的方法。所截取的这段育苗材料称插穗。

四、什么是硬枝扦插育苗？

硬枝扦插育苗是用完全木质化的枝条作插穗进行扦插育苗。由于其扦插技术比较简单，容易掌握，在苗圃育苗生产上应用很广泛。适于硬枝扦插的树种很多，主要有杨树、柳树、桑树、沙棘等。

五、影响插条生根的因素有哪些？

插条能否成活取决于能否生根。影响插穗生根的主要因素有树种特性、母树年龄、枝条着生部位、穗条年龄及其发育状况与环境条件等。

六、树种特性对插条生根的影响

树种特性：不同树种其枝条的生根难易有很大差异。硬枝插条容易生根的树种有杨树属（其中的毛白杨、新疆杨、山杨等树种较难生根）、柳树属、怪柳属；比较难生根的树种有槭树、刺槐、枣树、侧柏、落叶松等；极难生根的树种有核桃、板栗、栎属、山杨、冷杉、松树等。

七、母树年龄和枝条着生部位对扦插成活的影响？

母株年龄及枝条着生部位：一般同一种树种，年幼植株上的枝条插条较易生根；在同一母树上，着生于基部的萌蘖条、萌条较易生根。

八、穗条年龄及其发育状况对扦插成活的影响？

穗条年龄及其发育状况：穗条年龄对生根有很大影响，但因树种而异。杨树类一年生枝生根率最高，柳树属、怪柳属可用一至二年生枝条，而针叶树类可在一年生插穗基部带一点二年生枝段。枝条发育充实、粗壮的较易生根；生长细弱的枝条不宜用作插穗。

九、穗条生根需要什么样的环境条件？

环境条件：一般树种插穗最适温度多在 20 ~ 25 ℃，插床的土壤质地要疏松，有良好的透气性，土壤水分宜保持在田间持水量的 80% 左右，空气相对湿度保持在 80% ~ 90%，最利于生根。光照要适当，充足的光照能提高土壤温度，促进插穗生根。但光照过强会因增温而加大常绿树种插穗蒸腾量，失去水分平衡，降低成活率。

十、怎样选择和采集穗条？

穗条采选：最好从采穗圃中专门培养的良种母株上采条，或采用一年生苗木的茎干，也可采取幼龄树的枝条或母株基部的萌蘖条等作插穗。作插穗用的枝条必须生长健壮、充分木质化和无病虫害。

十一、怎样贮藏穗条？

穗条贮藏：采条后要标记树种、品种，注意保湿防止干燥、失水。春季扦插要进行越冬贮藏。越冬贮藏方法，以室外沟藏为宜。要选择地势较高、排水良好的背阴处挖沟，沟宽 1 ~ 1.5 m，长度依穗条数量而定，沟的深度因当地气候而异，一般 60 ~ 80 cm，切勿过深，防止沟内温度过高（以保持 0 ~ 4 ℃ 为宜）。埋藏时，在沟底先铺 1 层湿沙，再将截制好的插穗每 50 ~ 100 个 1 捆，分层立置于沟内；若为贮藏枝条，则每 10 cm 1 层，分层平埋，每放 1 层穗条要加 1 层 10 cm 的湿沙隔开，当穗条放置到距地面 10 cm 左右时，用湿沙填平，再加土封堆呈屋脊状。为了防止沟内穗条发热，在埋穗条时，要每隔一定距离加 1 个通气孔，如秸秆把束或带孔的竹筒等。早春在气温回升时，要注意检查，防止穗条发热受损，如发现温度过高要设法降温。

十二、怎样截取插穗？

（1）一般生长粗壮充实的枝段生根率高，如杨树、柳树等树种，以截取枝条中下部粗度 0.8 ~ 2.5 cm 枝段作插穗为好，剪去不充实的种条梢头；灌木树种如连翘、紫穗槐等，插穗粗度可为 0.3 ~ 1.5 cm。

（2）插穗长度一般乔木树种的插穗长度为 15 ~ 20 cm，灌木树种为 10 ~ 15 cm。生根慢的树种或干旱环境条件下可稍长些；反之则可短些。

（3）切口：插穗上切口多为平口，下切口多为斜口，以增加其与土壤的接触面，有利于吸收水分。切口与芽的距离：上切口宜距芽 1 ~ 2 cm，下切口可距芽 0.5 cm 左右。切口要平滑，防止劈裂，并保护好插穗上端的芽，不能被损坏。

（4）插穗分级。截制好的插穗要按粗细分级，每 50 ~ 100 个捆成 1 捆，上下端不要颠倒，以利于

苗木生长整齐和防止倒插。

十三、促进生根的方法有哪些？

为了提高插条成活率，在扦插前或扦插时应对插穗进行促进生根处理，主要的催根方法有水浸法、生长调节剂催根法和温床法。

十四、怎样用水浸法促进生根？

水浸法是在扦插前用水浸泡插穗。水浸插穗最好用流水，如用容器浸泡要每天换水。浸泡时间一般为 5～10 d，不仅能使插穗吸足水分，还能降解插穗内的抑制物质。当皮层出现白色瘤状物时进行扦插，可显著提高插条成活率。一些阔叶树种，如杨、柳等均用此法。松脂较多的针叶树，可将插穗下端浸于 30～35 ℃的温水中 2 h，使松脂溶解，有利于愈合生根。

十五、催根常用的生长调节剂主要有哪些？

对较难生根的树种，可应用植物生长调节剂等处理促进生根。生产上常用的生长调节剂有：ABT 生根粉，NAA（奈乙酸），IAA（吲哚乙酸），IBA（吲哚丁酸）等。

十六、怎样用生长调节剂溶液浸泡法促进生根？

浸泡法：将插穗下切口 4～6 cm 浸泡在药液中，取出后用清水冲洗再扦插。溶液的配制：ABT 生根粉按其商品中的说明配制；生长调节剂取 1 g，先用少量酒精溶解，再加水至 1 000 mL，配成 1 000 ppm 的原液。然后，依需要的溶液浓度及数量，取一定数量的原液加水稀释到所需要的浓度。其计算方法：加水量（1 份原液的加水份数）= 原液浓 ppm/所需浓度 ppm － 1。例如，原液为 1 000 ppm，所需浓度为 200 ppm，则加水量 = 5∶1。即取 1 份原液加 4 份水。通常奈乙酸、吲哚丁酸应用浓度为 50～200 ppm，浸泡 12～24 h。

十七、怎样用生长调节剂速蘸法促进生根？

速蘸法，是用浓度较高的溶液（多用 1 000 ppm）浸蘸 5 s；或用粉剂浸蘸插穗，使下端 2 cm 处蘸上粉剂，蘸后随即扦插。粉剂的配制也同样先用少量酒精溶解 1 g 药物并加少量水稀释，再与 1 000 g 的滑石粉或木炭粉混合均匀，即配制成为 1 000 ppm（0.1%）的粉剂。

十八、怎样用温床法促进生根？

温床法，是指为了促进生根，早春在扦插前，采用对插穗下切口增温的方法进行处理，生产上常用阳畦或电热温床催根。

① 阳畦温床催根：在背风向阳、排水良好的地方挖深度 25～30 cm、宽 1 m、长 10 m 的床（或槽），底部垫 5 cm 干净的河沙，然后，将 ABT 生根粉或 NAA 处理过的插穗捆成捆，倒置于床内（下切口朝上）。再于插穗上面覆盖 2～3 cm 的干净河沙，随即洒水（每平方米 10 升左右）。温床表面用塑料薄膜严密覆盖，夜晚要覆盖草帘等保温，温度保持 10～25 ℃，待插穗出现根突起时（一般需 10～15 d）进行扦插。

② 电热温床催根：插穗下切口朝下放置，温度调节控制在 20～25 ℃。

十九、硬枝扦插育苗采用什么方式？

硬枝插条主要用垄作和床作。垄作便于用机械或畜力进行苗期管理。对容易生根的树种如杨树、柳树等多用大田宽垄育苗。垄距 70～80 cm，每垄插 1～2 行，株距 20～25 cm。苗床育苗扦插株距一般为 20～30 cm，行距为 25～50 cm。无论用何种育苗方式，都必须细致整地，一般耕地的深度应达到 25～30 cm。

二十、硬枝扦插育苗什么季节好？

硬枝插条多在春季进行，也可秋季扦插。春插宜早，一般在腋芽萌动前进行。秋插在土壤结冻前进行，采条即插，穗条不需进行沟藏。对一些珍贵树种也可在冬季于塑料大棚或温室内进行插条育苗。

二十一、怎样进行硬枝扦插育苗？

直插或斜插皆可，生产上以直插的居多。扦插时要注意插穗的上下，必须使插穗下切口与土壤紧密接触，并防止擦伤插穗下切口的皮层。为此，可用开沟法将插穗摆放好埋入土中；也可用干树枝、铁条等先在插床穿孔，再插入插穗，但穿孔的深度要比插穗长度稍浅一些，以使插穗能插到底土处。扦插深度，一般以地上部露1个芽为宜；在干旱地区和沙地苗圃，可将插穗全部插入土中，上端与地面相平，插后踏实。为了增加地温和保墒，应减少灌水次数，圃地可先用塑料薄膜覆盖，再用穿孔法扦插，并将插穗的外露部分土覆盖。或者，先扦插后覆盖薄膜，但应注意在插穗萌芽时要及时在穗芽处开口，防止嫩芽被灼伤。

二十二、怎样管理硬枝扦插的育苗地？

（1）灌排水。扦插后灌水，以利于插穗与土壤紧密结合，又可满足插穗对水分的需要，有利于成活。在土壤干燥时，要及时灌水，一般插后每隔3～5 d灌水1次，共计灌2～3次。灌水次数不宜过多，以免降低土温和影响土壤通气，不利于生根。若土壤水分过多，经常处于饱和状态，会导致插穗下端腐烂死亡。苗木生根后更要适当延长灌水间隔期，可每隔1～2周灌水1次。雨季要注意排水，避免圃地积涝。

（2）除萌及抹芽。在插条苗成活后，要及时选留1个健壮新梢培养苗干，除掉基部多余的萌生枝。随着插条苗的生长，要及时抹除苗干下部的侧芽和嫩枝，以利于苗木茎干的正常生长。

（3）中耕、除草以及病虫害防治均可参照播种苗的管理实施。

二十三、什么是嫩枝扦插育苗？这种方法适合于哪些树种？

嫩枝插条是在生长期中用半木质化的枝条进行扦插育苗，也叫软枝插条育苗。由于嫩枝的组织幼嫩，并含有丰富的生长激素和可溶性糖，酶的活化旺盛，有利于插穗形成愈合组织和生根。所以，它主要用于一些采用硬枝插条不易生根的树种，如银杏、松类、落叶松以及一些常绿阔叶树种。但嫩枝插条对培育环境条件要求较高，需要一定的设备和细致的管理，如管理不当易被菌类感染而腐烂。

二十四、嫩枝扦插怎样采条？

从生长健壮的幼年母树上，采集当年生半木质化的枝条。采条期因树种而异，前期生长的树种如赤松等，在针叶生长即将结束之前采条最好；大多数树种适合在半木质化时采条。采穗适期为5～8月份。同样，在采条时要选择健壮的幼龄母树或根蘖条。采条宜在早晨进行，剪下的枝条要立即用塑料布包好或放在水桶中并覆盖遮阴，防止其失水萎蔫。

二十五、嫩枝扦插怎样剪取插穗？

剪取插穗，嫩枝扦插的插穗长度一般为5～15 cm，带有2～4个节间，上切口距最上一个芽1～2 cm，下切口呈斜面并靠近腋芽0.5 cm，以利于生根。叶片应尽量保留，阔叶树要留3～4片叶，只去掉插穗基部的部分叶片或针叶。

二十六、嫩枝扦插技术的要点是什么？

（1）扦插基质：为保持良好的通气性和适当的水分，防止嫩枝插穗腐烂，一般用干净（经高锰酸钾等消毒）的蛭石、珍珠岩、石英沙、河沙等作扦插基质。

（2）扦插深度：2~4 cm 为宜，切勿过深，以利通气。

（3）扦插密度：以插穗叶片相连接，但不相互重叠为度。

（4）生长调节剂处理：扦插前最好用 ABT 生根粉或其他生长调节剂处理插穗，促进生根，方法与硬枝插条基本相同，药剂浓度要稍低一些。

二十七、嫩枝扦插插后管理应注意哪几个方面？

嫩枝扦插插后应注意控制水分和湿度，控制温度和光照，练苗和移栽等几个方面。

二十八、嫩枝扦插怎样控制水分和湿度？

为了防止插穗失水枯萎，扦插后必须经常喷雾或喷水，空气相对湿度以保持 80%~95% 为宜，一般每天喷水 2~3 次，如气温高时每天喷 3~4 次。每次喷水水量不能过大，以达到降低温度，增加空气湿度而又不使扦插基质过湿为目的。扦插基质中尤其不能积水，否则，易使插穗腐烂，为此，有条件的情况下，多采用自控定时、间歇喷雾或电子叶喷雾装置。

二十九、嫩枝扦插怎样控制温度和光照？

嫩枝扦插棚内的温度控制在 18~28 ℃ 为宜。如温度过高要采取降温措施，如喷水、遮阴或通风等。但因插穗生根需要其叶片合成物质的供应，需要有适宜的光照条件，采用遮阴措施降温时，遮阴度不能过大，以利于插穗叶片进行光合作用。采用全光喷雾法进行嫩枝插条成活率较高的原因也在于此。

三十、嫩枝扦插怎样进行炼苗和移栽？

插穗生根后，若用塑料棚育苗时，要逐渐增加通风量和透光度，使扦插苗逐渐适应自然条件。

插穗成活后要及时进行移植，或移于苗圃地，或移于容器中继续培育，因为扦插基质中有机质和其他养分有限。在移植的初期，应适当遮阴、喷水，保持一定的湿度，可提高成活率。其他管理参照硬枝插条育苗部分。

三十一、什么是埋条育苗？

埋条是将枝条平放，埋于苗床促其发芽、生根的育苗方法。此法也包括将带根的一年生苗作育苗材料进行埋条育苗，称为埋苗法（埋棵法）。待其发芽生根并长到一定高度时，再逐一将母条切断，即成为独立的苗株。本法因枝条较长，贮藏的营养物质较多，利于生根，只要有一处生根，即可促进全条成活，故多用于扦插难成活树种的育苗。但此种育苗方法存在出苗不整齐、产苗率较低等缺点。

三十二、埋条育苗什么季节好？采用什么育苗方式好？

埋条育苗多在春季进行。采条及其贮藏与插条法相同，但要截去枝条梢端生长发育不充实的部分。

埋条育苗多用低床育苗，以南北向为宜，床宽 1.2~1.5 m，长度为种条长度的 2 倍，床的两端均为灌水沟。

三十三、埋条育苗有哪些技术要点？

顺床开沟，沟的深度要超过种条粗度 2cm 左右，将种条梢端交叉相对，平放于沟中，覆土厚度 2 cm 左右。种条的基部要埋在床端灌水沟的垄背内，以利于种条基部切口从灌水沟中吸收水分，在种条发芽生根期间苗床不需灌溉，故称为基灌埋条育苗法。埋苗育苗也同样，将苗木根系埋于苗床两端水沟垄背内。

三十四、怎样管理埋条育苗地？

幼苗出土前只通过垄沟供水，可防止苗床土壤板结，待苗木出土后再进行苗床灌溉。苗高达 10 cm

左右时，在苗茎基部培土促进生根。到夏季当每株苗都生出根时，再按株断开种条，促进其自根的发育。

三十五、什么是压条育苗？

压条育苗是将母株上的枝条直接埋于土壤或包于湿润基质中，待生根后再切离母株的育苗方法。此法在未生根前由其母体供应养分和水分，育苗成活率较高，多用于插条和埋条法不易成活的树种，如苹果的矮化砧木品种、樱桃等。压条方法主要有低压法和空中压条法两种。

三十六、什么是低压法？

低压法即利用母株基部的枝条进行压条，因压条的方式不同又分为直立压条和水平压条。在前一年秋季或早春萌芽前，将母株基部于第六至第七个芽处平茬，促进其多萌生枝条，当年夏季或第二年春季，利用其萌生的枝条进行压条育苗。

三十七、什么是直立压条法？

直立压条法，是指在母株基部堆土，将母株全部萌生枝的基部均埋土 15～20 cm 促其生根（也可分几次培土），生根后将其断离母体即成苗木，所以也叫堆土压条法。为了促进生根，可先将枝条基部进行环割（切断皮层）或缠拧一圈细铅丝，再进行埋土。

三十八、什么是水平压条法？

水平压条法，以母株为中心向外开放射状沟，沟深 15 cm 左右，再把枝条分别平压于沟中，用带杈的干枝或带钩的粗铁丝插入土中，将其固定，待枝上的芽萌发生长到 20 cm 左右时，将沟埋平，并在每株苗木基部培土促进生根，生根后分别将其与母条断离，促进根系发育成为独立植株。母株由于连年切断萌芽枝条，根桩逐渐生高，继续压条困难。所以，每 5～6 年要复壮 1 次，即沿地面截断母株根桩，促其萌发新条，每 10～12 年要更新母株。

三十九、什么是空中压条法？

空中压条法是在母树的树冠上，对当年生或一年生枝进行压条的一种方法。先对拟压条的枝条基部进行环割或环剥（环状剥皮的宽度应为枝粗的 1/10 左右），再用湿润的苔藓、锯末、蛭石等作基质包裹伤口，外加塑料薄膜等保湿物，两端捆扎严密。要保持基质经常处于湿润状态，干燥时要及时加水。为促进生根，环剥处最好用 ABT 生根粉处理。生根后断离母体成苗。

四十、什么是插根育苗？

插根是用根段作插穗进行扦插育苗，它与插条育苗的不同之点在于，插条是由扦插的穗条上生出新的不定根而成活，插根则是由穗根上形成的不定芽萌发而成活。有些树种插条生根比较困难，成活率较低，而用根繁殖则比较容易成活，如山杨、刺槐、板栗、玫瑰、黄刺玫等，均可用根繁殖，尤其用苗木或幼树的根作繁殖材料效果更好。即便从成龄树取根进行根繁，也可使苗木起到幼化的作用。

四十一、什么时候采集根条最好？

采根宜在树木休眠期，从苗木、幼龄或壮龄母株上采根。北方不宜在严冬采根，以免树木的根受到冻害。所采取根的粗度（直径）在 0.5～2 cm 左右为宜。采根后要立即采取保湿措施，防止失水。根条的贮藏方法与插条相同。

四十二、怎样截取根穗？

一般在扦插前制穗，随剪截随扦插，并时刻注意保湿，防止日晒。根穗截制长度 10～20 cm，大

头粗度不应小于 0.5 cm。扦插时，必须注意根的上下端，根穗是上端粗，下端细。

四十三、插根育苗的技术要点是什么？

插根多用低床，也可用高垄，在春季进行。根穗比较细软，扦插时既较难入土，又容易受损伤影响成活率。因此，对插床必须细致整地，使土壤疏松。插前要灌足底水。扦插时最好采用开沟或挖穴埋插，上切口略低于地表，覆土 1 cm 左右，插后踩实。扦插后至幼芽出土前，如土壤不太干，不宜灌水，以防降低土温或水分过多，影响发根和萌芽，甚至引起腐烂。对根系多汁的树种，根穗易腐烂，在扦插前应放置阴凉通风处 1～2 d，使其略失水后再扦插（插后适当灌水，不宜过湿）。根插后圃地用地膜覆盖，可显著提高成活率，但幼芽出土后要及时在出芽处将地膜穿孔使芽苗伸出，防止日灼。

四十四、什么是留根育苗？

留根育苗是利用母株的根蘖，或在苗圃地起苗时留在土壤里的根系培育苗木的方法。适用于根蘖性较强的树种，如刺槐、火炬树、香花槐等，也叫根蘖育苗。

四十五、怎样利用母树的根蘖育苗？

在早春在环母树 2 m 以外的适当地方开沟，沟宽 20～30 cm，深 40 cm 左右，切断根系，然后填土 30 cm 左右并灌水，以促进母株的根蘖萌发。当根蘖苗长到 20 cm 左右时，距苗木 10～15 cm 切断母株根系，以促进其自根的发育，待成苗后出圃。也可利用母树自然萌生的根蘖苗，但应当先将野生根蘖苗移植于苗圃培育 1 年，使其根系得到良好发育再起苗出圃，称为归圃育苗。

四十六、怎样进行苗圃地留根育苗？

一般先用埋条法或插条法育苗，但当年不起苗只平茬，以培育良好的根系。第二年秋季起苗开始留根。起苗时，先将苗木周围 20 cm 左右的侧根切断，再挖出苗木，留下部分根系，然后施肥，平整土地后灌水。第二年春季土壤解冻后再次灌水，进行浅松土，松土深度 3～6 cm，再平整床面。在幼芽出土前，尽量不灌溉以防止土壤板结，出土后及时灌水和松土除草。幼苗长到 10 cm 左右时，要进行间苗和定株，并在幼苗基部培土，促进其多生根。其他管理与插条育苗相同。

子任务五　组织培养育苗技术

一、组织培养育苗（彩图 63，彩图 64，彩图 65，彩图 66）

组织培养育苗是利用植物组织培养的繁殖方法，在无菌条件下将离体的器官、组织、细胞或原生质体放在培养基上培养，促使其分裂分化或诱导成苗的技术。

组织培养包括胚胎培养、器官培养、愈伤组织培养、细胞培养、原生质体培养等多种类型，用于育苗以器官培养中的茎叶离体成苗技术最为普遍。

二、组织培养育苗的步骤

取材（芽、茎段、根等）→自来水冲洗试材 1～2 h→70% 乙醇灭菌 30 s→0.1% 氯化汞灭菌 8～10 min→无菌水冲洗 5～6 遍→无菌条件下接种→分化培养（25 ℃）→增殖培养→诱导生根→炼苗→移栽。

三、培养基

繁殖作物的基本培养基有 MS、White、Nitsch、N$_6$ 等，其中以 MS 培养基最常用。

在植物组织培养中所用的大多数培养基有以下五类成分：

1. 无机营养物

无机营养物主要由大量元素和微量元素两部分组成。① 大量元素中，氮源通常有硝态氮或铵态氮，但在培养基中用硝态氮的较多，也有将硝态氮和铵态氮混合使用的。磷和硫则常用磷酸盐和硫酸盐来提供。钾是培养基中主要的阳离子，在近代的培养基中，其数量有逐渐提高的趋势，而钙、钠、镁的需要则较少。培养基所需的钠和氯化物，由钙盐、磷酸盐或微量营养物提供。② 微量元素包括碘、锰、锌、钼、铜、钴和铁。培养基中的铁离子，大多以螯合铁的形式存在，即 $FeSO_4$ 与 Na_2EDTA（螯合剂）的混合。

2. 碳源

培养的植物组织或细胞，它们的光合作用较弱，因此，需要在培养基中附加一些碳水化合物以供需要。培养基中的碳水化合物通常是蔗糖，蔗糖除作为培养基内的碳源和能源外，对维持培养基的渗透压也起重要作用。

3. 维生素

在培养基中加入维生素，常有利于植体的发育。培养基中的维生素属于 B 族维生素，其中效果最佳的有维生素 B_1、维生素 B_6、生物素、泛酸钙和肌醇等。

4. 有机附加物

有机附加物包括人工合成或天然的有机附加物。最常用的有酪朊水解物、酵母提取物、椰子汁及各种氨基酸等。另外，琼脂也是最常用的有机附加物，它主要是作为培养基的支持物，使培养基呈固体状态，以利于各种外植体的培养。

5. 生长调节物质

常用的生长调节物质大致包括以下三类：

（1）植物生长素类。如吲哚乙酸（IAA）、萘乙酸（NAA）、2, 4-二氯苯氧乙酸（2, 4-D）。

（2）细胞分裂素。如玉米素（Zt）、6-苄基嘌呤（6-BA 或 BAP）和激动素（Kt）。

（3）赤霉素。组织培养中使用的赤霉素只有一种，即赤霉酸（GA_3）。

四、组织培养所需要的仪器设备和物品

（1）培养室：首先要具有保温装置的培养室，当然有人工控制的生长室最好。假如无此条件，可以在培养室的四面墙壁和上下六方贴上 5 cm 厚度的聚氯烯板，以便对气温的变化起缓冲作用。室内设恒温、恒湿机或窗式空调机。

（2）培养架：有木制的，也有金属框架台面上玻璃板的各种不同式样。架上的每个格子的高度以 30 cm 为宜。各个格子的上方设两个 40 W 的日光灯，对台面的照射强度约为 2 000 lx。

（3）接种室：室内设超净工作台，台上设置消毒用的酒精瓶、酒精灯、棉花球罐、搪瓷盒（内装弯形镊子、解剖刀、接种钩、解剖剪、特种铅笔、圆珠笔、火柴等）。为了定期进行室内消毒，还要准备一个能够移动使用的紫外线灯。

（4）清洗设备：包括水桶、试管刷、自来水池、试验台、洗涤架、搪瓷盘等。

（5）贮存及烘干设备：药品柜、冰箱、温箱及烘箱等。

（6）各种搪瓷器皿和玻璃器皿：各种型号三角瓶（50 mL、1 001 mL 和 150 mL），各种型号的烧杯（100 mL、200 mL、500 mL、1 000 mL、2 000 mL）、容量瓶、称量瓶、量杯、移液管、滴管、培养皿。

（7）各种营养试剂和生长调节剂：如玉米素、KT（激动素）、6-苄基腺嘌呤、异戊烯基腺嘌呤等细胞分裂素，还有 2, 4-D、吲哚乙酸、吲哚丁酸）、萘乙酸等生长素。

行动（Action）

活动一　植物组织培养技术包括哪些环节？各环节的主要工作内容是什么？

一、外植体选取

外植体选取就是选择组培材料，可以是根、茎、叶、花、果、胚乳、花粉等，其主要工作是选取生物活性高的、易成活的、易分化的部位作为试验材料。

二、无菌体系建立

无菌体系建立是指把外界采来的材料经过消毒接种到合适的培养基上，其主要工作是选取外植体消毒方式、培养基类型、激素配比。

三、继代培养

继代培养是指把长成的无菌苗接到新的培养基上，继续培养（继代）或者扩大培养（扩繁），其主要工作是选取合适的培养周期、接种方式、激素配比。

四、生根培养

生根培养是指通过激素调节让先前继代培养的无菌苗长出根系，其主要工作是调节激素配比，让长出的根系粗壮有力，有助于提高下一步移栽的成活率。

五、移栽

移栽是指把生根的无菌苗通过一定时间来适应外界有菌环境（复壮）然后移栽到室外的有菌环境中，其主要工作是选取合适的环境条件来壮苗，选取合适的壮苗时间，选取合适的移栽基质，选取合适的基质消毒方式，选取合适的室外培养环境条件。

活动二　简述植物组织培养技术在我国农业生产中的应用

植物组织培养成为生物科学的一个广阔领域，除了在基础理论的研究上占有重要地位，在农业生产上也得到越来越广泛的应用。

一、快速繁殖优良种苗

用组织培养的方法进行快速繁殖是生产上最有潜力的应用，包括花卉和观赏植物，其次是蔬菜、果树、大田作物及其他经济作物。快繁技术不受季节等条件的限制，生长周期短，而且能使不能或很难繁殖的植物进行增殖。

快速繁殖可用下列手段进行：通过茎尖、茎段、鳞茎盘等产生大量腋芽；通过根、叶等器官直接诱导产生不定芽；通过愈伤组织培养诱导产生不定芽。试管快速繁殖应用在下列研究中：

（1）繁殖杂交育种中得到的少量杂交种，以及保存自交系、不育系等。

（2）繁殖脱毒培养得到的少量无病毒苗。

（3）繁殖生产上急需的或种源较少的种苗。

由于组织培养具有周期短、增殖率高及能全年生产等特点，加上培养材料和试管苗的小型化，这就可使有限的空间培养出大量的植物，在短期内培养出大量的幼苗。

组织培养突出的优点是"快"，通过这一方法在较短时期内迅速扩大植物的数量，以一个茎尖或一小块叶片为基数，经组织培养一年内可增殖到 10 000～100 000 株。

二、无病毒苗（Virus free）的培养

几乎所有植物都遭受到病毒病不同程度的危害，有的种类甚至同时受到数种病毒病的危害，尤其是很多园艺植物靠无性方法来增殖，若蒙受病毒病，代代相传，越染越重。自从 Morel（1952）发现采用微茎尖培养的方法可得到无病毒苗后，微茎尖培养就成为解决病毒病危害的重要途径之一。若再与热处理相结合，则可提高脱毒培养的效果。对于木本植物，茎尖培养得到的植株难以发根生长，则可采用茎尖微体嫁接的方法来培育无病毒苗。

组织培养无病毒苗的方法已在很多作物的常规生产上得到应用，如马铃薯、甘薯、草莓、苹果、香石竹、菊花等。已有不少地区建立了无病毒苗的生产中心，这对于无病毒苗的培养、鉴定、繁殖、保存、利用和研究，形成了一个规范的系统程序，从而达到了保持园艺植物的优良种性和经济性状的目的。

三、在育种上的应用

植物组织培养技术为育种提供了许多手段和方法，使育种工作在新的条件下更有效的进行。如用花药培养单倍体植株，用原生质体进行体细胞杂交和基因转移，用子房、胚和胚珠完成胚的试管发育和试管受精等，种质资源的保存等。

胚培养技术很早就有利用，在种属间远缘杂交的情况下，由于生理代谢等方面的原因，杂种胚常常停止发育，因此不能得到杂种植物，通过胚培养就可保证远缘杂交的顺利进行。到 20 世纪 50 年代在实践上的应用就更多了，在桃、柑橘、菜豆、南瓜、百合、鸢尾等许多园艺植物远缘杂交育种上都得到了应用。大白菜×甘蓝的远缘杂交种"白兰"，就是通过杂种胚的培养而得到的。对早期发育幼胚因太小难培养的种类，还可采用胚珠和子房培养来获得成功，利用胚珠和子房培养也可进行试管受精，以克服柱头或花柱对受精的障碍，使花粉管直接进入胚珠而受精。

花药、花粉的培养在苹果、柑橘、葡萄、草莓、石刁柏、甜椒、甘蓝、天竺葵等约 20 种园艺植物得到了单倍体植株。在常规育种中为得到纯系材料要经多代自交，而单倍体育种，经染色体加倍后可以迅速获得纯合的二倍体，大大缩短了育种的世代和年限。

利用组织培养可以进行突变体的筛选。突变的产生因部位而异，茎尖遗传性比较稳定，根、茎、叶乃至愈伤组织和细胞的培养则变异率较大。培养基的激素也会诱导变异，因浓度而不同。此外还有采用紫外线、X 射线、Y 射线对材料进行照射来诱发突变的产生。在组织培养中产生多倍体、混倍体现象比较多，产生的变异为育种提供了材料，可以根据需要进行筛选。利用组织培养，采用与微生物筛选相似的技术，在细胞水平上进行突变体的筛选更加富有成效。

原生质体培养和体细胞杂交技术的开发，在育种上展现了一幅崭新的前景。已有多种植物经原生质体培养得到再生植物，有些植物得到体细胞杂种，这无论在理论和实践上都有重要价值。随着这方面工作的深入，水平的提高，原生质体培养一定会在育种上产生深远的影响。

四、工厂化育苗

近年来，组培苗工厂化生产已作为一种新兴技术和生产手段，在园艺植物的生产领域蓬勃发展。

组培苗工厂化生产，是以植物组织培养为基础，在含有植物生长发育必需物质的人工合成培养基上，附加一定量的生长调节物质，把脱离于完整植株的本来已经分化的植物器官或细胞，接种在不同的培养基上，在一定的温度、光照、湿度及 pH 条件下，利用细胞的全能性以及原有的遗传基础，促使细胞重新分裂、分化长成新的组织、器官或不定芽，最后长成和母株同样的小植物体。例如非洲紫罗兰组培苗的工厂化生产，就是取样品株一定部位的叶片为材料，消毒后切成一定大小的块，接种在适宜的培养基上，在培养室内培养，两个月左右在切口处产生不定芽，这些不定芽再切割后又形成新的不定芽，如此继续，即可获得批量的幼小植株，按需要量生产与样品株完全相同的苗子。

工厂化生产组培苗，是按一定工艺流程规范化、程序化生产的，具有繁殖速度快、整齐、一致、

无虫少病、生长周期短、遗传性稳定的特点，可以加速产品的发展，尽快获得繁殖无性系。特别是对一些繁殖系数低、杂合的材料有性繁殖优良性状易分离、或从杂合的遗传群体中筛选出表现型优异的植株，对保持其优良遗传性有更重要的作用。组培苗的无毒生产，可减少病害传播，更符合国际植物检疫标准的要求，扩大产品的流通渠道，增加产品市场的销售能力，同时减少了气候条件对幼苗繁殖的影响，缓和了淡、旺季供需矛盾。

世界上一些先进国家园艺植物组织培养技术的迅速发展从 20 世纪 60 年代就已经开始，并随着生长、分化规律性探索逐步深化，到了 20 世纪 70 年代仅花卉业就已在兰花、百合、非洲菊、大岩桐、菊花、香石竹、矮牵牛等二十几种花卉幼苗生产上建立起大规模试管苗商品化生产，到 1984 年世界花卉幼苗产业的生产总值已达二十亿美元，其中美国花卉幼苗市场总值为六亿多美元，日本三友种苗公司有 60% 的幼苗靠组织培养技术繁殖。1985 年仅兰花一项，在美国注册的公司就有 100 余家，年销售额在一亿美元以上。由于组织培养技术的应用，加快了花卉新品种的推广。以前靠常规方法推广一个新品种要几年甚至十多年，而现在快的只要 1~2 年就可在世界范围内达到普及和应用。

我国采用快速繁殖技术，也使优良品种达到迅速的推广和应用。如广东切花菊"黄秀风"的应用，使菊花变大，长势加强，花色鲜艳，抗病力增强，打开了进入香港市场的渠道，使三十多种观叶植物的推广很快遍及全国，丰富了人们的生活。并将自然界的几百个野生金钱莲品种繁种驯化，培养了一批园林垂直绿化的材料，促进了园林业的发展。

植物组织培养也存在一定的困难，首先是繁殖效率与商品需要量的矛盾，有些作物由于繁殖方法尚未解决，因而无法满足生产的需要，其次是在培养过程中如何减少变异株的发生。更重要的是应降低组培苗工厂化生产的成本，只有降低成本，才能更好地投产应用。总之，随着组织培养这一技术的发展及各种培养方法的广泛应用，这一技术在遗传育种、品种繁育等方面表现出了巨大的潜力，特别是生物工程和工厂化育苗实施以后，它将以新兴产业的面目在技术革命中发挥重大作用

活动三　简述枣树苗的组织培养技术

一、供体采集

用做组织培养的枣树被称为供体。组织培养的必须是优良母株，取优良母株的当年生枣头或萌蘖枝枣头作体，也可用一年生枣头水培发出的嫩芽作繁殖材料。

二、材料处理

先将组培材料置于自来水下冲洗干净，然后用 0.1% 高锰酸钾消毒剂或 0.1% 升汞进行灭菌处理，最后用无菌水清洗 4~5 遍　将经过充分消毒的材料在无菌条件下切分为 2 m 长的带节茎段或芽尖，接种于无菌培养基上。

三、培养基选用

目前在枣树组织培养中筛选出适宜基本培养基有 MS、H、WP、N6 等，在此基础上，因不同品种适量添加 BA、KT、NAA、IBA 等激素，配成启动培养基、分化培养基和生根培养基，也可把分化培养基与生根培养基结合为一种培养基。

四、环境条件

枣树组培的温度为 28 ± 2 ℃，光照采用上光为主，强度为 2 000 ~ 4 000 lx，光照时间为 10 ~ 12 h/d。

五、试管苗的移植

当瓶内生根的苗高度达 5 ~ 7 cm，叶绿根壮时可出瓶移植。出瓶前先启开瓶塞炼苗 3 ~ 4 d。移植

时洗净根部培养基，并用 0.1% 高锰酸钾消毒，以防栽后烂根。

六、温室炼苗

试管苗先移入温室内炼苗，苗床基质用蛭石、河沙、珍珠岩等，或加沙壤土混匀使用，使用前进行土壤消毒。栽植密度为 5~10 cm，栽后立即浇水，保持必需的温度、湿度，每隔一周喷洒灭菌剂一次。

七、大田移植

翌年春季解冻后，将经过温室炼苗的枣树幼苗移栽到大田内进行培育，株行距 20 cm × 40 cm，加强水、肥管理及病虫害防治等工作，第二年春季即可用于造林。

活动四　简述葡萄苗的组织培养技术

用组织培养法繁殖葡萄，可达到优良葡萄快速育苗，以满足生产需要的目的。同时也是工厂化育苗和脱毒苗木快速繁殖的重要手段，并能常年进行，缩短了苗木繁殖周期，加快了新品种的推广应用。

一、试管苗的初代培养

植物组织培养是无菌地培养植物的技术，因此，离体进行葡萄试管繁殖、脱除病毒、胚胎花药和子房培养、细胞和原生质培养、离体保存等，都必须使用无菌材料。葡萄组织初代培养，其繁殖材料多取自大田，常带有大量细菌和霉菌，必须进行消毒方可获得无菌材料。材料采集在组培前 3 d 的晴天上午，取带腋芽的葡萄半木质嫩茎，剪取后立即拿入室内，先用自来水反复冲洗，除去病虫枝、伤残枝，减除大叶片，装入广口瓶进行消毒。用无菌操作技术，倒入无菌水浸泡和冲洗；倒去无菌水，加入 0.1% 升汞（内加 2% 的 95% 酒精）浸泡材料，并剧烈摇动 6~9 min，剪去受伤端面，剪成单芽茎段，接入培养基中。每瓶一段，正插入内。标号后放到培养室培养，一周后检查，如未污染，基本上不会再污染。通过对美人指、早红提等品种的生产，取得了 90% 以上无污染成苗率。

二、试管苗的继代繁殖

对初代培养合格或引进的试管苗，一般采用 MS、B5、GS 等培养基，具体做法如下：

（1）穿好工作服，戴上工作帽，用洁净的水洗手，再用 75% 的酒精棉球擦手消毒。

（2）取无菌原种苗瓶放于超净台，用 75% 酒精棉球仔细擦拭包头纸及苗瓶外体，并解开包头纸捆扎线绳。

（3）将弯剪刀、枪状镊子浸入 75% 酒精中，用时取出在火焰上浇 15~30 s，晾凉备用。

（4）将无菌原种苗瓶的包头纸连同棉塞一同拔下，放在超净台一旁，瓶口在火焰上烧 5~10 s，用冷却的剪刀将瓶内小苗剪成单芽茎段，下端稍长，上端较短，但剪口距芽至少 0.5 cm 以上。母株基部要留一个芽，使其再发。剪下的单芽茎段，用无菌镊子逐个夹出，放入新的培养基瓶内，并使叶子和芽露出培养基。150 mL 三角瓶插 5 个左右茎段，插完后将瓶口在火焰上转动烧一圈，旋好棉塞和包上包头纸，用绳扎好，注明品种名称和时间等。如此反复的接好所有苗子，并放到培养室。一般每月转接增殖 3 次。

三、试管苗的培养

将接种后的培养苗瓶，放在培养室的架上，培养室昼夜温度保持在 22~28 ℃，新转接的苗瓶应放在培养架上层，上层温度略高易于生根。湿度以 70% 为宜，光照采用 2 000~3 000 lx 的日光灯。

四、移栽

移栽多在冬季或春季进行。

（一）光培炼苗

培养室培养的试管苗生长达瓶口，有 3 ~ 4 枚正常叶片时，根系生长良好，连同培养瓶转入温室或大棚内，逐步去掉瓶塞，放在干净的温室中，2 万 ~ 4 万 lx 的自然光下炼苗 5 ~ 7 d，当瓶口长出油亮的叶片，幼茎变淡红色时即可出瓶。

（二）沙培炼苗

最好备有下铺电热线并能调节温度的沙床，使床温维持在 25 ℃ 左右。以 0.6 cm 间距布置电热线，其上铺垫 2 cm 的土，压平，再铺 8 ~ 10 cm 的干净细河沙，湿度在 12% 左右，即手捏成团落地能散。

清晨或傍晚，将培养瓶内的幼苗轻轻倒出，洗掉根上附着的培养基，栽入沙床，株距 3 ~ 4 cm，行距 8 ~ 10 cm，每平方米大约栽 400 ~ 500 株苗。栽入沙床后，盖好小拱棚，最初 3 d，棚内温度保持在 25 ℃ 左右，最高不超过 30 ℃，最低不低于 20 ℃；相对湿度保持在 80% ~ 95%；光照 0.7 万 ~ 10 万 lx，6 ~ 7 d，拆除临时小拱棚。

（三）温室营养袋炼苗

小心挖出经沙培后的合格苗，在空气湿度不低于 70%，温度 20 ~ 25 ℃，无直射光下，栽入肥土：沙：腐熟有机肥为 1：1：0.2 的营养钵中。最初几天对温、光、湿的管理与沙培苗相同。

（四）大田苗圃移栽

选疏松肥沃排灌水方便、距温室较近且日照良好的地块作苗圃，将营养袋苗移栽苗圃即可。小苗有 3 个月的生长期，并及时打掉副梢，促进枝芽老化成熟，达到合格优质苗。

 ## 评估（Evaluate）

完成了本节学习，通过下面的练习检查：

1. 简述组织培养技术在实际生产中有哪些应用。
2. 简述组织培养技术的操作步骤及注意事项。

子任务六　电热育苗技术

利用电热温床育苗应注意其他生长条件的综合控制才能发挥其优点。在蔬菜出苗期间，低温是关键，出苗后低温对菜苗的影响比气温迟缓，当低温达到适温中限后，再提高地温其作用显著变小。如果气温较高，地温也高，土壤失水太快反而不利于菜苗生长。电热温床地温高，土壤水分蒸发快，必须注意满足水分供应，防止床土过干，生长受抑。

电热温床育苗一般比普通苗床培育的秧苗生长快，生命力强，为培育壮苗奠定了基础，但成苗的中后期应保证秧苗有适当的营养面积，并有充足的矿质营养供给，否则前期菜苗质量再好，后期管理跟不上，也难育出高质量的壮苗。电热温床的育苗天数少，播期应相应地向后推迟，否则既造成电力的浪费，后期幼苗也难以管理。

一、使用方法

电热温床的加温线，应当选用电阻适中、发热 50 ~ 60 ℃、耗电量少的合金金属线，外包以耐高温塑料绝缘的专用加热线，在 4 m² 的温床面积上有 20 m 加热线即可。在铺设加热线前先在温床底层铺 10 ~ 15 cm 厚的煤渣（防渗热），其上再覆以 5 cm 的细沙（煤渣及细沙需喷洒 0.1% 的高锰酸钾进行消毒）加热线即铺设在沙上。加热线在沙面上平行曲折，两线相距 15 cm。最后在上面覆盖 15 cm 厚的砻糠灰或岩泥与园土按 1：3 配制的混合土壤（土壤需喷洒 0.1% 的高锰酸钾溶液消毒）。此外，应装置温度自动调节器，以维持所需要的温度，若不能达到所要求的温度时，床面上可加塑料薄膜覆盖保暖。

二、育苗

将剪好的插条 50 ~ 100 根绑成一捆，用 0.1% ~ 0.2% 或低于 0.3% 的高锰酸钾溶液消毒后，用凉开水洗净，然后将插条根部对齐后浸泡在含有一定浓度激素的溶液中，常用的生长素有奈乙酸或吲哚丁酸、吲哚乙酸，一般草本植物可用 10 ppm，木本半木质化插条用 50 ppm，浸泡 12 ~ 24 h 后取出，整齐排放于土壤上，捆与捆的中间空隙用开水消过毒过的锯末填充，然后用喷水壶喷水，洒湿锯末及土壤，以后见干则喷水，必须保持土壤湿润。

自动控温仪一般将温度控制在 20 ~ 25 ℃。实践证明，在适温条件下，插床的地温高于外界气温的温差越大，插条生根越快，成活率越高。一般说来，地温高于气温 3 ~ 5 ℃ 为宜；相反，若气温明显高于地温，叶芽就会在生根之前萌发，造成假活现象，当插条本身的养分耗尽，不久就会回芽枯死，所以不得过早地用塑料薄膜密封插床。

正常情况下，电热温床上的插条，一般在 15 ~ 30 d 后生根，根须稍长时需将温度适当调低，待插条上部长出两片幼嫩小叶时即可将插条取出栽入营养钵或小口径盆中，新栽幼苗应注意适当蔽阴，以后慢慢接受阳光，即可长成壮苗投入生产中去。

 # 行动（Action）

活动　地热线温床育苗常见问题及解决办法

随着反季节栽培的普及推广和农民科技水平的提高，地热线温床育苗在早熟栽培中运用越来越广泛。在实际生产中，地热线温床育苗易产生下述问题，常导致育苗受损甚至失败，值得注意。

一、电热线长度与苗床长度不匹配

常用地热线有两种规格：① 800 W、100 m，② 1 000 W、120 m。苗床应根据电热线规格设置长度，使地热线的接头处在大棚的一端，便于并联，否则电热线的接头可能处于苗床中间，不便操作。

使用 100 m 地热线，苗床长度宜设为 25 m 或 50 m；使用 120 m 地热线，苗床长度宜设为 30 m 或 60 m。

二、地热线短路或断路

在地热线铺设过程中操作不规范，或使用未检测的旧线，常引起短路或断路故障。断路主要是因为绝缘层完好而其内的电阻丝折断，不易被发现；短路一是因为铺线时电热线有交叉，通电后局部高温烤穿绝缘层而发生短路，二是因为地热线绝缘层裸露（多为旧线保管不善遭受鼠害或操作过程中绝缘层被割破），通电后火线接地形成闭合回路而短路。地热线断路会造成床内温度不一致，不便统一管理，重者毁床；地热线短路则苗床无法通电，重者还会烧毁电路、变压器，甚至有触电的危险。

为避免上述情况的发生，苗床布线之前必须认真检测电热线，防止播种后出现问题，带来损失。检测方法很简单，将电热线浸没水中（淡盐水最好），只露出两端线头，用万用电表测量电阻值。一根 1 000 W 的地热线电阻值应为 48.4 Ω 左右，一根 800 W 的地热线电阻值应为 60.5 Ω 左右。若电阻值无限大（很大），则表明地热线断路；若电阻值明显小于标准值，只有几欧姆，则表明地热线绝缘层有破损，用于苗床有短路的可能。对于断路电热线，通过折线检查（折断处没有韧性，绝缘层常有折痕），查出断口，从断口处剪断并各剥去两头绝缘层 2 ~ 3 cm，从一端套入专用修复套管（一般每组新线内都配有 1 ~ 2 根套管和 2 ~ 4 粒焊接胶），牢固且平滑连接电阻线，将绝缘套管移到接口处套住裸露部分，再用电烙铁将焊接胶熔化密封住套管两端，使之不漏电、不进水。如果没有专用修复套管，也可将医用输液导管截成 5~8 cm 长小段代替，用修电器的焊胶封口。对于短路电热线，主要是查出地热线裸露处，并用上述套管修复，防止地热线从裸露处接地短路。注意，每组线的断口不宜超过两处，每个断口处连接时缩短线长不应超过 10 cm，以免引起电热线功率变化过大。

三、温床不"温"

有些地热线温床通电后，温度上升很慢下降却很快，达不到需求，表现为出苗迟缓和僵苗，耗电量极大，却温床不"温"。导致这种现象的原因有以下六点：① 扣棚时间偏迟，地温很低，通电后棚温上升慢。一般要求育苗前 20~30 d（天）扣棚，以提高棚内地温。如早熟育苗时间在 2 月初，则扣棚时间不宜迟于 1 月上旬。当然，如进行茄果类育苗，由于播种较早，只要不移钵换棚就不存在扣棚偏迟的问题，只需事先布好线，必要时通电即可。② 棚膜偏旧或大棚封闭不严，漏热严重。③ 布线偏稀。一般要求线与线间隔 10 cm 左右，畦中间略稀两侧稍密，棚中间略稀棚两侧稍密。一根 1 000 W、120 m 的地热线可布 8~10 m² 的苗床。④ 地下水位偏高，热量流失较多。大棚四周应挖 40 cm 深的排水围沟，棚内沟、畦分明，深沟高畦，便于滤水。⑤ 床底隔热不良。布线之前须修平床底并均匀铺撒 2~3 cm 厚的锯末或谷壳用于隔热，冬季温度越低的地区，隔热要求越严。⑥ 地热线铺埋过深或营养钵过高。苗床应先铺隔热层再布线，之后用细土均匀盖住电热线，盖土厚度以刚好不见线为宜，线上摆钵，钵高 10 cm 左右。若布线过深或营养钵过高，则热量不易传导到畦面，床温难上升。

四、高脚苗

采用地热线育苗，若底水浇得过多，管理稍有不慎就可能形成高脚苗，加之早春冷空气活动频繁，极易诱发猝倒病或造成弱苗、僵苗等。地热线温床可安装自动温控器，根据不同生育阶段的需求，设置不同温度，也可在苗床上放一支地温计，通过调节通电时间来控制苗床温度。

评估（Evaluate）

完成了本节学习，通过下面的练习检查掌握程度：

一、填空题

1. 种子处理常用的方法（   ）、（   ）、（   ）、（   ）、（   ）、（   ）、（   ）。

2. 工厂化育苗的流程为（   ）、（   ）、（   ）、（   ）、（   ）。

3. 百合的繁殖方法主要有（   ）、（   ）、（   ）、（   ）。

4. 浸种的主要方法有（   ）、（   ）。

5. 播种方法主要有（   ）、（   ）、（   ）。

二、选择题（有一个或多个答案）

6. 属于影响插穗生根的内因的为_____。

　　A. 温度　　　　B. 插穗的营养状况　　　　C. 湿度　　　　D. 空气

7. 多浆类植物常用的嫁接方法为_____。

　　A. 靠接法　　　　B. 插接法　　　　C. 髓心接法　　　　D. 劈接法

8. 蔬菜幼苗嫁接后前 3 天相对湿度最好控制在_____。

　　A. 70%~75%　　　B. 60%~65%　　　C. 90%~95%　　　D. 80%~85%

9. 黄瓜嫁接可以利用的方法有_____。

　　A. 斜切接　　　B. 腹接　　　C. 靠接　　　D. 插接　　　E. 劈接

10. 嫁接育苗的目的之一是提高抗病性，黄瓜嫁接育苗主要抵抗_____。

　　A. 白粉病　　　B. 猝倒病　　　C. 枯萎病　　　D. 霜霉病

11. 嫁接育苗利用砧木的部位是_____。

　　A. 生长点　　　B. 子叶　　　C. 真叶　　　D. 根系

12. 下列可用作茄子砧木的是_____。
    A. 托鲁巴姆　　B. 黑籽南瓜　　C. 南瓜　　　　D. 辣椒　　　　E. 赤茄
13. 茄子嫁接采用的主要方法为_____。
    A. 插接　　　　B. 靠接　　　　C. 劈接　　　　D. 腹接
14. 番瓜嫁接适宜的砧木是_____。
    A. 金理一号　　B. 托鲁巴姆　　C. 黑籽南瓜　　D. 番茄
15. 与自根苗相比，蔬菜嫁接苗的优势有_____。
    A. 高产　　　　B. 优质　　　　C. 抗逆性强　　D. 抗病性强　　E. 早熟
16. 影响嫁接成活率的因素有_____。
    A. 嫁接技术　　　　　B. 嫁接亲和力　　　　C. 砧木生活力
    D 接穗的生活力　　　E. 环境条件
17. 一般情况电热温床作为播种苗床的适宜功率为_____W/m^2。
    A. 40 ~ 60　　B. 60 ~ 80　　C. 80 ~ 100　　　　D. 100 ~ 120
18. 影响嫁接成活率的决定性因素是_____。
    A. 嫁接技术　　B. 环境条件　　C. 砧木与接穗的生活力　　D. 嫁接亲和力
19. 嫁接后较常规育苗稍高的温度可以使愈合进程_____。
    A. 不变　　　　B. 减慢　　　　C. 加快　　　　D. 停止
20. 种子处理的应用效果有_____。
    A. 促进种子发芽　　B. 打破种子休眠　　C. 提高种子活力　　D. 病虫防治　　E. 机械化精播
21. 蔬菜嫁接苗嫁接愈合期对温度和光照的要求是_____。
    A. 低温强光　　B. 低温弱光　　C. 高温强光　　D. 高温弱光
22. 用托鲁巴姆作茄子砧木，播种时应较接穗_____。
    A. 迟播 25 ~ 35 d　　B. 早播 15 ~ 25 d　　C. 早播 20 ~ 25 d　　D. 早播 25 ~ 35 d

三、判断题（在括号中打√或×）

23. 嫁接后前 3 d，要保持较高的光照强度。　　　　　　　　　　　　　　　　（　　　）
24. 日光温室等进行西瓜早熟栽培，早熟性是提高经济效益的关键。　　　　　　（　　　）
25. 蔬菜秧苗嫁接后前 3 d 一般不通风。　　　　　　　　　　　　　　　　　（　　　）
26. 播种床土园土 5 ~ 6 份，分苗床土园土 6 ~ 7 份。　　　　　　　　　　　（　　　）
27. 温汤浸种水温一般为 70 ~ 85 ℃。　　　　　　　　　　　　　　　　　　（　　　）
28. 无基质栽培可分为水培和雾培。　　　　　　　　　　　　　　　　　　　（　　　）

四、简述与论述题

29. 播种的主要环节。
30. 试论述如何才能有效提高蔬菜嫁接苗成活率。

任务四　设施栽培技术

📖 目标（Object）

学习设施园艺技术的重点是掌握蔬菜、瓜类、花卉、果树的设施栽培技能，为实现园艺产品的高效、优质、高产采取科学的栽培方法，通过任务四你将能够学习：

子任务一　设施番茄有机生态型无土栽培技术

子任务二　设施葡萄有机栽培技术

子任务三　设施花卉栽培技术

子任务四　双孢菇栽培技术

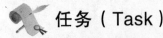

任务（Task）

学习设施园艺技术的目的是实现园艺产品的高效、优质、高产栽培，为此：①了解设施栽培的类型；②掌握设施蔬菜、果树、花卉及食用菌的先进栽培技术。

准备（Prepare）

目前，利用园艺设施来生产蔬菜、花卉及水果，已成为北方秋、冬、春三季保持市场农产品供应的主要措施。随着设施栽培技术的不断发展，北方人民的物质生活和精神生活日益丰富。

子任务一　设施番茄有机生态型无土栽培技术

目前番茄的栽培仍主要停留在土壤栽培阶段，劳动量大、效率低、环境污染、连作障碍、产量连年下降等问题日趋突出。采用有机生态型无土栽培技术，对上述问题的解决均有独到之处，现将其关键技术介绍如下。（彩图 67）

一、建栽培槽

平整温室土壤，距温室后墙 1 m 以红砖建栽培槽，槽南北朝向，内径宽 48 cm，槽周宽度 12 cm，槽间距 60 cm，槽高 15~20 cm，槽的底部铺一层 0.1 mm 厚的聚乙烯塑料薄膜，以防止土壤病虫传染。

二、栽培基质配制

中国农科院蔬菜花卉研究所研究表明，以玉米秸、麦秸、菇渣、锯末、废棉籽壳、炉渣等产品废弃物为有机栽培的基质材料，通过与土壤有机肥混合，在栽培效果上可以替代成本较高的草炭、蛭石。可选择的有机基质配方有：① 麦秸∶炉渣 = 7∶3；② 废棉∶籽壳∶炉渣 = 5∶5；③ 麦秸∶锯末∶炉渣 = 5∶3∶2；④ 玉米秸∶菇渣∶炉渣 = 3∶4∶3；⑤ 玉米秸∶锯末∶菇渣∶炉渣 = 4∶2∶1∶3。基质的原材料应注意消毒，可用太阳能消毒法和化学药剂消毒法。栽培基质总用量为 30 m³/亩。太阳能消毒法：提前用水浇透基质，使基质含水量超过 80%，盖上透明地膜，选择 3~5 d 连续晴天，密闭温室，通过强光照进行高温消毒。化学药剂消毒法：定植前用 1% 高锰酸钾和地菌克 500 倍将基质槽内外和基质彻底消毒一遍，然后关闭温室，用百菌清烟熏剂熏蒸两遍。

三、品种选择

选择抗病、高产、质量好、抗逆性强、适应性广的品种。国内品种主要有中杂 11 号、佳红 5 号、上海 903、908 等；进口品种有卡鲁索、百利、玛瓦等。

四、栽培季节

全国各地设施番茄栽培的茬口主要有以下几种：

（一）温室冬春茬

长季节栽培通称促成栽培，多在 8 月中下旬播种育苗，9 月下至 10 月上旬定植，12~6 月采收。为我国现代温室和北方日光温室主要茬口类型。

（二）日光温室早春茬

日光温室番茄早春茬生产是在冬季播种育苗、进行早春生产的茬口安排，其技术难度比冬春茬生产相对较小，风险性较小，农民容易接受，产量和经济效益较高，是目前日光温室番茄生产普遍采用的栽培形式。

1. 品种选择

番茄早春茬生产，品种选择范围较大，适宜品种也较多。目前生产上主要有：早丰、早魁、佳粉剂 2 号、佳粉 10 号、1402、郑番 2 号等。各地可结合本地气候条件具体选择。

2. 培育适龄壮苗

播种期一般在 12 月中下旬至 1 月上旬，苗龄 60 d 左右。播种后 25 d 左右，当幼苗长到两片真叶时进行移植，苗期管理注意增温增光。苗期可在苗床北侧张挂反光幕，其他管理参见番茄育苗技术部分。一般在育苗株高 20 ~ 25 cm，叶片 7 ~ 9 片，普遍现蕾时定植。

3. 整地定植

番茄早春茬生产，除新建温室外，一般都有前茬（芹菜、韭菜等），整地前要进行清洁田园，施肥一般亩施腐熟农家肥 1 万公斤左右，过磷酸钙 50 kg 左右。定植时再施入磷酸二铵，或饼肥 100 kg 作口肥，整地可起垄或故畦，起垄一般是 50 cm 行距，15 cm 高的垄，做畦一般做成底宽 1 m，畦面宽 70 ~ 80 cm，畦高 15 cm 的高畦，整地后覆盖地膜。高畦地膜覆盖一般在畦中间开一小沟，用于膜下暗沟灌水。

定植一般要求室内 10 cm 地温稳定通过 10 ℃，外界最低气温 0 ℃ 以上。定植密度，一般早熟品种采用畦栽，行距 40 ~ 50 cm，株距 20 cm、亩保苗 6 000 ~ 7 000 株。中熟品种采用垄栽，每垄栽一行，株距 30 ~ 33 cm，亩保苗 4 000 株左右，定植时水要浇足，水渗后封住地膜口。

4. 定植后管理

日光温室番茄早春生产，一般在 2 月份定植，定植后外界气温回升，光照逐渐增强，室内气温一般可维持较高水平，要注意放风管理，防止高温危害。

（三）日光温室秋冬茬栽培技术

1. 育苗

（1）品种选择。选用适于北方自然条件的色泽鲜红、抗病毒病、耐热、丰产的杂交一代渝抗 2 号和中蔬 6 号品种。品种主要有塔娜、科瑞斯、玛瓦、472 等。

（2）种子处理。用 55 ℃ 水浸种 20 min，再用 20 ℃ 水浸种 4 ~ 5 h，然后用 10% Na_3PO_4 浸种 30 min，捞出后用清水洗净催芽。催芽时每天用清水洗种 2 次，约有 50% 种子露白时即可播种。

（3）播种。西北地区最佳播种期为 6 月底至 7 月初。采用塑料营养盘（基质为黑土:炉渣:羊粪 = 4:3:3）简易工厂化育苗技术，每孔播 1 ~ 2 粒种子，播后用遮阳网搭棚遮阴。这样培育的种苗无毒、健壮，定植时不伤根。

（4）幼苗管理。播后 4 ~ 5 d 出苗，当两片真叶展开后进行间苗、补苗，并用蚜虱净或氧化乐果防蚜；用 0.3% 高锰酸钾溶液喷苗预防苗期疫病，同时应保证土壤湿度，以利降低土壤温度。在定植前 5 ~ 7 d，早晚揭除遮阳物进行练苗，确保定植成活率。

2. 定植

（1）定植期及密度。适宜的定植期为 7 月底至 8 月初，苗龄 30 d 左右，株距 35 ~ 40 cm。

（2）定植方法。采用南北走向起垄栽培，垄宽 50 cm，垄高 15 ~ 20 cm，垄距 40 ~ 50 cm。定植前 2 ~ 3 d 浇足沟水，定植时采用浇窝水法，并结合浇窝水配以 300 倍甲霜灵锰锌或多菌灵溶液预防疫病。

3. 定植后管理

（1）温湿度控制。定植后必须用草帘或遮阳网降温，也可防止暴雨袭击。至 9 月底后，日平均气

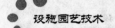

温低于 15 ℃ 时扣棚，白天控温在 25 ~ 28 ℃，夜间 10 ~ 15 ℃，棚内湿度控制在 45% ~ 55%。进入绿熟期后可适当加温，白天将温度控制在 30 ~ 32 ℃，夜间 15 ~ 18 ℃，以促进果实成熟。

（2）肥水管理。定植前 1 hm² 施有机肥 75 t，定植 4 ~ 6 d 后浇缓苗水，以后根据干湿情况浇小水 1 ~ 2 次，既可降低地温，又利缓苗，促进幼苗生长。果实长至核桃大时浇果实膨大水，以后在果穗采收前 7 ~ 10 d，酌情浇水并追肥，1 hm² 追施磷酸二铵 150 ~ 225 kg，尿素 75 kg，还可进行磷酸二氢钾叶面追肥。

（3）整枝。秋冬季番茄的果期正处在弱光照季节，通过几年试验栽培，采用一干半整枝方法，即在双干整枝的基础上，在苗下的侧枝结 1 ~ 2 个穗果后摘心，其余侧枝全部抹除，并及时摘除底部老叶、病叶，以利改善植株间的通风透光条件。

（4）保花保果。用浓度为 30 ~ 40 mg/kg 的番茄灵，在番茄花半开时进行蘸花，不仅可防止落花落果，还可促进番茄提早成熟，保证每株坐果在 13 ~ 15 个。要及时摘除多余的花、果，以保证营养的集中供给。

（5）病虫害防治。用 20% 病毒 A 500 倍液防治早期病毒病；用 58% 甲霜灵锰锌 500 倍液、80% 乙膦铝可湿性粉剂 400 ~ 600 倍或用 64% 杀毒矾 500 ~ 600 倍液防治番茄疫病；用 50% 速克灵可湿性粉剂 1 000 ~ 1 500 倍液防治灰霉病；也可在蘸花的番茄灵中加入 0.1% 的 50% 速克灵预防灰霉病的发生；同时，在番茄的整个生长期内应及时防治蚜虫危害，以减少番茄病害的发生。此外，还应注意大棚膜的选用，最好选用无滴大棚膜，这样既可防止棚膜上的水滴滴在番茄上造成烂果，又可改善棚内的光照条件。

4. 采收

果实的采收，可根据市场需求和市场价格适当提前或退后。提前采收，可在果实发白时，用 2 g/kg 的乙烯利溶液浸果或涂抹果实，进行人工催熟，可提前上市 5 ~ 7 d。如要延长上市期，则应适当降低棚内温度，使果实在植株上保鲜。

（四）大棚多重覆盖特早熟栽培

长江流域在 10 月中下旬育苗 11 月下旬定植，仅利用 2 ~ 3 穗果摘心，密植于大棚内，多重覆盖保温，2 月下旬至 4 月采收供应，类似北方日光温室的冬春茬，是一种"矮密早"的促成栽培技术。

（五）大棚春季早熟栽培

一般在 12 月育苗，苗龄 70 d 左右；南方的播种期在 11 月上旬至 12 月上旬，苗龄 90 ~ 110 d，2 ~ 3 月定植，4 月下旬至 6 月供应。

（六）大棚秋延后栽培

北方常在 7 月份播种育苗，8 月份定植（高纬度地区宜适当提早），9 月下旬开始采收。长江流域一般在 6 月中下旬到 7 月中旬左右播种，约 8 月中旬定植，10 ~ 12 月上市供应。

五、定植前准备

（一）施入基肥

定植前 15 d，每 1 m³ 基质中加 10 ~ 15 kg 消毒鸡粪、0.25 kg 尿素、1 kg 磷酸二铵、1 kg 硫酸钾充分拌匀装槽。

（二）整理基质

首先将基质翻匀平整一下，然后用自来水管对每个栽培槽的基质用大水漫灌，以利于基质充分吸水，当水分消落下去后，基质会更加平整。

（三）安装滴灌管

把准备好的滴灌管摆放在填满基质的槽上，滴灌孔朝上，在滴管上再覆一层薄膜，防止水分蒸发，以增强滴灌效果。

六、栽培管理

（一）播种育苗

将种子用 55 ℃ 热水不断搅动浸泡 15 min，取出放入 1% 的高锰酸钾溶液中浸泡 10 ~ 15 min，捞出用清水洗净，置于 28 ~ 32 ℃ 的环境下催芽，有 70% 的种子露白后播于苗床或穴盘中，覆盖塑料薄膜保持湿度，保持环境温度白天 25 ~ 28 ℃，夜间 15 ~ 18 ℃。幼苗出土后及时撤去塑料薄膜，视苗情及基质含水量浇水，阴雨天不浇。温度管理同常规育苗，白天 20 ~ 28 ℃，夜间 10 ~ 15 ℃，苗子具 7 片叶时定植。

（二）定植

每槽定植 2 行，行距 30 cm，株距 35 cm，亩栽 3 000 株左右，定植后立即按每株 500 mL 的量浇定植水。

（三）定植后管理

1. 温度管理

根据番茄生长发育的特点，通过放风、遮阳网来进行温度管理，白天 25 ~ 30 ℃，夜间 12 ~ 15 ℃，基质温度保持在 15 ~ 22 ℃。基质温度过高时，通过增加浇水次数降温，过低时减少浇水或浇温水提高地温。

2. 湿度管理

通过采取减少浇水次数、提高气温、延长放风时间等措施来减少温室内空气湿度，保持空气相对湿度在 60% ~ 70%。

3. 光照管理

番茄要求较高的光照条件，可通过定期清理棚膜灰尘增加透光率，通过张挂反光幕等手段提高光照强度。

4. 水分管理

定植后 3 ~ 5 d 开始浇水，每 3 ~ 5 d 1 次，每次 10 ~ 15 min，在晴天的上午浇灌，阴天不浇水，开花坐果前维持基质湿度在 60% ~ 65%，开花坐果后以促为主，保持基质湿度 70% ~ 80%，灌水量必须根据气候变化和植株大小适时调整。

5. 养分管理

定植后 20 d 开始追肥，此后每隔 10 d 左右追肥 1 次，前期只追消毒鸡粪，每次每槽 1.25 kg，当番茄第 1 穗果有核桃大小后，应根据植株长势，在追施的消毒鸡粪中添加磷酸二铵和硫酸钾，一般每 1 kg 消毒鸡粪中加磷酸二铵 0.1 kg、硫酸钾 0.1 kg。拉秧前 1 个月停止追肥，在生长期可追叶面肥 3 ~ 4 次，每隔 15 d 1 次。

6. 植株调整

植后注意及时打杈绕秧，当第 1 穗果膨大到一定程度时，如出现植株生长过旺而影响通风透光时，要及时打掉第 1 穗果下的部分或全部叶片，主要采用吊蔓方式及单秆整枝，及时调整植株的叶、侧枝、花、果实数量和植株高度，保持植株良好通风透光条件，使植株始终保持在 1.8 ~ 2 m 的高度。

7. 授粉

花期主要采用人工振荡授粉，也可采用防落素、2,4-D 等激素喷花或蘸花，于开花期每天 10:00 ~ 11:00 进行。注意疏花疏果，保持每穗坐果 3 ~ 4 个。

七、病虫害防治

（一）虫害防治

温室白粉虱、斑潜蝇、蚜虫是番茄的主要虫害，以采用防虫网隔离、黄板诱杀、银灰膜避虫，环境调控、栽培手段等物理防治手段为主，结合烟雾剂熏烟、药剂喷雾等手段进行综合防治。

1. 白粉虱

在白粉虱发生早期和虫口密度较低时使用药剂，可用 22% 敌敌畏烟剂 0.5 kg，于夜间将温室密闭熏烟，杀死部分成虫。喷雾采用 25% 扑虱灵可湿性粉剂 1 000 ~ 1 500 倍液，或 10% 吡虫啉可湿性粉剂 1 000 ~ 1 500 倍液防治。

2. 斑潜蝇

番茄叶片被害率接近 5% 时，进行喷药防治。可用 40% 绿菜宝乳油 1 000 ~ 1 500 倍液、10% 吡虫啉可湿性粉剂 1 000 倍液或 20% 康福多浓可溶剂 2 000 倍液交替使用。

（二）病害防治

主要病害为苗期猝倒病和立枯病、病毒病、晚疫病、灰霉病、生理缺钙症等，应选用抗病品种、环境调控、栽培措施、硫磺熏蒸等手段，辅之以药剂防治进行综合防治。

1. 苗期猝倒和立枯病

种子消毒采用 0.1% 百菌清（75% 可湿性粉剂）+ 0.1% 拌种双（40% 可湿性粉剂）浸种 30 min 后清洗，定植时采用 50% 福美双可湿性粉剂 + 25% 甲霜灵可湿性粉剂等量混合后 400 倍液灌根。

2. 病毒病

种子消毒用 10% 磷酸三钠液浸种 20 min 后洗净，注意防止蚜虫传播。在苗期，喷增产灵 50 ~ 100 mg/L，提高抗病力；1.5% 植病灵 1 000 倍液喷防。

3. 晚疫病

晚疫病为番茄重点病害，发病前期或发现中心病株后拔病株并带到田外销毁，将病穴用石灰消毒，立即喷施 58% 甲霜灵锰锌可湿性粉剂 400 ~ 500 倍液，或 72.2% 普力克水剂 800 ~ 1 000 倍液等药剂进行防治。

4. 灰霉病

灰霉病为低温高湿易发病，可采用 65% 甲霜灵可湿性粉剂 600 倍液、50% 多菌灵可湿性粉剂 800 倍液防治，也可用速克灵烟剂熏蒸。

5. 生理性缺钙症

生理性缺钙症可用 0.3% 氯化钙水溶液喷洒叶面，每周 2 次。

八、采收

设施栽培的番茄由于温度较低，果实转色较慢，一般在开花后 45 ~ 50 d 方能采收。一般短途外运可在变色期采收，长途外运或贮藏则在白果期采收。采收后需长途运输 1 ~ 2 d 的，可在转色期采收。采收后就近销售的，可在成熟期采收。

行动（Action）

活动：简述番茄设施栽培的植株及花果管理技术要点

番茄无土栽培多采用无限生长型的品种进行长季节栽培，整枝方式为单干整枝，留 8 ~ 10 穗果，用尼龙绳吊蔓，每穗留 4 个果。当每个花序有 3 朵花微微开放时，用沈农丰产剂 2 号蘸花。还可以用振荡器人工振荡授粉或采用雄蜂授粉，保花保果。

评估（Evaluate）

完成了本节学习，通过下面的练习检查（结合当地实际）：

1. 简述设施蔬菜栽培与陆地栽培的相同及不同点。

2. 简述设施蔬菜栽培的步骤及技术要点。

附件 3-4-1　常用蔬菜设施栽培技术要点

一、白菜类

白菜类蔬菜属十字花科植物，以绿叶、叶球、嫩茎、肉质根、花球和花薹为产品，营养丰富、鲜嫩多汁、耐储运、供应期长。

（一）大白菜

1. 大白菜对环境条件的要求

（1）温度：种子发芽适温为 20 ~ 25 ℃，结球期以 12 ~ 22 ℃ 为适温，超过 30 ℃ 不能适应而急老，低于 – 2 ℃ 发生冻害。莲座期及开花结实期要求 17 ~ 22 ℃ 的月均温。

（2）光照：大白菜对光照的要求不太严格，但在充足的光照条件下结球良好。

（3）水分：大白菜叶片多，叶面积大而叶薄，蒸腾量很大，因此，对土壤湿度要求较高，否则影响产量与品种。从各时期看，发芽期和幼苗期要求土壤湿润，莲座期要求较大水量；结球期要求水分充足，后期适当控制水分。

（4）土壤：要求土壤深厚、肥沃、保水保肥力强的中性或微酸性壤土和黏性较差的壤土。

（5）营养：整个生长期以 N 肥为主，结球期须增加钾肥，不能缺 Ca 和 B。

2. 类型与品种

大白菜变异复杂，类型很多。在品种选择上选用适应性强的晋杂三号、于麻叶、并杂、新三包、鲁白素列等。

3. 栽培技术要点

（1）整地与施基肥：深耕 30 cm 以上，作高约 16 cm、宽 82 ~ 150 cm 的高畦，每亩施农家肥 4 000 kg 左右。

（2）播种与定植：亩用种量 125 ~ 150 g，于 7 月中旬至 8 月下旬直播或育苗移栽。待 5 片真叶时定植，株行距 40 ~ 50 cm × 50 ~ 60 cm。

（3）田间管理：① 发芽期：播种到基生叶展开。播种后浇足水；出苗后保持土壤湿润，遇干旱浇清粪水。② 幼苗期：拉十字至形成第一个叶环，保持土壤湿润，及时间苗和定苗。原则是早间苗、分次间苗、晚定苗、培壮苗。③ 莲座期：团棵时追"发株肥"，以速效 N 为主，配合 P、K 肥；施肥后立即浇足水，掌握见干见湿的原则。④ 结球期：结球前 5 ~ 6 d 追一次结球肥，用量比"发棵肥"多，抽筒时追一次"浇心肥"。亩施尿素 20 kg，磷、钾肥各 10 kg，并保持土壤湿润。可用 0.3% 磷酸二氢钾作根外追肥 1 ~ 2 次，收获前 5 ~ 7 d 停止浇水。

（4）采收：叶球充分长大紧实时及时采收。

4. 病虫防治

十字花科的主要病害有霜病、病毒病、软腐病等，虫害有蚜虫、菜青虫和菜暝等。防治方法如下：

（1）霜毒病（火疯）：受害叶面出现淡黄色病斑，因受叶脉限制而呈多角形或圆形，叶背出现白色霜霉；留种株花枝肥肿弯曲似龙头状，有白霜霉，不结实或结实不良。

防治方法：

① 选用抗病品种。

② 播种前用 50% 福美双可湿性粉剂或 25% 瑞毒霉可湿性粉剂拌种，用药量为种子量的 0.3%。

③ 实行 2 年以上的轮作，加强田间管理。

④ 用 25% 瑞毒霉可湿性粉剂 800 倍液或 40% 乙膦铝可湿性粉剂 250～300 倍液，75% 百菌清可湿性粉剂 600 倍液等，每隔 7～10 d 喷治一次，连续 2～3 次。

（2）病毒病：受害后，苗期叶脉透明并沿叶脉褪绿，叶皱缩，叶脉上产生褐色坏死斑；成株叶变硬呈黄绿相同的花叶，植株皱缩矮化、畸形。大白菜、结球甘蓝等不结球或结球松散。种植不抽薹或抽薹晚、短缩、弯曲畸形，荚小、种子不饱满。

防治方法：

① 选用抗病品种。

② 实行 2 年以上轮作，消灭蚜虫。

③ 发病初期用 20% 病毒 A 可湿性粉剂 500 倍液，或 1.5% 植病灵乳剂 1 000 倍液，或 83 增抗剂 100 倍液等每隔 10 d 喷治一次，连续 2～3 次。

（3）软腐病（水烂）：大白菜、结球甘蓝多在球期受害，茎基部或叶球内部发生水浸状软腐，溢出污白色菌浓并具臭味，外叶萎蔫，叶球外露，最后全株腐烂致死。萝卜受害后呈水浸状褐色软腐，也有汁液流出。

防治方法：

① 选用抗病品种。

② 实行 2 年以上轮作，增施磷、钾肥。

③ 防治黄条跳甲、菜青虫、小菜蛾等，避免病菌由虫咬伤口侵入。

④ 用农用链霉素 4 g 兑水 20 kg，或 45% 代森铵水剂 800 倍液每隔 7～10 d 喷治一次，连续 2～3 次。

（4）蚜虫（腻虫、天厌）：除危害十字花科蔬菜外，还危害豆类、瓜类、辣椒、茄子、莴笋等，常成群地在叶片、嫩茎、花蕾及嫩荚上吸食汁液，致使叶片卷缩、发黄，花梗畸形扭曲而影响结实。此外，蚜虫在取食时传播病毒病。

防治方法：

① 清除田园杂草。

② 用 50% 劈蚜雾，或 40% 乐果乳油，或 25% 喹硫磷乳油等喷治。

③ 在菜地四周铺 0.5 m 宽的银灰色塑料膜，苗床上挂银灰膜条避蚜。

（5）菜青虫：为菜粉碟幼虫，危害叶片，食其叶肉成缺刻或孔洞，严重时只剩叶脉和叶柄，并排出大量粪便污染菜心。被咬食的伤口容易感染软腐病。

防治方法：

① 清洁田园，同年内避免十字花科蔬菜连作，人工捕捉幼虫和灭蛹。

② 用苏芸金杆菌乳剂、杀螟杆菌、青虫菌粉等防治。

③ 用 50% 辛硫磷乳油或 50% 杀螟松乳油 1 000～1 500 倍液，20% 速灭杀丁或 25% 敌杀死 2 000～4 000 倍液喷治。

（6）菜螟（钻心虫）：幼虫啃食叶肉后吐丝将心叶缠结并藏身其中蛀食心叶和蛀入叶柄、茎髓和根部，致使全株枯死，伤口处易感染软腐病。

防治方法：

① 清洁田园，消灭表土和枯叶内的越冬幼虫，以减少虫源。

② 用 30% 乙酰甲胺磷 500～1 000 倍液喷治，其他药剂同菜青虫。

总之，大白菜生长量大，根系较浅，需大肥大水。栽培时还应注意因栽培季节不同选用不同品种。

早秋大白菜栽培宜选用耐热、早熟、抗病丰产的品种，如小杂 56、小杂 60 等。

（二）甘蓝

1. 结球甘蓝对环境条件的要求

（1）温度。甘蓝性喜温和冷凉气候，不耐光热。种子发育适温为 25 ℃；幼苗能耐 –3 ~ –5 ℃ 的低温和 35 ℃ 的高温，结球期适宜温度为 15 ~ 20 ℃；开花结实期对低温抵抗力差，当 0 ~ 1 ℃ 时花受冻害。

（2）光照。结球甘蓝对光照的适应力较广，在结球期要求较短和较弱的光照，故春、秋栽培球较夏、冬季好。

（3）水分。结球甘蓝喜湿润（要求空气相对湿度为 80% ~ 90%、土壤湿度 70% ~ 80%），不耐旱，水分不足时，生长缓慢，结球延迟或松散。

（4）土壤。结球甘蓝喜肥耐肥，要求肥沃的微酸性至中性土壤。苗期和莲座期需 N 肥较多，结球期要求较多的 P、K 肥。

2. 品种与类型

甘蓝依叶球的颜色和形状可分为白球甘蓝、赤球甘蓝、皱叶甘蓝三类。其中白菜类甘蓝依成熟期可分为早、中、晚熟种，依叶球形状可分为尖头、圆头和平头三种类型。栽培上的品种很多，早熟的有牛心甘蓝、鸡心甘蓝、争春等；中熟耐高湿的有京平一号、夏光、黑叶小平头等；地方良种有五关里莲花白等。

3. 栽培技术要点（春甘蓝）

（1）品种选择。可用早熟品种如牛心甘蓝、鸡心甘蓝、争春，中熟品种如京丰一号等。

（2）播种育苗。较热地区于 11 月中旬、温凉地区于 10 月中旬露地播种育苗，早熟品种可在 1 ~ 2 月温床育苗。苗用种 50 ~ 100 g。

播种前将苗床浇透水，播种后用稻草覆盖，幼苗出土后揭除覆盖物。适当控制浇水以防徒长，间苗 2 ~ 3 次。

（3）整地与施基肥。实行轮作，选择前作未种过十字花科作物的地块，深耕 20 ~ 25 cm，作宽约 1 m 的高畦，亩施农家肥约 4 000 kg 和磷肥 25 ~ 30 kg 作基肥。

（4）定植。幼苗有 6 ~ 7 片叶时（苗龄约 60 d）选中等苗带土定植。定植密度为：早熟品种行株距各为 30 cm × 40 cm、中熟品种行株距各为 50 cm × 60 cm。

（5）田间管理。

① 肥水管理：从定植至结球中期，共追肥约 3 次。即：a.定植后新根发生时以稀薄粪尿为主追"提苗肥"。b.莲座叶生长初期追施稀薄粪肥与钾肥、磷肥。c.结球中期追施一次粪肥。追肥结合浇水，使土壤保持湿润。雨后及时排水。叶球停止生长后不再浇水。

② 中耕除草：雨后或浇水后中耕可防土壤板结，植株封行后停止中耕，但须除草。

③ 病虫害防治：甘蓝的主要病害为软腐病、病毒病等，虫害为菜青虫、小菜蛾、蚜虫等。

4. 病虫害防治

防治方法参看大白菜的防治。甘蓝的主要病为软腐病、病毒病等，虫害为菜青虫、小菜蛾、蚜虫等。

（三）花椰菜

1. 花椰菜对环境条件的要求

（1）温度。花椰菜性喜冷凉属半耐寒蔬菜，其耐热耐寒力较差。种子发芽适宜温为 25 ℃，幼苗生长适温 15 ~ 20 ℃，花球生长适温 10 ~ 20 ℃，气温 1 ℃ 以下易受冻。

（2）光照。花椰菜喜充足的光照，也能适应适度遮阴的环境，花球在阳光直射下颜色易变黄。

（3）水分。花椰菜要求湿润环境，叶簇旺盛和花球形成期需充足的水分。但水分过多则引起花椰

球疏松或霉烂。

（4）土壤。要求肥沃疏松的土壤。花菜需充足的 N 素，花菜生长期需增加 P、K 肥，生长期中不能缺硼、铁等微量元素。

2. 种类与品种

花椰菜的品种极多，其类型按花椰菜品种生育期特性可分为早熟、中熟、晚熟三种，生产中常年的品种有：瑞士雪球（晚熟）、荷兰雪球（早、中晚熟之间），文兴 70 天等秋季培育品种；云南大长菜、成都大花菜冬季栽培品种。

3. 栽培技术要点

（1）播种与育苗。秋花菜于 6 月 ~ 8 月播种，亩用种 50 ~ 75 g，应适于稀播，节约用种，育苗期应间 1 ~ 2 次苗。

（2）整地与定植。选择土层深厚的壤土或黏壤土，深耕 25 ~ 30 cm，作宽 1 ~ 2 m 的高厢，亩施农家肥 3 000 ~ 4 000 kg、磷肥 15 ~ 20 kg、草木灰 50 kg 作基肥。

幼苗 5 ~ 6 片叶时定植，密度为：早熟种 40 × 60 cm、中熟种 50 × 70 cm、晚熟 60 × 80 cm，宜用地膜覆盖。

（3）田间管理。整个生长期需 N 肥和水较多，应分期勤施：进入花球生长期应重施肥水，并增施磷钾肥，多用粪尿加复合肥追 2 ~ 3 次。及时中耕除草、培土，当花球露出时，须束叶或将外叶阖折覆盖花球，以防花球晒黄或受冻。

4. 病灶害防治

常见病灶与大白菜类相同，可参照防治。

二、根菜类

根菜类蔬菜指凡以肥大的肉质直根为产品的蔬菜，属耐寒或半耐寒蔬菜，其用途很广，可作菜用，也可生食，又是腌制、酱渍及干制等加工的良好材料，且产品耐贮藏，供应期长。

（一）根菜类对环境条件的要求

1. 温度

种子发芽适温为 20 ~ 25 ℃；苗期能耐 25 ℃ 的高温，和 - 2 ~ - 4 ℃ 的低温。茎叶生长适温为 15 ~ 20 ℃（萝卜）或 23 ~ 25 ℃（胡萝卜）；肉质根生长适温为 13 ~ 18 ℃（萝卜）或 20 ~ 22 ℃（胡萝卜）。

2. 光照

根菜类蔬菜都是长日照植物，要求中等光照强度，但充足的光照利于叶簇及肉质根的生长。

3. 水分

耐旱力较弱，要求较高的土壤湿度和空间相对湿度。当土壤最大持水量达 60% ~ 70%，空气相对湿度为 80% ~ 90% 时，生长良好。

4. 土壤

根菜类蔬菜，要求土壤湿润，有机质丰富，排水良好，土层深厚且呈弱酸性至中性（pH 6.5 ~ 7），营养元素含量以钾最多，氮、磷次之。

（二）根菜类蔬菜的类型与品种

根菜类蔬菜类型很多，现分述如下：

1. 萝卜

根据生长季节不同，可分为秋冬萝卜、春萝卜、夏萝卜、四季萝卜四种。

2. 胡萝卜

根据其肉质根的形状可分为圆锥形及圆柱形两个类型。

3. 根用芥菜

有济南疙瘩菜、板叶大头菜、绍兴大头菜、芝麻叶大头菜（小花叶）等。

（三）栽培技术要点

以萝卜为例：

1. 选择适宜的品种

根据栽培季节和当地具体条件选择。

2. 播种与定苗

播种时选用品种纯正、粒大、充实饱满的种子，大型种穴播 250～500 g/亩，条播 500～1 000 g/亩；中型种条播 750～1 000 g；小型种撒播 1 000～1 500 g。播种后及时间苗及管理。5～6 片叶时定苗，株行距 20～30 cm×45～55 cm。

3. 整地作畦施底肥

耕地深度依直根入土深度不同，约 18～40 cm 不等。以施基肥为主，亩用量 3 000～5 000 kg 农家肥。

4. 肥水管理

萝卜生长初期对 N、P、K 吸收较慢，以基肥供应，注意保持土壤湿润，吸收根和叶面积扩大时需 N 和水较多，肉质根生长旺盛期需 P、K 及水量大。生产中注意根据其需肥水特性合理增施肥、浇水。

（四）如何防止根菜类蔬菜内质根开裂、空心、分叉等

1. 开裂

开裂的主要原因是生长期中供水不匀。应在生长前期及早浇水，尤其是天旱时应加强浇水，肉质根膨大时均匀供水。

2. 空心

空心与品种、播种、栽培管理有关，防止方法有：

（1）选择晚熟肉质致密的品种。如胭脂萝卜、北京心里美萝卜、卫城胡萝卜、"五寸人参"等。

（2）选择排水良好的砂壤土，均匀供应肥水。

（3）适时播种、合理密植。

（4）及时采收，贮藏中避免高温干燥条件。

（5）用 10 ppm 的萘乙酸喷叶面。

3. 分叉

分叉是由于耕作层浅，坚硬或土中的石块、树根等阻碍肉质根的生长而引起。防治方法为深耕土壤，整地时清除坚硬杂物，尽量用直播。若移栽应避免主根受伤等。

4. 黑心

萝卜受黑腐病危害后，内部变黑腐烂，或由于土壤板结，通气不良，或施用鲜厩肥发酵时耗氧过多而使根部窒息，内部组织坏孔而黑心。防止方法主要是加强田间管理，及时中耕，施用腐熟农家肥，防治病虫等。

三、茄果类

茄果类蔬菜是指茄科作物以果实为食用的蔬菜，主要包括番茄、茄子和辣椒。其适应性强，产量高，供应期长。除了露地栽培外，也适于保护地栽培，在蔬菜周年供应中起重要作用。

（一）番茄

1. 对环境条件的要求

番茄具有喜温、怕霜、喜光、怕热等习性，在气候温暖，光照较强而少雨的大陆性气候条件下，生产良好，产量高。

（1）温度。种子发芽适温为 25 ~ 30 ℃；苗期要求昼温 20 ~ 30 ℃，夜温 10 ~ 15 ℃，能耐短期 −1 ~ −2 ℃；生育适温为 15 ~ 30 ℃，以昼温 22 ~ 26 ℃，夜温 15 ~ 18 ℃ 为宜；高于 35 ℃ 和低于 15 ℃ 时，生长缓慢乃至停止。开花结果期需昼温 20 ~ 30 ℃，夜温 15 ~ 20 ℃。

（2）光照。要求强光照。阴天较多，光照时效较少时，栽培中必须注意合理密植，改善透光条件。

（3）水分。番茄不同生长期对水分要求不同，对土壤湿度要求为：苗期约 60%，第一花序结果后约 80%；盛果期需充足水分，果实成熟期要求适时水分，要求空气相对湿度为 45% ~ 55%。

（4）土壤营养。番茄对土壤适应性强，但以土层深厚、肥沃、pH 6 ~ 7 的砂壤土或壤土为宜。因其根系发达，需肥量大，需钾肥较多，对氮的要求较高，尤以结果期为甚。对缺锌和缺硼反应敏感，常使结果率下降。

2. 类型和品种

番茄的类型很多，分类依据不同，类型不同，生产上主要依番茄开花结果习性分为有限生长型和无限生长型。

（1）有限生长型。

此类型植株较矮小、早熟、早期产量较高但供应较短，生产中多作早熟栽培或加工栽培，以水源不便或缺少架材的地方栽培较多。

优良品种有早丰、早魁、西粉三号等。

（2）无限生长类型。

此类型植株较高大，中熟或晚熟，开花结果期长，总产量高，供应期长，品质也较好，是主要的栽培类型。

优良品种有强丰、白果强丰、毛粉 802、中蔬 4 号，中蔬 5 号等。

3. 栽培技术要点

（1）播种育苗。在冬季或早春用温床或冷床育苗。播种前将种子用甲基托布津或杀毒矾 800 ~ 1 000 倍液浸 1 d 后晾干。播种时拌草木灰后均匀撒播于苗床内，覆盖过筛细土约 2 cm 厚，浇透水，其上可再喷一次上述药液，种子也可催芽后播种，亩用种 25 ~ 50 g。

播种后拱棚，苗床内保持种子出芽温度（25 ~ 30 ℃）。出苗后，晴天逐渐揭膜降温（保持 15 ~ 20 ℃）阴雨雨停后揭部分膜透气，夜晚盖膜保温。幼苗露心后，苗床内保持适温（昼温 20 ~ 25 ℃、夜温 10 ~ 15 ℃）幼苗有 2 ~ 3 片真叶时可用营养土、块等假植一次。看苗补肥水。苗期易徒长，应控制浇水量，还可以每平方米用 250 ~ 300 ppm，矮壮素液 100 mL 喷苗床土或喷幼苗，定植前 10 ~ 15 d 逐渐降温至昼温 15 ~ 20 ℃，夜温 5 ~ 10 ℃，并逐渐揭除覆盖物锻炼幼苗，使其适应露地气候。

苗期猝倒病防治：

① 苗床土壤消毒：用 50% 的多菌灵可湿性粉剂，或 40% 拌种灵，或 40% 五氯硝基苯，每平方米用药 8 ~ 10 g 拌土。

② 出苗后用 75% 百菌清可湿性粉剂 600 倍液，或 64% 杀毒矾可湿性粉剂 500 倍液等喷治。

③ 加强苗期管理，保持适宜温度和湿度，用 0.1% ~ 0.2% 磷酸二氢钾，或 0.05% ~ 0.1% 氯化钙等喷苗，提高抗病力。

（2）整地施基肥。番茄忌与茄子、辣椒、马铃薯等同科作物连作或邻作，前作以白菜、油菜和小麦等为好，土壤深耕约 30 cm，作宽 80 ~ 100 cm 的高畦，亩施农家肥 3 000 ~ 4 000 kg，复合肥 20 kg 或磷肥 100 kg，草木灰 200 kg 作基肥。有条件的宜用塑料地膜覆盖栽培。

（3）定植。春季断霜后选晴天定植，定植密度依品种特性、整枝方式、土壤、气候及栽培目的等而异。早熟品种比中、晚熟品种密度大，单干整枝的比双干整枝的密些。一般单干整枝的行距 40 ~ 50 cm，株距 23 ~ 40 cm；双干整枝的行距 50 ~ 80 cm，株距 40 ~ 45 cm。

（4）田间管理。

① 肥水管理：定植时浇定根水，缓苗后浇缓苗水并追催苗肥；第一序果开始膨大时追第二次肥；以后每一序果座往后均需追肥。追肥以农家肥为主，配合过磷酸钙（亩用 10～15 kg）及其他配料，生长期中用 0.2% 的磷酸二氢钾或 0.2%～0.3% 尿素喷施叶面，以促进果实生长发育。高温干旱时，可隔 3～5 d 浇一次水，雨后及时排涝。

② 植株调整：整枝方式有单干整枝，双干整枝和改良式单干整枝等。

单干整枝：整个生长过程中只留主干，摘除全部侧芽，单株果数减少，但果实较大，宜于密植，早熟和早期产量较高，适于早熟栽培或栽培季节较短的地方采用。单干整枝由于营养面积小而产量低，可用改良式单干整枝来弥补。

改良式单干整枝：在单干整枝的基础上保留第一花序下的侧枝并留 1～2 个果序后摘心。

双干整枝：除主干外，保留第一花序下的侧枝，摘除其余部分侧芽，留下的侧枝与主干同时生长，形成双干，侧枝上的腋芽也须全部摘除。适于中、晚熟品种和生长期较长的地方采用。

生产实践中，以上整枝方式多于无限生长类型，对自封顶类型的早熟品种都留侧枝，让其自然生长。

搭架绑蔓：植株高约 30 cm 时，对无限生长类型搭高 1.5～2 m 的人字架并绑蔓。一般是在每序果下绑一道，同时使果序朝向架外，有限生长型一般不搭架或搭短架。

防止落花：早春气温在 15 ℃ 以下时影响授粉受精，遇阴雨则极易落花；夏季高温，植株呼吸作用旺盛，营养物质积累减少引起生理失调也易落花。防止方法：除培育壮苗、加强肥水管理等外，用 25～50 ppm 防落素喷花序，或用 10～20 ppm 的 2,4-D 在即将开花时涂花柄或浸花。

打杈、摘心、摘老叶等：除主干和保留的侧枝外，叶腋发生的侧芽在 3～6 cm 时于晴天摘除。当植株长到一定果序数时摘心，在预留的最后一花序上留 2～3 片叶，摘除植株下部老叶和黄叶等。

（5）采收与催熟。番茄要分批分期采收，采收时间依果实成熟过程和采收目的确定。

① 番茄果实成熟过程与采收标准：绿熟期：果实充分长大，果实由绿变白，种子发育完成，为长途运输或贮藏用果的采收标准。

转色期（变色期）：从果顶逐渐着色至全果 1/4 着色，为就地供应的采收标准。

成熟期（坚熟期）：果实大部分着色，表现了同品种的固有颜色，此时营养价值高、甜酸适度，适于生食或熟食，此时为就地供应标准，不适于贮藏。

完熟期（软熟期）：果实全部着色，果肉变软，种子成熟饱满，此时为留种或加工果酱、果汁等的采收标准。

② 催熟：在春季或秋末冬初，气温较低，番茄果实不易成熟，在绿熟期用乙烯利处理后催熟，其方法为：

a. 摘下番茄果实，用 1 000～3 000 ppm 的乙烯利溶液浸一下后晾干，置于 25 ℃ 左右的温暖之处自然催熟。

b. 用 500～1 000 ppm 的乙烯利溶液喷射或涂抹植株上的果实，让果实在植株上催熟。切忌将乙烯利喷在叶片上。

4. 主要病虫及防治

（1）番茄早疫病。最初在茎、叶果实上出现深褐色或黑色圆形、椭圆形小斑点，逐渐扩大 1～2 cm，边缘常有黄色晕环，有同心轮纹，潮湿时病斑上出现黑色霉状物，病斑常由下部开始向上部蔓延，严重时下部叶片枯死。

防治方法：

① 选用抗病品种或杂交种，最好与其他种类的蔬菜轮作倒茬。

② 培育适龄壮苗，增施磷钾肥，调节好温湿度，加强中耕，促进植株旺盛生长，提高抗逆性。

③ 发现中心病株立即用 50% 甲基托布津可湿性粉剂 700～1 000 倍液，50% 多菌灵可湿性粉剂 500～1 000 倍液、75% 百菌清可湿性粉剂 500～600 倍液、多氧霉素 100 ppm 交替喷布，每隔 7 d 一次，连续喷 3～5 次可收到防治效果。

（2）番茄晚疫病。主要危害叶、茎和果实。叶片受害后多从叶尖或边缘出现不规则形暗绿色水浸状病斑，逐渐变为褐色，湿度大时病斑边缘产生白霉，茎上病斑暗绿色，稍凹陷，其边缘白霉较显著，严重时植株折倒，果实上的病斑不规则，呈云状，边缘模糊，潮湿时出现少量白霉。

防治方法：

① 选用抗病品种，如毛粉 802、中蔬 4 号、中蔬 5 号等。

② 种子消毒，可用 55～60 ℃温汤浸种，或用 0.1% 硫酸铜溶液浸种（约 5 min）。

③ 忌连作，宜与非茄科作物轮作。

④ 在整个生育期中加强预防，每亩用 50～60 kg 1∶1∶150～1 200 的波尔多液，每隔 5～7 d 喷一次，连续喷 3～4 次，也可在雨后喷 64% 杀毒矾可湿性粉剂 500 倍液，或 50% 甲霜铜可湿性粉剂 600 倍液，或 70% 乙磷锰锌可湿性粉剂 500 倍液喷治，以上农药可与波尔多液交替使用。

（3）番茄病毒病。常见的有花叶型（叶片呈黄绿相间的花斑、叶皱缩）、蕨叶型（病叶卷曲或呈蕨叶状）和条斑型（叶、茎和果上病斑呈褐色长条形）。

防治方法：

① 选用抗病品种。

② 用清水浸种子 3～4 d 后转入 10% 磷酸三钠溶液中浸种 20～30 min，取出用清水冲洗 30 min，再催芽播种。

③ 实行轮作，加强管理，防治蚜虫。

（4）番茄青枯病。病株中午萎蔫，傍晚和清晨恢复正常，2～3 d 后不再恢复，全株自凋萎至枯死仍为绿色，病茎维管束变褐，髓部变褐、腐烂。

防治方法：实行轮作。高畦栽培，定植前亩施滴滴混剂 40 kg 消毒土壤，避免土壤积水。植株发病前用 70%DT 或 DTMZ 可湿性粉剂 500 倍液 7 d 左右喷一次，连续 4～5 次，发病初期用 50% 敌枯双或 50% 多菌灵可湿性粉剂 500 倍液灌根；发病期可用 1∶1∶240 的波尔多液或 100～200 ppm 的用链霉素等喷治。

（5）番茄枯萎病（萎蔫病）。苗期受害后叶色淡，植株下部叶片枯黄下垂。结果期常从植株的一侧发病，延至全株，自下部叶片起逐渐变黄枯死，但不脱落。茎上发生淡绿色小瘤，根部变褐，维管束变黄褐色，潮湿时，茎基部及茎病斑产生粉红色霉。

防治方式：选用抗病品种，实行 3 年以上轮作，土壤消毒；用 1∶1∶1 200 的波尔多液或 25% 多菌灵 500 倍液，或 50% 甲基托布津 1 000 倍液每株用药液约 0.5 kg 灌根。

（6）主要虫害及防治，番茄苗期易受蛴螬、小地老虎等危害，成龄植株易受烟青虫，棉铃虫、茶黄螨和蚜虫等危害。

防治方法：

① 清洁田园。

② 用糖、醋、酒、水按 3∶4∶1∶2 的比例加入少量敌百虫放在盆内，傍晚置于田间距地面 1 m 高处。诱杀小地老虎成虫，或用莴苣叶拌药撒入菜地诱杀其幼虫。

③ 用带叶杨树枝捆成小束插入菜地（须高于蔬菜顶部），早上用塑料袋套树枝捕杀烟青虫和棉铃虫成虫。

④ 用 500 辛硫磷乳油、50% 二溱哝乳油、80% 敌百虫可湿性粉剂 1 000～1 500 倍液灌根治小地老虎幼虫。

⑤ 用 BT 乳剂 250～300 倍液，或 50% 杀螟松乳油，或 25% 敌杀死各 2 000～4 000 倍液防治烟青虫和棉铃虫。

⑥ 蚜虫的防治方法参看十字花科蔬菜的蚜虫防治。

⑦ 茶黄螨的防治参看茄子的防治方法。

（二）辣椒

1. 对环境条件的要求

（1）温度。辣椒喜温，种子发芽适温为 25 ~ 30 ℃，茎叶生长适温为 22 ~ 25 ℃，开花结果期要求昼温 25 ℃，夜温 15.5 ~ 20.5 ℃。

（2）光照。光照的要求不严，属中光性。在适宜温度下，光照长或短均能开花结果。

（3）土壤。辣椒对土壤要求不严，但仍以肥沃，排水良好的砂质土壤（青椒）或壤土、黏土（干椒）为宜，对营养元素要求较高，尤以盛花期、坐果期需大量氮、磷、钾。

（4）水分。辣椒耐旱不耐涝，土壤水分较多会影响根系生长，也易发生病害。

2. 类型及品种

辣椒的品种很多，普通栽培品种可分为灯笼椒类、长辣椒类、族生椒类、圆锥椒类、樱桃椒类五个类型。

3. 青辣椒栽培技术要点

（1）播种育苗。气候较热的河谷地带部分地区约在 10 月底至 12 月上旬，一般地区在 12 月至翌年 1 月上、中旬，用温床育苗或塑料薄膜苗床育苗，有条件时可用电热温床育苗，亩用种 150 ~ 200 g。

播种后苗床保持昼温 25 ~ 28 ℃，夜温 20 ~ 22 ℃，土壤湿度 90%，出苗后苗床内温度可降至昼温 20 ~ 25 ℃，夜温 15 ~ 16 ℃，晴天逐渐揭膜降温，夜晚盖膜保温，假植前的夜晚将温度降至 12 ~ 13 ℃炼苗。4 ~ 5 片真叶时逐渐揭除覆盖物，使幼苗适应露地气候。

苗期注意补充肥水和防治猝倒病、立枯病及蝼蛄、蚜虫等。

（2）整地、施基肥与定植。整地时深耕土壤约 30 cm，作宽 1 ~ 1.3 m 的高畦，亩施农家肥、垃圾肥等约 4 000 kg，磷肥约 50 kg，钾肥 10 ~ 15 kg 作基肥。有条件的宜用塑料地膜覆盖栽培。

幼苗有 8 ~ 10 片叶（约 80 ~ 90 d）株高 10 ~ 15 cm 时于春季断霜后定植，行距 50 ~ 66 cm，株距 33 ~ 40 cm，每穴定植 2 株。用塑料地膜覆盖栽培的浇定根水后用泥土封严定植孔。用塑料拱棚栽培，可提早 10 ~ 15 d 定植，气温 20 ℃ 以上揭除覆盖物。

（3）田间管理。

① 肥水管理：缓苗后 7 d，亩施以氮为主的人畜粪尿约 1 000 kg 作"提苗肥"，第一层果（门果、门椒）坐住后，亩追施人粪尿约 3 000 kg 加 3 ~ 5 kg 尿素作"稳果肥"；门椒采收后追肥与"稳果肥"相同的肥料，采第 3 次果后再追一次肥，寒露后不再追肥，追肥结合浇水，高温干旱时及时浇水，保持土壤湿润，雨后及时排水。

在每次采果后用 0.3% ~ 0.4% 的磷酸二氢钾溶液喷叶面，促进果实发育。

为防倒伏，在菜厢的两侧或迎风面立支柱。

② 防止落花落果：在门椒出现和高温季节喷 25 ~ 40 ppm 防落素，在开花初期防治病虫害。

（4）采收与留种。当果蒂充分长大，果皮坚实有光泽时，及时采收。辣椒为常异交作物，易产生自然杂交，故留种地须与其他品种距离 100 m 以上，在具有原品种特征、特性、生长健壮，无病虫的植株上选第 2、第 3 层果，红熟后采果。对含水较多，果肉较厚的果实，采后立即剖种，种子宜阴干，不宜曝晒。

4. 干辣椒栽培技术要点

（1）品种选择。选用味辣、干制后色泽鲜红，加工晒干后不褪色，干物质含量高，抗性强和成熟期集中的品种。

（2）播种育苗。可用直播或育苗移栽，多在冬末春初用温床育苗，冷床育苗或塑料薄膜苗床育苗，不假植，故宜稀播，直播多在春季断霜后进行，出苗后匀苗和定苗，亩用种 200 ~ 250 g。

（3）整地、施基肥与定植。整地、基肥与青辣椒栽培相同，但应适当增加过磷酸钙用量，定植行距为 33 ~ 50 cm，株距约 33 cm，每穴定植 2 ~ 3 株。

（4）田间管理。肥水管理同青椒，但更注重磷、钾肥配合，门椒采摘后用 0.4～0.5%磷酸二氢钾溶液叶面喷施 1～2 次，辣椒开始红熟时控制水分，避免植株贪青而降低红辣椒的产量。

（5）采收与加工。辣椒充分成熟呈红色时分次采收。采后在烘房烘干，或晾干、晒干，用柴熏干。

5. 病灾害防治

（1）辣椒猝倒病。为苗期病害之一，引起烂种危害幼苗。幼苗出土后受害，茎四周出现黄褐色水浸状病斑，病部组织腐烂，干枯而凹陷缢缩，使幼苗未凋萎便倒伏。病害发展快，能引起成片死苗。

防治方法与春番茄猝倒防治相同，在前面已叙述。

（2）辣椒立枯病。也是苗期常见病害，多危害中后期的幼苗，病苗茎部出现圆形且明显的凹陷暗褐色斑，绕茎 1 周后缢缩干枯，初期白天萎蔫，早晚恢复，后期不再恢复而枯死，但不倒伏。

防治方法：同猝倒病。

（3）辣椒炭疽病。受害叶片呈现褪绿色水浸状斑点，后期变褐色，中央灰白色，上具小黑点，果上病斑长圆形或不规则形，褐色，稍凹陷，上生小黑点并排列成轮纹状，或分泌橙红色黏稠物。干燥时，病部干缩似皮纸，易破裂。

防治方法：

① 种子消毒，加强田间管理；② 用 70% 甲基托布津 600～800 倍液，或 50% 炭疽福美 800 倍液等每隔 7～10 d 喷治一次，连续 2～3 次。

（4）辣椒枯萎病。多在开花结果期发生，初期叶片变黄，很快凋萎；根部表皮及其内部维管束均呈褐色，逐渐变软腐烂。

防治方法：除轮作、土壤消毒等外，用多菌灵或托布津与土按 1∶50 拌成药土施于定植穴内，或用农用杀剂 DT 350 倍液，或 50% 多菌灵可湿性粉剂，或 50% 甲基托布津可湿性粉剂 1 400 倍液每穴用 0.3～0.5 kg 灌根，每隔 7～10 d 一次，连续 2～4 次。

主要虫害有小老老虎和烟青虫、蚜虫、茶黄螨等。

（三）茄子（彩图 68）

1. 对环境条件的要求

（1）温度。种子发芽适温为 26～30 ℃，结果期适温为 25～30 ℃，在低于 7 ℃ 或高于 35 ℃ 时，生长不良。

（2）光照。茄子对日照长度及光照强度要求较高，日照越长，生长越旺盛，强度越弱，花芽分化及开花期愈晚，产量下降，着色不好。

（3）水分。茄子需水量较大，水分不足时生长缓慢，结果少，果面粗糙，品质差，忌土壤积水，排水不良易引起烂根。

（4）土壤。茄子比较耐肥，适于保水保肥力强的土壤，对 N 肥要求较高，N、P、K 同时施用能分化更多的花芽。

2. 类型与品种

根据茄子果实及植株的形态，可将栽培品种分为圆茄类、长茄类、矮茄类三类。

3. 栽培技术要点

（1）播种育苗。根据各地气候，一般在 12 月至翌年 2 月温床育苗或于 2～3 月薄膜苗床或冷床育苗，二叶一心时假植。晚春播种宜稀播，一次成苗，亩用种 50～75 g。

苗期管理可参照辣椒栽培部分。

（2）整地、施基肥与定植。深耕土壤约 30 cm，作宽 90～100 cm 的高畦，亩施农家肥 2 500～4 000 kg，配合磷肥 50 kg、钾肥 20 kg，酸性强的土壤用石灰改良。有条件时宜用地膜覆盖栽培。

春季断霜后，幼苗有 6～8 片叶时定植，行距约 60 cm，株距为 33～40 cm。

（3）田间管理

① 肥水管理：缓苗后亩用1 000～1 300 kg人畜粪尿或3～5 kg尿素追"提苗肥"，以后分别在门茄、对茄、四母架、八面风（茄）坐住后追施较浓的人畜粪尿或化肥。每次采收后，用0.3%～0.5%的磷酸二氢钾喷叶面。

果实膨大期需水较多，当第一朵花开放时控制水分，果实开始发育露出萼片时浇水促进幼果生长，果长3～4 cm时需水最大，须保持土壤湿润，采收前2～3 d再浇一次水。以后每层果生长发育的初期、中期和采收前均应及时浇水。

② 不耕、培土和立支架。对未覆盖地膜的可进行浅中耕，结合根部培土，在迎风面立支架防倒伏。

③ 植株调整。在四母茄后每枝只留一个结果枝（二主枝四侧整枝方法）。摘除门茄下的侧枝（有些早熟品种可保留基部侧枝）、老叶和病叶等，以改善通风透光条件。

④ 防止落花落果。在开花结果期，由于营养不良，当照不足，土壤干燥，温度过高或过低及花器构造的缺陷等均会引起落花落果，除加强田间管理等外，用20～30 ppm 2,4-D或25～40 ppm防落素喷花，防止效果很好。

⑤ 采收与留种。开花后20～25 d"茄眼"（萼片与果实相接处的白色或淡紫色环带）开始变窄，果色加深并且光泽时采收。

留种时选择对茄或四母茄，待充分成熟（约开花后50～65 d），果皮黄褐色时采收，后熟7～10 d剖洗种子，晾干后收藏。

4. 病虫防治

茄子易受猝倒病、立枯病、病毒病、黄萎病、绵疫病等危害，其中猝倒病、立枯病和病毒病防治方法参照番茄、辣椒的病害防治。

（1）茄子黄萎病（半边疯、黑心病）。多在结果初期发生，症状从下向上或从一边向全株发展，开始时，病叶叶脉间发黄，逐渐变褐，边缘枯死或全株枯黄，病株中午萎蔫，早晚恢复，严重时叶片脱落，根、茎之维管束变褐，果皮黑褐色，全株死亡。

防治方法：① 实行4年以上轮作，选用抗病品种。② 用50%多菌灵可湿性粉剂（25～50 g）喷雾或拌土消毒床土。③ 用50%多菌灵可湿性粉500倍液浸种2 d，或用80%福美霜可湿性粉剂拌种（用药量为种子量的3‰）作种子消毒。④ 发病初期用50%多菌灵可湿性粉剂500倍液或30%农用杀菌DT350倍液，每株用200～300灌根，每隔7～10 d一次，连灌3～4次。

（2）茄子绵疫病（烂茄子）。主要危害果实，初期病斑呈水浸状，近圆形，逐渐变褐，稍凹陷。遇高温多雨病斑迅速扩大，果实变褐，软腐，表面长出稀疏的灰白色霉层，病果极易脱落，苗期受害后猝倒死亡。

防治方法：① 选用抗病品种。② 发病初期用40%乙膦铝可湿性粉剂200倍液，或75%百菌清可湿粉剂500倍液，或25%瑞毒霉可湿性粉剂800倍液，或1：1：200波尔多液等每隔7～10 d喷治一次，连续2～3次。

（3）茶黄螨危害茄果类、瓜类、豆类和萝卜等蔬菜，幼螨刺吸植株未展开的叶、芽和花蕾等柔嫩部位的汁液，受害后，叶片僵直增厚，叶背黄褐色，油渍状，叶缘反卷，幼茎褐色，扭曲或裸露，果柄黄褐色。

防治方法：及早使用45%硫胶悬剂300倍液，或73%克螨特乳油1 000倍液，或20%哒嗪硫磷乳油1 000倍液，或40%乐果乳油1 000倍液等每10～14 d喷一次叶背、嫩茎、花蕾和幼果。

此外，防治小地老虎在番茄内已述。

四、瓜类

瓜类蔬菜的种类多，品种丰富，供应期长，产量高，并且营养价值很高，果实中含有丰富的碳水化合物、维生素和矿物盐类。

瓜类蔬菜种类很多，其共同特点是：① 根系发达，叶面积大，蒸腾系数高；② 根系易木栓化，受伤后再生能力差；③ 茎为草质蔓性，需整枝和支架；④ 喜高温光照。

（一）黄瓜（彩图 69）

1. 对环境条件的要求

（1）温度。黄瓜喜温，不耐寒，生育的临界温度为 10～40 ℃。种子发芽适温为 25～30 ℃，生长适温为昼温 20～30 ℃，夜温 15～18 ℃，开花结果期为 25～30 ℃，12 ℃ 以下生长缓慢，5 ℃ 左右冻害。

（2）光照。黄瓜能耐弱光，故适于温室、塑料大棚等栽培，但光照过弱，也会引起"化瓜"，故增加光照可提高产量。

（3）水分。黄瓜根系在土壤中分布较浅，叶片蒸腾量大，瓜条生长迅速和连续结瓜，故要求土壤中有充足的水分（但不积水）和较高的空气湿度，在整个生育期中尤以开花结果期要求水分较高。

（4）土壤和肥料。黄瓜喜湿而不耐涝，要求疏松而排水良好的肥沃土壤，pH 5.5～7.2。对肥料要求较严格，喜肥但不耐肥，需钾肥最多，其次为氮肥和磷肥。

黄瓜在光照不足或肥水供应不匀或授粉受精不良的情况下易形成弯曲瓜、尖瓜或峰腰瓜等畸形瓜。

2. 类型与品种

一般分为春黄瓜、夏黄瓜和秋黄瓜三种类型。

3. 栽培技术要点（春黄瓜）

（1）播种育苗，多在冬春用温床等育苗。

播种期以定植期往前推 25～30 d（苗龄）而定，亩用种约 200 g，可用温汤浸种后催芽或不催芽播于营养袋（钵）或营养块，每袋播 2～3 粒。

播种后苗床内保持 25～30 ℃ 的昼温和 20 ℃ 以上的夜温；幼苗出土后及时放风降温（昼温 25～30 ℃，夜温 10～15 ℃），土壤不干燥，一般不浇水，以免徒长；出现第一片真叶时间苗，每袋（钵、块）留 1 株（中、晚熟品种）或 2 株（早熟品种）间苗后浇水。定植前 10 d 左右逐渐加大白天的放风，减少夜间覆盖，锻炼幼苗，以适应露地气候。

在幼苗具 2～3 片叶时，叶面喷施 150～300 ppm 的乙烯利，可增加雌花数。

（2）定植。春季断霜后，地温稳定在 15 ℃ 以上定植，保护地（塑料拱棚）可提前约 15 d 定植。作高畦，施基肥，密度依品种、土壤、肥料等不同而异，一般行距为 50～60 cm，株距 23～40 cm，早熟品种宜密，中、晚熟品种宜稀。

（3）田间管理

① 肥水管理：黄瓜需肥量大，但根系吸收力较弱，加之茎叶与瓜条同时生长，故不宜用高浓度肥料，宜分期追肥，勤浇轻浇，一般在缓苗、根瓜坐住和每采收 1～2 次嫩瓜之后追肥，进入衰老期，在傍晚或清晨追施化肥，以延长结果期，定植时浇定根水，缓苗期土壤不干燥时则不浇水，开花结果期视情况逐渐增加浇水次数，避免田间积水，雨后立即排涝。

生长期间，叶面喷施 0.2% 的磷酸二氢钾或 0.2% 的尿素，每隔 7 d 一次，连续 2～3 次。

② 支架、绑蔓和整枝：抽蔓 4～5 节后，及时支架绑蔓、摘除卷须。对主蔓结果品处在蔓满架后摘心，对主、侧蔓均结果的品种在主蔓爬满架后摘心。以后留 2～3 条侧蔓结瓜，其上的侧蔓（孙蔓）也可继续结瓜，对侧蔓结果的在 4～5 叶后摘心，地黄瓜在爬满畦面后摘心。

③ 病虫害的防治将在"病虫害防治（瓜类）"部分叙述。

（4）采收与留种。一般在谢花后 6～8 d 采收嫩瓜，初期 3～4 d 采收一次，盛期 1～2 d 采收一次，或依采收标准而定。

栽培一代杂种时不可留种，常规种可自己留种，其方法是选择具有原品各特征特性又无病虫的植株上的第一或第二个瓜作种瓜，摘除其余的花和瓜，种瓜老熟时采收、后熟、取种，为防蜜蜂等昆虫传粉，留种时应隔离种植（留种地 2 km 范围内无黄瓜地或用网室隔离栽培），无隔离条件，须人工隔离（束花）授粉，之后 40 ~ 45 d 采收种瓜，后熟几天剖洗种子，晾干收藏于低温干燥处。

4. 病虫害防治（瓜类）

（1）病害的防治

霜霉病：主要症状为叶背现出水浸状圆形水病斑，后渐变褐，病斑受叶脉限制而呈多角形。湿度大时，叶背病斑上长出绒毛状的紫黑色霉，严重时叶枯萎卷缩。防治方法：① 选用抗病品种，培育壮苗，加强栽培管理，如高畦栽培、合理密植、增施磷钾肥，及时排灌等。② 药剂防治用 58% 瑞毒霉锰锌可湿性粉剂 500 倍液，或 64% 杀毒矾可湿性粉剂 500 倍液，或 75% 百菌清可湿性粉剂 600 倍液，或 40% 乙膦铝可湿性粉剂 250 倍液，每隔 5 ~ 7 d 喷治一次，连续 3 ~ 4 次。

白粉病：主要症状为初期在叶的正、反两面出现粉状小斑点，后期整个叶片布满白色粉状物，致使叶片枯黄。防治方法：① 选用抗病品种，加强栽培管理（同防治霜霉病）。② 药剂防治在发病初期用 25% 粉锈宁（进口）2 000 倍液，或 ZB 膜 30 ~ 50 倍液，或农抗 BO-10 水剂（每亩用 500 mL 加水 100 L）隔离 7 ~ 10 d 喷治一次，连续 2 ~ 3 次。

枯萎病：从幼苗至成株均可发病，开花结果期最为严重，苗期发病后，幼茎变褐缢缩，萎蔫猝倒而死。成株发病后，叶现黄色网纹或萎蔫，初期白天植株萎蔫，早晚恢复正常，几天后不能在恢复面顶枯萎，潮湿时，茎基部及蔓节呈水渍状，纵裂，上具粉红色霉状物。根颈内维管束变黄褐色，最后变为黑褐色。防治方法：① 选用抗病品种，改进栽培技术，实行间隔 3 ~ 4 年轮作，种子消毒，高畦栽培，嫁接换根，无土栽培等。② 药防治/发病初期用 50% 多菌灵可湿性粉剂 500 倍液，或甲基托布津可湿性粉剂 500 倍液，或 10% 双效灵 250 倍液灌根，每株灌 250 mL，隔 5 ~ 6 d 灌一次，连续 2 ~ 3 次。

（2）虫害防治

瓜蚜：防治方法参看白菜类蚜虫防治。

黄瓜守（黄虫、瓜叶虫、瓜蛆）：成虫咬断瓜苗，吃叶片、花和幼瓜。幼虫危害根部，或蛀入近地面的瓜条内，造成腐烂。防治方法：① 与芹菜、莴苣、葱蒜类等间套作，减轻受害程度。② 彩地膜覆盖栽培，或在瓜苗四周 30 cm 范围内撒草木灰、糠秕和锯末等，防止成虫产卵。③ 用 90% 敌百虫 800 ~ 1 000 倍液，或 2.5% 敌杀死乳油，或 10% 氯氰菊酯乳油 3 000 倍液喷杀成虫，或灌根杀幼虫。

5. 化瓜的原因及防止

瓜类蔬菜雌花未开放就落，或幼瓜萎蔫、脱落的现象叫化瓜。

（1）造成化瓜的原因：① 温度过高或过低，雌雄蕊发育不良，影响授粉受精。② 肥水过多或不足，导致营养生长和生殖生长失调，造成徒长，落花或幼瓜发育受阻。③ 阴雨或低温，昆虫活动少，授粉受精不良。④ 病虫危害造成花落果。

（2）防止化瓜的措施：① 培育壮苗，增强抗逆和抗病能力。② 春季露地栽培，除选用耐低温的品种外，使用地膜覆盖或拱棚保温，避免低温危害；秋季栽培时适时的播种，避开前期的高温和后期的低温危害。③ 田间管理适时适量追肥和浇水，避免茎叶徒长，开花前适当控制水分，待瓜坐住后再加强水分管理。④ 阴雨天或昆虫少时，进行人工辅助授粉。⑤ 加强病虫害的防治。⑥ 选用单性结实力强的品种（即不经授粉也能结瓜的品种）。

（二）西瓜栽培技术

1. 选地

西瓜对土壤条件的要求是耕层深厚、疏松、排水良好，但它对土壤条件的适应性甚强，不论河滩沙地、黏重土壤、酸性土壤、轻度盐碱地，经过土壤改良、深耕、多施有机肥料，西瓜都能够良好地生长并可能获得高产。西瓜要求土地轮作期较长，切忌连作。一般旱地轮作期 7 ~ 9 年，水田轮作期 3 ~ 4 年。倘若轮作期短或连作，则容易发生枯萎病，从而导致减产，严重时甚至绝收。

2. 整地、施基肥

深翻土地可加深耕层，改良土壤物理性，改善根系生长环境。应该实行全园耕翻，然后再在瓜根的部位深翻。结合耕翻施基肥，基肥以充分腐熟的堆厩肥为主，可配合适量的化肥，如能施用一些饼肥更好。施肥量应参考前作残留肥分多少、产量指标确定，由于各种肥料吸收利用率不同，一般每亩施用纯氮 7~10 kg，磷 13 kg，钾 10 kg 左右。西瓜幼苗期吸收养分很少，在果实膨大时吸肥量急速增加，所以在施基肥后应该进行追肥。基肥数量可占总施肥量的 60%~70%，追肥量为 30%~40%。

3. 播种、育苗

种植西瓜可以大田直播，也可育苗移栽。育苗移栽，一般幼苗苗龄在 20~30 d 之间，那么育苗的播种就应在晚霜期 20~30 d 之前。育苗必须有保护设施，现在多用小拱棚，拱棚的营养钵床下铺设电热线。育苗的营养床土应具备保水性和良好的通气性，同时含有适量的养分且无发生病虫害的隐患。培育子叶苗时利用土块即可，培育大苗必须利用容器，纸袋、塑料、花盆都行。若培育 3~4 叶的大苗时，容器的口径不宜少于 8 cm，高度应在 10 cm 左右。栽培无籽西瓜时，必须育苗移栽不能大田直播，种子一定要破壳处理，浸种催芽后播种，催芽温度要高于普通西瓜，以 32~33 °C 较为适宜。栽植密度，一般早熟品种 800~1 000 株，中熟种 600~800 株左右，晚熟种株数还应该少，这只是对双蔓整枝或三蔓整枝而言。比较干旱的地区栽植的行距为 1.4~1.8 m，株距 45~60 cm 左右。潮湿多雨水地区，平均行距 2.2~2.3 m，株距 50 cm 左右。

4. 田间管理

（1）苗期管理。西瓜幼苗期，由于当时气温较低，应该尽可能提高地温以促进根系早发快长。对地上部分要严加保护，保护好叶片（包括子叶）非常重要。整枝多在主蔓长 40~50 cm 以后开始，双蔓整枝时，除保留主蔓外选一条子蔓，其余子蔓都要去掉，三蔓整枝时则选留两条子蔓。整枝的原则，要使茎蔓分布均匀，布满全园，使叶片充分接受光照以利于同化作用。压蔓主要是为了固定植株，以防受风吹翻卷茎蔓，可结合整枝同时操作；在嫁接栽培的时候，则不能用土压蔓，可改在地面上铺草供卷须缠绕，同样可收到防风的效果。

（2）成长植株的管理。

在每株留下 1 瓜的情况下，一般都不留第 1 雌花座瓜，多半是选留主蔓第 2 雌花或第 3 雌花座瓜（也可选子蔓第 1 雌花或第 2 雌花）。如何判别西瓜生长势的强弱呢?可用茎蔓生长点到留瓜雌花之间的距离及茎蔓先端与地面形成夹角的大小来为判断。植株茎蔓的生长点接近地面，而生长点到雌花间的距离在 20 cm 以下时，则表示生长过弱；若茎蔓先端过于翘起，生长点到雌花间的距离 50 cm 以上，则表示营养过多生长过旺；适宜坐果的生长势指标是茎蔓生长点到雌花之间距离 30~40 cm。

株生长过弱，应该加强追肥浇水，促其正常生长，而植株生长过旺，可用捏伤茎蔓先端或在根部实行局部断根的方法抑制其生长势，务必使其坐果，果实坐稳之后其生长势自然会得到缓和。

为确保在理想节位上坐果，必须进行人工辅助授粉，对无籽西瓜来说必须用二倍体普通西瓜的花粉为之授粉，否则无籽西瓜的子房便不能发育。至于雌花的开花周期，最低气温为 14~16 °C，以每天 1 节的速度进展，大约每 6 d 下一个雌花开放。辅助授粉应在雌雄花开放后当天上午尽早进行，摘取雄花剥去花瓣，将花粉均匀周到地涂抹在雌花柱头上。在发生梅雨季节的地区，必须在梅雨到来之前，使西瓜坐果、坐稳，以求"带瓜入梅"。

在多蔓整枝条件下，常有 1 株坐果几个的情况，在幼瓜阶段应选留 1 个形状周正的，把其余的幼瓜摘掉，以确保选留的幼瓜迅速膨大生长。幼瓜下地面要垫高整平，防止降雨时积水。

（3）土壤水分管理

西瓜很耐干旱，但又是需要水分甚多的作物，在幼苗期幼苗移栽之后，都应尽量少浇水以至不浇水，促使幼苗形成发达的根系。随着植株的生长，西瓜需水量也逐渐增加，一般在开花坐果之前，还要控制水分防止疯长。当坐果以后，应保证充足的水分供应以利于果实膨大、增加重量，在采收前 7~

10 d 则不宜浇水，使果实积累糖分。如此方可获得品质良好而硕大的果实。据调查 1 株西瓜，从幼苗到果实成熟，累计吸水量约 200 kg，每亩西瓜的吸水量可达 130 吨之多。

5. 小拱棚覆盖栽培的温度管理

西瓜定植以后，为了促进缓苗恢复生长，往往要密封小棚上的塑料薄膜。塑料小拱棚栽培温度管理原则上是生育前期以保温为主，一般棚内白天温度要保持 25 ~ 30 ℃，夜间保持 18 ~ 20 ℃。如遇低温应加盖草帘防寒。当棚温升高到 30 ℃ 以上就应大放风，防止高温灼伤幼苗。

小拱棚通风管理比较麻烦，但千万不要怕麻烦，怕费工，千万不要在温度稍一升高后就撤去"天棚"，这样就达不到早熟栽培的目的。实行小拱棚栽培比露地投资大、费工多，如果不尽量发挥覆盖保温的作用，使其成熟期更早，生产的瓜就卖不上好价钱，获不到高产值，实在太可惜。

如果塑料小拱棚覆盖栽培 5 月 1 日前就撤去"天棚"，5 月上旬开雌花，6 月 20 日左右成熟。这样就使果实发育处在自然气温状态，其平均温度只有 25 ~ 30 ℃，不能满足果实发育所需温度，产量不高，质量不稳。特别是果实发育体积快速膨大的 5 月中旬至 6 月上旬，温度更低，即使采用了早熟栽培的措施，也达不到早熟的目的。而露地栽培果实体积快速膨大是在 5 月底至 6 月中下旬，这期间平均气温为 25 ~ 35 ℃，所以瓜能长大，品质好。

在江淮以及南方地区实行塑料小拱棚覆盖栽培西瓜，应全生育期覆盖，开雌花前合理通风保温促长，开雌花后把两边的塑料揭起来，顶棚盖着大部分植株与果实防雨淋，可防病、防灾。在此期间，如遇降温天气，还可把塑料放下来保温，更会起到早熟效果，经过努力，把塑料小拱棚覆盖栽培的开雌花期提前到 4 月下旬至 5 月初，就可在 5 月或 6 月初成熟，其产值肯定比露地要高得多，更能发挥塑料覆盖的作用。

6. 果实的成熟与采收

西瓜果实的生长发育很快，一般中熟品种在开花授粉后 10 d 可长到 1 kg 左右，20 d 可长到 4 kg，30 d 可长到 5 ~ 6 kg 以上。西瓜果实的成熟，一般早熟种在授粉坐果后 30 d 左右，中熟种 35 d 左右，晚熟种为 40 d 左右。如果按果实发育积温来计算，早熟为 800 ℃，中熟种约 1 000 ℃，晚熟种为 1 200 ℃ 左右。此外果实成熟的快、慢，除受温度的影响以外，还受光照强度及光照时间的影响。最好是在开花授粉后，在果实附近做一个标记，注明授粉日期，在预计成熟的时候，采取样瓜剖开果实，实际检测其糖分并品尝，确认成熟以后按标记分批采收。

7. 主要病害防治

西瓜的主要病害是炭疽病、枯萎病和病毒病等。

（1）炭疽病，在西瓜产区普遍发生。幼苗期表现为茎部缢缩，变为黑褐色，从而引起猝倒。叶部受害时，初为小的黄色水浸状圆形斑点，斑点扩大以后变为黑色，叶片随之枯缩死亡。

防治方法：可选用抗病品种，喷洒农药，防重于治。常用的药剂为 50% 的苯来特、多菌灵、托布津、甲基托布津 500 ~ 700 倍液。

（2）枯萎病。西瓜枯萎病也叫蔓割病，是一种土传病害，幼苗、成株均可发病。发病初期白天萎蔫，夜晚恢复"正常"。病情严重后萎蔫不能恢复直到完全枯萎死亡。病株根系有坏死病痕，维管束变褐。

防治方法：避免连作，选用抗病品种。发病之初，扒开根际土壤曝晒并灌注多菌灵、托布津药液，有一定的防治效果。最有效的方法是嫁接育苗栽培，但必须选用适宜的砧木，既能防治枯萎病又不致影响西瓜果实的品质。

（三）甜瓜栽培技术

1. 品种选择

品种应以早熟、中熟优质品种为主，辅助适量中晚熟品种。目前大棚生产应用的品种主要有伊丽莎白、银蜜子、网纹香以及国内外的一些适宜的早熟、中熟品种。

2. 培育壮苗

（1）播种期。一般大棚地温稳定在 12 ℃ 以上时，便可定植。甜瓜育苗期大体 1 个月左右，所以再往前推 1 个月左右的时间，即是播种期。播种育苗常在加温温室和温床内进行。我国南方大棚甜瓜的播种时期是 2 月上中旬，如果保温条件好也可提早到元月份育苗。

（2）种子处理和催芽。备播的种子经去杂去劣去秕，晾晒后再进行种子处理。用甲基托布津或多菌灵 500 ~ 600 倍浸种灭菌 15 min，捞出放入清水中洗净，用浓度 15% 磷酸三钠溶液浸种 30 min 以钝化病毒。再用 50 ~ 60 ℃ 温水浸种，搅拌至 30 ℃，任其浸泡 6 ~ 8 d，捞出擦净种皮上的水分，用清洁粗布将种子分层包好，放置于 30 ~ 32 ℃ 恒温下催芽（催芽方式多样，可在恒温箱，或用电热毯、发酵粪堆以及在锅炉房的温水桶内等处进行）。24 ~ 30 d 露出胚根，即可播种。

（3）营养钵制作与播种。营养钵可以自己制作也可购买不同规格的塑料营养钵。营养钵的规格可以是 10 cm × 10 cm 或 8 cm × 8 cm 或 8 cm × 10 cm，最小不小于 6 cm × 6 cm。配制营养土是为满足甜瓜幼苗生长发育对土壤矿质营养、水分和空气的需要。营养土应疏松透气、不易破碎，保水保肥力强，富含各种养分，无病虫害。营养土是用未种过瓜类作物的大田土、园田土、河泥、炉灰及各种禽畜粪和人粪干等配制而成，一切粪肥都须充分腐熟，配制比例是大田土 5 份，腐熟粪肥 4 份，河泥或砂土 1 份。每立方米营养土加入尿素 0.5 kg、过磷酸钙 1.5 kg、硫酸钾 0.5 kg 或氮、磷、钾复合肥 1.5 kg。营养土在混合前先行过筛，然后均匀混合。采用方块育苗的即可铺入苗床内使用，采用纸筒和营养钵育苗的则可装入纸筒或营养钵内紧排在苗床里，此项工作应在播种前几天完成，以保证在播种前有充足时间浇水、烤床。

苗床的营养钵用喷壶喷一次透水，晾晒 4 ~ 6 d 后即可播种。每一营养钵内放 1 粒催芽种子，播种后覆土 1 ~ 1.5 cm，然后盖地膜，保持床土湿润，提高营养钵的温度，幼苗出土时立即除去地膜，以便幼苗出土。

（4）苗床管理。苗床管理是以掌握温度为中心，出苗前要密闭不通风，此时床温以保持 30 ~ 35 ℃ 为宜。一旦幼芽开始出土就应适当注意放风透气，因为从幼苗出土至子叶平展，这段时间下胚轴生长最快，是幼苗最易徒长的阶段，所以要特别注意控制甜瓜苗的徒长。其措施有三：第一，床温降低到 15 ~ 22 ℃；第二，尽量延长光照时间，保证幼苗正常发育；第三，降低床内空气和土壤湿度，空气相对湿度白天 50% ~ 60%，夜间 70% ~ 80%。当真叶出现后，幼苗不易徒长，因此床温应再次提高到 25 ~ 30 ℃。幼苗长两片真叶后，应降低床温，控制浇水，进行定植前的锻炼。另外，实践证明，采用昼夜大温差育苗，是培养壮苗的有效措施。当幼苗真叶出现后，白天床内气温 30 ℃ 左右，夜间最低气温 15 ℃ 左右，这样有利于根系的生长，有利于培育壮苗。

3. 定植

（1）定植。当幼苗长到两片真叶一心，苗高 10 cm 左右，叶片肥大，叶色浓绿时即可定植在大棚内。大棚定植期与大棚内当时地温有密切关系，因此各地定植期有所不同。长江中下游地区可在 3 月上中旬。大棚定植时气温较低，应在定植前 10 ~ 15 d 扣棚，以利于提高棚内温度。

（2）整地作畦、栽植密度。

大棚内土壤在前作物收获后及时深翻，基肥以有机肥为主，每亩施 3 500 ~ 4 000 kg，硫酸钾复合肥 30 kg，先用 2/3 翻地时撒施，施后整平，按 1.4 m 畦距做高 20 cm、宽 80 cm 的畦（呈龟背型高畦），畦底施入剩余的 1/3 基肥。浇一次底水，晾晒后铺上地膜。为便于采光，南北走向大棚顺棚方向作畦，东西走向大棚要横着棚向作畦。栽苗前，用制体器按一定距离在高垄中央破膜打孔，将幼苗栽到孔内，单蔓整枝，每畦栽两行，双蔓整枝可定植一行。大棚立架栽培的密度为：单蔓整枝，大果型品种（如银蜜子）1 500 ~ 1 800 株/亩，小果型品种（如伊丽莎白）1 800 ~ 2 000 株/亩；双蔓整枝 1 000 ~ 1 200 株/亩。行距确定之后（平均 0.7 m），定植时依密度调整株距。

通常大棚高畦上只铺地膜即可，但有时在定植后的短期内还加盖小棚，以利保温，促进缓苗，促进幼苗的迅速生长。

（3）立架栽培。

为适应大棚甜瓜密植的特点，多采用立架栽培，以充分利用棚内空间，更好地争取光能。常用竹竿或树棍、尼龙绳为架材。架型以单面立架为宜，此架型适于密植，通风透光效果好，操作方便。架高 1.7 m 左右，棚顶高 2.2 ~ 2.5 m，这样立架上端距棚顶要留下 0.5 m 以上的空间，利于空气流动，降低湿度，减少病害。

4. 田间管理

（1）棚内温、湿度管理。甜瓜在整个生育期内最适宜的生长发育温度是 25 ~ 30 ℃，但在不同生长发育阶段对温度要求也不同。定植后，白天大棚保持气温 27 ~ 30 ℃，夜间不低于 20 ℃，地温 27 ℃ 左右。缓苗后注意通风降温。开花前营养生长期保持白天气温 25 ~ 30 ℃，夜间不低于 15 ℃，地温 25 ℃ 左右。开花期白天 27 ~ 30 ℃，夜间 15 ~ 18 ℃。果实膨大期白天保持 27 ~ 30 ℃，夜间 15 ~ 20 ℃。成熟期白天 28 ~ 30 ℃，夜间不低于 15 ℃，地温 20 ~ 23 ℃。营养生长期昼夜温差要求 10 ~ 13 ℃，坐果后要求 15 ℃。夜间温度过高容易徒长，对糖分积累不利，影响品质。

适于甜瓜生长的空气相对湿度为 50% ~ 60%。而在大棚内白天 60%，夜间 70% ~ 80% 也能使甜瓜正常生长。苗期及营养生长期对较高、较低的空气湿度适应性较强，但开花坐果后，尤其进入膨瓜期，对空气湿度反应敏感，主要在植株生长中后期，空气湿度过大，会推迟开花期，造成茎叶徒长，以及引起病害的发生。当棚内温度和湿度发生矛盾时，以降低湿度为主。降低棚内湿度的措施：第一是通风，生育前期棚外气温低而不稳定，以大棚中部通风为好；后期气温较高，以大棚两端和两侧通风为主，雨天可将中部通风口关上。在甜瓜生长的中后期要求棚内有一级风。第二是控制浇水：灌水多，蒸发量大，极易造成棚内湿度过高，所以要尽量减少灌水次数，控制灌水量。

（2）水肥管理。在整个生长期内土壤湿度不能低于 48%，但不同的发育阶段，对水分的需要量也不同。定植后到伸蔓前瓜苗需水量少，叶面蒸发量少，应当控制浇水，促进根系扩大；伸蔓期可适当追肥浇水，开花前后严格控制浇水，当幼瓜长到鸡蛋大小，开始进入膨瓜期，水分供应要足。成熟期需水少，在膨瓜期配合浇水每亩可追施硫酸钾 10 kg。通常大棚甜瓜浇一次伸蔓水和 1 ~ 2 次膨瓜水即可。注意浇膨瓜水时水量不可过大，以免引起病害。

（3）整枝。为使厚皮甜瓜在最理想的位置结果，使结果期一致，摘心、整枝为栽培上必需的手段。大棚甜瓜，多采用单蔓整枝，少量也有双蔓整枝的。

单蔓结果整枝法：此法操作简单，管理方便，成熟期提前，结果集中，但产量稍低。具体做法是：主蔓先不摘心，直到 25 ~ 30 叶时才摘心，主蔓基部第 1 ~ 10 节位的子蔓全部摘除，选留主蔓上第 11 ~ 16 节位上所发生的子蔓作为结果蔓，秋季高温期留结果蔓多在 11 ~ 13 节，春季低温期结果蔓多在主蔓 13 ~ 16 节上为宜，结果蔓留 3 条各留 2 片叶摘心，其他子蔓全部摘除。结果后主蔓基部的老叶可剪掉 3 ~ 5 叶，以利通风。结果蔓上的腋芽（孙蔓）也应摘除。

双蔓结果整枝法：此法可获得较高产量，但瓜成熟较晚，而且成熟期不太集中。整枝操作是：幼苗 3 ~ 4 片真叶展开时摘心，待子蔓长 15 cm 左右时，从中选留长势健壮，整齐的子蔓 2 条，摘除其余的子蔓，子蔓第 20 ~ 25 叶时摘心。低温期结果位置不宜太低，在第 10 节左右发生的孙蔓上坐瓜；高温期结果位置宜低，以第 6 节以后发生的孙蔓使其结果。预定结果蔓以内的侧蔓及早摘除，预定结果蔓留 2 叶摘心，子蔓最先端 3 节发生的侧蔓摘除，其他非结果蔓的孙蔓枝视植株生育情况而定，生育旺盛时，非结果蔓全部留 1 叶摘心，生育稍弱或分枝力弱的品种，其非结果枝放任之。

无论哪种整枝方式，摘心工作应及早进行，防止伤口过大，主蔓摘心应在叶片没展开之前摘除，结果子蔓或孙蔓摘心须在花蕾未开放前进行，以促进坐果和果实肥大。整枝摘心宜在晴天进行，并可适当喷洒农用链霉素防止伤口感染。

（4）人工授粉。保护地内种植厚皮甜瓜必须人工授粉，阴雨天尤为重要。授粉一般在上午 8 ~ 10 时进行。授粉时将当天盛开的雄花摘下，确认已开始散粉，摘掉花瓣，将花粉轻轻涂抹在雌花柱头上。一般一朵雄花可涂抹 2 ~ 3 朵雌花。

（5）选瓜留瓜。坐果后 5～10 d 当幼瓜长到鸡蛋大小时，选留节位适宜、瓜形圆正。符合本品种特点的瓜作商品瓜，早熟小型果品种留 2 个，留两个瓜的要选节位相近的，以防出现一大一小的现象；中晚熟大型果留 1 个。当幼瓜长到 0.5 kg 左右时，要用塑料绳吊在果梗部，固定在竹竿或支柱的横拉铁丝上，以防瓜蔓折断及果实脱落。

5. 病虫害防治

大棚内温湿度较高，植株生长旺盛，茎叶郁密，病虫害容易滋生，因此应很好地控制灌水，注意通风换气，调节好棚内的温湿度，并及时防治病虫害的发生。

五、豆类

豆类蔬菜的营养价值很高，除含有大量碳水化合物外，还富含蛋白质、脂肪、矿物质和多种维生素，其适应性广，可露地或保护地生产，但忌连作豆类蔬菜为深耕性作物。它有强大的主根和侧根，根系易木栓化，再生能力差，不耐移植，多行直播，多数豆类为草质茎，除蚕豆以外都有矮生和蔓生两类。

（一）菜豆

1. 对环境条件的要求

（1）温度。菜豆喜温暖，不耐霜冻和酷暑。种子 8～10 ℃ 开始发芽，适温为 20～25 ℃；生长最适温度为 20 ℃ 左右，30 ℃ 以上则落花落荚严重或荚小和畸形。

（2）光照。菜豆多为中光性，但充足的光照能增加结荚数。

（3）水分。菜豆要求空气相对湿度为 65%～70%，在空气温度过高和土壤水分过多时易发生病害和落花。

（4）土壤。菜豆要求疏松深厚的土壤，N、P、K 配合施用能增加开花和结荚数，其中 N 肥不宜过多以免植株徒长。

2. 类型

一般分为蔓生种和矮生种两类。

3. 栽培技术要点

（1）整地、施基肥。

结合整地施入农家肥 3 000～4 000 kg/mu,据测定菜豆高产地的亩施肥量是纯 N 30 kg、纯 P 7.5 kg、纯 K 18 kg。

（2）适时播种。

春菜豆于 2～4 月、秋菜豆于 6 月下旬至 7 月播种，矮生种多为畦作，穴播，蔓生种多垄作，穴播或条播，深度在 3～5 cm 之间，蔓生种株行距 25～40 cm×50～60 cm，每穴 3～4 粒，矮生种株行距 16 cm×33～40 cm，每穴 2 粒，亩用种量 7.5 kg。

（3）田间管理。

第一对基生叶出现后，及时查田补苗，对第一结基生叶受损的植株，应拔除补苗，条播的及时间苗，三叶出现后定苗。

在保持植株正常生长的前提下，开花前少追肥水，开花后适量追肥，结荚期重追肥，不偏施 N 肥，增施 P、K 肥，及时排灌。

4. 病虫防治

（1）菜豆枯萎病

多在开花期发生，病株下部叶片出黄色网纹，嫩枝和茎蔓变褐，根部维管束呈黑褐色，根部腐烂而使植株萎蔫死亡。防治方法：①选用抗病品种。②实行轮作，增施 P、K 肥，高畦栽培，加强田间管理。③药剂防治：用 50% 的多菌灵可湿性粉剂拌种（用药量为种子量的 0.3%），或用其 400 倍液灌根（每株灌 0.3～0.5 kg），或用 75% 百菌清可湿性粉剂 600 倍液喷洒植株，隔 6～7 d 喷一次，连续喷 2～3 次。

（2）菜豆炭疽病

幼苗子叶呈红褐色，叶片枯死，茎蔓呈条状凹陷的锈色斑，严重时折断，豆荚出现暗褐色近圆形或椭圆形，稍凹陷病斑，潮湿时出现肉红色的稠状物，种子受害后呈黄褐色或黑褐色病斑，易腐烂。

防治方法：① 选用无病种子。② 实行轮作、高畦栽培、种子消毒（同枯萎病防治），用 50% 代森铵 1 000 倍液消毒旧架材，加强田间管理。③ 药剂防治。50% 多菌灵可湿性粉剂 600 倍液，或 50% 甲基托布津可湿性粉剂 500 倍液，或 70% 代森锰锌 500 倍液，隔 7 d 喷一次，连续 3～4 次。

（3）细菌性疫病（叶烧病）

受害叶片背面产生水渍不规则斑点，后变褐，边缘有黄色晕圈，最后焦枯如火烧状；茎蔓上病斑红褐色，生长条形、凹陷并龟裂，荚上病斑红褐色，近圆形或不规则形，稍凹陷，种子上病斑淡黄色。

防治方法除选用抗病品种，无病种子，种子消毒，加强管理外，在发病初期用农用链霉素 250 ppm，或新植霉素 200 ppm，或 65% 代森锌 500 倍液，每隔 6～7 d 喷治一次，连续 3～4 次。

（4）豆荚螟（豆蛀虫）

幼虫蛀入荚内取食豆粒，造成空荚且味苦不堪食用。

防治方法：① 与非豆科作物轮作。② 用 2.5% 溴氰菊酯 2 500～3 000 倍液，或 20% 杀灭菊酯 3 000～4 000 倍液，隔 7～10 d 喷治一天，连续 2～3 次。

（5）豆野螟（豇豆荚螟）

幼虫蛀入嫩荚危害，或蛀入花蕾取食花药和子房，引起落蕾落荚，也危害叶片、叶柄和嫩茎。幼虫老熟后，常在叶背主脉两侧吐丝作茧。

防治方法参照豆荚螟的防治。

（二）豇豆

1. 豇豆对环境条件的要求

（1）温度。豇豆耐高温不耐霜冻，种子发芽适温为 25～35 ℃，生育适温为 20～30 ℃，35 ℃ 时仍能开花结荚，15 ℃ 以下生长不良。

（2）光照。豇豆喜光，光照不足易落花落荚。

（3）水分。豇豆较耐旱，开花结荚期要求适量水分，但雨水过多易落花落荚，土壤过湿易烂根发病。

（4）土壤。豇豆对土壤适应性广，最宜排水良好的疏松土壤，N、P、K 配合施用能使豆荚饱满，但 N 不宜过多。

2. 类型与品种

有蔓生、矮生、半蔓生豇豆三种类型。

3. 栽培技术要点

（1）整地施肥。播种前将土地深耕、用农家肥 5 000 kg，可将农药、复合肥开沟施入土中。

（2）播种。当土温稳定在 10～12 ℃ 以上时播种，深度 3 cm 左右，蔓生种穴播株行距 27～33 cm × 60～80 cm，每穴 2～3 粒，矮生种较密，亩用种量 3～4 kg。

（3）田间管理。开花前以蹲苗为主，适当控制水分和 N 素营养，坐荚期充分供应肥水，第一次产量高峰出现后，增加肥水。

（4）植株调整。基部打芽，即摘除主蔓第一花序以下所有的芽。蔓腰打杈，即摘除各混合节位上的小叶芽，以促进花芽生长，对于叶芽，待抽枝后留 1～2 叶摘心，使第一节形成花序。打群尖，在生长中后期，对主蔓中上部的侧枝及早摘心，但不宜过重，以便酌情利用侧蔓结果。主蔓打顶，主蔓 2～3 m 时摘心，以控制徒长，集中养分，促进各花芽上副花芽的形成。

4. 病虫防治

（1）豇豆病毒病（花叶病）。各种豆类均易受害，尤以秋豇豆严重。受害后，苗期叶片畸形，植株矮缩，成株叶片畸形，呈黄绿相间花斑，植株矮花，开花结荚少，豆粒上产生黄绝花斑。防治方法：① 选用抗病品种，选留无病种子。② 加强田间管理，增强抗病能力。③ 用马拉硫磷乳油，敌杀死乳油等药剂防治蚜虫，以杜绝病毒传播。

（2）豇豆煤霉病（叶霉病）。主要危害叶片，发病初期，叶面和叶背产生红色或紫褐色斑点，后扩大为近圆形褐色斑，潮湿时病斑背面长面灰黑色霉。严重的早期落叶，结荚减少，防治方法：除适当密植，加强田间管理，增施 P、K 肥外，在发病初期喷 50% 多菌灵可湿性粉剂 400 ~ 600 倍液，或 50% 托布津可湿性粉剂 500 倍液，或 14% 络氨铜水剂 300 倍液等，每 10 次喷治一次，连续 2 ~ 3 次。

（3）主要虫害，参看菜豆虫害部分。

六、葱蒜类

葱蒜类多为两年生或多年生草本植物，它们喜温和的气候；具有很强的耐寒性和抗热性，能适应较低的空气湿度而要求较高的土壤湿度，根群弱小，入土浅，吸收能力差。

（一）韭菜

1. 对环境条件的要求

（1）温度。种子发芽适温为 15 ~ 18 ℃，生长适温为 12 ~ 24 ℃，叶丛能耐 - 4 ~ - 5 ℃ 的低温。

（2）光照。对光照强度要求适中，在长日照下抽薹开花。

（3）水分。对土壤水分要求较严。发芽期要求保持土壤湿润，以后需水量逐渐增加。

（4）土壤。韭菜对土壤适应性很强。但以土层深厚、耕层疏松、肥沃的壤土最好。

2. 类型与品种

（1）宽叶韭。叶片宽厚、色泽浅绿或绿色，纤维少，产量高，但香味稍淡。主要品种有北京的大白根、汉中冬韭、天津大黄苗、竹竿青韭菜等。

（2）窄叶韭。叶片细长，色深绿，纤维稍多，香味浓，抗性强。主要品种有北京铁丝韭、三棱韭、大青苗等。

3. 栽培技术

（1）播种育苗。韭菜的繁殖方法有种子繁殖和分株繁殖两种。播种以春、秋两季为宜。韭菜宜浸种催芽，播后盖土两次，厚约 2 cm 左右，亩用种量 2 ~ 5 kg，幼苗出土前需连浇 3 ~ 4 次水。

（2）苗期管理。掌握轻浇、勤浇原则，及时间苗。当苗高 18 ~ 20 cm 具 5 ~ 6 片叶时定植，栽植的方法有开沟栽培和平畦栽培两种，前者便于培土软化，沟距 30 ~ 40 cm，深 12 ~ 15 cm，穴距 15 ~ 20 cm，每穴 20 ~ 30 株；平畦栽培株行距 10 ~ 15 cm × 13 ~ 20 cm，每穴 6 ~ 10 株。

（3）田间管理。定植后浇足定根水，缓苗后随生长量的增加追施肥水，以清粪水较好，定植当年不割而重养根。

（4）采收。韭菜每年收割的次数决定于植株长势、施肥多少及市场要求，一般春收 3 茬，秋收 1 ~ 2 茬。

（三）葱蒜类的主要病虫害及防治

1. 大蒜叶枯病

发病初期叶尖先干枯，病斑为苍白色圆点，后扩大成灰褐色的斑点，病部上产生黑色霉状物，最后出现黑色小斑点。

防治方法：选用无病种子或进行种子消毒，加强田间管理。药防用 25% 瑞毒毒可湿性粉剂 600 倍液，或用 25% 甲霜灵可湿性粉剂 600 倍液或 40% 疫霉灵 200 ~ 250 倍液，6 ~ 7 d 喷一次，连续 3 ~ 4 次。

2. 大葱紫斑病

病斑初为灰色，稍凹，中央紫褐色，潮湿时长黑色粉状物，扩大为椭圆形，暗紫色有同心轮纹，病部易折断。

防治方法：种子消毒，加强田间管理。用64%杀毒矾可湿性粉剂500倍液，或75%百菌清600倍液，7~8 d喷治一次，连续喷3~4次。

3. 葱蓟马

危害多种蔬菜，成虫或若虫吸取叶片汁液，产生细小的灰白色长形斑点。

防治方法：发生初期喷洒或浇灌99.1%敌死虫乳油或5%氟虫腈悬浮剂2 500倍液，40%毒死蜱乳油1 000倍液、或12%马拉·杀螟松乳油每亩用药100毫升，或6.3%阿维·高氯可湿性粉剂5 000倍液，隔10 d左右一次，防治2~3次。

4. 韭蛆

幼虫在土壤中蛀食韭菜嫩芽和鳞茎，造成根茎或鳞茎腐烂。

防治方法：糖醋诱杀（糖3份、醋1份、水10份加90%敌百虫0.1份）。用40%乐果乳油1 000倍液灌根，或50%辛硫磷2 000倍液，或90%敌百虫晶体1 000倍液灌根，每穴0.5 kg，10 d后再灌一次。

七、薯芋类

（一）姜

1. 对环境条件的要求

（1）温度。姜喜温不耐寒，发芽适温为15~18 ℃，根茎分生需月均温25~29 ℃，姜块发育适温为17~24 ℃，15 ℃以下停止生长。

（2）光照。姜喜阴不耐强光。

（3）水分。水分过多则地上部分徒长，根茎易腐烂。

（4）土壤。姜喜疏松肥沃的壤土或沙壤土，不宜在黏重的低洼地上栽培。

2. 栽培技术要点

（1）栽植。气温稳定在15 ℃以上时栽植。选用块大肥厚、皮色黄亮，无病虫的姜块作种姜，栽前将种姜晾晒1~2 d后堆放，盖上草帘，3~4 d后在20~25 ℃和70%~80%相对湿度下催芽，出芽后将种瓣开，每块留一壮芽，亩用种姜量150~400 kg，株行距17~20 cm×33~50 cm。

（2）田间管理。苗高13~16 cm时追提苗肥，植株发生两个侧枝后追壮苗肥，进入旺盛生长期重追肥，追肥结合培土。三马杈后须保持土壤湿润，不要积水。

（3）收获。收种姜一般在6月下旬采收，嫩姜在立秋前后采收，也可在苗期待新根、叶长出后采收。收老姜在初霜来临前而茎叶未枯时采收。

3. 病虫防治

（1）姜瘟病：受害后叶片萎蔫卷缩，变黄至全株枯死；姜片腐烂有臭味。防治方法：选用无病种姜，实行三年以上轮作，防止积水，及时铲除病株，并在穴内撒石灰清毒。

（2）姜螟虫：咬食嫩茎，使姜苗枯黄凋萎，茎尖折断。用90%敌百虫800~1 000倍液喷杀。

八、绿叶蔬菜

绿叶蔬菜指以嫩绿的叶片或茎部为食用的速生蔬菜。其产品柔嫩多汁，营养价值高，生长期短，营养面积小，适宜间、混、套作，对提高单产有很大实用价值。多数绿叶蔬菜根系较浅，生长迅速，在单位面积上种植株浸透较多，因此，对土壤和水肥条件的要求较高。

（一）菠菜

1. 对环境条件的要求

（1）温度。菠菜喜冷凉不耐高温，种子发芽的最适温度15~20 ℃，植株生长适温为17~20 ℃，高于25 ℃时生长不良，能耐-6~-8 ℃低温。

（2）光照。菠菜对光照要求不严。

（3）水分。菠菜需水量大，不耐干旱。

（4）土壤。对土壤的适应性广，但仍以潮湿而富含腐殖质的沙壤土为宜，适应的 pH 为 6～7。需充足的 N 肥，对缺 B 敏感。

2. 类型与品种

一般分为尖叶类和园叶类菠菜。

3. 栽培技术要点（越冬菠菜）

（1）适时播种。当秋季日均温为 17～19 ℃ 时播种，亩用种 4～7 kg。条播行距 10～15 cm，穴播株行距 16 cm×16 cm。

（2）田间管理。幼苗控水，出现 2 片真叶后及时浇水，追肥以速效 N 为主，为越冬准备，越冬期间注意浇水防寒、清除雪等。越冬后及时追肥浇水。

（3）采收。菠菜苗高 15 cm 时即可采收，采前 6～8 d 可用 1 g "九二 O" 加水 40～100 kg 喷植株，增产效果显著。

（二）芹菜

1. 对环境条件的要求

（1）温度。芹菜属耐寒性蔬菜。种子发芽适温为 15～18 ℃；生长最适温度为 15～20 ℃，日均温在 21 ℃ 以上时生长不良。

（2）光照。要求不严。

（3）水分。芹菜根系浅，生长迅速，要求水分充足。

（4）土壤。适宜富含有机质、保肥水力强的壤土或黏壤土。整个生长期要求以 N 肥为主，对缺 B 敏感。

2. 类型与品种

一般分为本芹和洋芹两种类型。

3. 栽培技术要点（秋芹菜）

（1）育苗。适宜浸种催芽处理，催出芽后可架下育苗，亩用种量 150～250 g。

（2）苗期管理。芽顶土时，轻浇 1 次水，及时间苗，4～5 片真叶时定植，株行距 10 cm 左右，每穴 2 株。

（3）田间管理。缓苗期（15～20 d），勤浇轻浇以保湿降温；蹲苗期（20 d）控水中耕，旺长期追速效 N 肥，3～4 d 浇一次水，采前半月全株喷 30～50 ppm 赤霉素 1～2 次。

（4）培土软化。在植株高 25～33 cm 时充分浇水后培土，每隔 2～3 d 培土一次，共培 4～5 次，每次不超过心叶，培土厚度 17～20 cm。

4. 病虫防治

（1）芹菜斑枯病。又叫叶枯病、晚疫、火龙，危害叶片、叶柄和茎。有大斑型和小斑型两种，前期症状两型相似，后期大斑型的病斑大，外缘深红褐色，中间褐色，中央有小黑点；小斑斑型病斑小，外缘黄褐色，中间黄色或灰白色，边缘有小黑点。

（2）防治方法。

选用无病种子，种子消毒，加强田间管理；用 50% 多菌灵可湿粉剂 500 倍液或 70% 代森锰锌可湿性粉剂 400～500 倍液，隔 6 d 左右喷治一次，连续 3～4 次。

（3）芹菜斑点病，又叫叶斑病、早疫病。危害叶片、叶柄和茎。叶片初期产生黄色水渍状斑点，随后发展为圆形或不规则形，褐色或灰褐色，周围黄色。潮湿时病斑上出现灰色霉层，严重时病斑扩大成片，使叶片干枯死亡。叶柄和茎发严重时植株倒伏。

防治方法同斑枯病。此外，虫害的防治参照白菜类，主要是蚜虫。

子任务二　设施葡萄有机栽培技术

一、国内外果树设施栽培的现状

（一）国外果树设施栽培情况

（1）果树设施栽培已形成促成、延后、避雨类型等栽培技术体系及其相应模式。

（2）日本、韩国、意大利、荷兰、加拿大、比利时、罗马尼亚、美国、澳大利亚和新西兰等国设施果树栽培发展较多。

（3）栽培种类以葡萄面积最大，其次为柑橘、樱桃、砂梨、枇杷、无花果、桃、李、柿等。

（4）主要的设施类型有单栋塑料温室、连栋塑料温室、平棚、倾斜棚、栽培网架和防鸟网等多种形式。

（二）国内果树设施栽培情况

（1）我国果树设施栽培始于 20 世纪 80 年代，起初主要以草莓的促成栽培为主。

（2）进入 90 年代后，设施栽培的种类逐渐增多，种植规模也逐渐扩大。

（3）目前辽宁、山东、河北、北京、河南、吉林、江苏、上海、浙江等省已发展果树设施栽培面积（包括草莓）达 37 000 余 hm^2，其中山东省为 9 600 hm^2，辽宁省为 4 800 hm^2，河北省 3 400 hm^2，河南省 2 600 hm^2。设施栽培的种类以草莓最多，约占总面积的 60% 左右；其次是葡萄约占 18%，桃和油桃约占 17%，其他约占 5% 左右。

（4）主要生产形式有日光温室和塑料大棚。

（三）我国果树设施栽培存在的问题

（1）树种、品种结构不合理；

（2）设施结构简易；

（3）生产技术和管理水平较低；

（4）果品商品化处理和产业化经营滞后。

二、果树设施栽培的主要树种和品种

目前世界各国进行设施栽培的果树有落叶果树，也有常绿果树，涉及树种达 35 种之多，其中落叶果树 12 种、常绿果树 23 种，见表 1-3-26。

表 1-3-26　设施促成栽培中常见落叶果树及主要品种

树种	主要品种
葡萄	玫瑰，巨峰，玫瑰露，蓓雷，新玫瑰，先锋，龙宝，蜜汁，康拜尔早生，底拉洼，乍娜，凤凰51，里扎马特，京亚，紫珍香，京秀，有核 8611
桃	京早生，武井白凤，布目早生，砂子早生，八幡白凤，仓方早生，Flor dagold，Mararilla，春蕾，春花，庆丰，雨花露，早花露，春丰，春艳
油桃	五月火，早红宝石，瑞光 3 号，早红 2 号，曙光，NJN72，早美光，艳光，华光，早红珠，早红霞，伊尔二号
樱桃	佐藤锦，高砂，那翁，香夏锦，大紫，红灯，短枝先锋，短枝斯坦勒，拉宾斯，斯坦勒，莱阳矮樱桃，雷尼尔，红丰，斯得拉，日之出，黄玉，红蜜
李	大石早生，大石中生，圣诞，苏鲁达，美思蕾，早美丽，红美丽，蜜思李
杏	和平，红荷包，骆驼黄，玛瑙杏，凯特杏，金太阳，新世纪，红丰
梨	新水，幸水，长寿，二十世纪
苹果	津轻，拉里丹
柿	西村早生，刀根早生，前川次郎，伊豆，平核无
无花果	玛斯义·陶芬
枣	金丝小枣

三、果树设施栽培的管理特点

（1）增加光照。

① 选择透光性能好的覆盖材料；

② 利用反射光，地面铺设反光材料和设施内墙刷白；

③ 用人工光源技术，如白炽灯、卤灯和高压钠灯进行补光；

④ 适宜的树形及整形修剪技术。

（2）施用 CO_2 气肥。

（3）调节土壤及空气湿度。

（4）控制温度。设施温度的管理有两个关键时期：

一是花期，花期要求最适温度白天 20 ℃ 左右，最低温度晚间不低于 5 ℃。因此花期夜间加温或保温措施至关重要。

二是果实生育期，最适 25 ℃ 左右，最高不超过 30 ℃。温度太高，造成果皮粗糙、颜色浅、糖酸度下降、品质低劣。

（5）人工授粉。

设施内尽管配置有授粉树，即使有昆虫活动，其传粉也极不平衡，除影响坐果外，桃和葡萄容易出现单性结实，果实大小不一致，差异较大。草莓容易出现畸形果。

除早春放蜂（每 300 m² 设置 1 箱蜜蜂）帮助果树授粉外，还需要人工授粉。

（6）生长调节剂的应用。

为促进果树生长通常应用 GA_3；防止枝叶徒长，多用 250 mg/L 的多效唑（PP_{333}）溶液，施用生长抑制剂过量时可用 20 mg/L 的 GA_3 溶液调节。

为抑制葡萄新梢生长，提高坐果率，通常在开花前 5～10 d 喷洒 200×10^{-6} 的矮壮素（CCC）溶液。

（7）整形修剪。

（8）土肥水管理。

（9）病虫害防治。

四、设施葡萄有机栽培的意义与类型

（一）葡萄设施栽培的意义

葡萄设施栽培是人为创造的一种能使葡萄提前或延长萌芽、生长、成熟的设施生态环境，提早或延迟葡萄采收成熟时期，从而获得较高经济效益的一种新的反季节葡萄栽培方式。葡萄设施栽培与传统的露地栽培相比具有以下优点：

1. 人为调节控制葡萄果实成熟期

设施内葡萄生长成熟期由人为的调节，提早或延迟，由于设施的覆盖，积温明显增加，使葡萄提前萌发、开花和成熟，同时由于设施的覆盖，生长期在华北地区可延长到 270 d 左右，从而也可延迟葡萄的生长和成熟。

2. 早结果、早丰产

由于延长了生长期，葡萄年生长量增加，定植当年新梢长度可达 2 m 以上，新梢粗度可达 1 cm 以上，一般栽后第二年即可进入结果期，使开始结果年限明显提前。

3. 一年多次结果

设施条件下，一年可结二三茬葡萄。在良好的管理条件下，一年内从 5 月到 12 月都能生产新鲜葡萄，为市场周年供应新鲜葡萄创造了条件。

4. 经济效益高

由于葡萄提前或延后上市，经济效益十分明显，一般促成早熟栽培葡萄平均价格为露地葡萄的三倍左右。延迟栽培晚采的葡萄价格也十分可观。在华北地区栽培 1 亩保护地葡萄，年产值近二万元左右，如果实行立体栽培，经济效益更高。

（二）葡萄设施栽培的类型

葡萄设施栽培因栽培目的的不同，可分为促成栽培、延迟栽培、避雨栽培和防雹栽培等几种类型，但在生产上应用最广的是促成栽培，即通过设施提早葡萄的成熟采收时期。葡萄促成栽培根据设施类型的不同，主要分为两大类，即：日光温室和塑料大棚。

1. 塑料大棚

塑料大棚是用竹木或钢架结构形成棚架，覆盖塑料薄膜而成，一般每个大棚占地一亩左右，可单独建棚，也可多个大棚联结成连栋大棚。棚的结构、构件有各种不同的类型，大棚内葡萄多用篱架栽植。

塑料大棚建造较为方便，棚内空间较大，光照条件较好，人工操作较为方便，但塑料大棚四周仅靠塑料薄膜覆盖保温，用草帘覆盖较为困难，保温效果较差，因此，在提早植株生长发育和果实成熟上效果不十分显著，一般仅能提早 10 ~ 15 d 左右。南方各地用大棚进行避雨栽培有明显的防雨效果。

2. 塑料覆盖日光温室

这由原来的玻璃覆盖的一面坡式日光温室发展而来，温室的北、东、西三面有砖石结构的宽厚墙体，南面向阳面覆盖塑料薄膜，所以接收日光能较为充分，加之温室便于进行草帘覆盖，所以保温性能较好，促成栽培提早成熟的效果也比较显著，是当前葡萄设施栽培中应用最多的设施类型。

塑料薄膜覆盖的日光温室根据加温方式可分类日光温室和人工加温温室两种：① 人工加温温室：采用各种人工加温设施为温室加温，促进设施内温度提高，常用的加温方式分为空气加温和土壤加温。空气加温是利用在设施内增设火炉、火道或输送热风或设置暖气管道的方法增加设施内气温。土壤加温是在温室土层下铺设送热管道，采用专用的锅炉进行输送热水、热气给土壤表层加温。② 日光温室：温室内不专门设置加热装置，而靠日光能加温，是我国北纬 40 ℃ 以南地区普遍采用的主要温室类型，为了尽可能最大限度地接受日光能和保存热量，各地在设施建造、棚膜选择、保温材料等方面进行了许多研究。各地调查情况表明，节能型高效日光温室是葡萄设施栽培中应用前途最为广阔的一种设施类型。

五、葡萄设施栽培品种选择

设施栽培葡萄生产条件与露地栽培差异很大，开展设施栽培时应选择适合设施生态条件、能在设施内正常生长结果的品种。另外设施栽培投资大、成本高，要求有较高的生产收益，因此设施栽培品种的果穗、果实外观要艳丽，品质一定要优良，这样才能有较高的商品价值和较高的经济收益。

（一）葡萄设施栽培品种选择的原则

（1）适应设施内的弱光环境，耐高温、耐高湿、抗病力强。

（2）在散射光条件下容易着色，而且着色整齐一致。

（3）由于保护地内温湿度高，葡萄生长势强，这就要求选用生长势中庸、健壮的品种。

（4）保护地是集约经营，单位面积投入的生产费用较高，因此应栽培粒大、穗大、优质、经济效益高的优良品种。

（5）早熟促成栽培必须选择生育期较短的早熟、特早熟品种，而延迟栽培时应选用晚熟和极晚熟品种。

（二）适于在设施中栽培的葡萄品种

根据多年研究结果并总结各地的生产经验，以下品种可作为当前各地设施促成栽培的主要品种，见表 1-3-27。

表 1-3-27　适于温室促成栽培的葡萄品种

品种	穗重（g）	粒重（g）	色泽	萌芽至成熟天数
早玫瑰	450	5.0	深紫	105
普列文玫瑰	535	5.2	红紫	112
世纪无核	650	6.0	黄绿	115
京秀	512	6.3	玫瑰红	112
潘诺尼亚	730	5.7	乳黄	117
绯红	500	8.0	淡红	110
凤凰 51	500	7.1	玫瑰红	105
紫玉	450	11.0	紫红	114
红双味	500	6.0	玫瑰红	105
87-1	450	6.0	紫红	120
紫珍香	544	10.0	黑紫	110

六、葡萄温室内的生态环境及调控技术

（一）温室内特殊的生态环境

1. 光照

设施内的光照，通常只有室外日照量的 60%～70%，如果覆盖薄膜污染严重，尘埃黏结很多，或者附有水滴，透入室内的光线则更加减少。一般春季室外自然光照强度为 5 万～6 万 lx，而室内光照强度只能达到 2 万 lx 左右，在阴天或多云天气甚至更低，温室内光线质量也差，玻璃温室紫外线透过力最差，紫外线对塑料薄膜虽然具有较好的穿透能力，但是由于制膜时加用了可塑剂，从而也相当程度地减少了紫外线的透过率。这显然不能满足葡萄对光照的要求。在这种情况下，葡萄叶片的同化能力相应较低。因此光照（光质、光量）不足是温室葡萄栽培中始终要重视的主要问题。

2. 温度

温度对葡萄生长发育具有重要的意义，它直接影响着葡萄的生长、开花和结果。光线进入温室后，气温增高，地温提高，太阳能贮于温室空间和土壤之中，晚上地面放热时一部分被覆盖材料阻隔，反射回空间，而另一部分热量透过孔隙和薄膜表面传导而损失，从而形成昼夜温差。冬末春初季节，不加温的日光温室和塑料大棚，晴天时一日之内温差可达 30 ℃。昼夜温差的大小，一方面受到外界气温和风速变化的影响，另一方面取决于温室设施的设计结构和保温材料的质量。要想取得较好的保温效果，温室的方向应坐北朝南，或略向西或东偏 5° 左右，而塑料大棚的方向则以南北栋向为主。温室低矮、空间小的，保温效果较好。覆盖材料保温性能随其结构的不同而有很大的差别，当前常用的是草帘和无纺布。保护地最大的特点就是可以人为的调节温度环境，如在 1 月上旬揭帘升温时，白天可保持在 15～20 ℃，夜间 10 ℃ 左右，从而促进葡萄萌芽；2 月中下旬，白天提高到 28～30 ℃（夜间保持在 18～20 ℃，就能顺利开花坐果）；以后白天出现高温（超过 35 ℃）时进行放风即可有效地进行降温。

3. 湿度

温室内的水分状况全靠人为控制，而受自然降雨影响较小，温室中的空气相对湿度一般比露地高得多。其原因一是土壤灌水后地面蒸发的水汽受覆盖物的阻隔停滞在室内；二是葡萄植株枝叶繁茂，在温度较高情况下蒸腾作用强烈，形成高温多湿的生态环境，这样就易引起葡萄新梢徒长和病菌滋长。所以保护地葡萄要经常放风换气，减低空气湿度。

保护地内的土壤水分与露地有很大的不同，一是完全需要人为补给水分；二是土壤溶液浓度容易

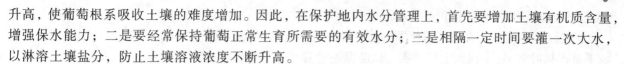

升高，使葡萄根系吸收土壤的难度增加。因此，在保护地内水分管理上，首先要增加土壤有机质含量，增强保水能力；二是要经常保持葡萄正常生育所需要的有效水分；三是相隔一定时间要灌一次大水，以淋溶土壤盐分，防止土壤溶液浓度不断升高。

4. 气体环境

保护地内气体状态有两个较为突出的问题：一是二氧化碳浓度过低，二是气流不畅通，容易形成有害气体的积累。

① 二氧化碳的补充：设施中晚间由于薄膜覆盖和葡萄叶片呼吸，二氧化碳含量一般较高，但在白天，由于光合作用的消耗，二氧化碳浓度急剧降低，以至影响到光合作用的正常进行，因此设施中补充二氧化碳是一项十分重要的工作。补充二氧化碳的方法除了增施有机肥和定期通风外，最常用的是在设施中施用二氧化碳气体肥料，这可利用二氧化碳发生器和二氧化碳固体肥。另外在农村还常用稀硫酸加碳酸氢铵的方法来生成二氧化碳，增加设施中二氧化碳的含量。

② 有害气体的消除：设施中由于空间相对密闭，所以塑料薄膜中的氯气和温室中有机物、化肥等分解形成的二氧化氮、氨气等含量常常超过正常含量的范围，甚至使叶片遭受伤害。消除有害气体的方法除了正确选用适合的塑料薄膜和肥料种类以外，加强通风换气是最常用的方法。

另外，保护地内空气流速很小，不仅造成温度分布不匀、湿度过大、二氧化碳浓度下降，而且容易导致病菌迅速滋长。通风是加速空气流通的一个途径，但是，由于葡萄架面的屏障，很难使各部分空气流通顺畅，自然通风时，靠近窗口或其他通风口的风速较大，而内部则较小，为了达到理想通风效果，应考虑设置通风扇、吸气口、排风机等装备。

（二）温室内环境条件的调控

温室内的温度管理极为重要，它不仅保证着葡萄各个生育阶段对温度的要求，使其顺利完成生长发育过程，而且可以使葡萄免遭低温和高温的危害。

① 冬春季揭帘升温催芽。根据葡萄从升温开始到芽萌发需≥10 ℃有效积温为 450 ~ 500 ℃，一般加温温室从 12 月上旬开始升温，不加温日光温室从元月上旬开始揭帘升温，经升温锻炼 30 ~ 40 d 后葡萄开始萌芽。升温催芽不能过急，如果气温上升过快、过高，常使葡萄提前萌发，而这时地温一时跟不上来，常导致地上部与地下部生长不协调，发芽不整齐，花穗孕育不良。所以，揭帘升温的第一周，白天温室内气温应保持在 20 ℃左右，夜间 10 ~ 15 ℃，以后白天逐渐提高到 25 ~ 27 ℃，夜间保持在 18 ~ 20 ℃。

② 从萌芽到开花。这一时期，葡萄新梢生长迅速，同时花器继续分化。为使新梢生长苗壮，不徒长、花器分化充分，此期要实行控温管理，白天 25 ~ 28 ℃,夜间 15 ℃左右。开花时，白天提高到 30 ℃，夜间保持在 18 ℃左右。

③ 坐果以后。葡萄坐果后要注意防止白天超温现象，当温室内达到 28 ℃时就要即时放风降温，夜间可揭开部分薄膜通风，降低夜温有利于营养积累。

④ 揭、盖薄膜时间。当外界露地气温稳定在 20 ℃以上时，温室内白天常出现超温（>40 ℃）现象，这时应及时揭去覆盖的薄膜塑料，使葡萄在露地条件下自然生长发育。秋季，当外界气温逐渐下降至 20 ℃以下时，葡萄叶片老化加速，这就要及时盖膜。此时盖膜对延长叶片的光合作用时间具有明显作用，同时也利于葡萄各器官继续生长和发育，增加葡萄植株体内营养物质的积累。对于进行延迟栽培的温室应在当前气温降低前进行扣棚盖膜工作。

⑤ 休眠期。葡萄气温低于 10 ℃时叶片黄化，很快落叶，标志着葡萄进入休眠期。落叶后应适当有一个温度低于 7.2 ℃的低温阶段，使葡萄能够度过适当的低温锻炼，充分完成休眠。一般北京地区在立冬后即可进行扣棚并覆盖草帘以免棚内受太阳照射温度升高，而到 12 月下旬以后,开始揭帘升温。

1. 提高温室保温效果的途径

温室最大作用就是冬季增温。但温室内的热量每时每刻都以各种形式向外散发，如果不注意保温，保护地内夜间温度将迅速下降，甚至与露地温度相差无几。所以，加强温室的保温措施，才能充分发

挥温室的增温作用，当前常用的方法是：

① 在设施（温室、大棚）的外围，挖防寒沟，沟宽 40 ~ 60 cm，沟深 60 ~ 70 cm，沟内填保温物（如干草、树叶等），上面盖土培严实，以防温室地温受周围低温影响。

② 温室棚膜上覆盖保温材料（如无纺布、牛皮纸帘、草帘、棉毯、毛毡等）。温室北墙外拥土防寒或在北墙外搭建冷棚。

③ 在温室地面覆盖有机防寒物（如稻草、干草、树叶、锯末、稻壳、新鲜马粪等）。

④ 在温室地面覆盖塑料薄膜或地膜，白天增加反射光强度，夜间阻隔热辐射保护地温；另外地面湿度大时，也有一定的保温效果。

⑤ 在温室或大棚内设双层农膜或挂防寒帐、二道幕，其作用与地膜相似。

2. 设施内的温度控制

保护地内不仅要考虑到加温和保温，也必须重视换气降温，只有合理掌握在温度低时增温、温度过高时降温的技术，才能保证葡萄在不同生育期对温度热量的需求，从而使葡萄生长发育始终处于良好状态。

温室和大棚在春季三四月份室内白天温度常可急骤升至 40 ℃ 以上，而葡萄叶片气孔当温度达到 35 ℃ 以上时即开始关闭，蒸腾作用受阻，光合作用停止，温度过高不仅使营养制造和运输受到严重抑制，而且叶片表面温度迅速上升容易造成灼伤叶片，因此，在葡萄设施栽培上必须重视人工降温。温室和大棚降温的方法很多，比较经济有效的措施是开设换气窗，进行自然换气降温。这个方法可同时达到降低室温、排除湿气和补充二氧化碳气体等目的。

温室气窗的位置和大小，对换气降温的效果影响很大。一般在温室和大棚迎风面的中下部设置"通风"，让冷空气随风压迅速进入温室内，在棚面的中上部设置"天窗"，使热空气随室外气流对室内空气产生自然引力而溢出。单纯从降温、排湿、换气的角度来看，气窗越多越大越好，但是考虑到温室和大棚结构的牢固性，以及冬季密闭保温等原因，气窗又不宜过多和过大。根据我国各地的生产经验，北方冬季寒冷地区的气窗面积约占棚面积的 1/10 左右，华北地区约占 1/6 左右，这样比较适宜。

七、温室葡萄的树体和土壤管理

温室葡萄的架式和株行距：保护地葡萄不需下架防寒，架式可视品种生长势和保护地结构类型而定。一般温室中常用的是篱架、棚架和篱棚架三种形式。篱架可以密植，适于长势中庸的品种和宽度较窄的塑料大棚中应用，由于篱架葡萄枝条生长极性强，冬芽萌发率高，植株成形容易，结果早，但枝条容易郁闭。棚架架面平坦，通风透光好，枝蔓生长缓和，适于生长势强的品种和宽度大的塑料大棚内应用，但完成整形需要两年的时间。

篱棚架结合了篱架和棚架的优点，栽植的第一、二年采用篱架，而到第三年则转为棚架，是当前温室、大棚中应用最广泛的一种架形。

葡萄的行向一般受架式约束，温室内的葡萄采取篱架栽培的宜南北行向，采取棚架栽培的以东西行为好（栽在温室的南边和北边）。

葡萄的株行距随温室的大小、架式、行向综合考虑而定。篱架的行距一般为 2 ~ 2.5 m，株距 0.7 ~ 1.0 m，棚架的行距，如果在大棚内栽植，一般在大棚两边设行，使枝蔓对爬。如果在日光温室内，应为东西行向棚架栽植，行距为 5 ~ 6 m，株距为 0.6 ~ 0.8 m。

（一）设施葡萄整形修剪

1. 篱架整形

保护地内的篱架形以单壁为主，其葡萄整枝形式分别为单壁扇形或水平式整形。

① 单壁扇形整形。行距 2 ~ 2.5 m，株距 0.7 ~ 1.0 m，定植当年每株葡萄选留 2 条新梢（作母枝用），直立引缚于单壁篱架架面，新梢长达 1.5 m 时摘心，秋后从枝条 0.8 cm 粗处修剪，留约 1.5 m，剪留的新梢即是明年的结果母枝。第二年萌芽前，为了促使芽眼萌发均匀，先将母枝暂时顺第一道铁丝水

平引缚，或者干脆平放在地面，待萌发后再将母枝垂直引缚到架面上。在母枝基部各选留1条粗壮新梢作预备枝，疏去所有花序，而对母枝上部枝条上花序予以保留，并均匀引缚于篱架的铁丝上。第二年秋修剪时保留预备枝，去除已结过果的枝条，用所留的预备枝代替原母枝。以后各年依此反复循环。

②单臂水平式整形。行距2m，株距1.0～1.5m。定植当年每株选留一条新梢（作母枝用），按单壁水平式整形方式进行引缚、摘心和副梢处理。秋末修剪时先将一年生梢（即母枝）引缚于第一道铁丝呈水平状，均向北顺伸，并在两株交接处剪截。第二年春在母枝水平方向上每相距15～20cm选一个壮芽，将长出的新梢往上引缚，如同一个手臂向前延伸，而对过密、过弱的芽全部抹除。同时将靠近基部的枝条疏除花序，留作预备枝，而上部枝条留作结果枝。第二年秋末修剪时，预备枝以上剪除，用新留的预备枝代替原母枝。以后各年依此反复循环。

2. 棚架整形

在温室或大棚的两端和中间每间隔6m左右处各立一根支柱，支柱上端纵横用铁丝联结，上面放置新梢的枝蔓。

①双龙干式整形葡萄在大棚内为东西行向，行距4.5～6.0m，株距0.5～0.7m，每株留2个主蔓作龙干，直立向上至棚面铁丝后，顺铁丝向前方延伸。当年新梢（作主蔓用）长达3～4m时摘心，顶端留2个副梢，并留5～6片叶反复摘心，其余副梢抹除。冬剪时根据新梢成熟度剪留，但剪留的长度不要超过3m。第二年萌发时棚面上第一道铁丝以下主干上的芽全部抹除，以利通风透光，对棚面上母枝上发出的新梢，最前端选1个枝条作延长梢，其余留作结果母枝，爬满架后每个枝条留4～5片叶摘心，发出的副梢除前端留1～2个，5～6片叶反复摘心外，其他副梢全部抹除。第二年冬剪时，棚面形成两条龙干，每条龙干上按15～20cm间距选留1个母枝，多余母枝剪除，留下的母枝进行2～3芽短梢修剪。第三年春萌发后，每个母枝上保留2个结果新梢结果，摘心和副梢处理与第二年相同。第三年冬剪时，每个龙干上按15～20cm间距选留培养1个枝组。

②独龙干式整形葡萄在温室内为东西行向，在温室南边栽植；而在大棚内用独龙干整形时则为南北行向，在大棚东西两侧栽植。行距随温室或大棚的宽度而定，株距为0.7～1.0m。定植当年每株选留1个新梢作主蔓（龙干），先引缚至篱架面上，随着延伸生长，爬上棚架面，总长度达3m左右时摘心，顶端留2个副梢并保留5～6片叶反复摘心，其余副梢抹除。冬剪时在枝条0.8cm粗处的成熟节位剪截。第二年春萌发后，主蔓基部距地表40cm以下的芽及早抹去，最前端选留1条延长梢，及早抹除其上花序，其余新梢按间距15～20cm左右一个进行选留，并留4～5个叶片摘心，枝条披满架面后摘心，培养成结果母枝，冬季修剪时结果母枝留3芽短截。第三年春萌发后，每个母枝上部保留2个结果新梢，下部一个疏去花序做预备枝，主蔓上每间隔25～30cm选留一个枝组，多余的剪去，枝组上的母枝修剪重复上年的方法。

3. 设施葡萄的生长季修剪

生长季修剪在露地栽培中称为"夏季修剪"，而在温室设施栽培中由于枝条生长期正处于春季，所以称生长季修剪。温室葡萄生长季修剪内容与露地栽培基本相同，主要包括抹芽、定梢、摘心、副梢处理、花序修剪、去除卷须等，但由于设施中生态环境的改变不仅使葡萄物候期显著提早、营养生长更加旺盛，而且由于覆盖引起环境生态条件的变化，花芽分化规律也有所变化，因此温室内生长季修剪除和露地葡萄夏季修剪相同处之外，主要应注意及时、适度和清理修剪三点工作。

①生长季修剪要及时进行，由于温室内气温高、湿度大，抹芽、摘心、副梢处理等工作稍有忽视或拖延则易造成枝条郁闭，影响正常生长和果实品质的形成，因此必须及时进行生长季修剪工作。

②摘心和副梢处理的强度要适度，以利营养生长和结果的平衡。温室葡萄修剪要适度进行，修剪过重易促发副梢，而修剪过轻易形成枝条光膛。副梢处理可采用"单叶绝后"的方法，即对副梢只留1～2个叶片摘心，同时摘心的将该叶片叶腋的腋芽一并掐除，使其失去抽生二次梢的能力，采用这种方法有效地防止了二次副梢的抽生，而且使留下的副梢叶片大而健壮，增加了有效光合面积。

③重视"清理修剪"的作用。清理修剪实际是一种更新修剪，由于温室中葡萄枝条花芽形成规律

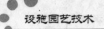

不同于露地，常常发生若按正规修剪方法，枝条上花序难以形成的现象。因此，对不易形成花芽的品种要在一次果采收后即时进行枝条短截清理，刺激枝条下部3~4个冬芽萌发，形成新的枝条，并疏去新生枝上的花序培养成为第二年的结果母枝。清理修剪在温室栽培上有十分重要的作用，必须予以足够的重视，但清理修剪的具体时间和修剪短截程度要根据不同地区和不同品种的生长情况灵活决定。

（二）设施内葡萄肥水管理

1. 设施内土壤管理

葡萄温室和大棚内的土地利用率很高，因此要求土壤营养供应一定要充足，土壤有机质含量应达到2%以上，酸碱度处于中性，这样才能为葡萄和间作物的根系生长发育创造良好的条件，才能取得最佳的栽培效果。

温室土壤施肥有两个显著的特点：第一，肥料很少有流失现象；第二，矿质营养有向土壤表层积聚的趋势。根据上述特点，补充温室土壤营养元素时（即施肥）最好为有机肥料，这样既可改良土壤结构，使营养元素充足，又能改善土壤物理性质引起微生物相应变化，进一步促进土壤有机质的分解，促进葡萄根系吸收。所以，保护地的土壤应是"营养土"或"培养土"，尽可能少施用化学肥料，尤其要少用或不用尿素等化肥。因此，每年秋季应施足基肥，一般一亩施优质有机肥料4 000 kg以上，这样才能基本满足葡萄一年生长的要求。新梢开始生长和开花前，根据长势判断植株需肥情况，确定是否施氮肥；在第一茬果着色前和第二茬果肥大期，应追施磷、钾肥，也可采用0.3%浓度的磷酸二氢钾叶面喷肥，每相隔15 d左右喷一次，共喷2~3次，这对促进果实增大和着色以及新梢成熟都有良好的作用。

2. 设施内土壤水分管理

设施内土壤水分状况也与露地有显著的不同，在温室中，土壤水分全靠人为补给，同时由于土壤溶液浓度向表层积聚，常使葡萄根系吸收水分困难增加。因此，在温室大棚内土壤水分管理应与葡萄不同生育期相适应。萌芽期需水量较多，在葡萄升温催芽开始后，一定要灌一次透水；开花期要求适当干旱一些，暂时停止灌水，同时设施内要经常通风换气，以降低空气相对湿度；坐果后，新梢和幼果生长均需水分，可小水勤灌，一般每间隔10 d灌一次水，保持10 cm以下土层湿润；果实膨大期需水量较大，可灌1~2次透水，这样还可以淋溶积聚在土壤表层的盐分；果实开始着色成熟直到采收前，一般停止灌水，控制土壤水分，提高浆果含糖量，加速上色成熟，防止裂果；落叶修剪后，要灌一次充足的冬水。

八、葡萄设施空间立体利用

温室和大棚葡萄的空间利用是充分利用土地和光能，提高保护地经济效益的重要措施，葡萄幼树行间可以套种矮秆作物，在葡萄展叶以前间种植生育期短的蔬菜和耐阴作物，或在室内空间吊挂盆栽作物，在室内设架进行育菜苗、花苗等，实行立体栽培、多种经营，最大限度利用温室土地和空间，当前葡萄温室立体开发利用的主要途径如下：

（一）果菜间种

葡萄行间套种蔬菜，安排好茬口，可以常年作业，多次收获。例如华北地区套种蔬菜的茬口安排有：11月上旬将韭菜根移进温室行间，3月下旬收割最后一茬韭菜后移至田间，然后种水萝卜，5月水萝卜上市后又改种蘑菇，经多次收获后又于8月初栽蒜，蒜苗收割后又移进韭菜。或在12月下旬将芹菜苗移栽进棚，4月收割后种凤尾菇，9月中旬又移进韭菜根供应春节市场。

（二）果果间种

每年10月下旬葡萄采收后，将葡萄新梢进行适当回缩修剪，使葡萄行间光照充分，将已经在田间花芽分化好的草莓匍匐茎壮苗移栽在葡萄行间，长出几片新叶后在温室或大棚地内越冬，3月初草莓新茎开始萌发生长，4月下旬草莓果成熟上市后，把已结完果的草莓植株移到田间继续繁苗，10月下旬再将草莓苗移进温室。

（三）果药间种

葡萄行间适合套种天麻，天麻要求避阴的潮湿环境，而葡萄枝叶繁茂正好可起到遮阴作用。此外，也可利用葡萄架下荫湿条件栽培盆栽人参。

（四）果苗间种

在葡萄行株间铺设电热加温线，在1～2月间就可培育甘蓝、番茄、辣椒、黄瓜等菜苗，或进行西瓜、甜瓜、葡萄等营养钵、营养袋快速育苗。但应强调的是，温室中开展立体利用时一定要以不影响葡萄的正常生长和结果为原则，绝不可本末倒置。

 行动（Action）

活动一　简述温室油桃种植技术要求

一、温室建设

1. 温室方位
温室设计以东西走向为宜，根据地形调整温室的方位，一般以偏西5°为宜，南北2栋温室间距8 m左右。

2. 温室结构
依据新建温室的地形情况，一般1栋温室长80～100 m，跨度7.0～7.5 m，每栋温室折合占地面积667 m²，温室脊高2.8～3.0 m，后墙高2.0～2.3 m，前底角高1.3～1.5 m，温室为钢筋结构或木质结构，后墙和两侧山墙为空心砖墙，厚度为30～50 cm，有条件的可在中心加上苯板，或堆厚墙土增温保温，温室屋面为圆拱形。

3. 温室环境条件
按NY5087标准规定执行。

二、苗木定植

1. 苗木标准
选择由山西毛桃作砧木的嫁接苗，根系发达，要求粗度0.3 cm以上；根长15 cm的侧根8条以上，苗高60 cm以上。

2. 栽植密度
一般株行距可采用1 m×1 m，以提高油桃前期产量。

3. 定植时期
春季清明前后为最佳定植时期。

4. 整地
平整土地，施入充分腐熟发酵的鸡粪或猪粪22.5 t/hm²，然后翻地，挖定植穴，上口直径60 cm，深40 cm。

5. 定植
栽前解除苗木嫁接口塑料条，修剪根系，然后把苗木根系放在含杀菌剂的水池中浸泡8 h，分出大小苗，大苗栽在温室北部或塑料大棚中部，靠设施边缘前底角处空间小的栽小苗。苗木嫁接口高出地面，栽苗时采用"三埋、两踩、一提苗"的方法，使根系舒展。栽后定干，从前底角到后墙，干高依次为30～50 cm，定植后灌1次透水。

三、及时补栽和换苗

栽苗时对预留的5%备用苗木用编织袋假植，苗木成活后，对确认死苗和生长不良的苗木及时补栽。

四、幼树调控

苗木成活后，当新梢长到 20 cm 时开始摘心。7 月上旬左右追 2 次以氮肥为主的复合肥，间隔为 20 d，追施 50～100 g/株，并及时灌足水。适时除草，保持土壤湿润疏松。结合防治病虫害，喷施以氮为主的叶面肥。6 月末喷 1 次赤霉素，促进幼树及早成形。新梢长至 20 cm 以上，及时摘心，培养三大主枝，促发副梢。7 月下旬至 8 月上旬，叶面喷施多效唑 150～200 倍液，间隔 7 d 左右，喷施 2～3 次，观察桃树新梢停长为止。

五、温湿度管理

1. 温度管理

10 月中旬，扣上塑料薄膜，盖上草帘，保证温室内温度在 0～7.2 ℃，以利休眠。桃树完成需冷量，才能正常萌芽开花，目前温室栽培油桃品种多为 500～700 h，应注意升温。11 月中下旬开始升温，白天保持 20～25 ℃，夜间保持 5～8 ℃，白天温度高时打开通风口。花期白天温度控制在 19～21 ℃，不能高于 22 ℃，夜间不能低于 5 ℃。幼果期温度白天控制在 22～25 ℃，夜间保持在 8～10 ℃。硬核期及果实膨大期白天温度在 25～28 ℃，夜温在 10～12 ℃，着色期至采收前白天温度控制在 25～28 ℃，夜温保持在 10～15 ℃。

2. 湿度管理

萌芽期保持相对湿度 60%～80%，花期保持相对湿度 50%～60%，幼果期至果实成熟期保持相对湿度 60%。

六、肥水管理

1. 施肥原则

按照 NY/T496-2002 规定执行。根据油桃的施肥规律进行平衡施肥或配方施肥。使用的商品肥料是在农业行政主管部门登记使用或免于登记的肥料。

2. 施肥技术

早秋施基肥，在 8 月下旬至 9 月上旬，以发酵优质鸡粪为主，数量按斤果斤肥施入，如果其他土杂粪要增加施入量。采用沟施法，距树根 50 cm 开沟，深度在 20～30 cm，将有机肥施入后覆土；也可撒施，并全园深翻至 20～30 cm。在开花前、坐果后、果实膨大期追肥。追肥方法有沟施、冲施或滴灌施肥，根外追肥以喷施叶面肥为主。

3. 适时灌水

一是萌芽和开花水。升温初施肥后应灌 1 次透水，以渗下 40～50 cm 为宜，稍干后全棚覆盖地膜，可减少灌水次数，降低棚内湿度和提高地温，一般可保持到花后再灌水。二是花后水。落花后根据土壤墒情，灌小到中量水；坐果后，为使幼果迅速生长，必须保持土壤有充足的水分，随时观测土壤墒情，少量多次均衡灌水。三是硬核期水。硬核期桃对水分敏感。水分不足容易引起幼果脱落，应适时灌小水。四是果实膨大水。果实生长第 3 期为果实迅速膨大期，此时如果缺水，果实不能膨大，果个小，产量低，应适时保持土壤水分充足。五是采后水。采完果修剪后，要进行施肥和灌透水。

七、整形修剪

1. 升温初萌芽前修剪

11 月升温开始后，主要是调整树形和花芽量，第 1 年树看花修剪，保花为主；第 2 年以后的树花量大，适当整形，疏除密生枝、细弱枝、过粗枝，保留粗度适宜（直径 0.5～0.8 cm）的优良结果枝。长果枝一般可留 6～10 对花芽，于 15～25 cm 处短截，中果枝留 4～8 对花芽，于 10～20 cm 处短截，短果枝不短截。

2. 幼果生长期修剪

对树冠上层旺长枝要缩剪，随时除萌蘖，疏剪密生枝和徒长枝，对主枝背上直立枝和骨干枝头并生枝或竞争枝疏除或重短截。

3. 采果后更新整形修剪

采取回缩、短截、疏枝的方法，首先要疏除所有辅养枝，对骨干枝的数量与大小进行调整改造，为枝组发展提供空间。

4. 夏秋整形修剪

不定期地进行多次修剪，培养结果枝组。新梢长至 20 cm 摘心，反复摘心 2～3 次，疏除徒长枝。

八、花果管理

初花期开始疏花，先疏下部花，留中、上部花，疏双花，留单花。花后 2 周左右开始疏果，分 2 次疏果，第 1 次疏除密生果和畸形果，第 2 次疏果为定果，在硬核前进行，根据树体的载重量，合理留果，长果枝留 3～4 个，中果枝留 2～3 个，短果枝留 1～2 个。合理使用植物生长调节剂，谢花后可喷布 PBO 150 倍液，控制新梢旺长，盛花期喷布坐果灵。

九、病虫害防治

在扣棚前后和升温初修剪后清扫园地，清除枯枝落叶。温室油桃上发现了潜叶蝇时，全园喷洒 3～5°Bé 石硫合剂。防治灰霉病可于落花后用 50% 速克灵可湿性粉剂 1 500 倍液，或 50% 灰霉宁可湿性粉剂 800 倍液喷雾。防治桃细菌性穿孔病选用 72% 农用链霉素 3 000 倍液和 70% 代森锰锌 600～800 倍液喷雾。花芽露萼期是蚜虫卵孵化盛期，用防治蚜虫的烟剂防治。在桑白蚧防治上，落叶后或发芽前，枝条上的越冬雌虫的蚧壳显而易见，可用硬毛刷或竹片刮掉越冬成虫，用 3°～5°Bé 石硫合剂涂抹有虫枝干；还可在升温初喷洒速蚧杀 1 500 倍液。

十、采收

当果实由绿变红且可溶性固形物达到 12% 以上时，开始采收。

活动二　简述杏树设施栽培品种选择

杏树设施栽培应选择抗病性强、成形快、早果丰产、色泽艳丽的早熟优良品种。

一、金太阳杏

美国品种，果实较大，平均单果重 66.9 g，最大果重达 87.5 g，果面底金黄色，光洁美丽，果肉离核，细嫩多汁有香气，品质好，抗裂果，较耐贮，设施栽培 4 月中旬即可成熟。适应性和抗逆性强，自花结实力强，丰产。

二、大棚王杏

成熟期比金太阳杏晚 5～7 d，特大早熟欧洲杏，新品种，平均单果重 125 g 以上，最大果重 200 g；坐果率高，早实质优，丰产稳产，适应性强，极适于大棚栽培。

三、凯特杏

原产美国，果实近圆形，特大，平均单果重 105.5 g，最大 138 g。果皮橙黄色，阳面着红晕。果肉橙黄色，肉质细，汁液丰富，风味酸甜爽口，芳香味浓，品质上等。设施栽培 4 月下旬成熟。该品种树性强，幼树生长旺盛，扩冠成形快，盛果期树势中庸，丰产、稳产。还可以用振荡器人工振荡授粉或采用雄蜂授粉，保花保果。

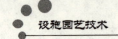
 评估（Evaluate）

完成了本节学习，通过下面的练习检查：

1. 简述设施果树栽培与陆地栽培的相同及不同点。

2. 简述设施葡萄栽培的步骤及技术要点。

附件 3-4-2 设施葡萄栽培技术问答

一、葡萄采用多大的株行距好？

葡萄的株行距因架式、品种和气候条件不同而异，露地和设施栽培也有区别。设施葡萄促早栽培夏黑一般为 2.5 m 行距，一穴双株，株距 70 cm，采用水平叶幕；有的行距为 1.8 ~ 2 m，必须采用"V"型叶幕。延迟葡萄品种为科瑞森，行距为 3 m，一穴双株，株距 70 cm，采用水平叶幕。

二、葡萄为什么要挖沟栽植？

葡萄是多年生藤本植物，寿命较长，定植后要在固定位置上生长结果几十年，需要有较大的地下营养体积。而葡萄根系属肉质根，其生长点向下向外伸展遇到阻力就停止前进。根据挖根调查，葡萄根系在栽植沟内的垂直分布以沟底为限，栽植沟挖得深，根系垂直分布也随之加深；其水平分布，根系与栽植沟垂直，部分在沟的宽度范围之内，只有沟上部耕作层范围内能向外伸展，而根系顺栽植沟方向能伸展七八米之远。所以，为了使根系在土壤中占据较大的营养面积，达到"根深叶茂"，在栽植葡萄前要挖好栽植沟。

按适宜株行距挖深 60 ~ 80 cm、宽 80 ~ 100 cm 的定植沟，将底土和表土分开，定植沟南北（篱架）或东西（棚架）走向，然后回填（对于降水较少的干旱地区或漏肥漏水严重的地区或地下水位过高的地区需要首先于沟底和两侧壁铺垫塑料薄膜然后再回填），首先回填 20 ~ 30 cm 厚的秸秆杂草，然后将腐熟农家肥（10 ~ 20 方/亩）和耕作层表土（1 : 3 的比例）混匀后填入，填到离地面 10 cm 时，顺沟撒过磷酸钙 150 kg/亩，然后将定植沟用疏松熟土填平，随后浇水将定植带沉实修整。再将表土与7 500 ~ 15 000 kg 生物有机肥混匀，起 40 ~ 50 cm 高、80 ~ 100 cm 宽的定植垄，然后全棚闭严风口升高温，2 ~ 3 d 后定植。

起垄在设施葡萄促早栽培中，可增进土壤通透性，升温时利于地温快速回升，使地温和气温协调一致，根系发育好。将浸水 24 h 的优质壮苗粗根剪新茬后蘸泥浆（泥浆配方：生根粉 + 根癌灵 + 杀虫剂 + 水 + 土），定植于定植沟或定植垄上，然后保留 2 ~ 3 个饱满品种芽剪截定干，并灌透水，覆盖地膜。如温室已经建成，可将定植时间提前到 2 月份，以加快树体成形。

三、葡萄栽植沟底为什么要垫草？

一般为了葡萄生长良好，在栽植沟底垫入约 20 cm 厚的秸秆、树叶或羊粪等，这在土壤含盐碱量偏高的土地条件下种植设施葡萄是十分有益的。这是因为：

（1）秸秆、树叶或羊粪等有机物垫入沟底后，缓慢腐烂分解形成有机质，成为以后供葡萄长期生长所需肥料；

（2）在地下水位较高的地方，这些有机物可有效阻断土壤毛细管水上渗，防止土壤过湿而影响葡萄健康生长；

（3）在干旱缺水的地方也可吸纳水分，是良好的保水材料，有利于蓄水保墒；

（4）这些粗糙有机物可增加土壤通透性，改良黏重土壤的物理性质，使土壤深层的微生物活动增强，加快土壤腐殖质分解，有利于葡萄呼吸作用进行，从而促进生长；

（5）西北土壤含盐碱量偏高，一般土壤呈碱性，这些有机物腐烂后形成的有机质其 pH 一般呈酸性，为葡萄健康生长奠定良好的土壤环境基础。

四、什么是"过铁"?

过铁就是指在栽植葡萄苗木时，适当剪去一些苗根的技术措施。因剪根时一般使用铁剪刀，因而群众往往称为"过铁"。适当剪去的这些苗根主要是指一些过长、坏死的根稍尖，发霉的、有病虫害的苗根等。过铁可防止窝根、传染病虫害，有利于促发新根，提高成活率。

一般剪去枯桩，过长的根系剪留 20～25 cm，其余根系也要剪出新茬。

五、葡萄栽植前为什么要清水浸泡、蘸泥浆?

将浸水 24 h 的优质壮苗粗根剪新茬后蘸泥浆（泥浆配方：生根粉 + 根癌灵 + 杀虫剂 + 水 + 土），定植于定植沟或定植垄上，然后保留 2～3 个饱满品种芽剪截定干，并灌透水，覆盖地膜。如温室已经建成，可将定植时间提前到 2 月份，以加快树体成形。

葡萄苗木冬天保存了一个冬天，浸水 24 h 左右，可让苗木充分吸水，提高成活率。

蘸泥浆（泥浆配方：生根粉 + 根癌灵 + 杀虫剂 + 水 + 土），生根粉是促进根系发新根，根癌灵是预防葡萄根癌病，杀虫剂是为了杀除根瘤蚜等害虫，加土和水是增加附着性。

栽植深度：嫁接苗接口离地面 15～20 cm 为宜，嫁接口过底或埋掉，易产生自生根，影响葡萄抗旱性。

六、栽植时间的确定?

温室建成可在 2 月份定植，一般在 3～4 月份定植。要求 20 cm 土温稳定在 12℃以上时，或 10 cm 处地温稳定在 15 ℃时进行定植。3～4 月份定植一般可参照当地杏树开花时间。

为了提高成活率，已扣膜的温室需要闭严风口升高温，2～3 d 后定植；如果温室尚未完全建好，只有墙体而没有上膜的温室要在定植沟表面铺宽地膜，曝晒 2～3 d，使定植沟地温升高后再定植苗木，以便早日发生新根促进苗木快长。

七、栽植技术要求?

在定植垄上按定植点挖深宽各 20～30 cm 的栽植坑，在坑中作出馒头状土堆，将苗木根系舒展放在土堆上，使定植穴深度在 10 cm 左右。栽植深度不易过深和过浅，过深时苗木根系处土壤温度较低，不利于缓苗；过浅时苗木根系容易露出地面或因表层土壤易于干燥而使苗木风干。当填土超过根系后，轻轻提起苗木抖动，使根系周围不留空隙。深度以苗木原根茎部（原土印处）与定植沟面相平为宜。坑填满后，踩实，在垄上顺行开沟灌足水，待水渗下后，覆盖地膜，一方面以防水分蒸发，另一方面以利于提高地温，促进苗木根系发育。地膜覆盖时，需将整个栽植垄全部覆盖并将地膜两侧用土压实，同时用一捧土将苗木附近地膜开口处封严，防止热空气将苗木烤伤。

栽植行内的苗木一定要成一条直线，以便耕作。苗木栽植深度一般以根颈处与地面平齐为宜。或者栽植后及时布滴灌管（在定植苗两侧 20～30 cm），全园顺行铺黑地膜，然后浇水，以渗透根部土壤为宜。待水全部渗下，略停一段时间，然后用行间表土填平坑穴。注意：此时再不需要踏实，防止坑内土壤结成硬块，影响根系生长。

定植时大苗定植在温室的北面，小苗定植在温室的南面，同时需在温室最北面的第一个定植点增加 2 株苗木，以便占领温室走道上部空间提高土地利用率。

八、栽植后温室的温度调控?

苗木定植后，温度管理适宜与否严重影响葡萄苗木定植成活率。在萌芽展叶前，气温控制在 20 ℃

以下,地温控制在 18 ~ 25 ℃ 之间。在气温调控时,如气温过高需开启放风口放风降温(如需开启下部棚膜放风降温则需在温室前部设置塑料薄膜作为挡风幕),而不能采取放保温被或草苫遮阴降温的方法进行降温,否则影响地温的升高。一般情况下,如果气温与地温调控适宜,经过 25 d 左右苗木即可萌芽展叶,如果过早萌芽展叶说明气温过高,需要及时进行降低气温处理,否则会影响苗木定植成活率。

九、设施内为什么要建蓄水池?

北方地区冬季严寒,直接把水引入温室或塑料大棚内灌溉作物会大幅度降低土壤温度,使作物根系造成冷害,严重影响作物生长发育和产量及品质的形成,因此在温室或塑料大棚内山墙旁边修建蓄水池以便冬季用于预热灌溉用水对于设施葡萄而言具有重要意义。

十、日光温室栽培葡萄最关键的技术是什么?

与露地最大的区别就是温、湿度的管理,日光温室就是要人为的来改变和调控温度、湿度。那么葡萄对温度、湿度有什么要求?

第一,要求在温室内挂 3 个温、湿度计,中间 1 个、两头各 1 个,随时掌握温、湿度情况;

第二,要求葡萄冬眠时 2 ~ 3 d 看一下温、湿度,葡萄冬眠时温度要求在 0 ~ 10 ℃,湿度要求在 85% 以上。温度低于 0 ℃ 时,白天揭开棉帘,温度上升到 9 ~ 10 ℃ 时放下帘子,湿度不够时,可以补灌一个水。

第三,到元月份开始升温时,要求住到温室旁边,随时掌握温、湿度情况。

第四,要求一定要有升温设备,如土火墙、暖风炉等。

那么葡萄从催芽——成熟不同阶段对温度、湿度的要求如何?

1. 催芽期

催芽期升温快慢与葡萄花序发育和开花坐果等密切相关,升温过快,导致气温和地温不能协调一致,严重影响葡萄花序发育及开花坐果。缓慢升温,使气温和地温协调一致。第一周白天 15 ~ 20 ℃,夜间 5 ~ 10 ℃;第二周白天 15 ~ 20 ℃,夜间 7 ~ 10 ℃;第三周至萌芽白天 20 ~ 25 ℃,夜间 10 ~ 15 ℃。从升温至萌芽一般控制在 25 ~ 30 d 左右。

(1)湿度调控标准:湿度调控标准如下:空气相对湿度要求 90% 以上,土壤相对湿度要求 70% ~ 80%。

具体做法:白天揭开草苫开始升温立即浇透水,升温 2 ~ 3 d 后及时用葡萄破眠剂(综合破眠效果以中国农业科学院果树研究所研制的葡萄专用破眠剂-破眠剂 1 号为最佳)涂抹或喷施葡萄休眠芽或枝条,促进葡萄休眠解除以使葡萄萌芽正常且整齐;升温 3 ~ 5 d 后喷施 3 波美度石硫合剂铲除残留病菌。此期温湿度调控非常重要,需缓慢升温,使气温和地温升温协调一致,同时保持较高的土壤湿度和空气湿度。

(2)升温的过程经历三个阶段:总共需 21 d 左右。促早栽培在 1 月 10 日开始升温,最迟在 1 月底必须升温,延迟栽培可在 5 月份甚至 6 月份升温。第一年延迟栽培生长量不够的可在 3 月份升温。

① 第一阶段(第一周):这一阶段升温时,如果中午发现温度超过 20 ℃ 时,需在中午将帘子降下来,下午 4 点时再将帘子升起。这一阶段升温后,发现温度较高时只能采取中午放帘子的办法降温,不能打开通风口,原因是这时期棚内需要较高的湿度确保芽不至于失水而僵死。晚间最低温度不低于 5 ℃,低于 5 ℃,可以采取棚内再加盖一层膜的方法或适当在晚上生火。

② 第二阶段(第二周):同第一阶段,但晚间最低温度要求不低于 7 ℃,低于 7 ℃,可以采取棚内再加盖一层膜的方法或适当在晚上生火。

③ 第三阶段(第三周):这一阶段升温时,如果中午发现温度超过 25 ℃ 时,这时需在中午短暂的打开通风口,只要将温度降到 22 ~ 23 ℃ 左右即可。下午放帘子时应将通风口闭上。经过这样三个阶段的升温管理后葡萄苗木发芽、展叶,逐步进入正常的生长管理。注意,整个升温管理过程温度的控制要认真,切不可一次升温太快导致温度过高。

2. 新梢生长期

从萌芽到开花一般需 40 ~ 60 d 左右。

日平均温度与葡萄开花早晚及花器发育、花粉萌发和授粉受精及坐果等密切相关。白天 20 ~ 25 ℃，夜间 10 ~ 15 ℃，不低于 10 ℃。空气相对湿度要求 60% 左右，土壤相对湿度要求 70% ~ 80% 为宜。

萌芽后，空气相对湿度要求 60% 左右，此时进行黑地膜全地覆盖。湿度过大，易诱发病害。土壤表面覆盖地膜，可显著减少土壤表面的水分蒸发，有效降低室内空气湿度。

3. 花期

花期一般维持 7 ~ 15 d。低于 14 ℃ 时影响开花，引起授粉受精不良，子房大量脱落；35 ℃ 以上的持续高温会产生严重日烧。此期温度管理重点是避免夜间低温，其次还要注意避免白天高温的发生，调控标准如下：白天 22 ~ 26 ℃；夜间 15 ~ 20 ℃，不低于 14 ℃；空气相对湿度要求 50% 左右，土壤相对湿度要求 65% ~ 70% 为宜。1 月 10 日升温，花期大约在 3 月下旬，此时遇连阴天必须升温，要准备升温设备。设施农业就是一个高投入高产出的产业，必须投资的就得投资，否则将颗粒无收。

4. 浆果发育期

温度不宜低于 20 ℃，积温因素对浆果发育速率影响最为显著，如果热量累积缓慢，浆果糖分累积及成熟过程变慢，果实采收期推迟。调控标准：白天 25 ~ 28 ℃；夜间 20 ~ 22 ℃，不宜低于 20 ℃；空气相对湿度要求 60% ~ 70%，土壤相对湿度要求 70% ~ 80% 为宜。浇 1 次水，最好采取膜下滴灌或微灌方式进行灌溉并采取根系分区交替灌溉的灌溉方式。

5. 着色成熟期

适宜温度为 28 ~ 32 ℃，低于 14 ℃ 时果实不能正常成熟；昼夜温差对养分积累有很大的影响，温差大时，浆果含糖量高，品质好，温差大于 10 ℃ 以上时，浆果含糖量显著提高。此期调控标准：白天 28 ~ 32 ℃；夜间 14 ~ 16 ℃，不低于 14 ℃；昼夜温差 10 ℃ 以上。空气相对湿度要求 50% ~ 60%，土壤相对湿度要求 55% ~ 65% 为宜。在葡萄浆果成熟前应严格控制灌水，应于采前 15 ~ 20 d 停止灌水。

棚膜揭除：一般于 5 月 ~ 6 月上旬逐渐揭除棚膜以改善设施内的光照条件，在揭除棚膜时一定要逐渐揭除，不能 1 次性揭除，否则将造成叶片伤害，严重影响叶片的光合作用。对于棚内新梢能够形成良好花芽的品种可不揭除棚膜。

十一、灌水

一个丰产的葡萄园在灌水上应遵循以下几条原则：

（1）开始升温时至萌芽前灌水：此次灌水能促进芽眼萌发整齐，萌发后新梢生长较快，为当年生长结果打下基础，通常把此次灌水称为催芽水。此次灌水要求一次灌透，如果在此期灌水次数过多会降低地温，不利于萌芽及新梢生长。

（2）开花前灌水：一般在开花前 5 ~ 7 d 进行，这次灌水叫做花前水或催花水。可为葡萄开花坐果创造一个良好的水分条件，并能促进新梢的生长。

（3）开花期控水：从初花期至末花期的 10 ~ 15 d 时间内，葡萄园应停止供水，否则会因灌水引起大量落花落果，出现大小粒及严重减产。

（4）新梢生长和幼果膨大期：此期为葡萄的需水临界期。如水分不足，叶片和幼果争夺水分，常使幼果脱落，严重时导致根毛死亡，地上部生长明显减弱，产量显著下降。土壤湿度宜保持在田间持水量的 75% ~ 80%。

（5）果实迅速膨大期：此期既是果实迅速膨大期又是花芽大量分化期，及时灌水对果树发育和花芽分化有重要意义。土壤湿度宜保持在 70% ~ 80%。

从开花后 10 d 到果实着色前这段时间，果实迅速膨大，枝叶旺长，外界温度高，叶片蒸腾失水量大，植株需要消耗大量水分，一般应隔 10 ~ 15 d 灌水一次。只要地表下 10 cm 处土壤干燥就应考虑灌水，以促进幼果生长及膨大。

設施园艺技术

1. 浆果着色期控水

从果实着色后至采收前应控制灌水。此期如果灌水过多或下雨过多，将影响果实糖分积累、着色延迟或着色不良，降低品质和风味，也会降低果实的贮藏性，某些品种还可能出现大量裂果或落果。此期如土壤特别干旱可适当灌小水，忌灌大水。

2. 采收后更新修剪灌水

由于采收前较长时间的控水，葡萄植株已感到缺水，因此在采收后应立即灌一次水。此次灌水可和施基肥结合起来，因此又叫采后水。此次灌水可延迟叶片衰老、促进树体养分积累和新梢及芽眼的充分成熟。更新修剪或采收后灌水，树体正在积累营养物质阶段，对次年的生长发育关系很大。

3. 秋冬季灌水

设施葡萄在冬剪后防寒前应灌一次透水，叫防寒水，可使植株充分吸水，保证植株安全越冬。对于沙性大的土壤，可放下葡萄蔓，盖上地膜和彩条布，四周压严，防止枝条抽干。

进行水分管理时，催芽水、更新水和越冬水要按传统灌溉方式浇透水，其余时间灌溉时要采取隔行交替灌溉（根系分区交替灌溉）方式灌溉。采取根系分区交替灌溉方式进行水分管理，不仅提高水分利用率，而且抑制营养生长，提早成熟，显著改善果实品质。

十二、栽植当年的葡萄枝蔓如何进行夏季修剪？

正常健壮生长的当年葡萄苗，按整形要求进行抹芽定蔓，留一条主蔓，将新梢引缚上架。我国设施葡萄分两种架式：一种水平叶幕，一种"V"型叶幕，主干干高要求前低后高。

根据设施葡萄品种成熟期和成花特性不同采取不同的高光效省力化叶幕形：① 成熟期在 6 月 10 日之前的品种和棚内新梢花芽分化良好的品种，适宜叶幕为"V"形叶幕、短小直立叶幕和水平叶幕；② 成熟期在 6 月 10 日之后且棚内新梢花芽分化不良的品种，适宜叶幕为"V+1"形叶幕和"半 V+1"形叶幕。

行距：对于需下架埋土防寒者以 2.5~3.0 m 为宜；而对于不需下架埋土防寒者，根据采取的叶幕形不同而异，一般在 1.5~2.5 m 之间，如采用短小直立叶幕，行距一般以 1.5 m 为宜，如采用"V"形叶幕或"V+1"形叶幕，行距一般以 1.8~2.0 m 为宜，如采用水平叶幕，行距一般以 2.0~2.5 m 为宜。采取单株定植还是双株定植应根据采用的叶幕形不同而异，如采用短小直立叶幕或"半 V+1"形叶幕则须采用单株定植模式，如采用"V"形叶幕、"V+1"形叶幕或水平叶幕则须采用双株定植模式。

该树形结果母枝弯曲度大，既抑制了枝条的顶端优势，又对养分输导有一定的限制作用，能够提高成枝率和坐果率，并改善果实品质；结果部位集中，成熟期一致，管理省工；整形修剪方法简易，便于掌握；早期丰产，产量易于控制。

一般有 1 个倾斜（适于需下架埋土防寒的设施）或垂直（适于无需下架埋土防寒的设施）的主干，干高由北墙向前底角（日光温室，塑料大棚从中间向两侧）逐渐降低，并依采取的叶幕形不同而异。如采用短小直立叶幕，干高由 60 cm 逐渐过渡到 30 cm；如采用水平叶幕，干高由 200 cm 逐渐过渡到 100 cm；如采用"V"形叶幕或"V+1"形叶幕，干高则由 100 cm 逐渐过渡到 40 cm。在主干头部保留 1 条长的结果母枝和 1 条短的更新枝，其中结果母枝由北向南弯曲（便于结果母枝基部新梢萌发），因此该树形又称为单枝组树形。株距以 0.6~0.7 m 为宜，株间结果母枝部分重叠，即结果新梢区与非结果新梢区部分重叠，其中非结果新梢区新梢抹除。

夏季修剪的程序：

（1）抹芽、定梢：定植当年，苗木长到 10 cm 左右时开始抹芽，到 20 cm 左右时进行定梢，每株选留壮梢做主干或主蔓，其余芽抹除。设施内 2~3 年生结果株抹芽要早，一般在新梢生长到 5 cm 时，抹除萌发的并生枝、弱枝及过密枝，同时根据产量进行定梢。避免留枝过多，导致架面过分密集、通风透光差、无效叶片多，并给病害发生创造有利条件，同时也影响果实的品质。

（2）绑蔓、除卷须：当新梢长到 60~70 cm 左右时进行绑蔓，卷须应在绑蔓时随时去除。

（3）摘心：一年生苗对铁丝以下直立部分葡萄副梢，留一叶后摘心；铁丝上面平的葡萄副梢 6~7 叶摘心，培养结果枝组。目前以"促"为主，加粗蔓，培养副梢。主蔓新梢长到下一穴葡萄主蔓位置摘心，7 月底，无论是否达到生长度必须摘心，摘心后上部长出的 2 个副梢留 3~5 片叶反复摘心，以促进枝条木质化和花芽分化，提高越冬抗性。冬剪在充分成熟、直径 0.8 cm 以上部位剪截。一般剪留长度 1 m 左右，个别新梢及粗壮的可剪留 1.2~1.5 m。

对于生长细弱的苗木，在采取早摘心促进增加茎粗措施后仍然达不到壮苗标准（定植后当年基部茎粗 0.8 cm 以上）的，冬剪时留 3~4 芽平茬，第二年从基部重新选留新梢做主蔓。

十三、当年定植葡萄能否套种？

从 2011 年设施葡萄种植情况来看，不主张套种，同一时间定植的苗木，到冬剪时差别很大，如同样 4 月上旬定植，没有套种的主蔓粗度可达 1.1~1.2 cm，套种的主蔓粗度只有 0.8 cm，按专家的意见，两者在第 2 年的产量上，按亩产计算可相差 1 t。

十四、为什么留穗多少要看叶量？

头年冬剪和第二年抹芽定蔓，是对树体果实负载量的初步控制，需要通过疏除花序和花序整形进行留果量的调整，以实现合理留果的目的。定枝后若留果量仍然偏多，则会出现叶果比失调，不但影响果品质量，而且会造成新梢生长和花芽分化不良。由丰产经验知，大果穗品种，每穗果要有成叶 40~50 片，中果穗品种要有成叶 25~35 片，才能保证果实产量高、品质好、树体生长健壮、当年花芽分化良好。叶果比小的明显标志是有色品种着色期推迟，上色程度较差，采收期延后，果实粒小、味淡，枝条成熟不好。据实验，每克葡萄浆果的生长发育需 11~14 cm^2 叶面积供其营养，即每生产 1 斤葡萄需直径 15 cm 大小的叶片 40 片左右。幼树由于生长较大，每斤果留叶量还要大些，以满足生长和结果两方面对营养的需要。

十五、怎样掌握结果新梢摘心时期和摘心程度？

花前摘心的目的是在葡萄开花期暂时中止新梢延长生长，以提高花序营养，使之利于坐果。为此，正确的摘心时期应在开花前 3~4 天，而葡萄开花期随品种、气温、光照和生产管理技术等不同而异，每年开花期并不固定，很难掌握。但是在同一果园，如果生产园品种较为单一，可以开花前注意观察，发现本品种有的花序已有 5% 的花蕾开放，立即进行该品种全园新梢摘心，也能收到较好的效果。

新梢摘心程度，以保留大于本品种正常叶片 1/3 大小叶片为标准。因为新叶达到正常叶片 1/3 大时，本叶片光合作用制造的营养与该叶片扩大生长所需消耗的营养相平衡，而大于正常叶片 1/3 大时，则营养制造大于消耗，尚有部分营养积累可供开花坐果。所以，对新梢进行花前摘心时，应将小于正常叶片 1/3 大的叶片以上嫩梢摘除。摘心程度过轻，保留的幼叶因处于新梢上部，具有顶端优势，叶片的快速生长会消耗较多的养分。摘心程度过重，又会把光合产物有余的叶片摘除，削减了新梢的营养积累，使供给花序开花坐果的营养不足，同样会影响到提高坐果率。生产上一般在花序以上留 5~7 片叶摘心，有时还应参照摘心位置的叶片大小灵活掌握。

营养枝摘心，与结果枝摘心同时进行或较结果枝摘心稍迟，一般留 8~12 片叶。强枝长留，弱枝短留，空处长留，密处短留。

十六、为什么要疏花疏果？

葡萄和其他果树一样，有个合理的结果量才能优质和正常成熟。葡萄容易形成花芽，有些品种一个果枝甚至会产生 3~4 个花序，这就是说葡萄容易超量结果。结果过多引起一系列不良后果，是葡萄栽培者不希望的。为了防止过量结果，需要采取一系列栽培技术措施，除冬剪时确定合理的留芽量外，早春时还要通过抹芽以及稍后一些时期的定梢，进一步对产量进行调整。而疏花疏果则是达到预定产量指标的最后一道工序，其内容包括疏花序、掐花序尖、去副穗和疏幼果等。

葡萄的花序一般分布在果枝的 3～8 节上，发育好的花序一般有花蕾 200～1 500 个，在一个花序上，一般花序中部的花蕾发育好，成熟早，基部花蕾次之。尖端的花蕾发育差，成熟最晚。所以，一个花序的开花顺序一般是中部→基部→顶部。这也是生产上需要掐穗尖的原因。

1. 疏花序

花量过多时，首先要疏除主蔓延长梢的花序；其次疏去一个果枝上两个以上花序中的弱花序和弱蔓上的花序；最后做到延长梢不留花序，强壮蔓留 1～2 个花序，中庸蔓留 1 个花序，弱蔓不留花序。

2. 掐花序和去副穗

掐花序和去副穗，这叫花序整形。对坐果率低、果穗松散的品种在花前掐去花序前端约占花序总长度 1/4～1/5 的穗尖，以及第一副穗。在掐穗尖，去第一副穗的同时，可将以下的各级副穗适当地剪去一部分花蕾，为增大果粒，留下一定的发育空间。此项工作可结合花前果枝摘心进行。

3. 疏幼果

疏幼果是在上述几项工作的基础上，对少数穗形松散的果穗（如穗尖拉得较长），将穗尖的稀疏幼果剪掉，以美化外观，同时对坐果过高的大穗，大粒品种，从穗上疏去一部分幼果，以增大单粒果重，提高品质，如红提每穗以保留 60～70 粒为宜。

十七、葡萄芽眼里有哪几种类型的芽？

葡萄的芽是一种混合芽，着生在叶腋间。任何新梢的叶腋均有两种芽，即冬芽和夏芽。

1. 冬芽

冬芽是由一个主芽（中心芽）和 3～8 个副芽（预备芽）组成，外部有一层具有保护作用的鳞片，其内密生茸毛，正常情况下越冬后才能萌发，故称冬芽。冬芽中是主芽萌发后形成的新梢称为主梢，而副梢一般不萌发，在皮层中潜伏着，只有在特殊情况下（如主芽死亡、受某种刺激等）才萌发抽生新梢，而且往往几个副芽同时萌发，在一个芽眼期部位出现双发枝或多发枝。

2. 夏芽

夏芽是着生在冬芽旁边的一种"裸芽"，它是早熟芽，形成得快，有些品种的夏芽在叶片展出后十多天即成熟萌发。所以，夏芽当年即可萌发抽出新梢，通常称为夏芽副梢。夏芽副梢在适宜的环境条件下在短时间内也可形成花芽，形成第二次果。红提葡萄极易形成二次果，但因生长时间不足而不能成熟要及时疏除。

夏芽副梢在年生长期内能多次抽生副梢，分别称为一次副梢、二次副梢、三次副梢等。生产上可利用它加速整形，利用它作绿枝嫁接接穗或插穗进行苗木繁殖。

3. 潜伏芽

潜伏芽是冬芽中的副芽，当年不萌发潜伏在皮层内，当植株受到刺激后才能萌发。潜伏芽有时能起到理想的作用，如在枝条侧枝不足的部位，可采用措施刺激潜伏芽萌发，可弥补空间缺枝，增加产量；在主蔓基部的潜伏芽抽出的新梢，可做更新主蔓之用等。

十八、葡萄冬剪长度分几种？如何修剪？

葡萄冬剪通常按留芽多少分为四种长度，超短梢（1 芽或只保留枝条基芽）、短梢（2～4 芽）、中梢（5～7 芽）、长梢（8 芽以上）。

上述修剪长度在生产中应用最广的为短梢修剪，尤其北方小棚架葡萄架面上主蔓分布距离只有 5 cm 左右，除了特殊需要新梢弥补空缺部位采取中长梢修剪外，一般都实行短梢修剪为主，留 1 芽修剪，来年其新梢密度和果枝都够用，并可减少夏季修剪次数。但对于结果习性节位较高的品种，则要长、中、短梢结合修剪，以保证产量。

十九、葡萄早春剪枝为什么有伤流出现？

葡萄树根压作用较强，而木质部导管发达，当地温达 7 ~ 9 ℃ 时，葡萄树液开始流动，在根压作用下，水分与养分沿木质部导管上升，早春修剪产生的新鲜伤口一时难以风干，这时枝蔓内液体就从剪口流出，此谓"伤流"。

伤流时期的长短和伤流量的大小，受土壤温度的影响较大，随土温升高伤流量增多，至葡萄展叶开始蒸腾水分时逐渐停止。伤流量与土壤湿度关系密切，干旱地区伤流期短，伤流量也少，甚至无伤流；土壤湿度大的地方，一个葡萄枝蔓的新剪口，一昼夜可流出 630 mL 树液。从伤流开始到伤流停止总共可流出 3 公升以上的树液。伤流树液中每公升含干物质 1 ~ 2 g，伤流过多对树势有一定影响。因此，应尽量避免在春季剪枝或造成新的伤口。

二十、什么叫花芽分化和花芽形成？

葡萄的芽是混合芽，最先出现枝叶的原始体，呈叶芽状态，在营养条件和气候条件有利的情况下逐渐向形成花器方向发展。这种由叶芽状态开始转化为花芽状态的过程称为花芽分化。

从花芽与叶芽开始有区别的时候起，逐步分化出萼片、花瓣、雄蕊以及整个花蕾和花序原始体的全过程称为花芽形成。

葡萄的花芽分化，一般品种大约在开花期前后一个月之间开始分化，首先是新梢下部的冬芽开始分化。而花芽由分化到形成，则时间较长，而且花器的绝大部分是在翌年春季萌芽展叶后迅速分化形成的。

二十一、葡萄生长需要哪些营养元素？各元素有何作用？

葡萄每年需从土壤中吸收大量的营养物质，为了恢复并提高地力，必须进行施肥，以保证植株能及时、充分地获得所需要的营养，促使树势健壮，提高产量和质量。

葡萄在整个生命活动中，营养物质需要量较大的有氧、氢、氮、磷、钾、钙、镁、硫等元素。这些元素称为多量元素，而硼、铁、锰、锌、钴、铜等需要量少，称为微量元素，但对植株生长发育的作用很大。各种元素除氧、氢、碳外，主要由根系通过土壤吸收到植株内部，有时也可以从叶片、茎芽绿色部分吸收到（如叶面喷肥）植物体内。

（1）氮（N）：氮是组成各种氨基酸和蛋白质所必需的元素，又是构成叶绿素、磷脂、生物碱、维生素等物质的基础。氮在植物整个生命活动过程中，能促使枝、叶正常生长和扩大树体，故称为"枝肥"或"叶肥"。

（2）磷（P）：磷是构成细胞核、磷脂等的主要成分之一，积极参与碳水化合物的代谢和加速许多酶的活化过程，增加土壤中可吸收状态氮的含量。磷肥充足，有利细胞分裂，花芽分化，增加坐果率，促进浆果成熟，提高品质和葡萄风味，还可增强抗寒、抗旱能力。磷素易被土壤固定，不易流动，施用磷肥时最好结合有机肥深施。根外喷磷效果很好，可提高产量 12.5% 左右，还可提高含糖量，降低含酸量。

（3）钾（K）：钾对碳水化合物的合成、运准转、转化起着重要作用，对葡萄含糖量、风味、色泽、成熟度、增强果实耐贮运性能、促进根系生长和细根增粗、枝条组织充实等均有积极的影响。葡萄特别喜欢钾肥，整个生长期间都需要大量的钾肥，特别是在果实成熟期间需要量最大，有"钾质作物"之称，它的含量比氮、磷含量高。据介绍，葡萄浆果中含氮 0.15%、磷 0.1%、钾 0.19%。

（4）硼（B）：硼能促进花粉粒的萌发，改进糖类和蛋白质的代谢作用，有利于根的生长及愈伤组织的形成。硼不足时葡萄花芽分化不良，授粉作用受阻，并抑制新梢的生长，甚至造成输导组织的破坏，先端枯死。

（5）钙（Ca）：钙在树体的内部可平衡生理活动，提高碳水化合物和土壤中铵态氮的含量，促进根系发育。

（6）镁（Mg）：镁是叶绿素和某些酶的重要组成部分，一部分镁和果胶结合成化合物，促进植株对磷的吸收和运输。

（7）铁（Fe）：铁是植株体内氧化还原的触媒剂，与叶绿素的形成有密切关系，同时也是某些呼吸酶的组成部分。

（8）锌（Zn）：锌对植株的氧化还原过程、叶绿素形成都有一定影响，同时可增加对某些真菌病害的抵抗能力。

（9）铜（Cu）：铜可刺激生长，加速叶绿素的形成，提高植株的抗寒和抗旱性。由于一般葡萄多次喷波尔多液，故一般不缺铜。

二十二、葡萄缺素症有什么表现？怎样补救？

（1）缺氮：氮素不足，则叶片呈黄绿色，薄而小，新梢花序纤细，节间短，落花落果严重，花芽分化不良。严重不足时，新梢下部叶片黄化，甚至早期落叶。因此，应适时适量追施氮素肥料，必要时进行叶面喷氮，三天后即可见效。

（2）缺磷：磷素不足时，延迟葡萄萌芽开花物候期，降低萌芽率，新梢和细根生长减弱，叶片小。严重缺磷时，葡萄叶片呈紫红色，叶缘出现半月形坏死斑，基部叶片早期脱落，花芽分化不良，果实含糖量降低，着色差，种子发育不良，抗寒、抗旱能力降低。根外喷磷对产量和品质均有良好作用。

（3）缺钾：葡萄缺钾，碳水化合物合成减少，养分消耗增加，果梗变褐，果粒萎缩，新梢及叶面积减少，严重时造成灼叶现象（由边缘向中间焦枯），应及时进行叶面喷钾（氨基酸钾、氯化钾 0.2%、草木灰浸出液 2%）。钾过多时可抑制氮素的吸收，发生镁的缺乏症。

（4）缺硼：硼不足时葡萄花芽分化不良，授粉作用受阻，并抑制新梢生长，甚至造成输导组织的破坏，先端枯死，叶脉木栓化变褐，老叶发黄，向后弯曲，花序发育瘦小，豆粒现象严重，种子发育不良，条形变弯曲。花前一周内喷 0.3% 硼砂或氨基酸硼能显著提高坐果率。

（5）缺钙：缺钙影响氮的代谢和营养物质的运输，新根短粗、弯曲，尖端不久变褐枯死，叶片较小，严重时枝条枯死和花朵萎缩。钙主要积累在葡萄老熟器官中，尤其是在老叶片之中。每年施基肥时要在有机肥料中拌入适量过磷酸钙，以防缺钙。钙过多时会引起叶片黄化。

（6）缺镁：镁不足时，葡萄植株停止生长，叶脉保持绿色，叶片变成白绿色，出现花叶现象，坐果率低。可及时喷施 0.1% 硫酸镁进行补救。镁与钙有一定拮抗作用，能消除钙过剩现象。

（7）缺铁：缺铁时叶绿素不能形成，幼叶叶脉呈淡绿色或黄色，仅叶脉呈绿色，产生失绿病。严重时叶片由上而下逐渐干枯脱落，应及时喷施 0.2% 硫酸亚铁，或在土壤中浇灌。

（8）缺锌：缺锌时叶变小、节间短、果实小、畸形、果穗松散并形成大量无籽小果，可于开花前喷施 0.1% 的硫酸锌溶液。

二十三、怎样进行葡萄的叶面喷肥？

与露地葡萄相比，设施葡萄具有如下特点：土壤温度低，蒸腾作用弱，导致根系对矿质营养的吸收利用速率慢，且植株体系矿质营养的运输速率慢，容易出现缺素症；叶片大而薄、质量差、光呼吸作用强、光合作用弱。

根据设施葡萄的上述生理特点，中国农业科学院果树研究所葡萄课题组（国家葡萄产业技术体系综合研究室设施栽培岗位团队）提出减少土壤施肥量，强化叶面喷肥，重视微肥施用的设施葡萄施肥新理念；同时针对性地研制出设施葡萄专用系列叶面肥（氨基酸系列螯合叶面肥等），喷施该系列叶面肥在补充葡萄植株矿质营养的同时，显著改善叶片质量（叶片变小、增厚、叶绿素含量显著增加），延长叶片寿命，抑制光呼吸，增强光合作用，促进花芽分化，使果实成熟期显著提前，果实可溶性固形物含量显著增加，香味变浓，显著改善果实品质。

叶面肥常用的肥料及浓度：尿素 0.2%～0.5%，多用于生长前期促进新梢生长，增大、加厚叶片和提高叶绿素含量；设施葡萄由于加盖了棚膜，光照减弱，最好用高光效氨基酸叶面肥，效果会更好。氨基酸钙、过磷酸钙或草木灰 1%～3%（浸出液，澄清过滤后使用），或磷酸二氢钾 0.2%～0.3%，多用于生长后期促进果实和枝蔓成熟；氨基酸硼或氨基酸锌及氨基酸铁、硼酸、硼砂、硫酸锌、硫酸锰等微量元素 0.1% 左右，多用于花前 1～2 周，提高坐果率，防止缺素症等。花后 1 周喷施氨基酸钙或氨基酸硒肥，直至浆果开始着色时结束，每 10～15 d 一次，可促进果实和枝蔓成熟；氨基酸钾或早熟宝，于果实开始着色时喷施，可使果实提前 7～10 d 成熟，并显著改善果实品质，每隔 10～15 d 喷施一次。

根外追肥在晴朗的早上或傍晚进行效果较好。因为这段时间气温较低，溶液蒸发较慢，肥料可充分被枝、叶、果吸收。在炎热干燥的中午或阴雾天喷肥容易发生药害。

二十四、葡萄施什么肥？施肥数量多少合适？

葡萄基肥常用的有圈肥、堆肥、人粪尿、土杂肥及绿肥等有机肥。它们所含的营养物质比较完全，故称"完全肥料"，多数需要通过微生物分解才能为植株的根系所吸收，故又称为"迟效性肥料"。有机肥不仅能供给植物所需的营养元素和某些生长素，而且对提高土壤保肥、保水能力，改良土壤结构都有良好作用。

有机肥来源广泛，种类繁多，各自的组成不同，营养元素的含量也不一样，一般含氮量较高，磷钾次之，多为微碱性。

据资料介绍，葡萄每增加 100 斤产量，植株大约需从土壤中吸收氮 0.3～0.5 斤，三氧化磷 0.13～0.28 斤，氧化钾 0.28～0.64 斤。施入土壤中的肥料，葡萄利用率大约 20%～30%，钾肥利用率稍高些。幼树每结 1 斤果，需要有机肥 3～4 斤，布满架面后，每斤果施 2～3 斤。每 100 斤有机肥混入 2～3 斤过磷酸钙。按上述比例根据有机肥的质量酌情增减。如果第三年估产每亩 2 000 斤，则于第二年秋季施有机肥 6 000～8 000 斤，加过磷酸钙 100～200 斤。盛果期计划每亩产量 5 000 斤，则秋施有机肥 10 000～15 000 斤，过磷酸钙 200～400 斤。

二十五、葡萄施肥采用什么方法好？

基肥施肥方法主要有沟施、畦面撒肥后翻入等方法。沟施时，根据树龄大小和根系分布情况，距根茎 0.5～0.8 m 左右向外挖宽 40 cm、深约 50 cm 的长沟，施入肥料，与土拌匀后覆土，将沟填平。每年在不同位置交叉进行。畦施则在植株根茎的畦面挖去一层表土，把肥料铺上，然后翻入。

追肥可用沟施。施碳酸氢铵应及时盖土，防止肥料损失。为使肥料早发挥作用，追肥时应注意结合灌水进行。

二十六、怎样配制波尔多液？

波尔多液的配制比例：硫酸铜 1 份，生石灰 0.5 份，水 200～240 份。

例如配制 200 倍波尔多液 200 kg，首先要把所需数量的水（约 200 kg）装在缸内，再将 1 kg 硫酸铜和 0.5 kg 生石灰分别装在小容器内溶化好（不能用铁制容器），然后可把两者的溶液，同时往装好水的缸里缓慢倒入，边倒边搅拌，搅拌的速度越快越好。倒完后还需继续搅拌 2～3 min，搅拌后可利用铁条（磨掉铁锈）马上插入已配制完了的药液 1～2 min，取出后铁条不挂铜即可使用。如发现铁条上挂有铜的颜色，此药不能用。

注意事项：① 使用开水先分别溶化生石灰和硫酸铜，然后过滤。② 溶化硫酸铜切忌与金属类容器接触，可用瓷盆、塑料盆。

二十七、葡萄采收要注意哪些问题？

（1）葡萄在同株上的果穗由于大小不同，成熟度往往很不一致，应分批分级采收。一般按照运销成熟标准先采一级果，分级装箱。

（2）采收时应用剪子剪下果穗，留在母枝上的果柄（总果梗）应尽量短平。

（3）采收时要准备好包装用品和运输工具。

（4）病果要单收，集中销毁。

二十八、日光温室葡萄如何越冬？

（1）促成栽培：葡萄在落叶修剪后，灌足越冬水。在地面结冻前，覆盖棚膜，盖上草帘，初期将温度降到 7 °C 以下，逐渐将温度降到不低于 0 °C，在 12 月至元月上旬最冷时，根据当地天气变化情况灵活掌握，白天短时将草帘拉开温度上升到不超过 10 °C，然后放下，使夜间温度保持在不低于 0 °C，湿度保持在 85% 以上。

（2）延后栽培：葡萄采收后，立即施基肥，灌水，白天保持 15～20 °C 的温度 15 d 左右，使枝条养分回流，然后将温度降到 8 °C 左右，使叶片老化，脱落，保持 10 d 左右，再逐渐将温度下降到 0～3 °C 之间修剪越冬。

子任务三　设施花卉栽培技术

一、花卉设施栽培的特点与现状

20 世纪 70 年代以后，随着国际经济的发展，花卉业作为一种新型的产业得到了迅速的发展。荷兰花卉发展署的分析数据表明，70 年代世界花卉消费额仅 100 亿美元，80 年代后进入平均每年递增 25% 的飞速发展时期，90 年代初世界花卉消费额即达 1 000 亿美元，2000 年达到 2 000 亿美元左右。据有关资料显示，各国每年人均消费鲜花数量为：荷兰 150 枝、法国 80 枝、英国 50 枝、美国 30 枝，而中国 1998 年鲜花产量 20.3 亿枝，人均消费 1.7 枝。

荷兰是世界上最大的花卉生产国。1996 年仅花卉拍卖市场总成交额就高达 31 亿美元，每年出口鲜花和盆栽植物的总价值为 50 亿荷兰盾。荷兰的农业劳动力为 29 万人，占社会总劳动力的 4.9%，从事温室园艺作物生产的企业 1.6 万个，平均每年出口鲜花 35 亿株，盆栽植物 3.7 亿盆。

与其他园艺作物不同的是，花卉是以观赏为主，它主要是为了满足人们崇尚自然、追求美的精神需求，因此生产高品质的花卉产品是花卉商品生产的最终目的。为保证花卉产品的质量，做到四季供应，提高市场竞争能力，温室栽培面积越来越大。以荷兰为例：2000 年花卉栽培面积为 7.328 hm²，其中温室面积 5 378 hm²，占总面积的 73.4%，除繁殖种球等在露地生产外，切花和盆栽观赏植物几乎全部在温室生产。为了满足花卉不同品种在不同生长阶段对环境条件的要求，生产高品质的花卉产品，设施栽培贯穿在花卉生长的各个阶段。设施在花卉生产中的作用主要表现在以下几个方面：

1. 加快花卉种苗的繁殖速度

提早定植在塑料大棚或温室内进行三色堇、矮牵牛等草花的播种育苗，可以提高种子发芽率和成苗率，使花期提前。在设施栽培的条件下，菊花、香石竹可以周年扦插，其繁殖速度是露地扦插的 10～15 倍，扦插的成活率提高 40%～50%。组培苗的炼苗和驯化也多在设施栽培条件下进行，可以根据不同种、品种以及瓶苗的长势进行环境条件的人工控制，有利于提高成苗率，培育壮苗。

2. 进行花卉的花期调控

随着设施栽培技术的发展和花卉生理学研究的深入，满足植株生长发育不同阶段对温度、湿度和光照等环境条件的需求，已经实现了大部分花卉的周年供应。如唐菖蒲、郁金香、百合、风信子等球根花卉种球的低温贮藏和打破休眠技术，牡丹的低温春化处理，菊花的光照结合温度处理已经解决了这些花卉的周年供花问题。

3. 提高花卉的品质

如在上海地区普通塑料大棚内，可以进行蝴蝶兰的生产，但开花迟、花径小、叶色暗、叶片无光泽，在高水平的设施栽培条件下，进行温度、湿度和光照的人工控制，是解决上海地区高品质蝴蝶兰生产的关键。我国广东省地处热带亚热带地区，是我国重要的花卉生产基地，但由于缺乏先进的设施，产品的数量和质量得不到保证,在国际市场上缺乏竞争力,如广东产的月季在香港批发价只有荷兰的1/2。

4. 提高花卉对不良环境条件的抵抗能力，提高经济效益

不良环境条件主要有夏季高温、暴雨、台风，冬季霜冻、寒流等，往往给花卉生产带来严重的经济损失。如广东地区 1999 年的严重霜冻，使陈村花卉世界种植在室外的白兰、米兰、观叶植物等的损失超过 60%，而大汉园艺公司的钢架结构温室由于有加温设备，各种花卉几乎没有损失。

5. 打破花卉生产和流通的地域限制

花卉和其他园艺作物的不同在于观赏上人们追求"新、奇、特"。各种花卉栽培设施在花卉生产、销售各个环节中的运用，使原产南方的花卉如蝴蝶兰、杜鹃花、山茶顺利进入北方市场，也使原产北方的牡丹花开南国。

6. 进行大规模集约化生产，提高劳动生产率

设施栽培的发展，尤其是现代温室环境工程的发展，使花卉生产的专业化、集约化程度大大提高。目前在荷兰等发达国家从花卉的种苗生产到最后的产品分级、包装均可实现机器操作和自动化控制，提高了单位面积的产量和产值，人均劳动生产率大大提高。

改革开放以后，我国花卉业取得了突飞猛进的发展。1978—1998 年间，花卉种植面积从 0.4 万 hm^2 发展到 9.1 万 hm^2，产值从 1.5 亿元增加到 105.3 亿元，出口创汇从零增加到 7 850.4 万美元，其中 1996 年出口创汇值为 12 640.4 万美元，1999 年达到了 25 953.7 万美元。

花卉的栽培设施从原来的防雨棚、遮阴棚、普通塑料大棚、日光温室，发展到加温温室和全自动智能控制温室，表 1-3-28 列举了我国近年平均花卉设施栽培情况。

表 1-3-28 近年中国花卉设施栽培面积

项目 类型	总面积（hm^2）	保护地使用情况	
		用于切花（hm^2）	用于盆栽植物（hm^2）
加温温室	1369.19	567.80	686.50
其中进口温室	121.63	55.29	64.60
日光温室	1569.55	362.40	1 080.03
大中小棚	7407.05	2476.90	1 978.90
遮阴棚	4123.30	679.97	3 047.10
合计	14469.09	1087.07	6 792.53

我国的花卉种植面积居世界第一，而贸易出口额还不到荷兰的 1/100，因此，要生产出高品质的花卉产品，提高中国花卉在世界花卉市场中的份额，就必须充分利用我国现有的设施栽培条件，并继续引进、消化和吸收国际上最先进的设施及设施栽培技术。

在花卉设施栽培的过程中，我们还必须注意投入和产出的比例。由于交通运输的发展，世界的花卉生产逐渐开始走向产地和销售地分离，充分利用自然资源，降低花卉设施栽培成本。因此我们在制定花卉设施栽培的发展计划时，应注意全球的生产发展趋势。

二、设施栽培花卉的主要种类

设施栽培的花卉按照其生物学特性可以分为一二年生花卉、宿根花卉、球根花卉、木本花卉等。

按照观赏用途以及对环境条件的要求不同，可以把设施栽培花卉分为切花花卉、盆栽花卉、室内花卉、花坛花卉等。

（一）切花花卉

切花花卉指用于生产鲜切花的花卉，它是国际花卉生产中最重要的组成部分，有三类：① 切花类：如菊花、非洲菊、香石竹、月季、唐菖蒲、百合、小苍兰、安祖花、鹤望兰等；② 切叶类：如文竹、肾蕨、天门冬、散尾葵等；③ 切枝类：如松枝、银牙柳等。

（二）盆栽花卉（彩图 70，彩图 71，彩图 72）

盆栽花卉是国际花卉生产的第二个重要组成部分，多为半耐寒和不耐寒性花卉。半耐寒性花卉一般在北方冬季需要在温室中越冬，具有一定的耐寒性，如金盏花、紫罗兰、桂竹香等。不耐寒性花卉多原产热带及亚热带，在生长期间要求高温，不能忍受 0℃以下的低温，这类花卉也叫做温室花卉，如一品红、蝴蝶兰、小苍兰、花烛、球根秋海棠、仙客来、大岩桐、马蹄莲等。

（三）室内花卉

室内花卉泛指可用于室内装饰的盆栽花卉。一般室内光照和通风条件较差，应选用对两者要求不高的盆花进行布置，常用的有：散尾葵、南洋杉、一品红、杜鹃花、柑橘类、瓜叶菊、报春花类等。

（四）花坛花卉（彩图 73）

花坛花卉多数为一二年生草本花卉，作为园林花坛花卉，如三色堇、旱金莲、矮牵牛、五色苋、银边翠、万寿菊、金盏菊、雏菊、凤仙花、鸡冠花、羽衣甘蓝等。许多多年生宿根和球根花卉也进行一年生栽培用于布置花坛，如四季秋海棠、地被菊、芍药、一品红、美人蕉、大丽花、郁金香、风信子、喇叭水仙等。花坛花卉一般抗性和适应性强，进行设施栽培可以人为控制花期。

三、百合设施栽培（彩图 74）

百合（Lilium spp.）可以作为切花、盆花和园林地被，国内主要作为切花栽培。百合由于花大色艳，花姿奇特，深受人们的喜爱，是继世界五大切花之后的一支新秀。中国近年来开始在设施栽培条件下，大力发展百合切花生产。

（一）适用设施

栽培百合的适用设施有玻璃温室、日光温室、塑料大棚、遮阴棚、防雨棚，另外要对种球进行低温处理，还必须有配套的冷库。在我国北方地区，百合切花生产主要采用加温的玻璃温室和日光温室，夏季短期栽培可以用塑料大棚、遮阴棚；南方地区大面积的百合切花生产主要采用连栋塑料大棚或玻璃温室。在一些经济发达地区如上海、江苏等地也开始在全自动控制的现代化温室中进行百合切花生产，经济效益良好。

（二）栽培方式及环境控制

1. 栽培方式有促成栽培和抑制栽培

促成栽培是指采用低温打破鳞茎的休眠，在设施栽培的条件下，满足百合切花生长发育所需的环境条件使其提前开花。按照开花花期的早晚不同，可以把百合切花的促成栽培分为早期促成栽培、促成栽培。

早期促成栽培是指在 8 月采挖当年培养的商品鳞茎，通过低温打破休眠，10 月上中旬分批种植到塑料大棚或玻璃温室中，12 月至翌年 1 月采收切花。这一时期采收的切花经济效益好，但是 8 月正处于百合鳞茎的生长期，所以应选用早花品种。

促成栽培是指 9 月下旬收获当年生产的鳞茎，低温打破休眠后，11 月上中旬到 12 月分批种植，第二年 1～3 月采收切花，这一时期外界气候条件多变，设施栽培条件直接影响百合切花质量。温室栽培除加温外，还应注意雨雪天的补光，以减少盲花和消蕾现象的发生。

抑制栽培是指通过人为控制环境条件，在满足百合切花生长发育的条件下，使其花期推迟。要求把当年秋季采收的鳞茎贮藏在冷库中，按照所要求的花期在 5～9 月分批种植，花期从 7～12 月不等。这一时期的切花生产在南方主要考虑防雨降温，主要的设施有塑料大棚和防雨遮阴棚；在北方 10～12 月的生产中还要根据品种的要求适当加温。抑制栽培比较困难，但经济效益好。

2. 环境控制

（1）温度。切花百合耐寒性强，喜冷凉湿润气候，生长适温白天 25 ℃，夜间 10～15 ℃，5 ℃以下或 28 ℃以上生长受到影响。亚洲百合系生长发育温度较低，东方百合系要求比较高的夜温，而麝香百合杂种系属于高温性百合，白天生长适温 25～28 ℃，夜间适温 18～20 ℃，12 ℃以下易产生盲花。应根据当地的设施栽培条件，选择合适的品种。

根据品种的不同，百合鳞茎休眠的打破，需在 5 ℃条件下冷藏 4～10 周。

（2）光照。百合属于喜光性植物，光照强度、光周期均会影响百合的生长发育。在夏季全光照下，需要根据品种不同进行适当的遮阳，尤其以幼苗期更为明显。冬季的弱光容易导致花蕾脱落，亚洲百合杂种系尤其严重，需要进行补光处理。百合属于长日照植物，在百合的切花生产中，尤其在冬季延长光照时间可以加速生长，增加花朵数目，减少花蕾败育。

（3）水分。切花百合的生长发育要求较高而恒定的空气湿度，空气湿度变化太大，容易造成烧叶现象，最适宜的相对湿度为 80%～85%。对于土壤湿度的需求，不同生长期不同，营养生长期需水较多，开花期和鳞茎膨大期需水较少，此期土壤含水量过高容易造成落蕾、鳞茎组织不充实和鳞茎腐烂现象。

（4）土壤。百合属于浅根性植物，适宜在肥沃、腐殖质含量高、保水性和排水性良好的沙质壤土中生长，忌连作。土壤总盐分含量不能高于 1.5 ms/cm^2，适宜的基质 pH 为 5.5～7.0。

（5）气体。国外在设施栽培的条件下，进行二氧化碳施肥，可以促进植株生长发育，有利于提高切花的品质。

（三）栽培技术

1. 品种选择

依栽培设施和栽培方式的不同可以选择不同的品种。进行早期促成栽培，可以选择生育期早的品种，主要品种多属于亚洲百合杂种系，如 Kinks, Lotus, Sanciro, Lavocado, Orange, Mountain 等，亚洲百合杂种系对弱光敏感，进行切花百合的冬季栽培需有补光条件。东方百合需要的温度高，尤其是夜温高，需有加温设备。华东及华南地区在设施没有加温条件下，主要选择麝香百合杂种系。

2. 繁殖方式

百合的繁殖方法有鳞片扦插、分球繁殖、组织培养、叶插、播种繁殖和小鳞茎的培养，在生产实践中主要采用鳞片扦插、组织培养和培养小鳞茎的方法进行百合的繁殖。

3. 打破休眠

百合种球采收后需经历 6～12 周的生理休眠期。根据不同品种的生理特点，采用适宜的方法打破球茎的休眠，是百合切花周年生产的关键。

种球采收后在 13～15 ℃预冷，然后在 2～5 ℃下贮藏 6～8 周，能打破球茎的生理休眠，随着处理时间的延长，开花需要的时间缩短。采用 100 mg/L GA$_3$ 溶液浸泡，也可以打破百合鳞茎的休眠。在处理的过程中，为避免发根阻碍，可先将鳞茎倒置浸泡一半，而后再恢复正常位置进行处理。

4. 栽培管理

（1）肥水管理。

切花百合适宜栽植在微酸性、疏松肥沃、潮湿、排水良好的环境中。国内多采用地槽式栽培，槽

高 30 cm，宽 1.2 m，长度视需要而定，栽植行距为 20～25 cm、株距为 5～6 cm。在种球种植后 3～4 周不施肥，注意保持槽土湿润。百合萌芽出土后要及时追肥，按薄肥勤施的原则 3～5 d 追肥一次。切花百合营养生长期生长迅速，需水量大，要注意保持土壤湿润。进入开花期后，要适当减少灌水次数，以提高切花品质和防止鳞茎腐烂。

（2）病虫害防治。

百合栽培过程中的病害主要有叶枯病、灰霉病、炭疽病、鳞茎腐烂病和茎腐病，主要以预防为主，种植前用 40% 的福尔马林 100 倍液进行床土消毒，鳞茎在 50% 的苯来特 1 000 倍液或 25% 多菌灵 500 倍液中浸泡 15～30 min，虫害主要有棉蚜、桃蚜、根螨，棉蚜和桃蚜要及时防治。

5.切花的采收、包装、保鲜

百合第一朵花着色后，即可采收。切花采收时间以早晨为宜，切花采收后应立即根据花朵数及花茎长度分级，去除基部 10 cm 左右的叶片进行预处理，以去除田间热和呼吸热。仍然采用打洞的瓦楞纸箱包装，进行冷链运输或进入销售市场。

 ## 行动（Action）

活动一　木本花卉调控花期主要措施有哪些？

木本花卉调控花期主要采取如下措施：

一、改变温度

牡丹、梅花、碧桃等许多落叶木本花卉，冬季进入休眠期，花期在春季。它们的花芽分化大多是在头一年夏、秋季进行的。早春天气渐暖后即能解除休眠而陆续开花。在它们的休眠后期给予低温处理，然后再移入温室内增温，即可解除休眠提早开花；也可在早春解除休眠之前采用继续降温的方法延长休眠推迟花期。少数春季开花的常绿木本花卉，例如山茶花、杜鹃、含笑等，引种到温带地区栽培也可采用上述类似方法控制花期。多数花卉，不论是草本的，还是木本的，在其开花初期只要稍稍降低开花时的温度，即能减慢开花植株代谢活动的强度，使开花过程缓慢进行，从而延长开花时间。通过冬季增温、夏季降温的方法，可使月季等落叶花木周年开花。降低温度，强迫植株提早休眠，可使贴梗海棠等落叶花木提早开花。此外，还可采用降温方法促使桂花等提早开花。

二、控制光照

一些木本花卉成花的转变要求有一定的光照时数，对于这类花木，当其植株进入"成熟阶段"，通过人工增加或是减少光照时数的方法，可以促进植株成花的转变，从而达到控制开花时期，例如一品红、叶子花、八仙花等就可以利用此法催延花期。

三、应用激素

目前利用植物生长调节剂调控花期在木本花卉的应用较为普遍，使用激素既要注意选择适宜的激素种类与适宜的浓度，又要注意选择合适的花卉品种。

四、摘心、摘叶、摘除残花

对一些枝条萌发力较强，又具有多次开花习性的木本花卉，通过及时摘心、摘叶、剪除残花等措施，既可起到修剪整形的作用，又可达到控制花期的目的，如月季、茉莉、夹竹桃、腊梅、倒挂金钟等常用此法。

活动二　家庭养花不开花和落花、落蕾的原因有哪些？

很多家庭养花时会因为种种原因而致使花卉到期不开，生长不良，起不到美化作用，合理浇水施肥，调节好盆花生长环境，合理进行修剪，并防治好病虫害，便可以解决养花不开花和落花、落蕾的问题。

花卉到花期不肯开放，大致有以下几种原因：

一、水肥过量或不足

花卉生长期间，若水肥过量，易引起枝叶徒长，营养物质多用于营养器官的根、茎、叶上去了，而花、果实或种子缺乏养分，影响花芽形成，导致不开花或开花很少。孕蕾期施肥过浓，浇水忽多忽少，易造成落花落蕾。花卉生育期，若缺肥少水，植株生长不良，也易造成开花少、花质差。

二、光照、温度不适宜

由于花卉原产地不同，所以生态习性各异。有的喜光热，有的喜半阴，有的喜温暖，有的喜凉爽。如果各自所需的生活条件得不到满足，也易引起落花落蕾，需事先了解。

三、土壤含盐碱量高

大多数花卉喜微酸和中性土壤，怕盐碱。较耐盐碱的花卉，如天竺葵、月季等，在土壤含盐量超过 0.1%，酸碱度 pH 超过 7.5 时，也影响生育和开花。

四、生长期不整形修剪

花木生长期不修枝整形，既影响美观，又消耗大量养分，影响花芽形成，造成不开花或开花少。

五、冬季里室温过高

若室温过高，影响花木休眠或使之过早发芽抽叶，消耗养分，翌年会生长衰弱，不开花或花朵小或凋落。

六、受到病虫害侵袭

花卉生育期，易遭病虫危害，影响养分积累，生长受阻，造成落花落蕾。

 ## 评估（Evaluate）

完成了本节学习，通过下面的练习检查学习效果（结合当地实际）：
1. 简述设施花卉栽培与陆地栽培的相同及不同点。
2. 简述设施花卉栽培的步骤及技术要点。

附件 3-4-3　设施花卉栽培技术

一、盆花（马蹄莲）栽培技术

（一）生物学特性

马蹄莲（Zantedeschia aethiopica）又名观音莲、水芋、慈姑花，为天南星科马蹄莲属多年生常绿草本植物。株高 50～80 cm，地下肉质块茎，叶基生，叶柄长而粗壮，但质地松软，内部海绵状，中央有纵槽沟，下半部呈折叠状，新叶从老叶叶鞘中生出，叶片盾片形，先端渐尖，中央主脉部分略下

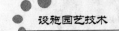

陷，全缘。花梗从叶旁生出，粗壮、质脆，但不易折断，常高出叶面。佛焰苞大型，呈斜漏斗状，乳白色，初夏抽生圆柱形肉穗状花序，是主要的观赏部位。

马蹄莲原产非洲南部，在我国多在温室盆栽，也做切花栽培。马蹄莲性喜温暖阴湿的环境，不耐寒，忌干旱。盆栽时宜选用排水良好、富含腐殖质的砂质基质，如气温在 15 ~ 25 ℃，每年可连续开花数次。

（二）繁殖方法

马蹄莲繁殖采用分株法和组织培养法，分株繁殖四季可进行，萌蘖苗分割后种植在砂、珍珠岩、岩棉或陶粒中，在 20 ℃ 的遮阳条件下养护 20 d 后进入正常管理。组织培养法则可以大量生产马蹄莲种苗。

（三）无土栽培技术

1. 适合无土栽培的马蹄莲品种

（1）银花马蹄。叶片上有白色斑点，叶柄短，佛焰苞黄色或乳白色。花期在七八月，花后叶子枯萎，进入休眠。

（2）红花马蹄。株高 20 ~ 30 cm，叶片披针形，佛焰苞瘦小，粉红色至红色，花期在七八月。

（3）黄花马蹄。株高 60 ~ 100 cm，叶柄长，叶戟形，具白色半透明斑点，佛焰苞黄色，花期 5 ~ 8 月。

2. 马蹄莲常用栽培基质配方

① 腐叶土 4 份，砂砾 2 份，甘蔗渣 2 份，地衣 1 份，饼肥 1 份。

② 泥炭 5 份，细砂 3 份，锯木屑 2 份。

③ 细砂 4 份，泥炭 2 份，腐叶土 2 份，炭化稻壳 1 份，锯木屑 1 份。

④ 蛭石 3 份，塑料泡沫粒 3 份，腐叶土 4 份。

栽培中要因地制宜选取以上基质配方中的一种，混合均匀并消毒。马蹄莲春秋均可栽培，春栽时，秋季开花；秋栽时，冬季开花。冬季室温维持在 15 ~ 20 ℃，4 月下旬或 5 月上旬可以出室，放置阴棚下。6 ~ 9 月避免日光直射，生长期每隔 3 ~ 4 d 浇一次营养液。

平日保持基质湿润，进入开花期后，除浇灌营养液外，每隔 10 d 可喷施 1 次 0.2% 的磷酸二氢钾溶液。夏季注意适时向叶面喷水，使空气湿度保持在 80% ~ 90%。

二、切花（非洲菊）栽培技术

非洲菊（Cerbera jamesonii Bolus ex Hook.）又名扶郎花，1878 年英国人雷蒙首次在南非的德兰士瓦地区发现，1887 年英国人詹姆逊引入英国，以后逐渐推广至世界各地。现栽培的均为通过大量的杂交工作选育出的品种，其产量和观赏性均有大幅度提高。由于非洲菊花朵硕大，花枝挺拔，花色艳丽，产量高，花期长，栽培管理容易，现已成为世界著名的切花种类，在国内外均有广泛栽培。

（一）生物学特性

形态特征。非洲菊为菊科大丁草属多年生常绿草本，全株具毛，株高 40 ~ 60 cm，根茎部位能分枝。叶基生，长椭圆状披针形，叶缘羽状浅裂或深裂，裂片边缘具疏齿，圆钝或尖，基部渐狭。头状花序基出，单生，花径 10 ~ 14 cm，花梗长。外轮舌状花大，倒披针形，先端略尖，1 ~ 2 轮，也有多轮的重瓣品种，花色丰富，有白色、粉红色、浅黄到金黄、浅橙到深橙色、浅红到深红色等；内轮筒状花极小，也有较发达的托桂花品种，筒状花花色通常有绿色、黄色或黑色等。

生态习性。非洲菊性喜冬季温暖、夏季凉爽、空气流通、阳光充足的环境，要求疏松肥沃、排水良好、富含腐殖质且土层深厚的砂质壤土，土壤以 pH 6.0 ~ 6.5 的微酸性为宜，不耐盐碱性土壤。对日照长度不敏感，在强光下花朵发育最好。生长期最适温度为昼温 20 ~ 25 ℃，夜温 16 ℃，冬季若能维持在 12 ℃ 以上，夏季不超过 30 ℃，则可终年开花，冬季低于 7 ℃ 则停止生长，自然条件下以 4 ~

5 月和 9 ~ 10 月为盛花期。

（二）繁殖方法

用组培、分株或播种繁殖。切花生产上现多以组培方法繁殖，既可大量、快速繁殖种苗，又可解决品种退化问题，且植株的生长势强、产量高。组培常以花托作外植体。

非洲菊也可分株繁殖，分株苗开花早，但生长势弱于组培苗，且长期分株繁殖，易出现退化现象。分株一般在 4 ~ 5 月进行，切离的单株应带有芽和根。

播种繁殖多用于育种和盆栽品种的繁殖，因其种子寿命短，采种后应即行播种，发芽适温 20 ~ 25 ℃，约 2 周发芽，出芽率一般为 50% 左右。

（三）无土栽培技术

1. 品种选择

非洲菊品种丰富，按栽培方式可分为切花品种和盆栽品种；按花色可分为红色系、粉色系、黄色系、白色系、橙色系等品种；在切花栽培上，常根据花瓣的宽窄分为窄花瓣型、宽花瓣型、重花瓣型与托桂型。目前国内栽培品种大多引自荷兰，较多品种是荷兰 Terranigra 的 Terra 系列。常见品种有红色系的 Terra—visa、Terra-maxima、Terra-mor、Terra-monza、Terra-cerise 等；粉色系的 Terra—pastel、Terra—metro、Terra—florida、Terra—queen、Terra-royal 等；黄色系的 Terra-mix、Terra—olympic、Terra—sun、Terra—fame；Terra-pmva 等；白色系的 Terra-mint、Terra-nivalis、Terra-calypso 等以及橙色系的 Terra-corso、Terra-nutans、Terra-kim 等。

2. 栽培方式与定植

非洲菊的无土栽培可采用岩棉栽培，也可用其他基质通过栽培床或盆栽方式进行栽培，栽培基质通常采用陶粒、泥炭、蛭石、砻糠、珍珠岩、河砂、锯木屑、炉渣等，栽培床宽 100 ~ 120 cm、高 25 ~ 30 cm，用砖块铺砌。

非洲菊的定植密度应视品种、栽培模式等有差异，一般定植密度为 8 ~ 12 株/m^2，株行距多在 25 cm × 35 cm 左右。定植时间以春、秋两季为好，气候适宜，便于缓苗。因春季定植后，当年秋、冬季产销旺季即可产花，故生产上又以春季栽植较为普遍。非洲菊的栽植深度应以植株不倒伏为度，尽量浅植，一般要求根颈部位露出基质表面 1.0 ~ 1.5 cm 以上。如栽植过深，则小苗的根颈和生长点部位极易腐烂而导致死苗。即使成活后，由于生长点埋入基质中，生长发育易受阻，产花率降低。如浇水、施肥不当，还会引起植株腐烂死亡。

3. 环境调节

（1）温度。在种植初期，较高的温度可以促进植株的生长。较适宜的温度为白天 24 ℃ 左右，晚上 21 ℃ 左右。大约 3 周后，白天温度为 18 ~ 25 ℃，晚上 12 ~ 16 ℃ 可以保证生长和开花。在秋冬季，由于光照时间短，过高的温度会导致花朵质量差，一般白天温度至少保证 15 ℃，晚上则应不低于 12 ℃，这样可以保持植株生长、开花。冬季 5 ℃ 左右低温可保持植株存活，但生长缓慢甚至进入休眠或半休眠。总之冬季夜温若能维持在 12 ~ 15 ℃ 以上，夏季日温不超过 30 ℃，则可终年开花。温度的调节可通过加热、通风、遮阳等手段来实现，但同时应注意湿度的变化。

（2）湿度。非洲菊较喜湿润基质和较干燥的空气湿度，生长期应充分供给水分。但浇水时应注意，勿使叶丛中心着水，否则易使花芽腐烂，尤其在夏季高温闷热天气或冬季低温生长缓慢时。因此，非洲菊应予避雨栽培，如有条件，最好利用滴灌设施供应水肥。空气湿度不超过 70% ~ 80% 是较适宜的，如果过高会造成花朵畸形，并且增加病害的发生。夏季由于温度高、光照强，往往会加大植株的蒸腾作用，导致土壤干燥、植株缺水，应及时补充水分，同时应予遮阳。秋季气温下降，植株蒸腾减少，但生长旺盛，此时仍有较大的需水量。而冬季植株生长缓慢甚至进入休眠或半休眠状态，要注意减少浇水，降低空气湿度。冬季浇水最好在早上进行，以保证晚上低温时保持较低的空气湿度。

非洲菊喜较干燥的空气环境，故较少用喷灌方式进行水分供给。营养液的浓度和供应量应根据具体情况而定，定植初期，浓度低而量小，旺盛生长期浓度高而量大。每日供液 4 ~ 6 次，平均每株日供液 400 ~ 600 mL。

要定期测定基质的 pH、EC。根据测定结果，对营养液进行调整。定植初期，营养液 EC 约为 1.5 ms/cm；随着植株生长，可逐渐提高到 2.0 ~ 2.5 ms/cm；夏季高温时，由于水分蒸发量大，营养液浓度应适当降低，EC 不超过 2.0 ms/cm。此外，营养液的 pH 应调整在 5.5 ~ 6.5 左右。

此外，也可结合病虫害防治，采用喷施 0.1% ~ 0.5% 的尿素、磷酸二氢钾或低浓度硼酸等进行叶面追肥。

4. 植株管理

（1）剥叶。非洲菊切花生产中，为平衡营养生长与生殖生长的关系，避免因营养生长过旺导致开花少、花质量下降的情况，同时也为改善群体的通风透光条件，常需要进行剥叶。剥叶时应注意以下方面：① 先剥除病叶与发黄老化叶片。② 留叶要均匀分布，避免叶片重叠、交叉，通常成熟植株保留 3 ~ 4 分株，每分株留功能叶 4 ~ 5 片。③ 植株中间如出现过多密集生长的小叶，而功能叶较少时，应适当摘去部分小叶，以控制营养生长，并使花蕾充分见光，促进花蕾发育。

（2）疏蕾。疏蕾的目的是控制生殖生长，提高切花质量。首先，在幼苗阶段，为保证植株生长，培养营养体，以利于后期成龄植株开花，应疏去全部花蕾，直至植株具有 5 片以上功能叶。其次，在成龄植株开花期，为保证切花质量，也应该疏去部分花蕾。

5. 病虫害防治

非洲菊常见病害有病毒病、疫病、白粉病、褐斑病，常见虫害有红蜘蛛、潜叶蛾、白粉虱、蓟马等。尤以病毒病和红蜘蛛危害最为严重。

（1）病毒病。叶片上产生褪绿环斑，有些褪绿斑呈栎叶状，少数病斑为坏死状，严重时叶子变小、皱缩、发脆。有些品种还表现为花瓣碎色，花朵畸形，花色不鲜艳，病株比健康株矮小。病原为烟草脆裂病毒。该病毒通过昆虫传播，往往成片发生。防治方法：①发病初期及时摘除病叶或拔除病株并带出田外深埋或焚烧，以杜绝传染源。②注意蚜虫、线虫的防治，控制病害的传播和蔓延。

（2）红蜘蛛。红蜘蛛多数以成虫或若虫在嫩叶背面及幼蕾上吸取汁液为害。被害嫩叶的叶缘向上卷曲，光泽增强，叶肉质变脆，被害花瓣褐色，萎缩变形，失去观赏价值。红蜘蛛发生高峰多在 5 月或 7 ~ 9 月温度高、气候干燥的时候。低温及湿度大时，危害显著减轻。防治方法：① 及时剥除受害叶、花蕾，集中烧毁。② 选用杀螨剂进行喷雾防治。红蜘蛛易产生抗药性，农药宜交替使用。

三、盆花（杜鹃花）栽培技术

（一）生物学特性

杜鹃花（Rhododendron spp.），十大名花之一，极具观赏价值。在不同自然环境中形成不同的形态特征，既有常绿乔木、小乔木、灌木，也有落叶灌木，其基本形态是常绿或落叶灌木。分枝多，叶互生，表面深绿色。总状花序，花顶生，腋生或单生，花色丰富多彩，有些种类品种繁多。

杜鹃花分布广泛，遍布于北半球寒温两带，全世界杜鹃花有 900 余种，中国有 650 多种，其垂直分布可由平地至海拔 5 000 m 高的峻岭之上，但以海拔 3 000 m 处最为繁茂。因其喜酸性土壤，是酸性土壤的指示植物，其适宜的 pH 范围为 4.8 ~ 5.2。杜鹃花大都耐阴喜温，最忌烈日暴晒，适宜在光照不太强烈的散射光下生长。其生长的适宜温度为 12 ~ 25 ℃，冬季秋鹃为 8 ~ 15 ℃，夏鹃为 10 ℃ 左右，春鹃不低于 5 ℃ 即可。杜鹃喜干爽，畏水涝，忌积水。

（二）繁殖方法

1. 扦插法

扦插时期以梅雨季节、气温适中时成活率高。插穗选取当年新枝并已木质化而较硬实的枝条作插穗。每枝插穗长约 7～8 cm，摘除下部叶片，保留顶部 3～4 片叶即可。将插穗插入经湿润的基质，然后将扦插床放在通风避阳的地方，或用帘遮阳，晚上开帘。白天只喷一两次水，下雨时，防积水。扦插后 1 个月左右即可生根，逐渐炼光后可以上盆。

2. 压条法

这种方法的优点是所得苗木较大。方法是将母本基部的枝条弯下压入盆内基质中，经 5～6 个月的时间，生根之后，断离上盆。如果枝条在上端，无法弯下时，则采用高空压条方法，即用竹筒或薄膜填土保湿（月季、桂花等繁殖相同）。注意经常浇水，七八月后生出新根。

3. 嫁接法

有些杜鹃花品种，如王冠、鬼笑、贺之祝等用扦插法繁殖，效果不佳，可用嫁接的方法来繁殖。其砧木宜选用健壮隔年生生命力强、抗寒性好的毛鹃，而接穗多利用花色艳丽、花型较好的西洋杜鹃。

嫁种方法有靠接、芽接和腹接三种。

（1）靠接。选定砧木与接穗的杜鹃花各一盆，并排靠在一起，选用生长充实，枝条粗细（砧木和接穗）基本相同的光滑无节部位，各削一刀，削面长约 3～4 cm，深达木质部，削面两者要大小相同，然后将两者的形成层对准贴合，再用麻皮或塑料膜带依次捆扎，捆扎松紧适度，约经 5～6 个月，伤口愈合并联成一体。然后将接穗断离母体，待翌年春季再解除包扎上盆。

（2）芽接。选用两年生毛鹃作砧木，把顶端的芽头剪去并截平。再在正中劈一刀，深度为 4 mm 左右，然后削取接穗长约 1 cm 左右的嫩芽。两面都削成同样的楔形，插入砧木，使形成层对准密合，用线捆扎接口处，放置在阴凉架上，20 余天左右可以成活，然后炼光，一个月后即可上盆。

（3）腹接。取长 4～5 cm 的接穗，顶部留 3～4 片叶，下部叶片全部去掉，在茎的两面用利刀削成楔形，长度 0.5～1 cm，削面要平、滑、清洁，防止玷污。然后在砧木基部 6～7 cm 处，斜劈一刀，深度比接穗的削面略长，插入接穗时，使两者的形成层对准吻合。然后用线将两者接合处包扎，再用小塑料薄膜袋将接穗连同接口套入袋中，扎紧袋口，既防风又保湿，移置到蔽荫处后，约 1 个月后可成活上盆。

（三）基质栽培技术

1. 品种选择

适合无土栽培的品种有：

（1）西洋鹃。花叶同放，叶厚有光泽，花大而艳丽，多重瓣，花期 5～6 月。

（2）夏鹃。先展叶而后开花，叶片较小，枝叶茂密，叶形狭尖，密生绒毛。花分单瓣和双层瓣，花较小，花期 6 月。

（3）映山红。先开花后生长枝叶，耐寒，常以 3 朵花簇生于枝的顶端，花瓣 5 枚、鲜红色，花期 2～4 月。

（4）王冠。半重瓣，白底红边，花瓣上 3 枚的基部有绿色斑点，非常美丽，被誉为杜鹃花中之王。

（5）马银花。四季常绿，花红色或紫白色，花上有斑点。5～6 月开花。

2. 无土栽培基质制备

杜鹃花栽培基质以混合基质为好，有多种基质配方可供选用。

① 腐叶土 4 份，腐殖酸肥 3 份，黑山土 2 份，过磷酸钙 1 份。

② 泥炭 3 份，锯木屑 2 份，腐叶土 3 份，甘蔗渣 1 份，过磷酸钙 1 份。

③ 枯叶堆积物 5 份，蛭石 2 份，锯木屑 1 份，过磷酸钙 1 份。

④ 地衣 4 份，砾石 2 份，塑料泡沫颗粒 2 份，山黄土 2 份。

配方基质须混合均匀，消毒后装盆备用。

（1）上盆。上盆宜在秋季进温室前后或春季出温室时进行。上盆的方法是：用几片碎盆片或瓦片交叉覆盖住排水孔，先在底层填一薄层颗粒砾石，再填入炉渣，然后填粗土粒，最上层放一层细土，将苗置于中央，根系要充分舒展，深浅适当。然后用一只手扶住苗木，另一只手向盆内加入混合均匀的基质，至根颈为止，将盆内基质振实，再加入适量基质至离盆口 2~3 cm。然后用喷壶浇灌。第一次浇水要充分，到盆底淌出水为止。杜鹃上盆之后，需经 7~10 d 伏盆阶段，放入温室半阴处。出房室时应放于室外荫棚下，避免阳光直射，导致植株萎蔫。

（2）换盆。上盆后的植株生长为大苗后，枝叶茂密，根系发达应将植株移到较大的盆钵中。否则，会因为在小盆钵中根系不能舒展，互相缠结在一起，既不能充分吸收肥水，又影响通气排水，植株生长就会衰退，同时，经一段时期后，基质变劣，也需更换新的基质。鉴别是否需要换盆主要看植株的长势，只要树势不发生严重的衰退现象可不换。通常每 3 年左右换一次盆为好。大型植株往往相应地有较大的盆钵，亦可每 5 年左右换一次。特大的只要长势不衰，也可多年不换。

换盆时用扦子或片刀沿盆的内边扦割，使附着在盆钵内缘的根须剥离，然后提起植株，使之从盆中脱出，去掉根盘底部黏着的碎盆片或瓦片，扦松根系周围基质，剥去一些边沿宿土，使周围根须散开，但顶面中心部位的基质不用拆散。剪去过长的根和发黑的病根、老根，以促发新根。换新盆的操作与上盆时相同，换盆的季节与上盆时相似，但已进入盛花期的植株，宜在花后进行。

（3）浇水。杜鹃花根系细弱，既不耐旱又不耐涝。若生长期间不及时灌水，根系即萎缩，叶片下垂或卷曲，尖端变成焦黄色，严重者长期不能恢复日渐枯死。若浇水过多，通气受阻，则会造成烂根，轻者叶黄、叶落，生长停顿，重者死亡。因此，杜鹃花浇水不能疏忽，气候干燥时要充分浇水，正常生长期间盆土表面干燥时才适当浇水。若生长不良，叶片灰绿或黄绿，可在施肥水时加用或单用1/1 000硫酸亚铁水浇灌 2~3 次。

杜鹃花浇水时需要注意水质。必须使用洁净的水源，浇水时注意水温最好与空气温度接近。城市自来水中有漂白粉，对植物有害，须经数天贮存后使用。含碱的水不宜使用。北方水质偏碱性，可加硫酸，调整好 pH 再用。

（4）营养液管理。杜鹃花营养液要求为强酸性，pH 4.5~5.5 适宜。营养液的各种成分要求全面且比例适当以满足杜鹃花生长开花的需要。可选用杜鹃花专用营养液或通用营养液。定植后第一次营养液（稀释 3~5 倍）要浇透。置半阴处半个月左右缓苗后，进入正常管理。平日每隔 10 d 补液 1 次，每次中型盆 100~150 mL，大型盆 200~250 mL，期间补水保持湿润。杜鹃花不耐碱，为调节营养液 pH，可用醋精或食用醋调节水的 pH，用 pH 试纸测定营养液的酸碱性。

杜鹃花无土栽培过程中，始终要求半阴环境，春、夏、秋三季均需遮阴夏季高温闷热常导致杜鹃花叶片黄化脱落，甚至死亡，因此要注意通风降温或喷水降温，冬季室温以 10 ℃ 左右为宜。

四、盆花（仙客来）栽培技术

（一）生物学特性

仙客来（CycZdmen petsicum）又名一品冠、兔子花、萝卜海棠、兔耳花，为报春花科仙客来属多年生球根草本植物。具扁圆形肉质块茎，深褐色。叶着生在块茎顶端的中心叶心脏形，肉质，叶面深绿色，多有白色或淡绿色斑纹，叶背紫红色，叶缘锯齿状。花单生，花梗细长，花瓣 5 片，向上反卷，形似兔耳。花色有红、紫红、淡红、粉、白、雪青及复色等，有的具芳香。花期冬、春季。目前栽培的仙客来多为园艺品种，是从原种仙客来经多年培育改良而来的，通常分为大花型、平瓣型、皱瓣型、银叶型、重瓣型、毛边型、芳香型等。

仙客来原产南欧及地中海一带，现已成为世界各地广为栽培的花卉。性喜凉爽、湿润及阳光充足的环境，秋、冬、春季为生长季，夏季高温时进入休眠期。生长发育适温为 15~25 ℃，要求疏松、肥沃、排水良好的栽培基质，适宜 pH 6.0~6.8，要求空气湿度为 60%~70%。仙客来属日中性植物，喜阳光但忌强光照，光照强度 2.8 万~3.6 万 lx 为宜。盛花期 12 月至翌年 4 月。

（二）繁殖方法

仙客来可以用播种、分割块茎和组织培养等方法繁殖，生产上多以种子繁殖为主。播种通常在 9～11 月份进行。播种所用的基质可采用珍珠岩、蛭石乙煤渣、锯末及其他无土栽培基质。播前需对种子和基质做消毒处理，基质可采用高温或药物清毒，种子需用 30～40 ℃ 温水浸种 1 昼夜，若带病毒的种子还需做脱毒处理。播种时将种皮搓洗干净，按 1.5～2 cm 的间距点播于浅盆或播种床内，覆盖基质厚约 0.5～0.7 cm，浇透水并保持基质湿润。在 20～25 ℃ 温度条件下，约 20 d 可生根，1 个月左右发芽，长出子叶。此时可让幼苗见光，以利于幼苗光合作用。出苗达 75% 以上时，每 10 d 追施 1 次营养液，氮、磷、钾比例为 1∶1∶10，待幼苗长出 2～4 片真叶时，进行第一次分苗（通常在 3～4 月份），将小苗移至直径 10 cm 的花盆中，缓苗后进入正常养护管理。分割块茎是在休眠的球茎萌发新芽时（大约在 9～10 月份），按芽丛数将块茎切成几份，每份切块都有芽，切口处涂草木灰或硫磺粉，放在阴凉处晾干切口，然后作新株栽培。

（三）基质栽培技术

仙客来无土栽培主要以基质盆栽为主，栽培基质可选用蛭石、泥炭、炉渣、锯末、砂、炭化稻壳等按不同比例混合作基质，如蛭石∶锯末∶砂为 4∶4∶2 或炉渣∶泥炭∶炭化稻壳为 3∶4∶3。苗期宜用泥盆，盆底垫 3～4 cm 厚的粗粒煤渣，上部用混合基质。栽苗时要小心操作，注意勿伤根系，使须根舒展后填加基质，轻轻压实，使球茎 1/3 露出，浇透营养液（稀释 3～5 倍）。仙客来喜肥，但需施肥均匀，平日每周浇 1 次营养液，并根据天气情况每 2～3 d 喷 1 次清水。由于基质疏松透气、保水保肥，能满足小苗生长的各种需求。仙客来 10 片叶是一个重要时期，一般出现在 5～6 月份，此时进入营养生长和生殖生长并进阶段。凉爽地区可于此时进行第二次移栽，栽植于直径为 15 cm 的塑料盆、陶盆或瓷盆中，方法同前。进入夏季要注意降温、通风，保存已有叶片，控制肥水，以防植株徒长。此外，要注意防病、防虫，可喷洒多菌灵、托布津、乐果、敌敌畏等杀菌杀虫剂。

8 月底随天气渐凉，仙客来逐渐恢复生长，长出许多新叶，此时要注意加强光照和施肥，按正常浓度每周浇 1 次营养液，每 10 d 左右叶面喷施 0.5% 磷酸二氢钾溶液。进入 10～11 月，叶片生长缓慢，花蕾发育明显加快，进入花期，此时适宜的条件为光照 2.4 万～4 万 lx，温度 12～20 ℃，湿度 60% 左右，温度是控制花期的主要手段，一般品种在 10 ℃ 条件下，花期可推迟 20～40 d。花期易发生灰霉病，要加强通风和药物防治。

仙客来无土栽培要比在土壤中栽培生长快，开花多，开花早，花大色艳，花期长。通常 pH 调至 6.5 左右生长良好。

五、切花（月季）栽培技术

切花用月季（Rosa hybrida Hort.）又称现代月季，是指由原产我国的月季花（Rosa chinensis）、香水月季（Rosa odorata）等蔷薇属种类于 1780 年前后传入欧洲后，与原产欧洲及我国的多种蔷薇经反复杂交后形成的一个种系。现代月季栽培品种繁多，现已达 20 000 多个，而且还在不断增加。现栽培的月季品种大致分为六大类，即杂种香水月季（简称 HT 系）、丰花月季（简称 FL 系）、壮花月季（简称 Gr 系）、微型月季（简称 Min 系）、藤本月季（简称 CL 系）和灌木月季（简称 Sh 系）。月季由于四季开花，色彩鲜艳，品种繁多，芳香馥郁，因而深受各国人民的喜爱，被列为四大切花之一。

（一）生物学特性

1. 形态特征

月季为常绿或半常绿灌木，高可达 2 m，其变种最矮者仅 0.3 m 左右。小枝具钩刺，或无刺，无毛。羽状复叶，小叶 3～5 片，少有 7 片，宽卵形或卵状长圆形，长 2.5～6 cm，先端渐尖，具尖锯齿，托叶大部与叶柄合生，边缘有腺毛或羽裂。花单生或几朵聚生成伞房状，花径大小不一，一般可分为

4 级，大型花直径 10 ~ 15 cm，中型花直径 6 ~ 10 cm，小型花直径 4 ~ 6 cm，微型花直径 1 ~ 4 cm。月季花色丰富，通常切花月季可分为 6 个色系，即红色系、朱红色系、粉红色系、黄色系、白色系和其他色系。

2. 生态习性

月季对气候、土壤的适应性较其他花卉为强，我国各地均可栽培。长江流域月季的自然花期为 4 月下旬至 11 月上旬，温室栽培可周年开花。

月季对土壤要求不严格，但以疏松、肥沃、富含有机质、微酸性的壤土较为适宜。性喜温暖、日照充足、空气流通、排水良好的环境。大多数品种最适温度昼温为 15 ~ 26 ℃，夜温为 10 ~ 15 ℃，冬季气温低于 5 ℃ 即进入休眠，一般能耐 −15 ℃ 的低温和 35 ℃ 高温，但大多品种夏季温度持续 30 ℃ 以上时，即进入半休眠状态，植株生长不良，虽也能孕蕾，但花小瓣少，色暗淡而无光泽，失去观赏价值。

月季喜水、肥，在整个生长期中不能缺水，尤其从萌芽到放叶、开花阶段，应充分供水，土壤应经常保持湿润，才能使花大而鲜艳，进入休眠期后要适当控制水分。由于生长期不断发芽、抽梢、孕蕾、开花，必须及时施肥，防止树势衰退，使花开不断。

（二）繁殖方法

月季的繁殖方法有无性繁殖和有性繁殖两种。有性繁殖多用于培育新品种，无性繁殖有扦插、嫁接、分株、压条、组织培养等方法，其中以扦插、嫁接简便易行，生产上广泛采用。

1. 扦插

长江流域多在春、秋两季进行。春插一般从 4 月下旬开始，6 月底结束，此时气候温暖，相对湿度较高，插后 25 d 左右即能生根，成活率较高；秋插从 8 月下旬开始，至 10 月底结束，此时气温仍较高，但昼夜温差较大，故生根期要比春插延长 10 ~ 15 d，成活率亦较高。此外，月季也可在冬季扦插，可充分利用冬季修剪下的枝条。扦插时，用 500 ~ 1 000 mg/L 吲哚丁酸或 500 mg/L 吲哚乙酸快浸插穗下端，有促进生根的效果。扦插基质可用砻糠灰、河砂、蛭石、炉渣、泥炭等，单独或 2 ~ 3 种混合使用。

插条入土深度为穗条 1/3 ~ 2/5，早春、深秋和冬季宜深些，其他时间宜浅些。

2. 嫁接

嫁接是月季繁殖的主要手段，该方法取材容易，操作简便，成苗快，前期产量高，寿命长。嫁接适宜的砧木较多，目前国内常用的砧木有野蔷薇（Rosa multiflora）、粉团蔷薇（Rosa mutiflora var, cathayensis）等。一般多用芽接，在生长期均可进行。也可枝接，在休眠期进行，南方 12 月至翌年 2 月，北方在春季叶芽萌动以前进行。

如要求短期内繁殖大量特定品种，可进行组织培养，能大量培育保持原品种特性的组培苗。

（三）基质栽培技术

1. 品种选择

作为无土栽培的切花月季，具有其特殊的要求，主要包括以下几个方面：① 植株生长强健，株型直立，茎少刺或无刺，直立粗壮，耐修剪。② 花枝和花梗粗长、直立、坚硬；叶片大小适中，有光泽。③ 花色艳丽、纯正，最好具丝绒光泽。④ 花形优美，多为高心卷边或高心翘角；花瓣多，花瓣瓣质厚实坚挺。⑤ 水养寿命长，花朵开放缓慢，花颈不易弯曲。⑥ 抗逆性强，应根据不同的栽培类型需要而具有较好的抗性，如抗低温能力、抗高温能力、抗病虫害能力，尤其是抗白粉病和黑斑病能力。⑦ 耐修剪，萌枝力强，产量高。

随着切花月季生产的快速发展，优良的切花月季品种不断涌现，目前国内市场常见的品种中红色系的有：红衣主教（Kardinal）、王威（Royalty）、卡尔红（Carl Red）、萨曼莎（Samantha）、卡拉米亚（Cararnia）、奥林匹亚（Olympiad）等；粉红色系的有：索尼亚（Sonia）、婚礼粉（BridalPink）、贝拉米（Belami）、外交家（Diplomat）、唐娜小姐（Prima Donna）、火鹤（Flamingo）、甜索尼亚（Sweet Sonia）等；黄色系的有：金奖章（Gold medal）、金徽章（Gold Emblem）、阿斯梅尔金（AalsmeerGold）、黄金时代（Golden Time）等；白色系的有：坦尼克（Tineke）、雅典娜（Althena）、白成功（White Success）等。

2. 栽培方式及技术要点

（1）岩棉培：切花月季的无土栽培通常采用岩棉培和基质培。

① 岩棉床的准备。把岩棉制成长 70 ~ 120 cm、宽 15 ~ 30 cm、高 7 ~ 10 cm 的条块，作为月季根系生长发育的基质，每块岩棉均用银白色或黑色塑料薄膜包裹，以减少营养液散失。根据栽培方式的不同，每个栽培床可用单行或双行岩棉条块进行栽培。

② 育苗与栽植：将岩棉切成 10 cm×10 cm×10 cm 的方块，用于扦插或嫁接育苗。苗育成后将苗与育苗块一起按预定株行距放置于岩棉栽培床上。通常定植密度在 7 ~ 10 株/m² 左右。

（2）基质培。基质栽培是目前国内切花月季主要的无土栽培方式，常见固体基质有泥炭、蛭石、砻糠灰、珍珠岩、河砂、锯木屑、炉渣等，多采用混合基质，混合后的基质容重以 0.1 ~ 0.8 g/cm²、孔隙度以 60% ~ 90% 为宜。基质栽培的方式有槽式栽培、袋式栽培等，其营养和水分的供应方式应根据栽培方式而异，槽式栽培可浇灌，也可滴灌，或两者结合供应水肥；而袋式栽培则多以滴灌方式供应水分和营养液。

槽式栽培：槽式栽培是将无土基质装入一定容积的栽培槽中进行切花月季的栽培。每立方米混合基质可施入经过腐熟消毒处理的禽粪等有机肥料 5 kg、硝酸钾 0.5 kg、磷酸二铵 0.5 kg 作为基肥。苗定植后，应定期追肥，施肥间隔时间和用量应视苗生长而定，营养生长旺盛期和开花期应多施肥料，可每 10 ~ 15 d 追施禽粪等有机肥料 1.5 kg，也可同时施用硝酸钾和磷酸二铵等。此外，也可结合病虫害防治，进行叶面追肥，可采用 0.1% ~ 0.5% 的尿素和磷酸二氢钾喷施。

袋式栽培：袋式栽培袋采用银白色或黑色塑料薄膜袋内装栽培基质，并开孔定植栽培切花月季。其水分和营养液的供应均以滴灌方式为主，也可利用喷灌和叶面追肥方法补充水分和营养。

3. 营养液管理

切花月季在整个生长期内营养液的 pH 应控制在 5.5 ~ 6.5 之间。

营养液的浓度和供应量应根据月季植株的大小以及不同的生长季节而区别对待，一般在定植初期，供液量可小些，营养液浓度也应稍低些，EC 控制在 1.5 ms/cm 左右；进入营养旺盛生长期后，要逐渐加大供液量，每日供液 5 ~ 6 次，平均每株供液 800 ~ 1 200 mL，EC 可提高至 2.2 ms/cm；进入花期后，可增加到每天供液 1 200 ~ 1 800 mL。进入冬季或阴雨天，供液量要适当减少，夏季或晴天供液量要适当加大。此外，要定期测定岩棉内营养液韵 pH、EC 和 NO_3^--N。根据测定结果，对营养液进行调整。

4. 整枝修剪

切花月季的整枝修剪是贯穿在整个切花生产过程中的重要管理措施，直接影响到切花的产量和质量。切花月季的整枝修剪主要是通过摘心、除蕾、抹芽、折枝、短截等方法，增强树势，培育产花母枝，促进有效花枝的形成和发育。切花月季生产中由于生产栽培方式不同以及生长阶段不同，其整枝修剪的技术有较大差异，以下分别给予简单介绍。

（1）幼苗期修剪。定植后的幼苗修剪的主要目的是形成健壮的植株骨架，培育开花母枝。幼苗修剪的主要方法是利用摘心手段控制新梢开花，促使侧芽萌发。由于幼苗初期萌发的枝条较为瘦弱，需要多次摘心。当营养面积达到一定程度后，才能萌生达到一定粗度的枝条。直径具有 0.6 cm 以上的枝条即可摘心后作为开花母枝（一般应摘去第一或第二片具五小叶的复叶以上部位的全部嫩叶），当植株具有 3 个以上开花母枝后就可以作为产花植株进行管理。

（2）夏季修剪。切花月季经过一个生长周期后，植株的高度不断升高，使枝条的生长势下降，切花的产量和质量下降，尤其是温室栽培进行冬季产花型生产的植株必须进行株型调整，以利于秋季至冬春季的产花。传统的夏季修剪主要通过短截回缩的方法，但由于夏季植株仍处于生长期，该方法对树体伤害较大，且营养面积大量减少，不利于秋季恢复生长。现多用捻枝和折枝的方法，捻枝是将枝条扭曲下弯而不伤木质部，折枝是将枝条部分折伤下弯，但不断离母体。捻枝和折枝可减少对树体的伤害，保证充足的营养面积，利于树体的复壮。生产上根据需要也可将捻枝、折枝和短截回缩的方法结合使用。

（3）冬季修剪。冬季修剪是月季冬季休花型栽培中，在植株落叶休眠后，为树体复壮而进行的树体整形修剪，一般在休眠后至萌芽前1个月进行。通常先剪除弱枝、病虫害枝、衰老枝后，用短截的方法回缩主枝（开花母枝），一般保留3~5个主枝，每枝条保留高度为40 cm左右，常视品种不同而异。

（4）日常修剪。切花月季除了苗期修剪和复壮修剪以外，在生长开花期间，经常性的修剪也十分重要。日常修剪包括切花枝的修剪、剥蕾、抹芽、去砧木萌蘖以及营养枝的修剪等。其中切花枝的修剪尤其重要，因为切花枝的修剪不仅影响到切花的质量，还影响到后期花的产量和质量。通常合理的切花剪切部位是在花枝基部留有2~3枚5小叶复叶以上部位。此外，及时对弱枝摘除花蕾或摘心、短截，以适当保留叶片，增加营养面积也是非常必要的。

5. 病虫害防治

月季是病虫害发生较多的花卉，尤其在大棚、温室等环境中更易诱发。因此，在生产中应贯彻预防为主的原则，加强管理，增强植株的抗御能力。同时应该根据栽培环境特点，有针对性地选择抗性强的品种，清洁环境，控制温度、湿度，并根据病虫害发生的规律及时喷施农药，控制病虫害的发生和蔓延。

通常月季生产中较易发生的病害有黑斑病、白粉病、霜霉病、灰霉病等，可利用粉锈宁、百菌清、托布津、多菌灵、退菌特、甲霜灵等防治。常见虫害有螨虫、蚜虫、介壳虫、月季叶蜂、月季茎蜂等，可利用三氯杀螨醇、克螨特、双甲脒、氧化乐果、辛硫磷、杀灭菊酯等喷杀。

六、盆花（一品红）栽培技术

（一）生物学特性

一品红（Euphorbia pulchertrima）又名圣诞花、猩猩木、老来娇，为大戟科大戟属落叶亚灌木。茎直立，叶互生，形态如戟。茎顶部花序下的叶较窄，苞片状，通常全缘，开花时呈朱红色。顶生环状花序聚伞状排列，花小，着生在绿色的杯状总苞内。蒴果，种子3粒，褐色。

一品红原产墨西哥南部和中美洲等热带地区，性喜温暖湿润的环境，不耐寒冷和霜冻。要求充足的光照，光照不足时，往往茎弱叶薄，苞片色泽变淡。

对土壤要求不严，但以疏松肥沃、排水良好的微酸性土壤为好。一品红属于典型的短日照植物，花芽分化在10月下旬开始。

一品红变种与品种有：一品白（var.alba），开花时总苞片乳白色；一品粉（var.rosea），开花时总苞片粉红色；重瓣一品红（var.plenissima），除总苞片变色似花瓣外，小花也变成花瓣状叶片，直立向上，簇拥成团。

一品红花色鲜艳，花期长，正值圣诞、元旦、春节开花，是冬春重要的盆花和切花材料，深受国内外群众的欢迎。常用于盆栽装饰室内，布置花坛、会场，制作插花等。采用短日照处理，可使一品红在"国庆节"开花，满足节日布置的需要。

（二）繁殖方法

一品红生根容易，多以扦插繁殖为主。春末气温稳定回升时，花凋谢后修剪下来的枝条，每3节截成一段进行扦插，或于5月下旬至6月上旬利用嫩枝扦插，每段带有2枚剪去1/2的叶片。剪插条时剪口有白色乳汁流出，要用草木灰或硫磺粉封住阴干，或用清水洗净后，待剪口干燥后再插入砂或蛭石中。插后保持基质湿润，在25 ℃温度条件下约经1个月即可生根。腋芽也可扦插，但不如枝插好。

（三）基质栽培技术

一品红扦插生根后，要及时浇施营养液，营养液可选用通用配方，并逐渐把花移到阳光充足的地方，但要避免中午强光直射。待 2~3 个月后，新枝长到 10 cm 左右时，即可定植，当年可以开花。

无土栽培一品红可用直径 15~20 cm 的塑料花盆，基质最好选用草炭∶珍珠岩或蛭石为 1∶1 的混合基质。上盆时，盆底铺一层用水浸透的陶粒，以利排水和通气，然后加入混合基质，将花苗栽在盆中，盆上面要加盖一层陶粒，以防长青苔和浇水或浇液冲起基质。定植后第一次加液要充足，至盆底有渗出液流出为止，盆底托盘内不可长期存留渗出液以防影响通气而烂根。平日补液每周 1~2 次，每次约 100 mL，注意喷水保湿，切勿浇水过大。

北方冬季室温要保持在 15 ℃ 以上，可用塑料袋罩在盆上保温。供暖后，一般室内温度可达 15~20 ℃，也正是一品红花芽分化期，每天保持 8~9 h 光照，50 d 左右开花。一般将于 10 月下旬至 12 月下旬开花，观花期可延续至翌年 3~4 月。

清明前后（4 月上旬）开过花后，减少浇水浇液，促其休眠。剪去上部枝条，促使其萌发新的枝条。一般每个花盆可保留 5~7 个枝条，每个枝条顶端开 1 朵花。其他的萌芽及时摘除，以免影响观赏效果。一品红当年生枝条常可达 1 m 多长，不仅株形不美，而且影响开花。为使株形美观，应及时整枝作弯，使植株变矮，枝叶紧凑，花叶分布均匀。也可使用植物生长抑制剂，如用矮壮素等喷洒叶面，效果较好。

七、盆花（中国兰花）栽培技术

（一）生物学特性

中国兰花（Cymbidium spp.）又称国兰，通常指兰科（Orchidaceae）兰属（Cymbidium）植物中的部分地生兰及少数附生兰。与热带兰相比，中国兰花的假鳞茎较小，叶片较薄，但碧叶修长，叶姿秀雅。国兰花序直立，花有单朵或一梗多花，花色有淡绿、粉红等多种，花形潇洒，气味幽香，深受我国和日本、韩国等人民的喜爱。

兰花自然分布于我国长江以南诸省，性喜温暖、湿润、凉爽的气候环境，喜弱光，忌高温、强光、干燥，喜酸性（pH5.5~6.5）环境，喜疏松肥沃、排水良好的栽培基质。冬季室内温度应不低于 2~3 ℃，在 12 ℃ 以上生长良好。适合无土栽培的品种有春兰、蕙兰、建兰、墨兰、寒兰、多花兰及其变种 30 余种。

（二）繁殖方法

中国兰花通常采用分株法和种子繁殖，分株法一年四季均可进行，但以春末夏初，花后为宜。做法是将大丛的植株挖起，用刀分割成数丛另行栽植，每丛保留 3 株苗，并有 1 嫩苗，以利萌发新苗。分株苗要置于半阴凉处，浇足水分，约 20 d 缓苗后，即可浇灌营养液，进行正常管理。中国兰花种子较小，通常采用组织培养的方法播种，即种子先用 0.1% 的 $HgCl_2$ 消毒处理，然后用无菌水冲洗，再用无菌吸管吸取少量种子置于培养基上，在 15~25 ℃ 条件下培养。当种子萌发生长至适当大小时，移植到基质中栽培。

（三）基质栽培技术

常用兰花无土栽培基质配方主要有以下几种：

1. 砂、砾、木炭培

盆底 1/2 为大拇指大小的砾石和木炭粒大小的砂粒，表层为米粒大小的砂粒，上层为黄豆。

2. 地衣、砾石、木炭培

盆底 1/3 为大拇指大小的砾石和木炭，盆中及盆上 2/3 为地衣。

3. 地衣、木炭培

盆中心置大块木炭，周围地衣塞满。盆底用 1/3 拇指大小砾石，中上层用黄豆大小及米粒大小砂

粒，上层用地衣。

4. 地衣、砂、砾培

盆底用 1/3 拇指大小砾石，中上用黄豆大小及米粒大小的砂粒，上层用地衣。

5. 塑料泡沫颗粒培

塑料泡沫颗粒 7 份，砂粒 2 份，砾石 1 份。用循环式营养液滴灌。

兰花定植所用的花盆宜选用口径 15~20 cm 的塑料花盆或仿古陶瓷花盆。栽植时先在盆底部铺一层 2~3 cm 的较大颗粒基质作为排水层，然后将花苗立于盆中，添加事先浸泡过的混合基质，边加边用手压紧，至盆八分满止，表面再铺一层陶粒或苔藓、地衣，防止浇水冲出基质。

定植后第一次营养液要浇透，盆底托盘见渗出液为止，表层不干不浇。兰花属中低肥力植物，忌大水大肥，但开花前孕蕾期至开花期，应增加供液次数，每周 1~2 次，每次 100 mL。多数兰花在冬季处于休眠期，不宜施肥，浇水也要减少。一般 2~3 周浇透水一次。春、夏、秋高温干燥期间，每天浇 2~3 次水。含盐分较高或碱性反应的水都不宜浇兰花，如用自来水，最好存放几天再浇。兰花需保持 70%~80% 的相对湿度，可用遮阳的办法保持其适宜的温度。

八、散尾葵栽培技术

（一）生物学特性

散尾葵（Chrysalidocarpus lutescens Wendland）又叫黄椰子，为棕榈科散尾葵属常绿丛生灌木，株高 2~4 m，单干直立，茎黄绿色，表面光滑，环状叶痕如竹节。叶聚生于干顶，羽状全裂，长可达 2 m，裂片 40~60 对，分成两列排列，叶面光滑呈亮绿色。散尾葵株形美观壮丽，飘柔潇洒，给人以轻松愉快、柔和舒适之感。单丛即可成景，小苗或老株都很美丽，为著名的观叶展景植物。盆栽摆放在大中型会客厅、餐厅、会场、图书馆、展览厅、休息厅以及门厅、走廊、楼梯口等公共场合，均十分壮观美丽，别具风采。

散尾葵原产马达加斯加。我国广东、台湾等地多用于庭院栽植，北方各地多在温室或室内盆栽观赏。性喜温暖多湿及半阴环境，畏寒冷，遇长期 7~8 ℃ 的低温，植株即产生黄叶，受寒害。

（二）繁殖方法

散尾葵常用播种和分株法繁殖，但通常以分株为主。分株时间，最好在春末夏初季节结合换盆进行，将分蘖多的植株用利刀切分成 2~3 株，分别栽植，经过一段时间的精心养护即可成为新株。

（三）基质栽培技术

散尾葵定植所用花盆，应根据植株大小选用适当口径有底孔的普通塑料花盆，基质应选用排水透气性良好、保水保肥的复合基质，如蛭石∶珍珠岩∶泥炭为 1∶2∶10，定植前将珍珠岩用水浸透，分株时，先在盆底铺一层塑料布以防基质随水流出，之后在塑料布上铺 2~3 cm 厚陶粒作为排水层，然后栽植。边加基质边用手压实，最后盆表面加一层用水浸透的陶粒，以防浇水冲出基质，同时防止产生藻类。

定植后第一次浇营养液要浇透，以后约每半月补液 1~2 次，大盆每次 500~1 500 mL，中盆每次 100~200 mL。平日补水，喷浇为宜，以防表层基质盐分积累。

夏季高温季节，应将植株放在室内散射光处或荫棚下，避免阳光直晒。因天气热温度高，故浇水次数要增加，并要往叶面上喷水降温，但易使基质中营养液浓度降低，因此要增加补液次数，每周补液 1~2 次，同时可保持基质 pH 的稳定。北方地区 9 月下旬，室外气温逐渐降低，放在室外的盆花要及时移入室内光照充足处，注意保温防寒，室内温度不低于 10 ℃。此期间应注意减少补液补水的次数，以免温度低、湿度大而发生烂根、黄叶。

九、香石竹栽培技术

香石竹（Dianthus carvophyllus L.）又名康乃馨，因其具有花朵秀丽、高雅，花期长，产量高，切花耐贮藏、保鲜和水养，又便于包装运输等的特点，而在世界各地广为栽培，是四大切花之一。

（一）生物学特性

香石竹为石竹科、石竹属常绿亚灌木，作宿根花卉栽培。株高 30～80 cm，茎细软，基部木质化，全身披白粉，节间膨大。叶对生，线状披针形，全缘，叶质较厚，基部抱茎。花单生或数朵簇生枝顶，苞片 2～3 层，紧贴萼筒，萼端 5 裂，花瓣多数，具爪。花色极为丰富，有大红、粉红、鹅黄、白、深红等，还有玛瑙等复色及镶边色等。果为蒴果，种子褐色。

香石竹原产于南欧，现世界各地广为栽培，主要产区在意大利、荷兰、波兰、以色列、哥伦比亚、美国等。香石竹性喜温和冷凉环境，不耐寒，最适宜的生长温度昼温为 16～22 ℃，夜温为 10～15 ℃。喜空气流通、干燥之环境，喜光照，为阳性、日中性花卉，但长日照有利于花芽分化和发育。要求排水良好、富含腐殖质的土壤，能耐弱碱，忌连作。自然花期 5～10 月，保护地栽培可周年开花。

（二）繁殖方法

可采用扦插、组培繁殖。扦插繁殖多在春季或秋冬季，选择中部健壮、节间短的侧枝，长 10～14 cm，具 4～5 对展开叶的插穗。插穗如不能及时扦插，可于 0～2 ℃ 低温下冷藏，一般可贮藏 2～3 个月。扦插基质多用泥炭、珍珠岩、蛭石或砻糠等，可单独使用，也可按一定比例混合使用。扦插前用 500～2 000 mg/L 的萘乙酸、吲哚丁酸或两者混合液处理，可促进生根，处理时间视浓度而异。一般插后 3 周左右生根。组培多用于香石竹脱毒培养，繁殖取穗母株。因其苗期长，前期生长瘦弱，切花生产上较少运用。

（三）基质栽培技术

1. 品种选择

香石竹品种很多，依耐寒性与生态条件可分为露地栽培品种和温室栽培品种。依花茎上花朵大小与数目，可分为大花型香石竹，（又称单花型香石竹、标准型香石竹）和散枝型香石竹（又称多花型香石竹）。大花型香石竹品种根据其杂交亲本的来源有许多品系，生产上常用品系有西姆系和地中海系两个品种群。西姆系又称美洲系，为香石竹自 19 世纪传入美国后选育出的品种群，其特点是适应性强、生长势旺、节间长、叶片宽、花朵大，花瓣边缘多为圆瓣而少锯齿，但花易裂苞，抗寒性和抗病性较弱，产量较低，适宜温室栽培；地中海系为欧洲国家选育出的杂交品种群，其特点是节间较短，叶片狭长，花色和花型丰富，抗寒性和抗病性较强，产量较高，但花朵略小，香石竹品种繁多，更新也较快，欧、美国家的专业育种公司每年会推出新的品种，在此不再介绍。

2. 栽培床及其定植

香石竹的无土栽培多采用无土轻型基质，通过栽培床方式进行栽培，栽培基质通常采用泥炭、蛭石、砻糠、珍珠岩、河砂、锯末屑、炉渣等。栽培床宽度 120～140 cm、高 20～25 cm。

香石竹定植时间主要根据预定产花期和栽培方式等因素而定，通常从定植至始花期约需要 110～150 d。因此，一般秋冬季首次产花的栽培方式多在春季 5～6 月定植，而春夏季首次产花的栽培方式多在秋季 9～10 月定植；香石竹定植密度依品种习性不同，分枝性强的品种可略稀植，分枝性弱的品种可适当密植，一般定植密度为 30～50 株/m² 左右，株行距多在 15 cm×15 cm～15 cm×20 cm 之间，春、夏季开花的可适当密植，秋、冬季开花的宜适当稀植。

3. 营养液

pH 应调整在 6.0～7.0。此外，也可结合病虫害防治，采用喷施 0.1%～0.5%的尿素、磷酸二氢钾或低浓度硼酸等进行叶面追肥。

4. 植株管理

（1）摘心。定植后 20 d 左右进行第一次摘心，摘心是香石竹栽培中的基本技术措施，不同摘心方法对产量、品质及开花时间有不同影响。切花生产中常用的有 3 种摘心方式：①单摘心：仅对主茎摘心一次，可形成 4～5 个侧枝，从种植到开花时间短。②半单摘心：当第一次摘心后所萌发的侧枝长

到 5~6 节时，对一半侧枝作第二次摘心，该法虽使第一批花产量减少，但产花稳定。③双摘心：即主茎摘心后，当侧枝生长到 5~6 节时，对全部侧枝作第二次摘心，该法可使第一批产花量高且集中，但会使第二批花的花茎变弱。

（2）张网。侧枝开始生长后，整个植株会向外开张，应尽早立柱张网，否则易导致植株倒伏而影响切花质量。香石竹支撑网的网孔可因栽植密度或品种差异而定，通常在 10 cm×10 cm 和 15 cm×15 cm 之间。第一层网一般距离床面 15cm 高，通常需要用 3~4 层网支撑，网要用支撑杆绷紧、拉平。

（3）抹侧芽、侧蕾。香石竹开始花芽分化后，其侧芽就开始萌动，需要及时抹除（多头型香石竹品种除外），由于上部侧芽抹去后，会刺激中下部侧芽的萌发，因此，抹侧芽需要分几次进行，才能全部抹除；随着花蕾的发育，在中间主蕾四周会形成数个侧蕾，应及时抹除，以保证主蕾的正常生长，如过迟，茎部木质化程度提高，不便于操作，且对植株损伤也较大。疏蕾操作应及时并反复进行。

5. 病虫害防治

香石竹病害较为严重，5~9月高温多湿时更甚，主要病害有花叶病、条纹病、杂斑病、环斑病、枯萎病、萎蔫病、茎腐病、锈病等，引起这些病害的病原有病毒、真菌和细菌。此外，香石竹还有蚜虫、红蜘蛛、棉铃虫等的危害。在生产中应严格贯彻预防为主的原则，加强管理，增强植株的抗御能力。注意清洁环境，控制温度、湿度，并根据病虫害发生的规律定期喷施农药预防，一般每周 1 次，如病虫害已发生应每 3d 左右 1 次，及时拔除病株并销毁，以控制病虫害的蔓延。

十、鹅掌柴栽培技术

（一）生物学特性

鹅掌柴（Schefflera octophylla）又名鸭脚木，是五加科鹅掌柴属的常绿灌木或小乔木。掌状复叶互生，小叶 6~11 枚，椭圆形或倒卵圆形，全缘，叶绿色有光泽，圆锥花序顶生，花白色，有芳香。浆果球形。同属植物约 400 种，常见栽培的还有鹅掌藤（S.arboricola）、白花鹅掌柴（S.1eucantha）、异叶鹅掌柴（S.dizersifori—olata）、台湾鹅掌柴（S.taiwaniana）等。鹅掌柴叶片光亮翠绿，分层重叠，如鹅掌、托盘，形态奇特，别具一景，为优美的观叶植物。

鹅掌柴原产我国广东、福建等地，喜温暖、湿润、微酸和半阴的环境，冬季最低温度应保持在 5 ℃以上，0 ℃以下受寒害引起落叶、烂根。

（二）繁殖方法

鹅掌柴常用播种或扦插法繁殖。种子无休眠期，宜随采随播，当气温在 22 ℃以上时，7~10 d 即可发芽，幼苗生长较快，发芽后约 27 个月即可移植或上盆。扦插繁殖多在春末夏初气温高、湿度较大时进行，以 15 cm 长的健壮枝条作插穗，去掉叶片，保留顶芽或侧芽，立即扦插在河砂、蛭石或珍珠岩基质中，保持空气相对湿度 60% 左右，温度 20~25 ℃，约一个月左右即可生根。鹅掌柴顶端优势明显，在扦插期间可用 5 mg/L 左右的赤霉素喷于地上部分，以促进侧枝萌发。用作无土栽培的苗木生根后即可以移栽。

（三）基质栽培技术

鹅掌柴无土栽培基质以陶粒、珍珠岩、尿醛、酚醛树脂等透气性轻型材料为好。鹅掌柴苗木起苗后，用自来水冲洗苗木根系的泥砂和盐分，立即栽入准备好的花盆中，要使根系舒展，植株稳固，浇1 次稀释营养液，置于荫棚下或室内弱光处，并经常往植株上喷水，保持空气相对湿度 60% 左右。过渡约 10 d 之后，可逐渐加强光照，以适应摆放环境的小气候条件。鹅掌柴采用无土栽培方式，根系既透气又能满足生长发育所需要的弱酸性环境，因此植株长势苗壮，叶色亮绿，枝繁叶茂。

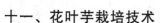

十一、花叶芋栽培技术

（一）生物学特性

花叶芋（Caladium bicolor Vent）又名叶芋，为天南星科花叶芋属多年生草本植物。株高 30 ~ 60cm，块茎扁圆形，黄色。叶片从块茎上抽出，叶片呈长心形或盾形，叶片上的颜色和花纹十分丰富而美丽，有红色、粉红色、白色、褐色、绿色等各种彩色的斑纹、斑块。色彩和斑纹（块）的变化因品种不同而异，目前广泛栽培的花叶芋大多是园艺杂交品种，常见的有：白叶芋，叶片白色，叶脉为绿色；两色花叶芋，绿色叶片上有许多白色和红色斑点（纹）；约翰·彼得（cv.Johanpeed），叶片金红色，叶脉较粗；红云（cv.Pinkcloud），叶片具大面积红色；海欧（cv.Seagull），叶片深绿色，叶脉白色而突出；车灯（cv.Stoplight），叶边缘绿色，叶部绛红色；白皇（cv.Whitequeen），白色叶片上有红色叶脉。花叶芋叶形似象耳，色彩斑斓，绚丽多姿，甚为美观，是室内盆栽观叶的珍品之一。既可单盆装饰于客厅小屋，又可数盆群集于大厅内，构成一幅色彩斑斓的图案。用它装饰点缀室内，会把人引入优美的自然境界。此外，花叶芋也是良好的切花配叶材料。

花叶芋原产南美热带地区，在巴西和西印度群岛分布很广。花叶芋性喜温暖、湿润和半阴的环境，忌强光直射和空气干燥，不耐寒冷和低温，在热带地区可全年生长，不休眠，适宜温度 22 ~ 28 ℃。

（二）繁殖方法

花叶芋主要用分块茎法和组培法繁殖。春季将大块茎周围的小块茎剥下，另行栽植即可。若块茎数量较少时，可用利刀将大块茎切成带 1 ~ 2 个芽眼的小块，切口用 0.3% 的高锰酸钾溶液浸泡消毒，植于湿砂床内催芽，发苗生根后再上盆定植。大量育苗可采用组织培养法，常用 MS 培养基添加 2mg/L 的 6—BA 进行增殖。

（三）基质栽培技术

花叶芋无土栽培基质可用珍珠岩、蛭石、岩棉，使用营养液时，pH 调至 6.0 ~ 6.8。花叶芋每年通常在 4 ~ 5 月份定植种球，每盆种植 3 ~ 5 球，小球可多些。在肥水管理上因花叶芋较喜肥，所以要增加补液次数，每周 1 ~ 2 次，平日浇水保持基质湿润即可。花叶芋喜散射光，怕强光直射。室内装饰用的盆花可在其上安置日光灯辅助光照，商业性生产可在温室内用节能光源高压钠灯增加光照，这样可促其提前上市。秋末温度降至 14 ℃ 以下时，叶片开始枯黄，进入休眠。此时，要停止补液，并减少浇水，保持 14 ~ 18 ℃ 温度越冬，待翌年 4 月下旬重新种植。

十二、龟背竹栽培技术

（一）生物学特性

龟背竹（Monsterade osa Liebm.）又名蓬莱蕉、电线兰、电线草、团背竹，为天南星科龟背竹属常绿藤本植物。茎粗壮，节部明显，茎节上生有细长的电线状的气生根。幼叶心脏形，无孔，长大后叶呈广卵形，羽状深裂，革质，深绿色，叶脉间有椭圆形穿孔，形似龟的背纹。佛焰苞淡黄色，革质，边缘反卷，内生 1 个肉穗状花序。浆果球形。其变种斑叶龟背竹，叶片上有大面积的白色斑块。同属还有迷你龟背竹，植株矮小，叶片长卵形，其上沿主脉处散生不规则穿孔，叶缘为全缘。

龟背竹叶形奇特，常年碧绿，又较耐阴，给人以端庄新颖、宁静致远、健康的感觉，用于布置厅堂、会议室，绿化美化居室，也可用于攀缘墙壁、棚架，造成室内的自然景观。

龟背竹原产中美洲墨西哥等地的热带雨林中。性喜温暖湿润及半阴环境，不耐干旱和寒冷，忌强光直射。生长适温为 28 ~ 30 ℃，10 ℃ 以下则生长缓慢，5 ℃ 停止生长，呈休眠状态。要求通气性良好而又保水的微酸性栽培基质。

（二）繁殖方法

龟背竹主要采用扦插法繁殖。5~9月间，从老株顶端剪取约10 cm长、带有2~3个节的茎段作插穗，插入素砂床（盆）中，放在具有散射光的地方，每天喷水2~3次，保持盆土湿润和较高的空气湿度，在20~25 ℃条件下，约1个月后即可生根。

（三）基质栽培技术

龟背竹喜湿，无土栽培用基质可采用陶砾或珍珠岩等。定植用花盆有以下3种：

① 陶粒栽培专用花盆。有底孔带连体托盘且可保持水位的塑料花盆，口径为30 cm。

② 仿古陶瓷花盆。口径为25~30 cm，盆底内部加塑料内衬代替托盘，保持5 cm水位。

③ 有底孔的普通塑料花盆。盆底只平铺塑料膜，防止珍珠岩从盆底孔流出。

定植时，先在花盆内加入事先用水浸泡过的陶砾至水位深度，约5 cm厚，然后将准备好的龟背竹苗木立于盆内，舒展根系后，慢慢加入陶粒或珍珠岩，当盆八分满压实后，上层再加一层陶粒，以免浇水时冲走珍珠岩和日晒产生藻。

定植后第一次浇营养液要浇透，（pH 6.5~6.0）最好从盆上喷浇。有连体托盘的至盆底托盘内八分满即可；普通塑料盆盆内不积存营养液，以见到渗出液流出为止，盆底另加接盘，以免浪费营养液。平日补液按常规补液法，每10~15 d补1次，每次 500~1 500 mL，平日补水保持连体托盘内八分满。无连体托盘的花盆，每次浇水，先把托盘内的渗出液倒出浇在花盆里，如无水流出即应补浇，补液日不补水。采用陶粒栽培切忌缺水，因陶粒颗粒大，通气性好，缺水根系吸水困难，植株就萎蔫。冬季一般不换液，夏季需要换液时，则多浇水超出水位，使水大量流出，同时也可清洗基质。珍珠岩栽培，盆底托盘不可长时间存水，浇水要在表层基质干到 1~2 cm 时进行，否则，水多易发生烂根。

龟背竹为耐阴植物，可常年放在室内有明亮散射光处培养，夏季避免受到强光直射，否则叶片易发黄，甚至叶缘、叶尖枯焦，影响观赏效果。干燥季节和炎热夏季每天要往叶面上喷水3~5次，保持花盆周围空气湿润，叶色才能保证翠绿。冬季室内温度不可低于 12 ℃，防止冷风直接吹袭，并减少浇水。

十三、巴西木栽培技术

（一）生物学特性

巴西木（Dracaenafragrans）又叫巴西铁树、香龙血树，为龙舌兰科龙血树属的常绿灌木至乔木状植物。茎直立，株高可达数米。叶披针形，密生于茎干顶部，革质光泽，原种叶片鲜绿色。花小，黄绿色，具芳香。树干受伤后，分泌出一种有色的汁液，即所谓"龙血"而得名。园艺品种叶面上具有各种色彩的条纹，常见的有金边香龙血树、金心香龙血树、银边香龙血树等。巴西木枝干挺拔，苍劲古朴，叶片碧绿，飘柔洒脱，是近年来十分流行的室内观叶植物。盆栽装饰厅堂、居室、楼堂入口两侧，都会给人以温暖、舒适的感受，别具风情。

巴西木原产亚洲和非洲热带地区，约有150种，我国产5种，分布于云南、海南和台湾。巴西木性喜温暖多湿和阳光充足的环境，但也能耐阴，适合室内养护，宜疏松肥沃、排水良好的微酸性栽培基质，不耐寒冷和霜冻。

（二）繁殖技术

巴西木可用播种和扦插法繁殖，一般多以扦插法为主。扦插时间以春暖后至初夏为好，此间温度高、湿度大、生根快。剪取茎段上的侧枝或老茎段的一部分作插穗，插入河砂、蛭石或珍珠岩等通气性基质中，保持基质湿润和较高的空气湿度，约1个月即可发根，2个月左右可移植上盆，置荫棚下培育。播种法育苗约需4~5年方可成景供观赏。

（三）　基质栽培技术

巴西木无土栽培以基质盆栽为主，栽培基质以陶粒、蛭石、泥炭等为宜。这样的基质不仅透气、保水，而且有一定的机械支撑力。定植时通常每盆栽 1 株或 3 株高矮不等茎段。

巴西木无土栽培的营养液，以富含硝态氮的偏酸性营养液为佳，如观叶植物营养液，一般可以满足要求。近年市场上推出的全元素有机复合肥和营养液，也是较好的无土栽培的营养源。

巴西木幼苗定植后立即浇稀释 50～100 倍的营养液，第一次浇营养液要浇透，以盆底托盘内见到渗出液为止。同时，在苗木叶子上喷 0.1% 的磷酸二氢钾水溶液，置于半遮阴处缓苗 1 周左右，以后逐渐移至充足光照下正常管理。

平日补液用稀释 5～10 倍的营养液即可，30～35 cm 的大盆，每半月补液 1 次，每次 500～1 000 mL；平日补水，以盆底有渗出液为准。使用陶料等颗粒较大的栽培基质时，补液补水更要及时。若发现陶粒表面附有"白霜"似的物质，则表明基质中盐类过高，此时需要清洗栽培基质中的盐分。在水土碱性的地区，用稀释 10 倍的米醋反复冲洗基质 2～3 遍，然后连同营养液一起倒掉，重新浇灌稀释 2 倍的新配制营养液。选用泥炭、珍珠岩的混合栽培基质时，由于这种基质有很强的酸碱缓冲容量，故只需按正常方法浇营养液即可。

巴西木夏季中午前后要注意防止阳光直晒。冬季要设法保温，一般不低于 10 ℃，最好保持在 15 ℃以上，尽量保证充足的光照，以促进其健壮生长。若室内空气过于干燥，常会引起叶片尖端和边缘发黄、卷枯，影响观赏，因此，生长期间要经常喷水，以免叶片急性失水干尖。如植株过高或下部叶片脱落时，可将顶部树干剪去，这时位于剪口以下的芽就会萌发出新的枝叶，保持植株高矮适中，株形丰满美观。

在生长过程中，若发现有蛀心虫危害，可用 1 000 倍氧化乐果、敌敌畏喷涂或灌根，也可倒出基质检查根系，用药物浸根 4 h 即可杀灭害虫。

子任务四　双孢菇栽培技术

一、生产概况（彩图 75）

担子菌亚门、层菌纲、伞菌目、伞菌科、蘑菇属。代号：Ag 是栽培规模最大、普及地区最广、生产量最多的世界第一大菇。300 年前起始于法国，20 世纪初发明组织分离法，现有 100 多个国家和地区生产，发达国家已进入工业化生产时代。始于 20 世纪二三十年代，上海是主要生产点，1958 年改用牛粪后，栽培面积迅速扩大，福建是生产大省，占全国生产量的 50% 以上，我国规模已超过起始国，仅次于美国，名列世界第二。

二、子实体发育的生活史

① 原基期：白色，米粒状。
② 菌蕾期：黄豆大，具菌盖与菌柄的雏形。
③ 幼菇期：盖半球状，与柄结合紧密。
④ 成熟期：盖扁半球状，菌膜窄而紧。
⑤ 衰萎期：菌盖开伞，菌褶黑褐色，质劣。

三、生活条件

1. 营养
属于草腐菌，需要覆土，分解能力较弱，草粪须腐熟，只利用化肥中的铵态氮，不能利用硝态氮。
2. 温度
恒温结实多为中温偏低温度型。菌丝适温：24 ℃ 左右。子实体适温：16 ℃ 左右，＞22 ℃ 易死

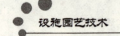

菇，＞19 ℃品质差，＜12 ℃产量低。

3. 酸碱度

最适 pH 7.0～7.5，播种前料 pH 7.5～8.0，覆土前 pH 8.0～8.5。

4. 湿度

发菌期：气湿 70% 左右，土湿 16%～18%（握成团，落可散）。

育菇期：气湿 85%～90%，土湿 20% 左右（搓圆、捏扁、不粘手）。

5. 空气

CO_2 浓度：发菌期勿超 0.5%，育菇期勿超 0.1%。

6. 光照

厌光菌。发菌期需黑暗，分化期需散光刺激，育菇期需黑暗。

四、品种

As2796：半气生、偏高温型，出菇适温 14～20 ℃，耐肥水，转潮快，高产，是国内大面积栽培的主要品种。

F56 贴生型：中小型品种菇体圆整，高产优质、耐水、耐肥，抗逆性强，转潮快，出菇齐，菇潮均匀，子实体生长最适温为 15～17 ℃。

新登 96：高温型，出菇温度 20～32 ℃，抗高温，耐贮藏。

As1671：气生型，出菇适温 12～18 ℃，较耐肥水，转潮不明显，后劲较强。

五、栽培期

昼夜平均气温稳定在 20～24 ℃，北方约在 8 月下旬至 9 月中旬，播种期向前推 20～30 d 为宜。

六、栽培技术

（一）配制培养料

1. 常用配方

稻、麦草等下脚料 46%，粪肥 46%，饼肥 3%，化学氮肥 1%，石膏粉、过磷酸钙各 1%～2%，石灰 2%。

2. 堆制发酵

1 次性发料：播种前 25～30 d，翻 4～5 次堆。

2 次性发料：播种前约 20 d，翻 3 次堆。

增温发酵剂发酵：播种前约 16 d 进行。

发酵要求：升温快，堆温高，堆期短，腐熟要好。

发料原则：堆形逐渐缩小，料堆逐渐疏松，含水量逐渐降低，翻堆间隔天数渐短（1 次性：7、5、4、3、2；2 次性：4、3、3；增温剂：堆 6 d 后加增温剂）；1 次发酵时，最后一次翻堆时加杀菌杀虫药，发酵中严防雨雪淋堆。

发料过程：预湿→建堆→多次翻堆。

（1）一次发料法

① 预湿：提前 2～3 d，草料用水预湿，粪和饼肥碎后混匀。

② 建堆：堆形为宽约 2 m，高约 1.5 m 长型堆。

③ 方法：一层草（20 cm 厚），一层粪（3～5 cm 厚）。

④ 要求：紧实，陡直，四周围膜，顶盖草被。

⑤ 注意事项：尿素分次加（建堆时加 50%；第 1 次翻堆加 30%；第 2 次翻堆加 20%）；石膏、过磷酸钙多在第 1、2 次翻堆时加入；石灰在第 3 次翻堆时加入或分次加；堆下部不浇水，从中部始逐渐加大水量。

⑥ 翻堆时机：料温升至约 70 ℃维持 1～2 d。

第 1 次翻堆：尿素加总量的 30%，石膏全加入，过磷酸钙加总量的 50%，含水量挤出 6~7 滴水；第 2 次翻堆：加入剩余尿素、过磷酸钙含水量挤出 4~5 滴水，此后翻堆皆打料孔；第 3 次翻堆：加入硫酸铵、石灰（pH 约 9.0）含水量挤出 2~3 滴水；第 4 次翻堆：基本腐熟，指缝泌水，pH 约 7.5，喷杀菌药，料温维持约 55 ℃。

（2）两次发酵法

总过程：前发酵 + 后发酵。

① 前发酵。与一次发酵法的相同点：预湿、建堆、翻堆；区别点：建堆时化学氮肥全加入共翻 3 次堆。经前发酵的料：浅咖啡色，略有氨味，草料不易拉断，但不刺手，pH 7.0~8.5，约能挤出 4 滴水。

② 后发酵。

升温：料堆于室外或垄堆于菇床覆膜料温 60 ℃ 维持 6~10 h，进一步杀虫消毒；

保温：适当通风，料温慢降至 50~55 ℃，维持 4 d，促进有益菌生长；

降温：加强通风，使料温降至 30 ℃，准备播种。

3. 优质发酵料标准：

棕褐色有香味，无氨、臭、酸、霉味；软而有弹性，草拉之易断；pH 7.5 左右；含水量有水泌出或挤出 1 滴水。要求腐熟而非腐烂，过熟产量低，过生易感染杂菌。

（二）播种

铺料约 20 cm 厚，撒播法播种（两层菌种），适当压实，盖消毒报纸、薄膜。注意用适宜菌龄的菌种，勿用有黄水、杂色、徒长、退菌的菌种，用种量 0.5~1 瓶/m²。

（三）管理

1. 发菌期

光线暗，空气湿度 70% 左右，料温 20~25 ℃（勿超 30 ℃），通气量随菌丝生长逐渐加强。头 3 d 内不通风（保温湿），3 d 后少通风，7 d 菌丝封面时多通风，菌丝至料深 1/2 时打料孔（换气），勿向料面喷水。

2. 覆土期

作用：土中臭味假单孢杆菌的代谢物刺激出菇。

时机：菌丝长至料深 2/3 时。

要求：土质持水强，通气好，无病虫害；菌床无病虫害，料面稍干燥。

配方：壤质土 95%，砻糠 4%，粪肥 1%。

覆土制作：混匀、沤熟、过筛→喷杀菌杀虫药→覆膜堆闷 2~3 d→拌入石灰（pH 8.0~8.5）→湿度手握成团、落地可散。向料面均匀覆土约 3 cm 厚，勿拍压。

吊菌丝：温度约 20 ℃，空气湿度 80%~85%，2~3 d 内喷透土层，大通风 5~6 h→少通风，促菌丝纵向生长。

定菇位：加强通风，促菌丝倒伏，横向生长。

3. 产菇期

保持 16 ℃ 左右温度，空气湿度 85%~90%，适时适量的通风和喷水。

结菇水：现少许小白粒 2~3 d 内喷透土层；保菇水：菇蕾黄豆大，2 d 内喷透土层。勿通干热风、对流风、强硬风。

采菇时机：一般在菌盖直径达 2~4 cm 时采收。

采菇方法：前 3 茬扭收，后 3 茬拔收，2 次/天。

4. 间歇期

剔除菇根，清净料面，补平孔穴喷 1%~2% 石灰水；2 茬后，松动板结土层，追施适宜追肥 7~

10 d再现新菇潮。

（四）易出现的问题

1. 丝萎缩

菌种老、温不适、通气差、料不宜。

2. 不上土

土偏酸、偏干、农药及含盐量高。

3. 菌丝徒长

高温高湿通气差；土壤过肥沃。

4. 锈斑菇

喷水后不通风。

5. 死菇

高温闷湿、温差大、喷水重、土层偏干或板结等。

6. 菌柄空心

土层偏干，温度高等。

 行动（Action）

活动一　食用菌的主要种类有哪些？

中国已知的食用菌有350多种，其中多属担子菌亚门，常见的有：香菇（彩图76）、草菇、蘑菇、木耳、银耳、猴头、竹荪、松口蘑（松茸）、口蘑、红菇和牛肝菌等；少数属于子囊菌亚门，其中有：羊肚菌、马鞍菌、块菌等。在自然界，上述真菌分别生长在不同的地区、不同的生态环境中。在山区森林中生长的种类和数量较多，如香菇、木耳、银耳、猴头、松口蘑、红菇和牛肝菌等。在田头、路边、草原和草堆上，生长有草菇、口蘑等。南方生长较多的是高温结实性真菌，高山地区、北方寒冷地带生长较多的则是低温结实性真菌。

活动二　综述平菇栽培的发展现状及栽培技术

一、平菇栽培的发展现状

平菇是著名中外的食用菌之一。它的栽培史很短，本世纪初先从意大利开始进行木屑栽培的研究，1936年后，日本森本老三郎和我国的黄范希着手瓶栽，以后种植日益增加。特别是近几年来我国、德国、日本、韩国利用稻草、棉籽壳、玉米芯等栽培取得良好的效果，成为世界上十大人工栽培的食用菌之一。如日本1971年平菇产量（到市场）733 t，1978年猛增至5 500 t。世界其他国家产量也在迅速增加，1978年意大利2 800 t，法国500 t。据统计资料表明：1978年全世界平菇产量为15 000 t，1979年为32 000 t。平菇发展之所以这样迅速，是因为它具有好多优点。

1. 营养价值高

平菇肉质肥厚，蛋白质含量高，含有18种氨基酸、多种维生素和微量元素，其中8种氨基酸是人体生理活动所必需的。如经常食用平菇，可以减少人体胆固醇含量，降低血压。有些资料介绍，还有防癌、抗癌的功效。

2. 适应性很强

平菇生命力旺盛，到处可以种植。不论是欧洲、美洲、澳大利亚、日本、印度都有分布。我国1975年以前沈阳农学院就推广平菇栽培，到1978年全国才初具规模栽培。从上海、云南、福建、四川、湖南、湖北、江西、浙江、山西、河北直到东北地区从秋末至冬春，甚至初夏都可生产，目前以陕西、河北、山东、江苏、河南、贵州利用防空洞栽培非常盛行。阳畦栽培，部分省已具相当规模。

3. 原料来源广泛，生长周期较短，生物效率高

目前除了用长段木、短段木或树枝进行人工栽培外，也可以利用工业、农业、林业产品的下脚料——麦秆、稻草、玉米芯、棉籽壳、甘蔗渣、木屑等生料或熟料进行大规模工厂式生产。不但原料来源非常广泛，而且经济效益很高。如 100 斤棉籽壳能产鲜菇 120 斤，1 斤麦草粉可收 1 斤鲜菇。生物效率一般都在 40% ~ 120% 左右。

4. 栽培方式多样

林区利用段木栽培，城乡主要在室内外、地道，利用木箱、床架、阳畦等进行生产，本书介绍 7 种栽培方式。

5. 销路广

平菇味道鲜美、价廉，能大量内销，还可出口，很有发展前途。

二、平菇栽培技术

（一）生物学特性

平菇（Pluribus）又名侧耳，国外有娃菌、人造口蘑之称。在我国根据形态、特征、习性等差别又有不同的名称。如：天花蕈、鲍鱼菇、北风菌、冻菌、元蘑、蛤蜊菌、杨树菇等。在分类学上属担子菌纲、伞菌目、白蘑（侧耳）科、侧耳属。目前栽培的主要种类有：糙皮侧耳、美味侧耳、晚生侧耳、白黄侧耳、凤尾菇等。

平菇栽培方式，常见有以下七种：

1. 瓶栽

平菇容易瓶栽，对土地利用率高，可以长年生产，国外如日本比较常用。据资料介绍，建筑面积 1 000 平方米，可瓶栽 90 万瓶，用木屑 210 t，米糠 42 t，能生 72 t 鲜菇。一般要经装瓶——高压灭菌——接种——培养管理——采收加工过程。

瓶栽主要掌握管理措施：当菌丝布满全瓶后，移入温度较低、昼夜温差大、有散射光线、保持较高湿度的室内培养。当瓶口出现白色硬菌膜，子实体迟迟不发生，需要及时揭掉。若子实体密集，及时疏蕾，保证生长健壮。

2. 箱筐栽培

利用木箱、柳藤筐等容器栽培平菇，其规格可以多种多样，一般积水为 10 cm × 33 cm × 45 cm 的箱子，可装培养料 2.5 ~ 3 kg。

具体做法是将调制好的培养料装在布包里，包与包之间有一定间隙，在高压灭菌下保持 1.5 h。有的地方采用蒸锅消毒，锅中水开后保持 6 ~ 8 h，趁热出锅。在接种箱（室）里把培养料装入铺有塑料薄膜的箱中，压实包紧。待温度降到 30 ℃ 以下时接种，然后排去薄膜中的气体，卷好接缝口，放在架上或堆成品字形，在低温条件下培养。

另外，生料也可栽培，方法是将培养料消毒后装箱筐培养。消毒可采用 1‰ ~ 3‰ 的高锰酸钾或 1% 生石灰。

当菌丝长满整个培养基后，即可除去盖在箱筐上的塑料薄膜，培养出菇。也可除去箱筐，将栽培块移到培养室架子上进行管理，促其出菇，一般可收 3 ~ 4 批菇。

3. 塑料袋栽培

用聚丙烯或农用塑料薄膜，制成 23 cm × 45 cm 或 28 cm × 50 cm 规格的袋子，装入培养料后，用橡皮筋扎口。

消毒时，袋与袋之间可用纸或其他东西隔开。聚丙烯耐压性能好，可用高压灭菌法。聚乙烯耐温、耐压性能差，宜用常压灭菌。常压灭菌时，锅盖要盖好，冒气后维持 6 h 以上；高压灭菌时，袋料要

压紧,中间打洞,袋与袋之间有空隙,以利灭菌彻底。温度上升或消毒后放气速度要缓慢,以免导致袋子破损。

生料塑料袋栽培:常用的方法是袋内先装一层 3 寸厚的浸拌好的培养料,用手按实;铺一薄层菌种后,再装料,共数层,至满为度。然后,把袋口扎好,培养 30 d 左右,待菌丝长满,菌蕾出现时解开扎口,注意喷水,可连收 2 次。

4. 室内大床栽培

室内大床栽培:菇房要坐北朝南,要求明亮,有保温保湿通风换气等优良条件。床架一般南北排列,四周不要靠墙,床面宽 3 尺左右,培养料块相距 1~2 尺,过宽不利菌丝发育。每层相距 2~2.5 尺。床架间留走道,宽 2 尺,上层不超过玻璃窗,以免影响光照。床底铺竹竿或条编物,要铺严;防止床上床下同时出菇,分散营养。

室内床架栽培比露地栽培更易控制温、湿度,受自然条件影响较小。调制培养料时,要求水分适当,干湿均匀,不宜过夜,料面平整,厚薄一致,如棉籽壳栽培,料厚 4~5 寸左右,天暖季节可薄一些。

培养料调好后应立即上床。床上先垫一层报纸,再将棉籽壳平铺到床上,点菌种时可层播、面播,播后稍加拍实,然后立即用塑料薄膜覆盖。播种后,如薄膜上凝集大量水珠,应将薄膜掀去 1~2 d,防止表面菌丝徒长,以后根据情况,可适当通风,直至出菇。

床架栽培多在室内,也可以在半地下室或地下室内进行。地下室或半地下室栽培平菇,要注意以下几点:① 防止杂菌污染。地下室一般湿度很高,杂菌多,连年多次栽培更应注意消毒工作;② 地下室不利于菌丝发育,因温度低,应采用地上发菌,即把培养料装入木模内点好菌种,用塑料纸包严置 25 ℃ 左右处培养,待菌丝充分发育后去掉薄膜,再移入地下室;③ 出菇期间加强通风,注意光照,促进子实体的分化。

5. 阳畦栽培

平菇的阳畦栽培是近年来创造和推广的一种大规模栽培的方法。阳畦栽培不需要设备,成本低,产量高,发展很快。

建造阳畦时,应选背风向阳、排水良好处,挖成坐北朝南的阳畦,规格各有不同,一般畦长 10 m,宽 1 m,深 33 cm,畦北建一风障,畦南挖一北高南低的浇、排水沟,床底撒些石灰,垫上薄膜,然后铺料。畦上自西向东每隔 15 cm 设一个竹架,以便覆盖塑料薄膜,防风,遮阳、避雨。春末、秋初,温度高的加盖苇席等遮阴。

阳畦栽培,春秋可种两次。春播一般在 2 月下旬至 3 月中旬,秋季在 8 月下旬至 9 月,春播要早,秋季适晚播,温度低,菌丝发有慢,但健壮。

播种后紧贴畦面覆盖一层无色塑料纸或地膜,在畦上作一弓形竹架,加盖一层薄膜,或黑色薄膜,压好四周,以利保温保湿。有条件时用黑色薄膜遮盖。春末秋初,在畦上用苇席或秸秆等搭明棚,避免阳光直射。

管理应注意,经常观测畦内温湿度和菌丝生育情况,如果薄膜上凝聚水珠过多,即随时掀开薄膜抖掉,或在料面上铺放一二层报纸,吸收过多的水分;也可将塑料布中间撑起,使冷凝水流失,防止湿度过高感染杂菌。当菌丝布满畦面后,去掉薄膜,遮光保温培养,一般采用搭弓棚遮光。方法是:将长好菌丝培养基畦面,掀去薄膜,用长麦草覆盖料面,厚 3~4 cm,麦草用木叉反复翻动,将短麦草过出,长麦草用 10% 石灰水须浸泡 2 h,然后用清水冲泡,滤去水分,将湿麦草覆盖料面,注意温度变化,根据干湿程度喷水,遇大风应在麦草上压盖塑料纸,防大风吹干料面。但此法管理须认真,水分过大,影响品质。

阳畦栽培,棉区多用棉子壳培养料,也可用玉米芯、麦草粉、木屑等栽培。

春季用阳畦栽培,若出菇期遇高温,不利子实体的形成,可以采用覆盖的方法进行。越夏一般用湿土覆盖,也可覆盖薄膜草帘或席等物。湿土覆盖法:在培养料表面浇一次水,后覆细湿土 3 寸左右。

若遇干旱，再喷水几次。当气温下降到 22 ℃ 时铲去覆土，浇水后遮阴管理出菇。

6. 段木栽培

段木栽培树种应选择材质较松，边材发达的阔叶树栽培，不采用含松脂、醚等杀菌物质的针叶树。

平菇对单宁酸较敏感，如壳斗科的栗树等不大适于种平菇。较适宜的树种是胡桃、柳树、法桐、杨树、榆树、蜜柑、枫杨、梧桐、枫香、无花果等。适宜砍伐期一般从树木休眠期到第二年新芽萌发之前。截段后立即接种，按 2 寸 × 3 寸的距离打孔。段木含水量保持在 50%～70% 左右。

接种孔的大小要一致，接种后洞孔用树皮盖塞严，这样菌种接入后不易脱落，否则在发菌过程中由于水分散失，菌种干燥收缩，翻堆时容易脱落，造成缺穴。

菌丝长满木墩后，可将墩按 2 寸的距离放入浅土坑内，覆土一层，木段略外露一点，让菌丝向土中生长，吸取水分和养料，但需用茅草遮盖。当温度适宜时，培养管理。一般春季点菌，秋季可出菇，这样可出菇 2～3 年。

7. 连续生产工艺

食用菌栽培业，在一些主产国已实现工业化和机械化，并正在向着自动化和电子化发展。机械化和自动化较高的有荷兰、法国、美国和英国。大部分国家仍以人工操作为主。平菇生产，一般连续生产工艺经历以下阶段：① 把秸秆粉碎或切碎；② 通过粉碎机的管道把草粉鼓入；③ 原料槽；④ 原料借重力进入搅拌机，在此加入其他组分（辅料），拧开喷雾器，把培养料含水量调到 70%；⑤ 通过螺旋推进器，把培养料缓慢地推过消毒管道（80～120 ℃ 1 h），破坏各种微生物的营养体；⑥ 再通过螺旋推进器把灭菌后的培养料推过冷却管道，冷却至 25～30 ℃，冷却管道的水回流到搅拌机上的喷雾器内；⑦ 在分装室，通过计量控制装置，按培养料比菌种等于 10：1 的比例，混合装入圆柱形的塑料容器中；⑧ 利用固定在塑料容器底板上的通风管作为悬挂运送装置，把培养料送到培养室；⑨ 菌丝长满后，把塑料容器去掉，让其菌丝柱在发生室中产生平菇。

圆柱形塑料容器的直径为 65～70 cm，高 200 cm；中央通风管直径 5～10 cm，管壁有许多小孔，基部固定在 圆板上，以支持柱形的培养基；通风管上部有一圆孔，可使容器沿铁索滑行。另一种为箱式容器，体积为（10～30）cm × 220 cm × 120 cm；木制或铁皮制；装料 400 kg，中央插 2 个打孔的通风管，有一面装上铁丝网，便于将来采菇。

 评估（Evaluate）

完成了本节学习，通过下面的练习检查学习效果：（结合当地实际）

一、选择题（有一个或多个答案）

1. 下列属于有机基质的为_____。
　　A. 锯末　　　　　　　B. 珍珠岩　　　　　C. 沙子　　　　　D. 蛭石

2. 对苗期温度管理的三高三低描述不正确的是_____。
　　A. 白天高夜间低　　　　　　　　B. 晴天高阴天低
　　C. 出苗前低出苗后高　　　　　　D. 移苗后高移苗前低

3. 下列不符合设施品种选择原则的为_____。
　　A. 休眠期短　　B. 耐高温、高湿　　C. 品质良好　　D. 树冠松散

4. 一品红花期调控的最主要因子为_____。
　　A. 温度　　　　B. 湿度　　　　C. 短日　　　　D. 空气

5. 目前温室辣椒生产中，最常遇到的主要病害是____。
　　A. 立枯病　　　B. 猝倒病　　　C. 疫病　　　D. 炭疽病

6. 温室西瓜最适宜的坐瓜节位是_____。
　　A. 第一雌花　　B. 第二雌花　　C. 第三雌花　　D. 第四雌花

7. 黄瓜从播种至采收一般为_____。

    A. 30 ~ 40 d   B. 50 ~ 60 d   C. 70 ~ 80 d   D. 90 ~ 100 d

8. 下列西葫芦品种中，目前各地日光温室应用较多的是_____。

    A. 一窝猴   B. 阿尔及利亚   C. 阿太一代   D. 西葫芦早青一代

9. 下列蔬菜在温室栽培中不需要吊蔓的是_____。

    A. 西瓜   B. 番茄   C. 辣椒   D. 黄瓜

10. 栽培黄瓜时肥料管理的总原则是_____。

    A. 少量多次   B. 多量少次   C. 尽量少施   D. 集中多施

11. 番茄发生脐腐病是因为缺乏_____。

    A. N   B. P   C. K   D. Ca

12. 涝害条件下作物受害的主要原因是根系缺乏_____。

    A. 营养   B. 微量元素   C. CO_2 D. O_2

13. 节能日光温室内定植甜瓜要求的最低地温是_____。

    A. 9 ℃   B. 13 ℃   C. 15 ℃   D. 17 ℃

14. 一般情况下，由于塑料薄膜老化可使透光率下降_____。

    A. 5% ~ 10%   B. 10% ~ 20%   C. 20% ~ 40%   D. 40% ~ 60%

15. 下列不宜在温室中使用的肥料是_____。

    A. 尿素   B. 碳酸氢铵   C. 硫酸钾   D. 磷酸二铵

16. 下列能影响直射光透光率的因素有_____。

    A. 温室的方位   B. 屋面直射光入射角   C. 覆盖材料的光学特性

    D. 温室的保温性   E. 构架率

17. 设施蔬菜生产中促进座果常用的植物生长调节剂是 _____。

    A. 2, 4-D   B. 防落素   C. 多效唑   D. 赤霉素   E. 生长素

18. 西瓜定瓜一般应选在_____。

    A. 5 ~ 7 节   B. 9 ~ 11 节   C. 13 ~ 15 节   D. 17 ~ 19 节

19. 日光温室的方位角向东或向西偏斜的1°，太阳直射光线会早或晚_____。

    A. 1 min   B. 4 min   C. 8 min   D. 15 min

20. 下列蔬菜中单性结实能力最强的是_____。

    A. 茄子   B. 番茄   C. 黄瓜   D. 南瓜

21. 茄子的光饱和点约为 _____。

    A. 10 klx   B. 20 klx   C. 30 klx   D. 40 klx

22. 黄瓜的标准株型是_____。

    A. 雄株   B. 雌株   C. 雌雄异花同株   D. 完全花株

23. 有利于黄瓜形成雌花的措施是_____。

    A. 低夜温   B. 短日照   C. 低湿度   D. 高湿度   E. CO_2 施肥

24. 甜瓜的基本株型是 _____。

    A. 雄全同株   B. 雄株   C. 雌株   D. 两性花株

25. 日光温室生产中应用最多的番茄整枝方式是 _____。

    A. 单干整枝   B. 双干整枝   C. 三干整枝   D. 四干整枝

26. 甜瓜整个生育期最适合的温度是 _____。

    A. 25 ~ 35 ℃   B. 15 ~ 25 ℃   C. 10 ~ 15 ℃   D. 5 ~ 10 ℃

27. 西瓜适宜吊瓜的时期是西瓜重 _____。

    A. 100 g   B. 300 g   C. 500 g   D. 1 000 g

28. 在晴朗冬夜盖内遮阳保温幕的不加温温室比不盖的可节能耗 _____。

    A. 20%~40%　　B. 40%~60%　　C. 60%~80%　　D. 80%~100%

29. 节能日光温室内施用 CO_2 的适宜时间是_____。

    A. 日出前 0.5~1 h　　　　　　　B. 日出前 1~2 h

    C. 日出后 0.5~1 h　　　　　　　D. 日出后 1~2 h

30. 番茄的光饱和点约为_____。

    A. 80 klx　　　　B. 90 klx　　　　C. 70 klx　　　　D. 100 klx

31. 设施生产中，促进座果最常应用的植物激素类物质是 _____。

    A. 2,4-D　　　　B. GA　　　　C. NAA　　　　D. IAA

32. 日光温室内的夏天天数可比露地延长_____个月。

    A. 1~2　　　　B. 2~3　　　　C. 3~5　　　　D. 5~7

33. 一般而言，甜瓜要求的空气相对湿度_____。

    A. 高　　　　B. 中等　　　　C. 低　　　　D. 不严格

二、判断题（在括号中打√或×）

34. 大气中 CO_2 浓度一般为 800 mL/m^3。　　　　　　　　　　　　　　（　　）

35. 氮和磷分期施用利于黄瓜雌花形成。　　　　　　　　　　　　　　（　　）

36. 桃的低温需求量 0~7.2 ℃ 需 600~1 200 h。　　　　　　　　　　（　　）

37. 葡萄的低温需求量在自然条件下需 800~1 600 h。　　　　　　　　（　　）

38. 葡萄结果枝以下副梢夏季修剪时不用抹去。　　　　　　　　　　　（　　）

39. 昼夜温差大，有利黄瓜雌花形成。　　　　　　　　　　　　　　　（　　）

40. 桃、杏一般采用层积处理来催芽。　　　　　　　　　　　　　　　（　　）

41. 设施作物的选择要考虑设施在最冷季节的保温性能。　　　　　　　（　　）

42. 辣椒既不耐涝，又不耐旱。　　　　　　　　　　　　　　　　　　（　　）

43. 西瓜要求较高的空气相对湿度。　　　　　　　　　　　　　　　　（　　）

44. 番茄上常用 2,4-D 和赤霉素进行授粉保果。　　　　　　　　　　　（　　）

三、简述与论述题。

45. 葡萄夏季修剪的主要内容。

46. 防虫网的作用。

47. 番茄植株调整的主要内容是什么。

48. 试述设施内连作障碍产生的原因及其防治方法。

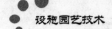

第二篇　强化训练

实训一　园艺设施类型的参观调查

一、目的要求

通过对主要园艺设施类型的参观调查，识别和了解当地主要园艺设施的类型、结构特点和规格，特别是现代化园艺设施的环境控制系统，并掌握各园艺设施在本地区的应用情况。

二、材料用具

皮尺、钢卷尺、坡度仪、罗盘，每组一套。

三、方法步骤

1. 园艺设施类型的识别

参观各类园艺设施，并调查其场地选择、规划及其在当地的应用情况。

2. 测量温室的主要结构参数

测量各类温室的方位、长、宽、高，透明屋面及后屋面的角度、长度，墙体厚度和高度，覆盖材料类型，门的位置和规格，加温设备类型和配置方式等。

测量大、中、小棚的方位、长度、跨度、高度，大中棚的拱架间距、上下弦距离等。

测量冷床和温床的方位、长度、宽度、南北框高度，调查覆盖物类型。

3. 观察现代化园艺设施环境控制系统的设备与性能。

四、注意事项

不要对园艺设施的结构及其设施内的作物造成破坏，注意安全和文明礼貌。

五、课后作业

根据全班人数分成若干小组，每组按实验内容要求进行，绘出各种园艺设施的断面图，并注明各部位构件名称和尺寸，将这些测量结果和有关资料整理成实验报告。

实训二　地膜覆盖技术

一、目的要求

了解地膜覆盖的几种方式，掌握地膜覆盖的方法。

二、材料用具

地膜，蔬菜畦。

三、方法步骤

1. 定植前覆地膜

露地或塑料大棚早春生产宜采用此种方法。

（1）整地做畦。细致整地，施足底肥，造足底墒后起垄或做畦。要求畦面疏松平整，无大土块、杂草及残枝落叶，一般畦高 10～15 cm 为宜。如采用明水沟灌时，应适当缩小畦面，加宽畦沟；如实行膜下软管滴灌时，可适当加宽畦面，加大畦高。

（2）覆膜。露地覆膜应选无风天气，有风天气应从上风头开始放膜。放膜时，先在畦一端的外侧挖沟，将膜的起端埋住、踩紧，然后向畦的另一端展膜。边展膜，边拉紧、抻平、紧贴畦面，同时在畦肩的下部挖沟，把地膜的两边压入沟内。膜面上间隔压土，防止风害。地膜放到畦的另一端时，剪割断地膜，并在畦外挖沟将膜端埋住。

2. 定植后覆地膜

日光温室秋冬季生产采用此种方法。

（1）畦面整理。温室果菜类定植完毕后，在两行植株中间开沟，要求深浅宽窄一致，以利于膜下灌水。然后用小木板把垄台、垄帮刮平。

（2）覆膜。选用 90～100 cm 幅宽的地膜，在畦北端将地膜卷架起，由两个人从垄的两侧把地膜同时拉向温室前底脚，并埋入垄南端土中，返回垄北端把地膜割断抻平。然后在每株秧苗处开纵口，把秧苗引出膜外，将膜落于畦面铺平，用湿土封严定植口。最后将在畦的两侧和北端将地膜埋入土中。

四、课后作业

1. 比较先覆膜后定植和先定植后覆膜两种方法各有何优缺点。
2. 畦（垄）的高度与增温效果有何关系？

实训三　电热温床的设计与安装

一、目的要求

电热线育苗是按照不同作物、不同生育阶段对温度的需求，用电热线稳定地控制地温、培育壮苗的新技术。能取代传统的冷床育苗，配合塑料大棚，可进行人为控温，供热时间准确，地下温度分布均匀，不受自然环境条件制约，提高苗床利用率，节省人力、物力，改善作业条件，安全有效，能在较短的期间内育出大量合格幼苗，是蔬菜商品化育苗的一条新途径。通过本实训掌握电热温床的设置方法及注意事项。

二、材料用具

（1）材料控温仪，农用电热线（可选用 800 W、1 000 W 及 1 100 W 等规格），交流接触器（设置在控温仪及加热线之间，以保护控温仪，调控电流），配套的电线、开关、插座、插头和保险丝等。

（2）钳子、螺丝刀、电笔、万用电表等电工工具。

三、方法步骤

（1）布线做深 10 cm 左右的苗床，平整床面，在其上部排布电热线。为隔热保温，下部可放置发泡板材或作物秸秆。按蔬菜作物育苗对温度的要求计算功率密度，一般 80～100 W/m^2，两线的距离约 10～1.5 cm，苗床中部布线宜稀，边缘要密。铺设好后，上盖 10 cm 厚的培养土，即可灌水播种或分苗。也可在上面摆放穴盘进行穴盘育苗。

（2）电热线与电源的连接如果育苗量小，电热温床可只用一根电热线，功率为 1 000 W 或 1 100 W。不超过控温仪负荷时，可直接与 220 V 电源线连接，把控温仪串联在电路中即可。如果用两根电热线，电热线应并联，切不可串联，否则电阻加大，对升温不利。如用三根以上多组电热线，控温仪及电热线间应加上交流接触器，使用三相四线制的星形接法，电热线应并联，力求各相负荷均衡。（图 2-3-1，图 2-3-2）

（3）控制温度根据不同作物及育苗过程中不同生育阶段对地温的要求，调整土壤温度达到最适状态。温度控制应注意以下几点：

① 黄瓜、番茄、辣椒、茄子的电热线育苗过程中不采用恒温，要求进行变温管理，昼夜温也要实行四段变温管理。

② 花芽分化期，要保持较高的地温，夜间降低气温 2～3 ℃，促进花芽分化。

③ 电热线育苗，浇水量要充足，要小水勤灌，控温不控水，否则因缺水会影响幼苗生长。

（4）注意事项。

① 如果连接的电热线较多，电热温床的设计及安装最好由专业电工操作。

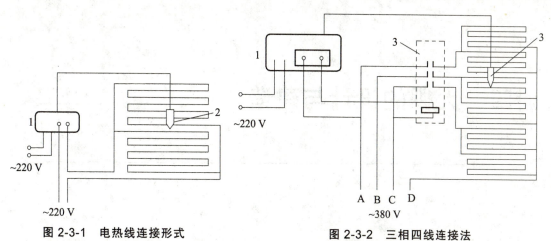

图 2-3-1　电热线连接形式　　　　　图 2-3-2　三相四线连接法

1—控温仪；2—感温触头；3—交流接触器

② 电热线布线靠边缘要密，中间要稀，总量不变，使温床内温度均匀。

③ 用容器育苗可先在电热线上撒一层稻壳或铺一层稻草，然后直接摆放育苗钵或育苗盘（穴盘）。

④ 电热线不可重叠或交叉接触，不打死结。注意劳动工具不要损伤电热线。拉头要用胶布包好，防止漏电伤人。电热线用后，要清除盖在上面的土，轻轻提出，擦净泥土，卷好备用。控温仪及交流接触器应存于通风干燥处。

⑤ 选择一天中棚内最低温度的时间（主要是夜间）加温，并充分利用自然光能增温、保温。

⑥ 床上作业时要切断电源，注意人身安全。

四、课后作业

1. 完成实训报告，记载电热温床设置的过程、说明技术要点。

2. 现有一根长 100 m，额定功率为 800 W 的电热线，设定功率密度为 80 W/m²，计算其可铺设的苗床面积，设苗床宽度为 1.0 m，计算出布线行数及布线间距，并绘出线路连接图。

 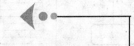

实训四　大棚的设计与建造

一、目的要求

通过观测塑料大棚的形式与结构，运用所学理论知识，学会日光温室的设计和建造方法，为利用塑料大棚打下基础。

二、材料用具

直尺、铅笔、橡皮、量角器、绘图纸等。

三、方法步骤

1. 设计步骤

（1）大棚的规格，包括占地面积、跨度、脊高、拱间距等。

（2）棚面弧度与高跨比的设计。根据合理轴线公式计算同一大棚弧面各点合理高度。

（3）大棚面积的长宽比。大棚占地面积的长宽比与大棚的稳固性有密切关系，长宽比大，周径长。地面固定部分多，抗风能力相对加强。

（4）大棚建材的预算与准备。

2. 建造步骤

（1）塑料大棚群的规划。

（2）场地选择与规划。

（3）大棚群的规划布局。棚间的两侧距离 2~2.5 m，棚头间的距离 5~6 m。

3. 大棚的建造（以竹木结构大棚为例）

埋立柱；绑拉杆；安小立柱；上拱杆；安装门；覆盖塑料薄膜并固定。

四、课后作业

1. 绘制设计的塑料大棚结构示意图，写出设计说明。

2. 简述塑料大棚建造步骤及注意事项。

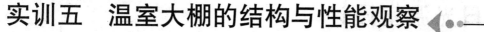

实训五　温室大棚的结构与性能观察

一、目的要求

通过对几种园艺设施类型的实地调查、测量和分析，掌握本地区主要园艺设施的结构特点、性能和在本地区的应用。

二、材料用具

皮尺、钢卷尺、测角仪等测量用具。

三、方法步骤

采用教师现场讲解和同学进行实地调查和测量相结合的方式进行，实地测量时将同学划分为若干个小组。

（1）识别本地温室、大棚、中棚、小棚等几种园艺设施类型的特点，观察各种类型园艺设施的场地选择、设施方位和整体规划情况。分析各种类型设施在结构上的异同、性能的优劣和节能措施等。

（2）测量并记载不同园艺设施的结构规格、配套附属设施的型号。

① 中小棚的方位，长、宽、高尺寸，用材种类和规格等，覆盖材料的种类和尺寸。

② 塑料大棚的方位，长、宽、高尺寸，用材种类和规格等，覆盖材料的种类和尺寸。

③ 塑料温室的方位，温室长度、跨度和高度尺寸，覆盖材料的种类和尺寸，主要建筑材料的种类与规格，配套设施的种类和型号等。

④ 玻璃温室的方位，温室长度、跨度和高度尺寸，覆盖材料的种类和尺寸，主要建筑材料的种类与规格，配套设施的种类和型号等。

⑤ 硬质塑料板材温室的方位、温室长度、跨度和高度尺寸、覆盖材料的种类和尺寸，主要建筑材料的种类与规格，配套设施的种类和型号等。

⑥ 遮阳网、防虫网、防雨棚的结构类型、覆盖材料和覆盖方式等。

四、课后作业

1. 根据实训内容撰写实训报告，比较各种园艺设施类型的结构特点。

2. 根据所进行的调查和测量，讲述本地区主要园艺设施具有的特点。

实训六　日光温室设计

一、目的要求

运用所学理论知识，结合当地气象条件和生产要求，学习对一定规模的设施园艺生产基地进行总体规划和布局；学会进行日光温室设计的方法和步骤，能够画出总体规划布局平面图、单栋日光温室的断面图等（均为示意图），使工程建筑施工单位能通过示意图和文字说明了解生产单位的意图和要求。

二、材料用具

比例尺，直尺，量角器，铅笔，橡皮等专用绘图用具和纸张。

三、方法步骤

1. 设计条件与要求

（1）基地位于北纬 40°，年平均最低温 – 14 ℃，极端最低 – 22.9 ℃，极端最高 40.6 ℃。太阳高度角冬至日为 26.5 ℃（上午 10 时为 20.61°），春分为 49.9°（上午 10 时为 42°）；冬至日（晴天）日照时数 9 h，春分日（晴天）12 h；冬季主风向为西北风，春季多西南风，全年无霜期 180 d。

（2）园区总面积约 10 hm²，东西长 500 m、南北宽 200 m，为一矩形地块，北高南低，坡度 < 10°。

（3）设计冬春两用果菜类及叶菜类蔬菜生产温室，及生产育苗兼用温室若干栋，每栋温室规模 333.3 m² 左右，用材自选。温室数量，根据生产需要，自行确定。

（4）温室结构要求保温、透光好，生产面积利用率高，节约能源，坚固耐用，成本低，操作方便。

2. 设计步骤

（1）根据园区面积、自然条件，先进行总体规划，除考虑温室布局外，还要考虑道路、附属用房及相关设施、温室间距等合理安排，不要顾此失彼。

（2）温室的保温条件与温室容积大小，墙厚度，覆盖物种类及温室严密程度有关。光照条件的优劣除受外界阴、晴、雨、雪变化影响外，还与透明屋面与地面的交角大小、后屋面仰角、前后屋面比例，阴影的面积及温室方位等有关。室内利用率大小则受温室的空间大小、保温程度和作物搭配等影响，根据修建温室场地、生产要求、经济和自然条件，选择适宜的类型和确定温室大小（长、宽、高）。

（3）在坐标纸上按一定比例画出温室的宽度，再按生产目的和前后比例定出中柱的位置和高度；钢骨架温室没有中柱，也需确定屋脊到地面垂直高度及后屋面投影长度。结合冬春太阳高度的变化确定透明屋面的角度，从便于操作管理及保温需要，确定后墙高度和厚度。温室的构架基本完成后，进一步做全面修改到合理为止。

（4）确定通风面积、拱杆（或钢架）的间距和通风窗的大小及位置。

（5）基础深度及温室用材。

（6）平面设计：要画出墙的厚度、柱子的位置（钢架温室可以无柱）、工作间的大小及附属设备、门的规格及位置等。

（7）写出建材种类、规格、数量。

3．建造步骤

（1）温室场地选择与规划及建材的准备。

（2）温室的建造（以竹木结构温室为例）。

（3）日光温室墙体的修建。

（4）日光温室后屋面的修建。

（5）日光温室前屋面骨架的安装。

（6）前屋面覆盖塑料薄膜及其他保温覆盖材料。

（7）日光温室出入口及工作间的建造。

四、课后作业

1．画出园区总体规划平面示意图，文字说明主要内容，使建筑施工方能看得清楚，读得明白。

2．认真绘出所设计温室的断面图、平面图、立体图，并写出设计说明和使用说明。

3．写出所设计的一栋温室用材种类、规格和数量，经费概算。

实训七　设施内小气候观测

一、目的要求

通过对几种设施内外温度、湿度、光照等进行观测，进一步掌握各种设施内小气候的变化规律，要求学会设施内小气候的观测方法和测定仪器的使用。

二、材料用具

1. 设施

本地区代表性大棚、温室或其他园艺栽培设施。

2. 仪器

（1）光照：总辐射表、光量子仪（测光合有效辐射）、照度计。

（2）空气温湿度：通风干湿表、干湿球温度表、最高最低温度表（最好用自动记录的温湿度表）。

（3）土温：曲管地温表（5 cm、10 cm、15 cm、20 cm）或热敏电阻地温表。

（4）气流速度：热球或电动风速表。

（5）二氧化碳浓度：便携式红外二氧化碳分析仪。

三、方法步骤

设施内小气候包括温度（气温和地温）、空气湿度、光照、气流速度和二氧化碳浓度，是在特定的设施内形成的。本实验主要测定大棚、温室内各个气候要素的分布特点及其日变化特征。由于同一设施内的不同位置、栽培作物状况和天气条件不同都会影响各小气候要素，所以应多点测定，而且日变化特征应选择典型的晴天和阴天进行观测。但是，根据仪器设备等条件，可适当增减测定点的数量和每天测定次数、确定测定项目。

1. 观测点布置

水平测点按图 2-7-1 所示：左边为设施内，一般布置 9 个观测点，其中 5 点位于设施中央，其余各点以 5 点为中心在四周均匀分布；右边为设施外，它与 5 点相对应。

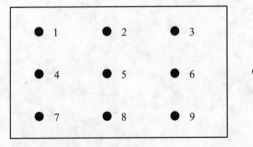

图 2-7-1　设施内外水平测点示意图

垂直测点按设施高度、作物生长状况和测定项目来定。在无作物时，可设 20 cm、50 cm、150 cm

三个高度;

有作物时,可设作物冠层上 20 cm 和作物层内 1~3 个高度。室外是 150 cm 高度,土壤中设 10 cm、15 cm、20 cm 等深度。

2. 观测时间

一天中每隔两小时测一次温度（气温和地温）、空气湿度、气流速度和二氧化碳浓度,一般在 20:00,22:00,0:00,2:00,4:00,6:00,8:00,12:00,14:00,16:00,18:00 共测 11 次,但设施揭盖前后最好各测一次。总辐射、光合有效辐射、光照度在揭帘以后、盖帘之前时段内每隔 1 h 测一次,总辐射和光合有效辐射要在正午时再加测一次。

3. 观测值

每组测一个项目,按每个水平测点顺序往返两次,同一点自上而下、自下而上也往返两次,取两次观测平均值。

4. 注意事项

（1）测定前先画好记载表。

（2）测量仪器放置要远离加温设备。

（3）仪器安装好以后必须校正和预测一次,没问题后再进行正式测定。

（4）测定时必须按气象观测要求进行,如温度、湿度表一定要有防辐射罩,光照仪必须保持水平,不能与太阳光垂直,要防止水滴直接落到测量仪器上等。

（5）测完后一定要校对数据,发现错误及时更正。

四、课后作业

1. 写出实验报告,根据观测数据画出设施内外温度、湿度的日变化曲线图。

2. 根据观测数据比较温室和大棚小气候各要素的时空分布特点,分析形成的原因,并对温室和大棚的结构、管理提出自己的意见。

实训八　温室温湿度、光照分布与日变化测定

一、目的要求

了解设施温湿度、光照变化情况，熟练掌握温湿度、光照强度观测的方法。

二、材料用具

电子存储式温湿度记录仪、照度计等，每组一套。

三、方法步骤

（一）测定温湿度

1. 实验设计

测定大棚内温湿度时，位置设置是：选大棚的三个横断面（中间一个，南北各一个），分别在每个横断面距地面 0 m、1 m 高度处放三台温湿度自计仪（中间一个，距大棚边缘 1 m 各一个），在大棚外面放一台做对照。

把调试好的电子存储式温湿度记录仪在下午 2 点整放于大棚内设置的不同位置，按照下表记载 14：00、15：00、16：00、17：00、18：00、19：00、20：00、21：00、22：00、23：00、24：00、1：00、2：00、3：00、4：00、5：00、6：00、7：00、8：00、9：00、10：00、11：00、12：00、13：00 时的温湿度。查出大棚一天中最高、最低温度时刻和温度。

2. 数据下载及分析

将电子存储式温湿度记录仪和电脑连接，将得到的数据输入电脑，并填入表 2-8-1 中，依据数据，在坐标纸上画出大棚 1 天内一个断面不同位置处的温湿度变化情况曲线图，并以露地做对照进行分析说明，阐明为什么是这样的变化情况。

表 2-8-1　大棚内温湿度变化记录表

时间	14：00	15：00	16：00	17：00	18：00	19：00	20：00	21：00	22：00	23：00	24：00	1：00
温度												
湿度												
时间	2：00	3：00	4：00	5：00	6：00	7：00	8：00	9：00	10：00	11：00	12：00	13：00
温度												
湿度												

（二）测定温室内光照强度

位置设置是：选温室的三个横断面（中间一个，东西山墙各一个），分别在每个横断面距地面 0 m、1 m 高度处放三台温湿度记录仪（中间一个，距前屋面处 1 m 一个，距后墙 1 m 处一个），在温室外面的露地放一台做对照。

分别在 6 点、7 点、8 点、9 点、10 点、11 点、12 点、13 点、14 点、15 点、16 点、17 点观测日光温室不同位置的光照强度，将得到的数据填入表 2-8-2 内，并分析说明日光温室光照分布的特点，以露地做对照。

表 2-8-2 温室内光照强度（lx）记录表

时间	6：00	7：00	8：00	9：00	10：00	11：00	12：00	13：00	14：00	15：00	16：00	17：00
光照强度（lx）												

四、课后作业

分成若干组，根据观测的数据，完成实训报告。简要分析设施不同位置的温湿度、光照分布与日变化特点，绘出设施内温湿度、光照强度日变化曲线图。并比较曲线图，同时比较说明各观测时刻温湿度、光照的差值，以露地做对照。

实训九　蔬菜种子浸种催芽

一、目的要求

掌握蔬菜种子浸种、催芽的基本方法。

二、材料用具

黄瓜、黑籽南瓜、茄子、芹菜等几种有代表性的蔬菜种子，培养皿、烧杯、滤纸、纱布、恒温箱、温度计、玻璃棒、热水等。

三、方法步骤

1. 浸种

（1）温汤浸种。向烧杯中加入 55 °C 的热水，体积大约是种子体积的 5 倍，把已挑选好的饱满的黄瓜（或茄子）种子放入烧杯中，用玻璃棒不断地搅拌，使种子受热均匀，保持恒温 15~20 min，其间如果水温下降可加少量热水。然后转入一般浸种，浸种 4~6 h。

（2）热水烫种。将黑籽南瓜的种子倒入盛有 75~85 °C 热水的容器中，用两个容器来回倾倒搅动，直至水温下降至室温。然后用湿沙将种子表面的黏液搓洗干净，转入一般浸种，浸种 8~10 h。

2. 机械处理

由于黑籽南瓜、苦瓜等种皮较厚，为提高发芽速度和整齐度，催芽前可先将种喙嗑开。

3. 催芽

在培养皿内铺双层滤纸，用清水浸润。将吸足水的种子摆在培养皿中，每皿 100 粒，均匀分布，将培养皿盖好。或将吸足水的种子包于湿润的双层纱布包中，外面裹湿毛巾保湿。根据不同种子发芽对温度的需求催芽。对于茄子种子，可实行常温催芽和变温催芽（每天给予 28~30 °C 的高温和 16~18 °C 的低温各 12 h）的对比实训。催芽期间每天翻动种子，投洗纱布包，并记录种子发芽情况。

4. 测定发芽率

在规定的时间将培养皿取出，查出发芽种子粒数，计算发芽率。

四、课后作业

1. 种子变温催芽的作用是什么？
2. 催芽期间为什么要每天投洗、翻动种子？

实训十　育苗营养土配制及床土消毒

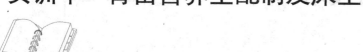

一、目的要求

了解园艺植物育苗营养土的组成成分、配制及床土消毒方法。

二、材料用具

园土、腐熟有机肥、无机肥、药剂、铁锹等。

三、方法步骤

1. 营养土配制

营养土的配制是将园土、腐熟有机肥及无机肥等按一定比例混匀制成适宜园艺植物幼苗生长发育的培养土。营养土配制原则上应因地制宜，就地取材。园艺植物营养土的成分包括肥沃的园土、腐叶土、充分腐熟的粪及其他农家肥、有机质堆肥、河泥、塘泥、炭化稻泥、草炭、稻壳等有机物，并加入适量化肥、农药等。

园土要选用肥沃、无病菌虫卵，最好是无种植过与所育秧苗同科植物的并充分熟化的菜园土，过筛备用。不可用生土，因其理化性质较差，且微生物群落不好。有机肥可选用充分腐熟的马粪、鸡粪、猪圈粪、秸秆肥等优质肥料，并打碎过筛。切忌用生粪、块粪，以免发生烧根。有机肥和园土按 4:6 或 3:7 的体积混匀，最好加施些过磷酸钙、硫酸钾、草木灰、磷酸氢二铵等无机肥，以保证营养土营养充足。

营养土还分为播种用营养土和分苗用营养土两类。播种用营养土应配制得疏松轻软一些，以利于幼苗发根及拔苗抖土。园土五六份、有机肥四五份，若土质较黏可掺入适量锯末、稻壳、炉灰渣或多掺些腐熟的马粪等。分苗用营养土其土质应有一定黏度，以防止囤苗、起苗时散坨。园土六七份、有机肥三四份，若土壤沙性大可掺入一些牛粪或黏土。亦可将营养土做成土方或装入育苗盘、营养钵中使用。

2. 床土消毒

床土需用药剂、蒸汽和微波等方法进行消毒，以药剂消毒最常用。常用的药剂有福尔马林、多菌灵、五氯硝基苯、福美双、甲霜灵、代森锰锌等。用 0.5% 福尔马林喷洒床土，拌匀后堆置，用薄膜密封 5~7 d，揭去薄膜待药味挥发后即可使用；50% 多菌灵粉剂每立方米床土用 50 g，或 70% 代森锰锌粉剂 40 g，拌匀后用薄膜覆盖 2~3 d，揭去薄膜待药味挥发后即可使用；也可用 70% 五氯硝基苯粉剂和 70% 代森锰锌等量混合，每立方米床土用药 60~80 g 混匀消毒；也可用五氯硝基苯与代森锌合剂或氯化苦及甲醛等药剂进行床土消毒。

四、课后作业

1. 为什么要进行园艺植物育苗营养土的配制？
2. 播种用营养土和分苗用营养土有何区别？

实训十一　穴盘育苗技术

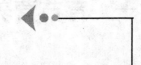

一、目的要求

通过进行蔬菜或花卉的穴盘育苗操作，掌握穴盘育苗技术的工艺流程，了解穴盘育苗所必需的设施。

二、材料用具

育苗穴盘、育苗基质、肥料、标签、育苗苗床、移动式喷灌机、蔬菜或花卉种子。

三、方法步骤

穴盘和育苗基质的认识：比较各种规格的穴盘在结构上的差异，比较各种育苗基质和土壤的差异，讲解穴盘育苗的优点、基本工艺流程和所需要的育苗设施，比较其与传统育苗方法的区别。

育苗基质的混配：蔬菜育苗将泥炭、蛭石按照 2∶1（体积比），花卉育苗将泥炭、蛭石和珍珠岩按照 1∶1∶1 的比例进行配制，按照每立方米基质添加 3 kg 复合肥，将育苗基质和肥料混合后装盘，刷去多余的育苗基质。

播种：在育苗穴盘中均匀打孔，对于茄果类蔬菜要求打孔深度在 1 cm，对于甘蓝类蔬菜打孔深度在 0.5 cm，打孔后播种，每个穴播种一粒种子，种子可以采用干种子，也可预先进行催芽，播种后表面覆盖 0.5～1 cm 厚的蛭石。

喷水：播种覆盖后贴好标签，将育苗盘放在苗床上，开启移动式喷灌机进行喷水，在喷水的同时讲解机械喷水的优点。

育苗管理：育苗后组织同学定期进行浇水，注意育苗温室内的温度和湿度控制。

四、课后作业

1. 根据实训内容撰写实训报告，说明穴盘育苗的特点和工艺流程。
2. 不同作物进行穴盘育苗时如何选取适宜的穴盘？穴盘育苗的质量主要受哪些因素影响？

实训十二　黄瓜嫁接育苗技术

一、目的要求

蔬菜嫁接育苗可以有效防止土传病害侵染，提高植株抗性，是现代设施园艺的一项主要技术，在设施瓜类和茄果类栽培中广泛使用。本实验通过对黄瓜苗的嫁接操作和嫁接苗的培育，了解嫁接技术在蔬菜作物上的应用及嫁接苗成活率的影响因素，掌握瓜类蔬菜常用的嫁接方法。

二、材料用具

（1）材料培育好的黄瓜接穗幼苗和砧木幼苗。

（2）工具刀片、竹签、纱布或酒精棉、塑料夹、小喷雾器、嫁接台等。嫁接场所要求没有阳光直射、空气湿度 80% 以上。

三、方法步骤

1. 嫁接前的准备

（1）接穗和砧木苗的准备。黄瓜嫁接苗一般以黑籽南瓜为砧木。不同的嫁接方法，接穗和砧木苗的播种期有差别，插接法砧木比接穗早播 3 ~ 5 d，靠接法砧木比接穗迟播 3 ~ 5 d，种子处理的方法、播种方法和管理等与常规做法一样，待幼苗长至第一片真叶展开前后可进行嫁接，具体要求如下：插接法嫁接砧木要求下胚轴粗壮，接穗在第一片真叶展开前较适宜；靠接法嫁接接穗比砧木的下胚轴要稍长。

（2）嫁接苗床准备。采用保湿、保温性能较好的温床或小棚，嫁接前一天浇足底水备用。

2. 嫁接方法

嫁接顺序是：砧木处理——接穗处理——砧木与接穗结合（靠接法要用嫁接夹固定）——栽于营养钵内并用小喷雾器对子叶进行喷雾——马上放于嫁接苗床内。每种嫁接方法在砧木处理和接穗处理上有如下差别：

（1）插接法。

① 砧木处理：去生长点和真叶，用竹签从子叶一侧斜插向另一侧，深达 0.5 ~ 0.6 cm。注意不要插穿胚轴表皮。

② 接穗处理：在子叶下 0.5 cm 处宽面（两子叶正下方是窄面，另外两侧是宽面）向下斜切，把胚轴切断，刀口长 0.5 ~ 0.6 cm。

（2）靠接法。

① 砧木处理：去生长点和真叶，在子叶下 0.5 cm 处宽面下刀，向下斜切，深达胚轴横径 1/2 左右（不超 1/3），刀口长 0.7 ~ 1.0 cm。

② 接穗处理：在子叶下 1.5 ~ 2.0 cm 处窄面下刀，向上斜切，深达胚轴横径 3/5 ~ 2/3 处，刀口长 0.7 ~ 1.0 cm。

3. 注意事项

① 嫁接苗的四片子叶必须呈"十"字交叉。

② 靠接苗不能栽得过深，以防嫁接口长根，靠接苗定植时，使砧木根系处于营养钵中心，栽好后再把接穗根系置于边上并稍加覆土即可。

③ 手和嫁接工具注意经常消毒。

四、课后作业

1. 写出实验报告，记载嫁接苗嫁接及管理要点，统计嫁接苗成活率。

2. 蔬菜嫁接技术还有哪些方法，比较它们的优缺点。

实训十三　温室花卉的组织培养育苗

一、目的

通过本次实验，了解并初步掌握花卉组培育苗的基本方法和步骤。

二、材料用具

（1）材料：一品红、月季嫩枝、香石竹茎尖。

（2）工具：分析天平、50 mL 三角瓶、量筒、容量瓶、吸管、烧杯、高压灭菌锅、试剂一瓶、各种镊子、剪刀、解剖刀等。

（3）电光分析天平（感量为 0.000 1 g 或 0.000 4 g），扭力天平（感量为 0.01 g），台称（感量为 0.58 g），烧杯（5 mL），量筒（1 000 mL、100 mL、50 mL），容量瓶（1 000 mL、500 mL、200 mL、100 mL、50 mL、25 mL）、细口试剂瓶（1 000 mL、500 mL、250 mL），药匙、玻璃棒、称量纸、标签纸等。

药品按 MS 培养基配方准备。

三、方法步骤

（一）各种器皿和用具的洗涤

各种玻璃器皿和用具使用之前一定要洗涤干净。洗涤液种类很多，配制方法也不一致，常用的有稀盐酸，洗衣粉液和铬酸洗涤液。

1. 玻璃器皿的洗涤

新的玻璃器皿表面常常附着有游离的碱性物质，可先用洗衣粉溶液洗刷，自来水洗净，然后在 1%～2% 的盐酸溶液中浸泡 4 h 以上，再用自来水冲洗干净；最后用蒸馏水冲洗 2～3 次，在 100～120 ℃ 烘箱中烤干或倒置于清洁处晾干备用。

使用过的玻璃器皿如试管、三角瓶、烧杯等，先将器皿的残渣废液除去，用自来水洗净后，浸入洗衣粉溶液中用毛制细心刷洗，然后用自来水冲洗干净，蒸馏水冲洗 2～3 次，烤干或晾干后备用。

吸管、容量杯、液管等使用后应立即浸泡在自来水中，以防止溶液干涸。洗涤时先用流水冲洗，再浸泡于铬酸洗液中 4～6 h；然后用自来水洗净，蒸馏水冲洗 2～4 次，风干备用，已被细菌或真菌污染的培养瓶必须经过高压锅灭菌后才能洗涤。

2. 其他用具的洗涤

新的镊子、剪刀、解剖刀因涂有防锈油脂，用前要用四氯化碳液洗去、擦净后烘干。每次用后都要洗净、擦干、保持干燥。

洗涤橡皮塞等用品表面的杂质，可先用稀碱水（如 5% 的碳酸钠）将其煮沸，然后用水冲洗干净。

说明：在配制培养基时，为了取用方便和提高各种药品称量的准确性，往往先把各组成成分按其需用量配成扩大一定倍数的浓缩液，即母液贮存备用，用时稀释。配制母液时，一般按药品的种类和性质分别配制，单独保存或几种混合保存。如把所有大量元素配在一起，配成大量元素母液，把微量

元素放在一起配成微量元素母液，以及单一的维生素、铁盐、植物激素等母液。母液扩大的倍数主要取决于用量的多少，用量大的扩大的倍数宜低，反之则高，但要注意过高浓度和恰当的混合会引起沉淀，影响培养效果。

（二）培养基母液的配制

1. 方法和步骤

（1）大量元素母液

因大量元素用量大，为避免过高浓度的混合液发生沉淀，一般配成 10 倍的母液。根据所选培养基配方，按大量元素在表中排列顺序，以其 10 倍用量用扭力天平逐个称出，并分别加入一定量蒸馏水单独溶解（可加热促使其溶解，但温度不可过高，约为 70 ℃），然后依次倒入 1 000 mL 容量瓶中混合。原则上应注意把 Ca^+ 与 SO_4^{2-} 错开，以免产生沉淀，最后加蒸馏水定容至刻度，此即大量元素母液。配培养基时，每配一升，取母液 100 mL。

（2）微量元素母液

微量元素因用量小，为称量方便及精确，常配成 100 倍或 1 000 倍的母液，即将每一种微量元素化合物的量扩大 100 倍或 1 000 倍，用感量为 0.000 1 g 或 0.000 4 g 的分析天平分别称取和溶解，最后混合、定容，方法同上。配 1 L 培养基取母液 10 mL 或 1 mL。

（3）有机物质

有机物质主要指氨基酸及维生素类物质，该母液有两种配制方法：将各种有机物质配成混合的 100 倍母液；或将各种有机物质分别配成取用方便的浓度。如根据常用量的浓度，多数维生素可分别配成 0.1 ~ 2 mg/mL 的母液，肌醇在培养基中的用量较高，可配成 10 ~ 20 mg/mL 母液。这类化合物的称量应用感量为 0.000 1 g 的分析天平。

（4）铁盐

铁盐不是都需要单独配成母液，如柠檬酸铁，只需和大量元素一起配成母液即可。目前常用的铁盐为 $FeSO_4 \cdot 7H_2O$，由于在使用过程中容易产生 $Fe(OH)_3$ 沉淀，一般先将其配成整合物。常配成 100 倍或 200 倍，用感量 0.01 g 的扭力天平分别称取 $FeSO_4 \cdot H_2O$，Na_2-EDTA，然后加热溶解，混合、定容。每配 1 L 培养基取用 10 mL 或 5 mL。

上述四种 MS 培养母液的配制见表 2-13-2。

（5）植物激素

各种激素是分别用感量为 0.000 1 g 的分析天平称量，用容量瓶配成所需浓度（0.2 ~ 1 mg/mL）的单一母液。用时，根据不同的配方要求分别加入。最常用的植物激素有：

① 生长素：如 2,4-D，萘乙酸（NAA），吲哚乙酸（IAA），吲哚丁酸（IBA）等。对于这类物质，配制时先按要求称好药品，置于小烧杯或容量瓶中，用少许（几滴至 1 mL 左右）0.1NNaOH 溶解，或用少量 95% 酒精溶解，再加水至所需浓度。

② 细胞分裂素：如玉米素（Zt）、6-苄基氨基嘌呤（6-BA，BAP），激动素（KT）。配制这类物质类时，应先用少量 0.5 N 或 1NHCl 溶解，然后再加水定容。

③ 赤霉素：常用 GA_3。配制时，先用少量 95% 酒精溶解，然后再加水定容。

以上所说的各种母液均应倒入试剂瓶中，贴好标签，注明母液名称、倍数（或浓度）、日期及每配制 1 L 培养基取此母液的量，并应放入 2 ~ 4 ℃ 冰箱中保存，以免变质、长霉。使用时，如出现浑浊或沉淀以及微生物污染，则不宜再用。至于蔗糖、琼脂等可按配方中要求酌情变动，随称随用。

（三）灭菌和消毒

1. 培养基灭菌

培养基一般采用高压灭菌法杀死微生物。具体做法是：将配制好的培养基分装在培养瓶中，并加塞（或盖）封口、放入高压灭菌锅中进行灭菌，当压力上升到 0.5 kg/cm^2 时；打开放气阀，将气体排出，再关闭放气阀，待压力上升到 1.1～1.2 kg/cm^2，温度为 121 ℃ 时；调小火力。使其维护 15～20 min，培养基的灭菌时间不宜过长，温度不宜过高，以防止其成分发生变化。停止加热后，要小心缓慢地逐渐打开放气阀，便压力缓缓下降，以避免因压力改变太快培养基冲出瓶外。

2. 玻璃器皿的灭菌

将清洗干净并彻底干燥的器皿放入烘箱内，启动烘箱、使温度慢慢上升，待温度升至 120 ℃ 时维持 2 h，升至 150 ℃ 时则只需维持 40 min，即可达到灭菌的要求。达到所需时间之后，马上关闭烘箱，行温度自然下降到 60 ℃ 以下时方可打开箱门，以免温度骤然变化，器皿突然冷缩而导致破碎。

3. 金属器械的灭菌

在接种和材料转移过程中所用的金属器械，如镊子、解剖刀和剪刀等，一般采用火焰灼烧的方法进行灭菌。即在使用前将其泡入 70% 的酒精中，再用火焰将酒精浇干，冷却后即可使用。如将清洁的金属器械用牛皮纸包好，盛放在金属盒内进行高压灭菌或干热灭菌也可以。

4. 工作服、工作帽等用品的灭菌

将洗净晾干的工作服、工作帽、口罩等用牛皮纸包好，放入高压锅中进行灭菌，无菌水制作也可同时进行，在三角瓶中装入蒸馏水加盖后，用高压锅在 12 ℃ 时保持 25～30 min，即可起到灭菌作用。

5. 接种室灭菌

接种时要定期用甲醛和高锰酸钾熏蒸进行灭菌；使用前可用 2% 的新洁尔来擦拭，然后用紫外灯照射再次灭菌。为防止灰尘，操作前可在接种室内用 70% 的酒精喷雾，并在工作台上安装防尘罩。

6. 培养材料的消毒

培养材料必须先行消毒，由于植物组织内部多是无菌的，因此，选用表面消毒效果也很好。消毒剂要选用消毒易除去的药剂，常用消毒剂使用浓度和效果如表 2-13-1 所列。

表 2-13-1　常用消毒剂的使用情况

消毒剂	使用浓度（%）	消毒时间（分）	消毒效果	去除难易
次氯酸钙	9～10	5～30	很好	易
次氯酸钠	2	5～30	很好	易
过氧化氢	10～12	5～15	好	最易
溴 水	1～2	2～10	很好	易
硝酸银	1	5～30	好	较难
氯化汞	0.1～1	2～10	最好	较难
抗生素	40-50（mg/L）	30～60	较好	中

注意：氯化汞是一种效果很好的消毒剂，但它对人体有剧毒作用；去除又困难，故在操作时需注意，消毒后要用无菌水反复冲洗。

取材前几天田间不要施粪尿等有机肥，保持植株清洁。将植株上生长健壮的嫩茎取到实验室，除去过长的茎及叶片，并切成与消毒容器相适应的大小。（对于带有泥土、灰尘等不洁的材料，首先要用自来水冲洗）。先用酒精进行短时间（数秒钟）的表面消毒后，转入 0.1% 氯化汞液内浸 6～10 min，再用无菌水冲洗数次，取出备用。

（四）MS 培养基母液的配制

本次实习采用 MS 培养基。为了取用方便和提高各种元素用量的精确度，经常把化学试剂事先配制成母液。一般配制成大量元素、微量元素、维生素、铁盐和植物激素等几种母液，母液的化学试剂用量见表 2-13-2 所示。

表 2-13-2　母液的化学试剂用量

母液名称	化合物名称	每升用量（mg）
大量元素母液 （母液 1） 10 倍	KNO_3 NH_4NO_3 $MgSO_4 \cdot 7H_2O$ KH_2PO_4 $CaCl_2 \cdot 2H_2O$	19 000 16 500 3 700 1 700 4 400
微量元素母液 （母液 2） 100 倍	$MnSO_4 \cdot 2H_2O$ $ZnSO_4 \cdot 2H_2O$ H_3BO_3 $Na_2MoO_4 \cdot 2H_2O$ $CuSO_4 \cdot 5H_2O$ $CoCl_2 \cdot 6H_2O$	2 230 860 620 83 25 2.5 2.5
维生素母液 （母液 3） 100 倍	甘氨酸 盐酸硫胺素 盐酸吡哆素 烟酸 肌醇	200 40 50 50 10 000
铁盐溶液 （母液 4） 200 倍	$FeSO_4 \cdot 7H_2O$ Na_4EDTA	5 570 7 450

（五）植物激素配制

植物激素用量较低，一般配成 0.1～0.5 mg/mL 的母液。

IAA：先溶于少量 95% 的酒精，再加水定容。

NAA：先溶于少量 95% 的酒精或加热溶解，再加水定容。

2, 4-D：先溶于 1 mol/L 的 NaOH 溶液，再加水定容。

KT.BA：先溶于 1 mol/L 的 HCl 溶液，再加水定容。

植物激素的用量一般采用 PPM 表示。

（六）MS 培养基配制

以 1 000 mL 为例：

（1）称取琼脂 8 g，加蒸馏水煮沸，然后用小火，使琼脂充分溶化。

（2）取 1 号母液 100 mL，2 号母液 10 mL，3 号母液 10 mL，4 号母液 5 mL，蔗糖 30 g，与溶化的琼脂混合，加水定容即为 MS 培养基。

在培育香石竹等试管苗作启动培养基时，每 1 000 mL 还需分别加入各类激素（用配好的激素溶液）。

香石竹：Ms + 5 mg KT

一品红：Ms + 1.5 mg BA + 0.5 mg 2, 4-D

月　季：Ms + 1.0 mg BA

加好后，用 1 mol/L 的 NaOH 或 HCl 将 pH 调至 5.8。

（3）将以上配好的培养基分装在 50 或 100 mL 的三角瓶中，每瓶装 25～30 mL。

（4）121 ℃ 高压灭菌 15～20 min，（详见培养基灭菌），灭菌后将三角瓶取出放平，使培养基自然冷却凝固。

（七）接种

在无菌条件下把侧芽接种在培养基上，接种时注意：

（1）接冲前先打开超净工作台送风开关，吹风 3～5 min，点燃酒精灯。

（2）工作人员必须穿工作服，戴工作帽及口罩，双手用肥皂清洗后再 75% 酒精消毒。

（3）接种时不得说话。

（4）手不可直接接触材料、培养瓶内部和培养基、瓶口纸盖内侧。

（5）将解剖刀及镊子在酒精灯上灼烧消毒，取出经过消毒的接种材料，在培养皿内切成 0.5 cm 左右带侧芽的茎段，香石竹则需剥去顶端的叶子，取茎尖。

（6）打开瓶口前，先把瓶口对着灯火焰尖烘烤转动。然后，将切好的接种材料按其生长方向芽朝上插入培养基内。接种时，尽可能不使瓶口正对工作人员口鼻，每接完一瓶，立即盖好扎紧瓶口，写上材料代号及日期，再一次消毒解剖刀及镊子。接种下一瓶。

（八）无菌培养

全部材料接种完毕后，把接种过的三角瓶放入培养室，在光照 16 小时 25±2 ℃ 条件下培养。要求每天观察，把污染的瓶子即出。

待培养材料分化出芽或愈伤组织后，可转入生根培养基或分化培养基，进行生根或分化增殖培养。

附：香石竹增殖培养基：Ms + 1.0 mg BA + 0.5 mg NAA

生根培养基：　　Ms + 1.0 mg NAA + 1g AC

一品红增殖培养基：Ms + 1.0 mg BA + 0.1 mg NAA

一品红、月季生根培养基：1/2Ms + 1.0 mg NAA + 1g AC

（注：AC 为活性炭）

四、课外作业

1. 了解胚培养意义，每人取一种类型的果实，剥取 10 枚种胚接种培养。

2. 欲配制 MS（1962）培养基附加　IBA 0.2 mg/L，BA 2 mg/L 1 000 毫升，需取用各母液各多少毫升？请列表说明。

3. 在母液的配制、贮存及使用中应注意哪些问题？

实训十四　温室果菜的植株调整

一、目的要求

果菜的植株调整是一项细致的管理工作，进行植株调整的优点可概括为：

（1）平衡营养器官和果实的生长。

（2）增加单果重量并提高品质。

（3）使通风透光良好，提高光能的利用率。

（4）减少病虫害发生和果实机械损伤。

（5）增加单位面积的株数，提高单位面积的产量。

温室果菜的植株调整包括搭架、整枝、打杈、吊蔓、摘叶、疏花、疏果等。每一植株都是一个整体，植株上任何一个器官的消长，都会影响到其他器官的消长。通过本实验使学生掌握温室内果菜作物植株调整的方法，了解其对植株生长发育和产品器官产量、品质的影响。

二、材料用具

（1）园艺植物可在下列蔬菜植物中选择一种进行操作：

① 不同生长类型的番茄植株。

② 不同品种的茄子、辣椒植株。

③ 甜瓜、黄瓜植株。

④ 葡萄。

（2）具竹竿、剪刀、绳子、记号笔、标签牌等。

三、方法步骤

1. 选择蔬菜品种并了解生长结果习性

① 番茄按照花序着生的位置及主轴生长的特性，可分为有限生长类型与无限生长类型，不同生长类型植株调整方法不同，一般有单干、双干和改良单干整枝。

② 茄子根据开花结果习性不同，一般采用双干或三干整枝。

③ 辣椒按开花结果习性可分花单生和花丛生两类，一般采取单干或双干整枝。

④ 瓜类按结果习性大致可分为主蔓结果（黄瓜）、侧蔓结果（甜瓜）和主侧蔓（西瓜）均可结果三种类型。

2. 搭架、吊蔓、缚蔓

（1）番茄苗高 30 cm 左右时进行搭架，植株每生长 3~4 片叶缚蔓一次。

（2）黄瓜、甜瓜于 5 片真叶后茎蔓开始伸长，需支架或吊蔓。蔓长 30 cm 以后缚或绕一次，以后每隔 3~4 节一次。当黄瓜蔓长至 3 m 以上时应将吊绳不断下移落蔓，以使下部空蔓盘起来，保证结瓜部位始终在中部。甜瓜则在第 25~28 叶打顶。

252

3. 定干（蔓）

（1）茄果类。

番茄采用单干整枝，只留主干，去除所有侧枝。甜椒采用单干或双干整枝，辣椒采用双干或三干整枝，茄子采用双干或三干整枝。

（2）瓜类。

温室黄瓜、甜瓜一般采用塑料绳吊蔓、单蔓整枝法。甜瓜去除第 12 节前的侧蔓，在第 12～14 节侧蔓上留果后，仅留 1～2 片叶片摘心，第 14 节以后侧蔓也要去除。

4. 去侧枝、摘心、去老叶

在果菜生长过程中，应及时去除多余侧枝、卷须和老叶，此项工作应在中午进行，有利于伤口愈合。当植株长至一定高度时，根据定干要求进行摘心，促使养分集中输送到果实中去，有利于果实发育和提早成熟。

5. 疏花疏果

（1）番茄大果型番茄每穗留 2～3 个果，中果型每穗留 4～6 个果，其余花果全部疏去。

（2）黄瓜及时摘去根瓜及畸形花果。

（3）甜瓜一般只保留 1～2 个果，开花后要进行人工授粉，待幼果长至鸡蛋大小时，选留其中生长良好的一个果。

四、课后作业

1. 写出实验报告，记录整枝的操作步骤。

2. 举例说明为什么蔬菜作物植株调整必须以生长结果习性为基础。

实训十五　番茄的无土有机栽培

一、目的要求

通过实训，要掌握温室番茄无土有机栽培的方式及基质配制的方法，了解无土有机栽培的水肥及其他因子的管理要点。

二、材料用具

（1）玉米秸、麦秸、菇渣、锯末、废棉籽壳、炉渣等基质材料。

（2）番茄苗等。

三、方法步骤

1. 建栽培槽

平整温室土壤，距温室后墙 1 m 以红砖建栽培槽，槽南北朝向，内径宽 48 cm，槽周宽度 12 cm，槽间距 60 cm，槽高 15～20 cm，槽的底部铺一层 0.1 mm 厚的聚乙烯塑料薄膜，以防止土壤病虫传染。

2. 栽培基质配制

中国农科院蔬菜花卉研究所研究表明，以玉米秸、麦秸、菇渣、锯末、废棉籽壳、炉渣等产品废弃物为有机栽培的基质材料，通过与土壤有机肥混合，在栽培效果上可以替代成本较高的草炭、蛭石。可选择的有机基质配方有：① 麦秸∶炉渣 = 7∶3；② 废棉籽壳∶炉渣 = 5∶5；③ 麦秸∶锯末∶炉渣 = 5∶3∶2；④ 玉米秸∶菇渣∶炉渣 = 3∶4∶3；⑤ 玉米秸∶锯末∶菇渣∶炉渣 = 4∶2∶1∶3。基质的原材料应注意消毒，可用太阳能消毒法和化学药剂消毒法。栽培基质总用量为 30 m^3/亩。太阳能消毒法：提前用水浇透基质，使基质含水量超过 80%，盖上透明地膜，选择 3～5 d 连续晴天，密闭温室，通过强光照进行高温消毒。化学药剂消毒法：定植前用 1% 高锰酸钾和地菌克 500 倍将基质槽内外和基质彻底消毒一遍，然后关闭温室，用百菌清烟熏剂熏蒸两遍。

3. 施入基肥

定植前 15 d，每 1 m^3 基质中加 10～15 kg 消毒鸡粪、0.25 kg 尿素、1 kg 磷酸二铵、1 kg 硫酸钾充分拌匀装槽。

4. 整理基质

首先将基质翻匀平整一下，然后用自来水管对每个栽培槽的基质用大水漫灌，以利于基质充分吸水，当水分消落下去后，基质会更加平整。

5. 安装滴灌管

把准备好的滴灌管摆放在填满基质的槽上，滴灌孔朝上，在滴管上再覆一层薄膜，防止水分蒸发，以增强滴灌效果。

6. 播种育苗

将种子用 55 ℃ 热水不断搅动浸泡 15 min，取出放入 1% 的高锰酸钾溶液中浸泡 10～15 min，捞出用清水洗净，置于 28~32 ℃ 的环境下催芽，有 70% 的种子露白后播于苗床或穴盘中，覆盖塑料薄膜保持湿度，保持环境温度白天 25~28 ℃，夜间 15~18 ℃。幼苗出土后及时撤去塑料薄膜，视苗情及基质含水量浇水，阴雨天不浇。温度管理同常规育苗，白天 20~28 ℃，夜间 10~15 ℃。苗子具 7 片叶时定植。

7. 定植

每槽定植 2 行，行距 30 cm，株距 35 cm，亩栽 3 000 株左右，定植后立即按每株 500 mL 的量浇定植水。

四、课后作业

（1）完成实训报告。

（2）整理无土有机栽培的水肥及其他因子的管理要点。

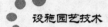

实训十六　现代温室系统观测

一、目的要求

了解现代温室的系统组成，了解现代温室的运行方式及管理方法。

二、材料用具

一个各组成部分相对完整的现代温室。

三、方法与步骤

（1）观测现代温室的基本类型与结构，绘制现代温室结构图；

（2）观测记录现代温室各组成系统设置情况；

（3）观察现代温室各设备的运行原理与方式；

（4）观察现代温室自动化控制系统的控制原理与控制方法；

（5）由使用者介绍现代温室生产经营情况。

四、课后作业

1. 绘制现代温室结构图。
2. 完成实训报告。

第三篇 知识拓展

资料一 农艺工国家职业标准

农艺工国家职业标准

农艺工新的国家职业标准正在制订之中，培训与鉴定现参照农业部工人技术培训教材编审委员会编的工人技术培训统编教材《农艺工》（南方本）1994年11月第1版执行。

一、鉴定基本要求

根据"农艺工"工种工作受地理、气候条件影响，我国各地差异相当大的特点，以及农作物品种繁多的实际情况，现对本工种职业技能鉴定提出如下要求。

（一）适用对象

从事大田作物，如粮、棉、油、烟、糖、麻的耕作（包括机械作业）栽培、改良土壤、繁殖良种、病虫防治、水肥管理、中耕除草、收获贮藏等技术活动的所有人员。

（二）申报条件

（1）申报参加初级工鉴定的人员须从事本工种工作半年以上。

（2）申报参加中级工鉴定的人员须具有初级工技术等级证书。

（3）申报参加高级工鉴定的人员须具有中级工技术等级证书。

（三）考评员构成

（1）理论知识考评原则上按每20名考生配备1名考评员（20：1）。

（2）实际操作考评原则上按第8名考生配备1名考评员（8：1）。

（四）鉴定方式与鉴定时间

本工种采用理论知识笔试和技能操作考核两种形式进行鉴定。理论知识考试时间为90 min，实际操作技能考核时间为60 min。本《规范》中知识要求和技能要求的总成绩各为100分，知识要求考试成绩占鉴定结果比重的40%，技能要求的考核成绩占鉴定结果比重的60%。

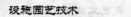
二、职业技能鉴定规范

初级农艺工

项　目	鉴定范围	鉴定内容	鉴定比重	备注
基本知识	植物与植物生理	（1）掌握单子叶与双子叶植物根、茎、叶、花、果的构造； （2）植物细胞构造及繁殖方式； （3）植物对水、肥的吸收及运输； （4）植物的光合作用； （5）植物的呼吸与农产品贮藏关系； （6）田间杂草与繁殖方式	15	
	土壤肥料	（1）掌握土壤肥力、土壤组成、土壤酸碱性与作物的生长关系； （2）了解高产田与低产田的土壤特征及一般培肥改良方法； （3）掌握几种常用化肥性质、使用方法，如氮肥：氯化铵、碳酸氢铵、碳酸铵、硝酸铵、尿素；磷肥：过磷酸钙、钙镁磷肥、磷矿粉；钾肥：硫酸钾、氯化钾； （4）一般水土保持	5	
	植物保护	（1）昆虫的基本知识； （2）病害的基本知识； （3）常用农药使用、安全及保存； （4）掌握主要农作物的主要病虫害及杂草的识别与防治的方式，鼠害的防治	5	
专业知识	掌握几种主要作物在国民经济中的地位	（1）掌握粮、棉、油生产在国民经济中的重要意义； （2）掌握作物的概念及作物的分类	4	
	了解与掌握当地几种主要作物的有关知识	（1）掌握当地几种主要作物的形态特征、各个生育的划分及对外界条件要求及产量构成； （2）栽培技术：掌握当地农时节气与作物播种、移栽的关系；合理密植，田间中耕除草与水肥管理； （3）对当地几种主要作物成熟期能初步进行判断，适时收割；对主要作物种子特性有一定的了解，并能保存； （4）对当地生产的农机具有一定了解并能保养	56	
相关知识	作物与外界环境关系	（1）作物播种早晚与温度的高低，保苗、壮苗与高产的关系； （2）作物施肥的多少与病虫害的关系	15	
操作技能	耙地及渠道维修	（1）能使用耙、锄、铲等农机具进行碎土、松土； （2）能用锄、铲或牛犁进行开沟、做畦； （3）能用锄、铲进行渠道、田埂、晒场维修	15	
	播种、栽插、田间管理	（1）在有关技术人员指导下能完成当地主要作物播种、栽培作业，并保证质量； （2）能进行田间水肥、中耕等管理； （3）一般能进行田间病虫害防治，并能安全操作	40	
	收割与农产品保存	（1）一般懂得作物成熟期，能适时收割； （2）能将种子及时晒干，并分门别类写好标签进行贮藏	15	
农机具的设备与使用维护	常用的农机具	（1）能正确使用锄、铲、耙等农具及修理； （2）对小型农机能使用及保养，如小型电动机、小型柴油机、手扶拖拉机、机动喷雾机等	15	
安全及其他	农药、化肥	（1）正确使用农药的浓度，防止作物及人、畜中毒； （2）了解各种化肥的性质，提高施肥效率，防止肥效挥发与流失	10	
	工作能力	在较高级技术人员指导下，能较好地完成生产任务	5	

中级农艺工

项　目	鉴定范围	鉴定内容	鉴定比重	备注
基本知识	植物及植物生理	（1）种子和幼苗； （2）植物细胞和组织； （3）植物的器官； （4）植物的水分生理与必需的矿质营养； （5）光合作用与呼吸作用	6	
	土壤肥料	（1）土壤与作物的生长； （2）高产土壤的培育与低产土； （3）化学肥料的合理施用； （4）有机肥料，种植绿肥	4	
	作物遗传育种	（1）掌握遗传与变异的概念及遗传三规律，即：分离规律、独立分配规律、连锁遗传规律； （2）掌握育种系统的基本方法，良种提纯复壮，防止混杂退化及杂种优势利用； （3）能在田间、室内进行种子鉴别与检验，对良种有较全面的了解	4	
	植物保护	（1）掌握昆虫的基本知识； （2）掌握病害基本知识； （3）了解一般病虫害防治方法； （4）掌握农药基本知识； （5）掌握当地几种主要病虫害及杂草发生与防治	4	
	掌握当地耕作制度中几种主要套种、间作、混种、轮作方式	掌握当地耕作制度中套种、间作、混种、轮作等几种主要方式	2	
专业知识	了解农业技术推广法与农业法的知识	（1）了解农业技术推广法与农业法对指导农业生产的重要作用； （2）掌握农业技术推广法应遵循的原则； （3）了解农村和城市郊区的土地所有权、使用权与转让权的政策； （4）掌握国家对粮、棉、油的生产政策	2	
	当地几种主要作物知识的了解与掌握	（1）掌握当地几种主要作物的形态特征、生物学特征、各个生育期的划分以及对外界条件的要求、产量的构成及产量的形成过程； （2）栽培技术：一般能应用推广了的先进栽培技术，对主要作物能掌握播种、栽插时间、合理密植、生育期及长势长相，进行水肥管理，掌握不同作物生育特性（进行套种、间种、轮作）； （3）掌握作物成熟期，及其收获、脱粒、晒干，分别贮藏	58	
相关知识	栽培技术与保温措施、良种、肥料及病虫害之间的关系	（1）早稻、棉花利用薄膜覆盖保温育苗与高产的关系； （2）栽培技术与良种的关系； （3）高产栽培与病虫的关系	20	
操作技能	翻地、平地	（1）能熟练地使用牛犁或农机进行翻地或结合翻沤绿肥，并保证较高的质量； （2）能熟练地使用耙、耖、锄、铲或农机进行碎土、平整田块，开沟做畦	20	
	播种、栽插及田管	（1）对当地几种主要农作物，能根据季节适时播种、移栽，每种作物的用种量、育苗面积与本田面积的比例计算； （2）能正确分析每种作物的长势长相及各个生育期情况，进行施肥灌溉或排涝，中耕松土，整枝打叶； （3）能发现病虫害并及时防治； （4）能正确使用化学除草剂进行除草	35	
	积肥造肥	能广辟肥源，挖塘泥烧火土灰，割青堆肥，种好绿肥为丰产创造条件	15	
农机具的设备与使用维护	常用的农机具	（1）能熟练使用当地耕畜及农具进行田间一切作业； （2）掌握当地小型农机的使用及保养	15	
安全及其他	良种及生产的地区性与季节性	掌握良种的地区性及生产的强烈季节性。能做到因时、因地合理安排生产和良种布局	8	
	工作能力	基本上可以一个人独当一面，完成生产任务，并能指导初级农艺工进行生产工作	7	

高级农艺工

项　目	鉴定范围	鉴定内容	鉴定比重	备注
基本知识	初、中级农艺工的知识要全面掌握			
	植物及植物生理	（1）种子和幼苗； （2）植物细胞和组织； （3）植物的器官； （4）植物水分生理和必需的矿质营养； （5）植物的光合作用和呼吸作用； （6）植物的生长与发育	4	
	土壤肥料	（1）土壤与作物生长、农业条件与土壤熟化； （2）高产、稳产土壤的培育； （3）红壤地或盐碱地的低产田改良； （4）化学肥料合理施用； （5）积肥造肥，种好绿肥	4	
	作物遗传育种	（1）遗传、变异和选择； （2）遗传的物质基础； （3）分离规律、独立分配规律、连锁遗传； （4）作物育种：引种，系统育种，杂交育种，交杂优势的利用； （5）良种繁育：品种混杂退化的原因及其防治，品种提纯及保持种性，种子标准化与种子检验及安全贮藏	4	
	植物保护	（1）昆虫基本知识； （2）病害基本知识； （3）农药基本知识； （4）主要农作物的主要病虫害发生规律及其防治； （5）化学除草剂的使用	4	
	耕作制度	（1）农业生态系统与耕作制度的关系； （2）各地的套种、间作、轮作方式； （3）用地与养地	2	
	农业气象	（1）农业气象要求； （2）天气； （3）气候	2	
专业知识	农业技术推广法与农业法	（1）了解农业技术推广法和农业法的实行对指导农业生产的作用； （2）掌握农业技术推广应遵循的原则； （3）了解农村和城市郊区的土地所有权、使用权和转让权； （4）掌握国家对粮、棉、油的生产政策	3	
	了解与掌握当地几种主要作物知识	（1）掌握当地几种主要作物在国民经济中的重要作用，了解国内外同种作物生产动态，每种作物的原产地； （2）了解作物形态特征及产量的构成，重点掌握生物学特性及其在生产上的应用。各个生育期的划分与对外界条件要求； （3）栽培技术：掌握先进生产技术，掌握几种主要作物的播种、移栽并与当地气候变化紧密结合起来，掌握苗情，看苗进行水肥管理及中耕除草、整枝打叶、防虫治病，能准确判断作物成熟度，并及时进行收割、脱粒、晒干、入库保存	57	

续表

项　目	鉴定范围	鉴定内容	鉴定比重	备注
相关知识	种植业与饲养业、国家政策、社会经济等关系	（1）种植业与饲养业的关系； （2）种植业与国家政策的关系； （3）种植业与当地社会经济的关系； （4）种植业与当地生态的关系等	20	
操作技能	耕地、整地	（1）能熟练地使用当地农机具进行翻地，翻沤绿肥、碎土、平田、开沟、做畦等切实可行的田间整地工作，而且质量高； （2）能把整地与施肥紧密相结合起来	20	
	生产安排	能单独或参与本单位的全年生产计划安排，做好作物布局；品种搭配，季季高产，全年增产的生产措施；生产工具的购买，肥料的准备	15	
	播种、移栽、田间试验、田管	（1）能严格按照有关生产良种的要求繁殖良种、防杂保纯，提高种性或进行隔离杂交制种，操作技术熟练可靠； （2）田间试验设计合理，面积、重复次数适当，能正确定点进行苗情观察记载，分析、总结并有发现问题及解决问题的能力； （3）能根据作物生育情况及当地季节特点，适时进行播种、移栽、合理密植； （4）能指导初、中级农艺工同志提高高产田、吨粮田的生产能力，在生产上能发现问题，总结经验；有与外界同行进行交流经验的能力； （5）准确判断苗情，进行排灌、施肥、中耕、整枝、防治病虫害及杂草	35	
农机具设备的使用及维护	常用的农机具	（1）能熟练地使用当地各种农具及农机具与一般性的维护； （2）能使用好并保养耕畜； （3）对小型电、柴油抽水机进行维护	15	
安全及其他	农业生产的复杂性	（1）掌握作物发育特性对外界条件的要求，根据不同地区、不同季节灵活安排作物生产； （2）能发现和消除滥用化肥、农药带来的不安全因素； （3）在灾害性的年月里，有搞灾自救、恢复生产的能力	8	
	工作能力	（1）一个人能创造性地完成生产全过程； （2）能指导中级农艺工工作； （3）有总结生产经验、交流经验、传授技术的能力	7	

资料二　蔬菜园艺工国家职业标准

一、职业概况

1. 职业名称

蔬菜园艺工。

2. 职业定义

从事菜田耕整、土壤改良、棚室修造、繁种育苗、栽培管理、产品收获、采后处理等生产活动的人员。

3. 职业等级

本职业共设五个等级，分别为：初级（国家职业资格五级）、中级（国家职业资格四级）、高级（国家职业资格三级）、技师（国家职业资格二级）、高级技师（国家职业资格一级）。

4. 职业环境

室内、室外，常温。

5. 职业能力特征

具有一定的学习能力、表达能力、计算能力、颜色辨别能力、空间感和实际操作能力，动作协调。

6. 基本文化程度

初中毕业。

7. 培训要求

（1）培训期限。

全日制职业学校教育，根据其培养目标和教学计划确定。晋级培训期限：初级不少于150标准学时；中级不少于120标准学时；高级不少于100标准学时；技师不少于100标准学时；高级技师不少于80标准学时。

（2）培训教师。

培训初、中级的教师应具有本职业技师及以上职业资格证书或本专业中级及以上专业技术职务任职资格；培训高级、技师的教师应具有本职业高级技师职业资格证书或本专业高级及以上专业技术职务任职资格；培训高级技师的教师应具有本职业高级技师职业资格证书2年以上或本专业高级及以上专业技术职务任职资格。

（3）培训场地与设备。

满足教学需要的标准教室、电化教室、实验室和教学基地，具有相关的仪器设备及教学用具。

8. 鉴定要求

（1）适用对象。

从事或准备从事本职业的人员。

（2）申报条件。

——初级（具备以下条件之一者）

① 经本职业初级正规培训达规定标准学时数，并取得结业证书。

② 在本职业连续工作 1 年以上。

——中级（具备以下条件之一者）。

① 取得本职业初级职业资格证书后，连续从事本职业工作 2 年以上，经本职业中级正规培训达规定标准学时数，并取得结业证书。

② 取得本职业初级职业资格证书后，连续从事本职业工作 4 年以上。

③ 连续从事本职业工作 5 年以上。

④ 取得主管部门审核认定的、以中级技能为培养目标的中等以上职业学校本职业（专业）毕业证书。

——高级（具备以下条件之一者）

① 取得本职业中级职业资格证书后，连续从事本职业工作 2 年以上，经本职业高级正规培训达规定标准学时数，并取得结业证书。

② 取得本职业中级职业资格证书后，连续从事本职业工作 4 年以上。

③ 大专以上本专业或相关专业毕业生取得本职业中级职业资格证书后，连续从事本职业工作 2 年以上。

——技师（具备以下条件之一者）

① 取得本职业高级职业资格证书后，连续从事本职业工作 5 年以上，经本职业技师正规培训达规定标准学时数，并取得结业证书。

② 取得本职业高级职业资格证书后，连续从事本职业工作 8 年以上。

③ 大专以上本专业或相关专业毕业生，取得本职业高级职业资格证书后，连续从事本职业工作 2 年以上。

——高级技师（具备以下条件之一者）

① 取得本职业技师职业资格证书后，连续从事本职业工作 3 年以上，经本职业高级技师正规培训达规定标准学时数，并取得结业证书。

② 取得本职业技师职业资格证书后，连续从事本职业工作 5 年以上。

（3）鉴定方式。

分为理论知识考试和技能操作考核理论知识考试，采用闭卷笔试方式，技能操作考核采用现场实际操作方式。理论知识考试和技能操作考核均采用百分制，成绩皆达 60 分及以上者为合格。技师、高级技师还须进行综合评审。

（4）考评人员与考生配比。

理论知识考试考评人员与考生配比为 1∶15，每个标准教室不少于 2 名考评人员；技能操作考核考评员与考生配比为 1∶5，且不少于 3 名考评员。综合评审委员会不少于 5 人。

（5）鉴定时间。

理论知识考试时间与技能操作考核时间各为 90 分钟。

（6）鉴定场所及设备。

理论知识考试在标准教室里进行，技能操作考核在具有必要设备的实验室及田间现场进行。

二、基本要求

1. 职业道德

（1）职业道德基本知识

① 敬业爱岗，忠于职守；

② 认真负责，实事求是；

③ 勤奋好学，精益求精；

④ 遵纪守法，诚信为本；

⑤ 规范操作，注意安全。

2. 基础知识

（1）专业知识

① 土壤和肥料基础知识；

② 农业气象常识；

③ 蔬菜栽培知识；

④ 蔬菜病虫草害防治基础知识；

⑤ 蔬菜采后处理基础知识；

⑥ 农业机械常识。

（2）安全知识

① 安全使用农药知识；

② 安全用电知识；

③ 安全使用农机具知识；

④ 安全使用肥料知识。

（3）相关法律、法规知识

① 农业法的相关知识；

② 农业技术推广法的相关知识；

③ 种子法的相关知识；

④ 国家和行业蔬菜产地环境、产品质量标准，以及生产技术规程。

三、工作要求

本标准对初级、中级、高级、技师和高级技师的技能要求依次递进，高级别涵盖低级别的要求。

1. 初级

职业功能	工作内容	技能要求	相关知识
育苗	种子处理	（1）能够识别常见蔬菜的种子； （2）能进行常温浸种和温汤浸种； （3）能进行种子催芽	（1）种子识别知识； （2）浸种知识； （3）催芽知识
	营养土配制	（1）能按配方配制营养土； （2）能进行营养土消毒	（1）基质特性知识； （2）营养土消毒方法
	设施准备	（1）能准备育苗设施； （2）能进行育苗设施消毒	（1）育苗设施类型、结构知识； （2）消毒剂使用方法
	苗床准备	能准备苗床	苗床制作知识
	播种	能整平床土，浇足底水，适时、适量并适宜深度撒播、条播、点播或穴播，覆盖土及保温或降温材料	播种方式和方法
	苗期管理	（1）能调节温度、湿度； （2）能调节光照； （3）能分苗和到苗； （4）能炼苗； （5）能防治病虫草害	（1）分苗知识； （2）炼苗知识； （3）苗期施药方法

续表

职业功能	工作内容	技能要求	相关知识
定植（直播）	设施准备	（1）能准备栽培设施； （2）能进行栽培设施消毒	（1）栽培设施类型、结构知识； （2）消毒剂使用方法
	整地	（1）能耕翻土壤； （2）能整平地块； （3）能开排灌沟	土壤结构知识
	施基肥	能普施基肥，并结合深翻使土肥混匀，还能沟施基肥	（1）有机肥使用方法； （2）化肥使用方法
	作畦	能作平畦、高畦或垄	栽培畦的类型、规格知识
	移栽（播种）	能开沟或开穴，浇好移栽（播种）水，适时并适宜深度、密度移栽（播种）	（1）移栽（播种）密度知识； （2）移栽（播种）方法
田间管理	环境调控	（1）能调节温度、湿度； （2）能调节光照； （3）能防治土壤盐渍化； （4）能通风换气，防止氨气、二氧化硫、一氧化碳有害气体中毒	环境调控方法
	肥水管理	（1）能追肥、补充二氧化碳； （2）能给蔬菜浇水； （3）能进行叶面追肥	适时追肥、浇水知识
	植株调整	（1）能插架绑蔓（吊蔓）； （2）能摘心、打杈、摘除老叶和病叶； （3）能保花保果、疏花疏果	植株调整方法
	病虫草害防治	能防治病虫草害	施药方法
	采收	能按蔬菜外观质量标准采收	采收方法
	清洁田园	能清理植株残体和杂物	田园清洁方法
采后处理	质量检测	能按标准判定产品外观质量	产品外观特性知识
	整理	能按蔬菜外观质量标准整理产品	蔬菜整理方法
	清洗	（1）能清洗产品； （2）能空水	蔬菜清洗方法
	分级	能按蔬菜外观质量标准对产品分级	蔬菜分级方法
	包装	能包装产品	蔬菜包装方法

2. 中级

职业功能	工作内容	技能要求	相关知识
育苗	种子处理	（1）能根据作物种子特性确定温汤浸种的温度、时间和方法； （2）能根据作物种子特性确定催芽的温度、时间和方法； （3）能进行开水烫种和药剂处理； （4）能采用干热法处理种子	（1）开水烫种知识； （2）种子药剂处理知识； （3）种子干热处理知识
	营养土配制	（1）能根据蔬菜作物的生理性特性确定配制营养土的材料及配方； （2）能确定营养土消毒药剂	（1）营养土特性知识； （2）基质和有机肥病虫源知识； （3）农药知识； （4）肥料特性知识
	设施准备	（1）能确定育苗设施的类型和结构参数； （2）能确定育苗设施消毒所使用的药剂	（1）育苗设施性能、应用知识； （2）育苗设施病虫源知识

续表

职业功能	工作内容	技能要求	相关知识
育苗	苗床准备	能计算苗床面积	苗床面积知识
	播种	(1) 能确定播种期； (2) 能计算播种量	(1) 播种量知识； (2) 播种期知识
	苗期管理	(1) 能针对栽培作物的苗期生育特性确定温、湿度管理措施； (2) 能针对栽培作物的苗期生育特性确定光照管理措施； (3) 能确定分苗、调整位置时期； (4) 能确定炼苗时期和管理措施； (5) 能确定病虫防治药剂	(1) 壮苗标准知识； (2) 苗期温度管理知识； (3) 苗期水分管理知识； (4) 苗期光照管理知识
定植 （直播）	设施准备	(1) 能确定栽培设施类型和结构参数； (2) 能确定栽培设施消毒所使用的药剂	(1) 栽培设施性能、应用知识； (2) 栽培设施病虫源知识
	整地	(1) 能确定土壤耕翻适期和深度； (2) 能确定排灌沟布局和规格	(1) 地下水位知识； (2) 降雨量知识
	施基肥	能确定基肥施用种类和数量	(1) 蔬菜对营养元素的需要量知识； (2) 土壤肥力知识； (3) 肥料利用率知识
	作畦	能确定栽培畦的类型、规格及方向	栽培畦特点知识
	移栽（播种）	(1) 能确定移栽（播种）日期； (2) 能确定移栽（播种）密度； (3) 能确定移栽（播种）方法	(1) 适时移栽（直播）知识； (2) 合理密植知识
田间 管理	环境调控	(1) 能确定温、湿度管理措施； (2) 能确定光照管理措施； (3) 能确定土壤盐渍化综合防治措施； (4) 能确定有害气体的种类、出现的时间和防止方法	(1) 田间温度要求知识； (2) 田间水分要求知识； (3) 田间光照要求知识； (4) 土壤盐渍化知识
	肥水管理	(1) 能确定追肥的种类和比例； (2) 能确定追肥时期和方法； (3) 能确定浇水时期和数量； (4) 能确定叶面追肥的种类、浓度、时期和方法	(1) 蔬菜追肥知识； (2) 蔬菜灌溉知识
	植株调整	(1) 能确定插架绑蔓（吊蔓）的时期和方法； (2) 能确定摘心、打杈、摘除老叶和病叶的时期和方法； (3) 能确定保花保果、疏花疏果的时期和方法	营养生长与生殖生长的关系知识
	病虫草害防治	能确定病虫草害防治使用的药剂和方法	田间用药方法
	采收	(1) 能按蔬菜外观质量标准确定采收时期； (2) 能确定采收方法	(1) 采收时期知识； (2) 外观质量标准知识
	清洁田园	能对植株残体、杂物进行无害化处理	无害化处理知识
采后 处理	质量检测	(1) 能确定产品外观质量标准； (2) 能进行质量检测采样	抽样知识
	整理	能准备整理设备	整理设备知识
	清洗	能准备清洗设备	清洗设备知识
	分级	能准备分级设备	分级设备知识
	包装	能选定包装材料和设备	包装材料和设备知识

3. 高级

职业功能	工作内容	技能要求	相关知识
育苗	苗期管理	（1）能根据秧苗长势，调整管理措施； （2）能识别常见苗期病虫害，并确定防治措施	（1）苗情诊断知识； （2）苗期病虫害症状知识
田间管理	环境调控	能根据植株长势，调整环境调控措施	蔬菜与生长环境知识
	肥水管理	（1）能识别常见的缺素和营养过剩症状； （2）能根据植株长势，调整肥水管理措施	常见缺素和营养过剩症知识
	植株调整	能根据植株长势，修改植株调整措施	蔬菜生长相关性知识
	病虫草害防治	（1）能组织、实施病虫草害综合防治； （2）能识别常见蔬菜病虫害	常见蔬菜病虫害知识
采后处理	质量检测	能定性检测蔬菜中的农药残留和亚硝酸盐	农药残留和亚硝酸盐定性检测方法
	分级	能选定分级标准	现有标准知识
技术管理	落实生产计划	能组织、实施年度生产计划	出口安排知识
	制定技术操作规程	能制定技术操作规程	蔬菜栽培管理知识

4. 技师

职业功能	工作内容	技能要求	相关知识
育苗	苗期管理	（1）能识别苗期各种生理性病害，并制定防治措施； （2）能识别苗期各种侵染性病害、虫害，并制定防治措施	苗期病虫害知识
田间管理	环境调控	能鉴别因环境调控不当引起的生理性病害，并根据植株长势制定防治措施	蔬菜生理障碍知识
	肥水管理	能识别各种缺素和营养过剩症状，并制定防治措施	（1）缺素症知识； （2）营养过剩症知识
	病虫草害防治	（1）能制定病虫草害综合防治方案； （2）能识别各种蔬菜病虫害	（1）蔬菜病虫害知识； （2）菜田除草知识
采后处理	质量检测	能制定企业产品质量标准	蔬菜产品质量标准知识
	分级	能制定产品分级标准	蔬菜质量知识
	包装	能根据产品特性设计包装	包装设计知识
技术管理	编制生产计划	（1）能够调研蔬菜生产量、供应期和价格； （2）能安排蔬菜生产茬口； （3）能制定农资采购计划； （4）能对现有人员进行合理分工	（1）周年生产知识； （2）人员管理知识
	技术评估	能评估技术措施应用效果，对存在问题提出改进方案	评估方法
	种子鉴定	（1）能测定种子的纯度和发芽率； （2）能鉴定种子的生活力	种子鉴定知识
	技术开发	（1）能针对生产中存在的问题，提出攻关课题，并开展试验研究； （2）能有计划地引进试验示范推广新技术	田间试验设计与统计知识
培训指导	制订培训计划	能制订初、中级工培训计划	初中级职业标准
	培训与指导	（1）能准备初、中级培训资料，实验用材和实习现场； （2）能给初、中级授课、实验示范和实训示范； （3）能指导初、中级生产	农业技术培训方法

5. 高级技师

职业功能	工作内容	技能要求	相关知识
技术管理	编制种植计划	（1）能对市场调研结果进行分析，调整种植计划； （2）能预测市场的变化，研究提出新的茬口； （3）引进推广新的农用资材	（1）市场预测知识； （2）耕作制度知识
	技术开发	能预测蔬菜的发展趋势，并提出攻关课题，开展试验研究	蔬菜产销动态知识
	资源调配	能合理配置本单位的生产资源	资源管理知识
培训指导	制订培训计划	能制订高级、技师和高级技师培训计划	高级工、技师和高级技师职业标准
	培训与指导	（1）能准备高级、技师和高级技师培训资料、实验用材和实习现场； （2）能给高级、技师和高级技师授课、实验示范和实训示范； （3）能指导高级、技师和高级技师生产	（1）教育学基础知识； （2）心理学基础知识

四、比重表

1. 理论知识

	项　目	初级（%）	中级（%）	高级（%）	技师（%）	高级技师（%）
基本要求	职业道德	5	5	5	5	5
	基础知识	10	10	10	10	10
相关知识	育苗	25	30	10	5	
	定植（直播）	20	20			
	田间管理	30	25	40	20	
	采后处理	10	10	15	10	
	技术管理			20	25	50
	培训指导				25	35
合　计		100	100	100	100	100

2. 技能操作

	项　目	初级（%）	中级（%）	高级（%）	技师（%）	高级技师（%）
工作要求	育苗	35	40	10	5	
	定植（直播）	20	15			
	田间管理	35	35	50	25	
	采后处理	10	10	10	10	
	技术管理			30	40	65
	培训指导				20	35
合　计		100	100	100	100	100

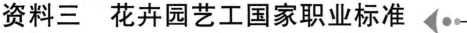

资料三　花卉园艺工国家职业标准

第一部分　花卉园艺工技术等级标准（试行）

一、职业定义

从事花圃、园林的土壤耕整和改良；花房、温室修装和管理；花卉（包括草坪）育种、育苗、栽培管理、收获贮藏、采后处理等。

二、适用范围

公园、苗圃、花卉场、育种中心、园艺公司。

三、技术等级线

初、中、高。

初级花卉园艺工

一、知识要求

（1）了解种植花卉、草坪的意义及花卉园艺工的工作内容。
（2）认识常见花卉种类120种，了解它们的形态构造特征。
（3）熟悉培植花卉、草及苗木的常用工具、机具、器械。
（4）了解土壤的种类、性能，掌握培养土的配制。
（5）懂得常见花卉和草坪的繁殖和栽培管理方法。
（6）了解肥料的种类和作用，并掌握施用的方法。
（7）了解常见花卉病虫害的种类及其防治方法。
（8）了解常见花卉对水分、温度、光照等的要求。

二、技能要求

（1）独立地进行露地花卉、盆栽花卉、温室花卉的一般生产操作及管理工作。
（2）掌握常见花卉的播种（包括土壤与种子消毒、催芽等）、扦插（包括插穗的采选、剪切分级和处理等）、嫁接移植（换床）及贮藏等操作技术。
（3）熟练使用常用花卉工具及其保养。
（4）进行花卉培养土的制作。
（5）在中、高级工指导下进行合理施肥，并正确使用农药防治本地区花卉上常见的病虫害。

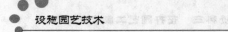

（6）会进行花卉和草坪的水分、温度、光照的管理。

中级花卉园艺工

一、知识要求

（1）识别花卉种类 250 种以上。

（2）掌握主要花卉的植物学特性及其生活条件。

（3）懂得花卉繁殖方法的理论知识并懂得防止品种退化、改良花卉品种及人工育种的一般理论和方法。

（4）掌握建立中、小型花圃的知识和盆景制作的原理及插花的基本理论。

（5）掌握土壤肥料学的理论知识，掌握土壤的性质和花卉对土壤的要求，进一步改良土壤并熟悉无土培养的原理和应用方法。

（6）懂得花卉病虫害综合防治的理论知识。

（7）不断地了解、熟悉国内外使用先进工具、机具的原理，了解国内外花卉工作的新技术、新动态。

（8）掌握主要进出口花卉的培育方法，了解国家动植物检疫的一般常识。

二、技能要求

（1）解决花卉培植上的技术问题，能定向培育花卉。

（2）能根据花卉生长发育阶段，采取有效措施，达到提前和推迟花期的目的。

（3）因地制宜开展花卉良种繁育试验及物候观察，并分析试验情况，提出改进技术措施。

（4）能熟悉地进行花卉的修剪、整形和造型操作的艺术加工。

（5）对花卉的病虫害能主动地采取综合的防治措施，并达到理想效果。

（6）掌握无土培养的技能。

（7）应用国内外先进的花卉生产技术，使用先进的生产工具和机具进行花卉培植。

（8）收集整理和总结花卉良种繁殖、育苗、养护等经验。

（9）能对中级工进行技术指导。

第二部分　花卉园艺工鉴定规范

初级花卉园艺工鉴定规范

一、适用对象

在鲜切花、盆花生产基地和园林、城市园林、公园、自然保护区、园艺场、盆景园、企事业单位、花圃、花木公司、花店、花卉良种繁殖基地等从事花卉栽培、花卉经营（包括种子经营）、花卉育苗、良种繁育等生产、科研辅助人员。

二、申报条件

（1）文化程度：初中毕业。

（2）见习期满者。

（3）身体状况：健康。

三、考生与考评员比例

（1）理论知识考评：20∶1

（2）实际操作考评：10∶1

四、鉴定方式

（1）理论知识：笔试，90分钟，满分为100分，60分为及格。

（2）操作技能：按实际需要确定，不超过4小时，满分为100分，60分为及格。

五、鉴定场地和设备

按考核要求确定

鉴定内容

项　目	鉴定范围	鉴定内容	鉴定比重	备注
知识要求			100	
基本知识	植物及植物生理	（1）植物的形态； （2）植物的温、光反应； （3）植物的生育与生育时期； （4）植物对营养的吸收与利用	8	
	土壤与肥料	（1）土壤组成、分类及结构； （2）土壤肥力因素； （3）土壤pH的测定及调节； （4）肥料的性质和使用的基本知识	8	
	植物保护	（1）病虫基本知识； （2）当地常见花卉植物的主要病虫； （3）病虫害防治的基本方法； （4）常用农药的剂型及使用方法	6	
	气象	（1）本地区气候基本特征； （2）二十四节气和物候	3	
专业知识	花圃、园林土壤的耕翻、整理	（1）土壤耕翻、作畦技术； （2）培养土的成分及配制	10	
	花卉的分类与识别	（1）花卉的分类方法； （2）当地常见的120种花卉植物	12	
	花卉的繁育方法	（1）花卉的有性繁殖——种子繁殖； （2）花卉的无性繁殖——扦插、压条、分株等； （3）促进插穗生根的方法	12	
	花卉的栽培方法	（1）常见盆栽花卉的栽培方法； （2）常见切花的栽培方法； （3）草坪及地被植物栽培方法	15	
	花卉产品处理及应用	（1）切花的采收及采后处理； （2）花卉产品的应用常识	8	
	园艺设施的选型及利用	（1）主要园艺设施在花卉栽培中的应用； （2）园艺常规生产设施的使用与维护； （3）设施内温度、湿度、光照等因子的控制	8	

续表

项　目	鉴定范围	鉴定内容	鉴定比重	备注
相关知识	园艺材料	（1）薄膜种类及特点； （2）遮阴网的规格及使用	6	
	园艺花卉概论	（1）种植花卉、草坪的意义； （2）花卉园艺工的工作内容	4	
技能要求			100	
初级操作技能	园艺设施的使用与维护	大棚、温室等设施的使用及维护	5	根据考试要求确定的时间和有关条件，确定具体的鉴定内容，能按技术要求按时完成者得满分
	栽培技术	（1）土壤耕翻、整地作畦； （2）培养土的配制与土壤的消毒； （3）花卉的简易繁殖； （4）常见花卉及草坪的整形、修剪； （5）花卉上盆、换盆和翻盆； （6）种子（种球等）的采收、处理及贮藏； （7）常病虫害防治； （8）农药使用； （9）肥料使用	90	
工具设备的使用和维护	常用工具、器具的使用和维护	（1）整地、修剪等工具的使用及维护； （2）常用机具的使用	5	
安全及其他	安全生产	（1）合理安全使用农药； （2）合理安全使用机具和电气设备		

中级花卉园艺工鉴定规范

一、适用对象

在鲜切花、盆花生产基地和园林、城市园林、公园、自然保护区、园艺场、盆景园、企事业单位、花圃、花木公司、花店、花卉良种繁育基地等从事花卉栽培、花卉经营（包括种子经营）、花卉育苗、良种繁育等生产、科研辅助人员。

二、申报条件

（1）文化程度：初中毕业
（2）持有初级技术等级证书一年以上者。
（3）应届中等职业学校或以上毕业者可直接申报。
（4）身体状况：健康。

三、考生与考员比例：

（1）理论知识考评：20∶1。
（2）实际操作考评：8∶1。

四、鉴定方式

（1）理论知识：笔试，120分钟，满分为100分，60分为及格。
（2）操作技能：按实际需要确定，时间不超过4小时，满分为100分，60分为及格。

五、鉴定场地和设备：

按考评要求确定。

鉴定内容

项　　目	鉴定范围	鉴定内容	鉴定比重	备注
知识要求			100	
基本知识	植物及植物生理	（1）植物器官、组织及其功能； （2）植物生育规律； （3）温、光、水、肥、气等因子对植物生育的影响	8	
	土壤与肥料	（1）当地土壤的性质及改良方法； （2）常用肥料的性质及使用方法； （3）植物营养知识及营养液配制、调节	9	
	植物保护	（1）病虫基本知识； （2）本地主要病、虫、杂草种类及防治； （3）常用农药的性能及使用方法	8	
专业知识	花圃、园林土壤的耕翻、整理及改良	（1）园艺植物对土壤的要求； （2）无土栽培知识	10	
	花卉的分类与识别	（1）花卉分类基本知识； （2）当地常见的180种花卉植物	10	
	花卉的繁育技术	（1）育种一般常识； （2）国内外引种的一般程序； （3）花卉繁育的常用方法	10	
	花卉的栽培方式及栽培技术	（1）盆花的盆栽技术及肥水管理； （2）切花生产技术及肥水管理； （3）其他观赏植物的管理技术； （4）花卉的促成、延缓栽培技术； （5）花卉及草坪先进生产工艺流程	20	
	花卉产品应用形式及养护	（1）盆花的陈设及养护； （2）切花的采收、保鲜及应用； （3）一般花坛的设计及布置； （4）草坪修剪及养护	10	
相关知识	相关法规	（1）国家有关发展花卉业的产业政策； （2）《进出境动植物检疫法》中花卉进出口有关的内容	5	
	园艺材料	（1）覆盖材料的特点和选用； （2）生产用盆钵的种类及特点	5	
	工作能力	（1）具有一定的工作组织能力； （2）建立田间档案； （3）指导初级工进行生产作业	5	
技能要求			100	
中级操作技能	园艺设施的选型、利用与维护	（1）装配和维护一般园艺设施； （2）调整园艺设施内环境因子	20	根据考试要求确定的时间和有关条件，确定具体的鉴定内容，能按技术要求按时完成者得满分
	栽培技术	（1）花卉种植和控制花期的栽培； （2）花卉良种繁育； （3）各种花卉及草坪的修剪和整形； （4）根据花卉生长发育状况进行合理肥水管理和病虫防治等	45	
	设计和制作	（1）一般花坛的设计和施工； （2）作花篮、花束； （3）会场的花卉布置	25	
工具设备的使用和维护	常用园艺器具的使用、维修和保养	（1）花卉园艺常用器具的使用； （2）园艺工具的一般排故、维修和保养； （3）草坪机械的使用和保护	10	
安全及其他	安全文明操作	（1）严格执行国家有关产业政策； （2）文明作业、消除事故隐患		

高级花卉园艺工鉴定规范

一、适用对象

在鲜切花、盆花生产基地和园林、城市园林、公园、自然保护区、园艺场、盆景园、企事业单位、花圃、花木公司、花店、花卉良种繁育基地等从事花卉栽培、花卉经营（包括种子经营）、花卉育苗、良种繁育等生产、科研辅助人员。

二、申报条件

（1）文化程度：高中毕业或中等职业学校毕业。
（2）持有中级技术等级证书两年以上者。
（3）身体状况：健康。

三、考生与考员比例

（1）理论知识考评：20∶1
（2）实际操作考评：5∶1

四、鉴定方式

（1）理论知识：笔试，120分钟，满分为100分，60分为及格。
（2）操作技能：按实际需要确定，时间不超过4小时，满分为100分，60分为及格。

五、鉴定场地和设备

按考评要求确定。

项　目	鉴定范围	鉴定内容	鉴定比重	备注
知识要求			100	
基本知识	植物生理	（1）植物代谢规律及其应用； （2）植物激素机理及其应用； （3）植物生态学的基本知识	8	
	土壤与肥料	（1）本地区土壤种类、土壤肥力因素对花卉生产的影响； （2）花卉新型肥料的作用机理及其使用方法	6	
	植物保护	（1）病虫害的发生发展一般规律及其防治方法； （2）新农药的选择和试用	6	
	气象知识	（1）本地区主要气象因子的变化规律； （2）灾害性天气预防措施	5	
专业知识	土壤改良	（1）保护土壤，盐渍化防治； （2）贫瘠土壤的改良	10	
	花卉的分类与识别	（1）常见的250种花卉植物； （2）主要花卉的目、科、属； （3）花卉标本制作的常用方法	10	
	良种繁育	（1）遗传常识及常规育种方法； （2）组织培养； （3）花卉引种驯化及良种繁殖的基础知识	12	

续表

项　　目	鉴定范围	鉴定内容	鉴定比重	备注
专业知识	花卉的栽培技术	（1）花卉促成、延缓栽培原理； （2）中、小型花圃、育苗场建立的技术要求； （3）盆景制作基础知识； （4）花卉病虫害论断的综合防治基本知识	20	
	花卉产品应用	（1）艺术插花知识； （2）盆花室内装饰和养护知识； （3）花卉室外造景知识	13	
相关知识	机具、肥料、农药	国内外花卉生产常用设备、机具、生产资料的作用等知识	4	
	植物检疫	（1）植物检疫条例； （2）植物检疫基本知识	3	
	其他	（1）国内外花卉商品信息； （2）花文化知识； （3）具有发现、分析、解决问题的能力； （4）具有指导初、中级工的能力	3	
技能要求			100	
高级操作技能	栽培技术	（1）花期促控； （2）树木、花卉整套修剪和造型； （3）花卉无土栽培； （4）花卉病虫害诊断及防治	45	根据考试要求确定的时间和有关条件，确定具体的鉴定内容能按技术要求按时完成者得满分
	育种技术	（1）花卉常规育种和杂交制种； （2）新品种引种及试种； （3）花卉组织培养	35	
	产品应用	（1）艺术插花； （2）按室内装饰和室外造景设计要求进行布置和施工	15	
工具使用	工具使用和维修	花卉生产机具和设备设施的使用及维护	5	
安全及其他	安全文明操作	（1）严格执行国家有关产业政策； （2）文明作业、消除事故隐患		

第三部分　花卉园艺工培训计划及操作技能培训大纲

花卉园艺工培训计划（初级）

一、说明

本计划是根据上海市劳动和社会保障局于 2000 年颁布的《花卉园艺工》的技术等级标准、《花卉园艺工》的鉴定规范编写。

二、培训目标

了解花卉园艺工的工作和特点，熟悉本工种的基础理论知识，掌握花卉栽培的基本技能，通过初级专业理论学习和实际操作技能的培训，达到花卉的园艺工初级工水平。

三、课程设置与课时分配

要求学员具有初中文化程度，根据本工种实际情况设置园艺通论和花卉栽培技术两门课程以及操作技能项目训练课程。

课程设置与课时分配表

序号	课程设置	课时
1	园艺通论	35
2	花卉栽培技术	65
3	操作技能项目训练	150
	总课时	250

《操作技能项目训练》培训大纲（初级）

一、辅导要求

通过操作技能项目的辅导，使学员在已掌握的操作技能基础上，进一步使操作规范化，能学会识别各种常见花卉和各种常用工具和设备，能结合环境因素，学会养护管理，能掌握播种、扦插育苗方法。

二、辅导课时安排

序号	辅导内容	课时
1	育苗技术	64
2	栽培技术	40
3	花卉产品的应用	16
4	园艺机械的使用与维护	24
5	机动	6
	总课时	150

三、辅导内容

（一）育苗技术

（1）育苗方式：大田育苗、苗床的制作。

（2）种子育苗：种子检验、种子处理、播种方式。

（3）播种苗管理：温、光、水、肥、气的调控和病虫草的防治。

（4）分株育苗：分割、切蘖。

（5）压条育苗：选枝、堆土、空中压条。

（6）扦插育苗：硬枝、软枝扦插、扦条的采集和制作，扦条的贮藏，扦插的方法，激素处理。

（7）扦插苗管理：与播种苗管理基本类同，增加剥芽、摘叶措施。

（二）栽培技术

（1）土壤耕翻作畦。

（2）培养土的制作。

（3）花卉的移栽定植。

（4）盆花的上盆、换盆和翻盆。

（5）花卉的整形与修剪：抹芽、剥蕾、摘心等。

（6）农药使用方法：喷雾、喷粉、烟熏。

（7）常见花卉的肥水管理。

（8）花卉的采收：切花采收、草花种子采收。

（三）花卉产品的应用

（1）花束与花篮的制作。

（2）小型花坛的布置。

（3）微型盆景的制作：六月雪、人参榕盆景的制作。

（四）园艺机械的使用与维护

（1）荫棚的架设。

（2）滴灌与喷灌的使用与维护。

（3）常用园艺工具的使用和维护：整地、浇水、修剪等常用工具。

（4）常用园艺机械的使用和维护：割草机、植保机械、水泵等常用机械。

四、说明

1. 本工种因受气候和环境因素的制约，安排辅导训练应注意灵活性与机动性，并根据学员的原有基础而有所侧重。

2. 对于过程性较长的操作技能训练，可采用演示或分阶段完成。

花卉园艺工培训计划（中级）

一、说明

本计划是根据上海市劳动和社会保障局于 2000 年颁布的《花卉园艺工》的技术等级标准、《花卉园艺工》的鉴定规范编写的。

二、培训目标

通过中级专业理论学习和实际操作技能的培训，使学员了解花卉良种选育知识，熟悉花卉生长发育、生态环境和限制因子，掌握花卉栽培、养护管理及促成栽培的技术，达到独立操作的水平。

三、课程设置与课时分配

要求学员具有初中文化程度，根据本工种实际情况设置园艺通论和花卉栽培技术两门课程以及操作技能项目训练课程。

课程设置与课时分配表

序号	课程设置	课时
1	园艺通论	60
2	花卉栽培技术	115
3	操作技能项目训练	175
总课时		350

《操作技能项目训练》培训大纲（中级）

一、辅导要求

通过操作技能项目的辅导，使学员在掌握初级工的操作技能基础上，进一步提高操作水平，能掌握嫁接育苗、整形修剪、促成栽培等技术，并能指导初级花卉园艺工的操作技能训练。

二、辅导课时安排

序号	辅导内容	课时
1	育苗技术	48
2	栽培技术	56
3	花卉产品的应用	34
4	园艺机械的使用与维护	34
5	机动	3
总课时		175

三、辅导内容

（一）育苗技术

（1）冷床、温床育苗：温床发酵材料的填放。

（2）嫁接育苗：砧木、接穗选择，嫁接刀使用，芽接、切接、劈接、平接等主要嫁接方法。

（3）球根育苗：球根的选择、贮藏，球根育苗管理。

（4）嫁接育苗管理：成活率检查，松绑与支柱，砧木上萌芽，萌蘖的剔除，适时摘心，其余与播种苗管理相同。

（二）栽培技术

（1）培养土壤配制和消毒。

（2）土壤 pH 与 EC 值的测定。

（3）温室土壤的改良。

（4）观赏植物的整形修剪。

（5）病虫害的田间调查与防治。

（6）花卉促成和延缓栽培，灯光处理。

（7）花卉长势长相的诊断。

（8）花卉的保鲜。

（9）花卉种子的收集贮藏。

（三）花卉产品的应用

（1）礼仪用花的制作，如台花、胸花等。

（2）小型花坛的设计。

（3）花木盆景的造型，如五针松。

（4）花卉居室装饰与设计。

（四）园艺机械的使用与维护

（1）联合 6 型塑料大棚的装配、使用和维护。

（2）电加温线的设置、使用和维护。

（3）园艺机械使用与维护，如耕耘机、播种机、整形修剪机使用。

四、说明

（1）本工种因受气候和环境因素的制约，安排辅导训练可因地制宜，不受现有顺序的限制。

（2）操作技能辅导训练可采用多种方式，但必须强调动手操作与实践。

花卉园艺工培训计划（高级）

一、说明

本计划是根据上海市劳动和社会保障局于 2000 年颁布的《花卉园艺工》的技术等级标准、《花卉园艺工》的鉴定规范编写的。

二、培训目标

通过高级专业理论学习和实际操作技能的培训，使学员了解国内外花卉生产的信息，熟悉本地区主要花卉的生长发育特性和栽培要点，掌握促成栽培的整套技术，有组织和管理生产能力，培养和指导初、中级花卉园艺工的能力。

三、课程设置与课时分配

要求学员具有高中文化程度，根据本工种实际情况设置园艺通论和花卉栽培技术两门课程以及操作技能项目训练课程。

序号	课程设置	课时
1	园艺通伦	90
2	花卉栽培技术	160
3	操作技能项目训练	200
总课时		450

《操作技能项目训练》培训大纲（高级）

一、辅导要求

通过操作技能项目的辅导，使学员在掌握中级工操作技能基础上，进一步提高操作水平，能熟练地解决育苗与生产中的疑难问题，能掌握一般引种、育种的方法，并能指导中级工的操作技能训练。

二、辅导课时安排

序号	辅导内容	课时
1	育苗技术	55
2	栽培技术	55
3	花卉产品的应用	44
4	园艺机械的使用与维护	34
5	机动	12
总课时		200

三、辅导内容

（一）育苗技术

（1）杂交制种技术：亲本选择，去雄授粉，套袋，种子采集。

（2）组织培养：培养基配制、接种、炼苗。

（3）引种与驯化：引种驯化方案的设计。

（4）温室育苗：工厂化育苗的生产流程和调控。

（二）栽培技术

（1）土壤的消毒。

（2）观赏植物的造型。

（3）花卉的介质栽培和无土栽培：介质土的配置、营养土的配制。

（4）花卉促成和延缓栽培：激素处理、温度处理。

（5）苗木出圃：苗木出圃、包扎、定植。

（6）田间试验方法：试验设计、资料积累、结果分析。

（三）花卉产品的应用

（1）艺术插花基本技艺。

（2）山石盆景制作。

（3）会场设计与布置。

（4）庭园设计与布置。

（四）园艺机械的使用与维护

（1）温室内温、光、水、肥、气等装置的使用与简单维护。

（2）温室育苗：床土加工、精量播种、催芽、育苗等机械的使用与简单故障的排除。

（3）机械设施的保养和检修。

四、说明

（1）本工种因受气候和环境因素制约，安排辅导训练可因地制宜，不受现有顺序的限制。

（2）操作技能辅导训练可采用多种方式，包括调查研究、田间试验等方法。

资料四　河西走廊非耕地日光温室产业发展综述

　　高效节能日光温室蔬菜生产是目前甘肃省农村经济发展重点扶持的支柱产业之一。但是现阶段随着土地经营效益的逐年提高，粮菜争地矛盾突出，使得日光温室产业发展难度越来越大。从 2005 年开始，酒泉市肃州区将大面积存在的戈壁、石滩、荒漠等非耕地进行合理开发利用，积极发展日光温室蔬菜生产，将其作为保持日光温室蔬菜产业持续发展的重点科技项目来抓，经过五年的科技攻关，开发形成了适合戈壁非耕地应用的"1448 三材一体型"日光温室结构类型和配套的有机生态无土栽培技术体系，总结出了茄果类、叶菜类、豆类和瓜类等蔬菜高产栽培的成功经验，并取得了六项技术创新。项目技术已辐射到河西走廊的高台、临泽、甘州、古浪等 11 个县市，推广面积达到 2850 亩，2010 年示范区温室蔬菜平均每 667 m^2 效益达到 2.2 万元，较常规日光温室种植增收 26%。昔日的不毛之地，今天已经变成农民增收的聚宝盆。

一、非耕地"1448 三材一体型"日光温室建造

（一）非耕地"1448 三材一体型"日光温室建造结构创新

　　河西走廊"1448 三材一体"提高型日光温室，其主要参数在名称上体现，"1448"即从戈壁、砂石、荒漠等非耕地下挖 1 m 建造温室，脊高达到 4 m，下部主墙体保温层厚度 4 m 以上，上部形成自然坡度，厚度不少于 2 m，跨度 8 m。与二代温室相比，新结构温室脊高提高 0.2 m，跨度增加 0.5 m，主墙体厚度增加 2.5 m，后屋面仰角由常规的 40° 提高到 43°，钢屋架前端 1 m 处高度由 1.4 m 提高到 1.9 m。"三材一体"即因地制宜，就地取材，利用挖出的石材做墙（大块砺石砌建主墙体，砂石堆积做墙体后坡的保温层）、砖材做房（缓冲间）、钢材做梁，以有机生态无土栽培为主要技术体系。新结构温室的主要特点是升温快、蓄热好、空间大、抗逆强、不占地、成本低。一是下挖后避开了冻土层，利用深层地热辐射保温，减少了热量流失，增加了保温储热能力；二是后屋面仰角提高，采光面增大，采光更加合理；三是以挖出的块石砌建墙体，冬季块石易吸热，温室内升温快，优化了作物生长的小气候条件；四是挖出的砂石料在主墙体后面堆积成保温层，厚度达到二代日光温室墙体的 2.5 倍以上，减少了夜间温室内热量流失，冬季较传统二代日光温室棚内温度平均升高 2.5～3 ℃，提高了抵御风沙、寒流等自然灾害的能力。

（二）"1448 三材一体型"日光温室建造结构

　　"1448"即从非耕地地平面下挖 1 米起墙建造温室，脊高 4 m，主墙体厚度 4 m，跨度 8 m。"三材一体"即利用挖出的大块砺石砌建主墙体，砂石堆积后坡做保温层，钢材制做棚骨架，以有机生态无土栽培为主要技术体系。与二代温室相比，新结构温室脊高提高 0.2 m，跨度增加 0.5 m，主墙体厚度增加 2.5 m，后屋面仰角由常规的 40° 提高到 43°，钢屋架前端 1 m 处高度由 1.4 m 提高到 1.9 m。下挖后避开了冻土层，利用深层地热辐射保温，减少了热量流失，利用挖出的块石砌建墙体，冬季块石易吸热，温室内升温快，优化了作物生长的小气候条件，增加保温储热能力。新结构温室的主要特点是升温快、蓄热好、大空间、抗逆强、不占地、成本低。（见图 3-4-1）

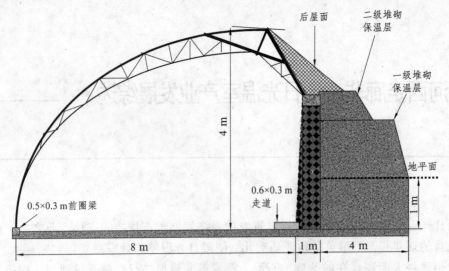

图 3-4-1 "1448 三材一体型"日光温室建造结构

（三）"1448 三材一体型"日光温室建造技术

1. 场地选择

（1）地形开阔，东、南、西三面无高大树木、建筑物遮阴。

（2）地下水位在 3 m 以下，排灌水方便、水质良好，并符合无公害农产品产地环境质量要求（DB62/T798）。

（3）避开风口，以免遭受大风的破坏。

（4）交通便利，供电、供水设施齐全。

（5）周围无烟尘及有害气体污染。

2. 场地规划

前后温室间距 =（温室脊高 + 草帘直径）× 2

修建温室群要做好温室排列以及配套渠系、道路、电力等设施的规划建设。东西两棚之间留 4m 宽的道路，两侧各留 1m 的绿化带和水渠，修建 3 m 宽缓冲间的空间。

3. 建造技术

（1）基本参数

① 方位角。坐北朝南偏西 5°～10°。

② 采光屋面角。

采光屋面角度包括地角、前角、腰角、顶角，其中地角 80°～85°，前角 40°～70°，腰角 30°～33°，顶角一般不小于 12°。

③ 后屋面角。后屋面仰角为 42±2°。

④ 跨度。室内宽度 8 m。后屋面在地面水平投影宽度 1.4～1.5 m。

⑤ 脊高，一般为 4 m。

⑥ 后墙高度，后墙外侧高 3.2 m。

⑦ 墙体厚度。先用石块筑墙墙基厚度为 1.0～1.2 m，顶部厚度为 0.8～1.0 m；然后采用机械将沙石土在石块筑墙基础上堆砌 4 m 厚保温层，顶部厚度不低于 2.5 m。

⑧ 后屋面厚度，前沿厚 0.2 m，中部厚 0.5～0.6 m，底部厚 1 m 左右。

⑨ 温室长度，棚长 60～70 m。

（2）建棚材料

① 塑料棚膜。采用聚氯乙烯（PVC）无滴膜或醋酸乙烯（EVA）高效保温无滴防尘日光温室专用膜，厚度不小于 0.12 mm。

② 覆盖材料。保温材料为保温棉被。

③ 二层覆盖物。在棉被上面缝制一层旧棚膜或彩条布，以增加保温效果和防止棉被被雨雪水浸湿。

（3）骨架材料

① 后屋面骨架材料，包括：檩条（木板）、冷拔丝等。具体标准如下：

檩条：一般用小头直径大于 12 cm 的圆木，长 2.6～2.8 m。冷拔丝：8 号冷拔丝。细铁丝：16 号铁丝。木板：厚 4 cm，长 2.4 m。

② 前屋面骨架材料，包括：主拱架、副拱架、冷拔丝、铁丝。具体标准如下：主拱架：弧长 8 m，上弦用 Ø12GB、下弦 14 号、斜拉杆 12 号钢筋制作的钢屋架。

副拱架：大头直径在 2.5 cm 以上、长度 5 m 的竹竿。冷拔丝：8 号冷拔丝。

主拱架基座：上基座 30×25×25 cm 方形混凝土预制件，下基座为：下底直径 30 cm、上底直径 25 cm、高 20 cm 的圆柱状混凝土预制件。

（4）施工技术

① 确定方位。

场地确定后，对温室的用地进行平整，然后用罗盘仪按正南偏西 5°～10° 放线。

② 墙体施工。

• 人工筑墙：墙体位置确定后，地平面下挖温室，深度 1 m，然后人工石块混凝土砌后墙及两边侧墙，墙宽 1 m，后墙体高 3.4 m，侧墙按拱形建造。

• 机械筑墙：石墙体完成后，用机械将挖出的沙石堆砌保温层，底部厚度不少于 6 m，分两层堆砌。

• 固定主钢架：在温室前沿上下基部按 2.5 m 间距摆放主拱架基座，矫正所有主拱架的高度、角度保持一致，钢架脊部东西向用 3 cm×3 cm 三角铁焊接固定，钢架上下基本用混凝土建成 30 cm×25 cm 圈梁固定。

• 拉冷拔丝：在侧墙外侧顶部放好垫木（用于保护墙体与固定冷拔丝），然后把冷拔丝东西向按间距 40 cm 固定在主拱架上，形成琴弦式结构，冷拔丝两头从侧墙上搭过去，固定到温室侧墙两端的水泥预制件上，用紧绳器紧好后，并逐个将主拱架和冷拔丝用 16 号铁丝固定好，共拉 19 道。

• 固定副拱架：副拱架由两根竹皮对接而成。按 50 cm 间距，将两根竹皮小头对接接，固定在冷拔丝上，主拱架上也要并上一副副拱架。

• 建后屋面：将檩条（或木板）摆放在后屋面，然后按 30 cm 间距东西向拉冷拔丝，共 8 道，铺设一层草席，再把玉米秆、麦草铺在草席上，踩实，使前、中、后厚度为 20 cm、50 cm、60 cm，再裹上 5 cm 后三合土泥。

• 覆膜：选晴天中午，把下块棚膜拉开，上到前屋面上晒热，两端分别卷入 6 m 长竹竿，待整个棚膜拉紧拉展后，上端留宽 80～100 cm 的通风口，两侧分别固定在侧墙上，每隔 1.8 m 拉一道防风压膜线或压膜带，压膜线拉紧后固定在后墙上，带扣膜线的膜边用铁丝扎在前拱架上固定好，棚膜下端埋入沙土中 40 cm，并压实踏平。风口膜上端用草泥固定到后屋面上，下端压住下块棚膜 20～30 cm。

（5）其他设施

① 修建水池。在温室内靠门一边，离山墙 1 m 处挖一个长、宽、高各为 5 m、2 m、3 m 的池胚，将池底夯实后浇注 30 cm 厚的混凝土，池边用红砖建造，然后至少刮两层砂浆，池中砌隔墙（留水通道）增加强度，池顶用板封好；待水池混凝土硬化后，在水池上面砌一个长 1 m、宽 1 m、高 0.8 m 的高位溶肥池。

② 修建缓冲间。在温室山墙上挖一个高 1.6 m，宽 0.8 m 的门洞，装上门框。外修一个长 4 m、宽 3 m，屋顶超过侧墙 50 cm 的缓冲间，缓冲间的门应朝南，避免直对温室门洞，防止寒风直接吹入温室内。缓冲间供放置农具及看护人员住宿。

③ 修建防寒沟。在温室南基部沿外 40 cm 处挖一条东西长的防寒沟，深为 80～100 cm，宽为

40 cm。沟内填充麦草或炉渣，沟顶盖旧地膜再覆土踏实。顶面北高南低，以免雨水流入沟内。

④ 修建室内走道。在室内后墙墙基建宽 80 cm、高 20 cm 的东西向走道，用砖铺垫，并用混凝土表面抹光。

⑤ 电、水、路三通。在日光温室比较集中地区，配套负荷较高的电力设施，以便连阴雨或强降温天气时增温补光，通灌溉水，建成交通要道。

⑥ 上草帘。入冬后，选晴天，把棉被搬上后屋面，按"阶梯"或"品"字形排列，上端固定在后屋面上，另一端固定在卷帘机上，下部一直落到地面防寒沟的顶部。

⑦ 建栽培槽（见图 3-4-2）。具体建造方法是：棚内南北走向挖"U"型槽，槽内径 60 cm，槽深 30 ~ 35 cm，槽长 7 ~ 8 cm，操作行宽 80 cm，槽底部填 3 ~ 5 cm 厚的瓜子石，上铺一层编织袋，填充厚度 25 ~ 30 cm 的有机生态无土栽培基质，铺平，再在上边距槽边 20 cm 铺设两条滴灌带。基质入槽后其平面低于走道 5 ~ 7 cm，比常规栽培槽节省成本 80%，下挖式砂石栽培槽进一步提高了温室内冬季保温蓄热能力。

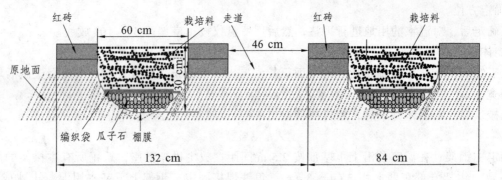

图 3-4-2　日光温室下挖式砂石栽培槽

二、下挖型砂石栽培槽建造技术创新

根据砂石地日光温室的结构特点，设计建造了与之相配套的栽培槽，一是改变了栽培槽高于走道的传统形式，呈下挖型；二是因地制宜、就地取材，利用戈壁砾石建造栽培槽，该技术获得国家实用新型专利。具体建造方法是：棚内南北走向挖"U"型槽，槽内径 60 cm，槽深 25 cm ~ 30 cm，槽长 7 ~ 8 m，建成 60 cm × 70 cm 的带幅，槽底部填 3 cm ~ 5 cm 厚的瓜子石，上铺一层编织袋，填充 25 ~ 30 cm 深的栽培基质料。下挖式砂石栽培槽不仅比常规栽培槽节省成本 80%，而且进一步提高了冬季温室内保温蓄热能力。

三、有机生态无土栽培基质原料利用创新

非耕地日光温室必须配套有机生态无土栽培技术体系，为降低成本，酒泉市肃州区开发成功和示范推广了一种全新的茄果类蔬菜有机生态无土栽培"7321 废物循环"专用栽培基质配方。所有原料全部利用农业或工业废弃物，不但实现了超低成本，而且开发了废物再利用途径，达到了循环农业的目的。配方中有机物和无机物配比为 7：3，一座 60 米长的温室，有机物玉米秆 40 m³（发酵好约 14 m³），菇渣 5 m³，鸡粪、牛粪各 2 m³，无机物过筛炉渣 12 m³，发酵好后混合均匀，加入 1 m³ 珍珠岩，以减轻基质重量，增加作物根系的通透性。另加入发酵好的甜叶菊废渣 2 立方米作为添加剂，既增加基质营养成分，还能改善蔬菜品质，提高产量。各种原料混匀后每立方米加入硫酸钾复合肥 5.5 kg，用 40% 甲醛 400 倍液消毒后堆闷 3 天，即可填入栽培槽进行生产。

四、穴盘有机质无土育苗技术创新

西北基质配制方法是：将棉籽壳为主的平菇废料放在距水源较近的水泥场地，去塑料膜后经高强度辗压，堆成 1 m 高的方垛，洒透水后用塑料棚膜覆盖进行发酵，7 ~ 10 d 翻一次，连续 5 ~ 6 次，最

后一次按 1% 的比例，加入发酵好的鸡粪和苗期所需的各种营养成分，然后与过筛的炉渣（要求颗粒质≤0.3 cm）按 6∶4 的比例混合均匀。酒泉市肃州区已经建立了河西走廊无土育苗基质生产线，改变了全国大部分地区利用岩棉、蛭石、草炭、珍珠岩等高成本物质配制育苗基质的现状，该育苗基质具有降低育苗成本、节约种子、出苗整齐、提早成苗、有效避免土传病害等优点。

五、非耕地日光温室茄果类蔬菜整枝技术创新

（一）辣椒"单株双杆双杈"简易整枝技术

改每穴双株为单株栽培，改稀植为密植栽培，改单杆整枝为双杆双杈整枝，每株留 2 个主枝，每个主枝留 2 个侧枝，每株共 4 个侧枝交替结果。

（二）茄子 "三茬果层梯式"整枝技术

利用嫁接苗，采用平茬再生的办法，连续三年生产，生长期每层主权留 2 个侧杆，每个侧杆留 2 个侧枝，共留 4 个枝，不再留分权，每层每株结 4 个茄子，生育期单株结果数 60 个以上，生长期长达 36 个月，采收期达 31 个月，节约了购种、育苗等成本，简化了操作程序，降低了劳动强度。

（三）番茄"三留四整"植株调整技术

采用单杆落蔓整枝，三穗果后选留 1~2 个顶部侧枝，作为换头预留枝，在四穗果后及时整枝换头，选择预留侧枝代替主枝，保持旺盛生长，克服早衰，延长坐果期，提高单株产量，换头时注意不可留较旺的枝条，否则会打破营养生长与生殖生长平衡。

六、非耕地日光温室蔬菜有机生态健身栽培和预防生理性障碍技术创新

有机生态型无土栽培自身调节能力低于土壤栽培，健身栽培和生理性障碍预防是高产高效的关键环节，其要点是：原料腐熟扎根深，配比不全发育慢；勤看基质防缺水，水分过多易沤根；专用肥加生物肥，能防肥害缺素症；温度过高或过低，落花落果易发生；棚室器具消毒严，预防病虫促高产。

栽培料中的植物秸秆、鸡粪和牛粪等有机物必须充分腐熟，并严格按照比例配料，防止植株发育慢、不扎根等症状；做到看料灌水，水分保持在 60%~80%，否则易引起生理缺水或沤根现象的发生；肥料以生物菌肥、有机生态专用肥为主、化肥为辅配比追施，在距离植株基部 10 cm 外深埋，预防肥害及缺素症。调控温室内温度不低于 15 ℃ 以下，不高于 30 ℃ 以上，否则引起高温障碍、低温冷害和落花落果等生理性障碍的发生；种子、基质、农具等严格消毒，施肥、灌水、管理严把技术关口，病虫预防用药严格筛选、使用，预防各种人为主观作用的生理性障碍的发生。

水肥管理是日光温室蔬菜有机生态无土栽培获得高产的重点，除灵活掌握灌水外，在施肥管理方面，酒泉市积极创新，将 CM 或 EM 生物活性菌接入栽培基质料，充分发挥其解磷、解钾及固氮作用，并通过其自身繁殖成为优势种群，拮抗有害病菌发生，结合植物诱导剂的应用，诱导形成抗病基因，提高了作物自身抗病免疫力，实现了健身栽培，配合硫酸钾等化学肥料的辅助使用，确保了壮秧高产。

七、非耕地日光温室番茄优质高产关键技术规程

（一）番茄的特征特性及对环境的适应性

番茄为喜温性蔬菜，其适应性较强，对基质的选择要求不严，在 6~35 ℃ 的温度范围内均可生长，地上部分平均温度在 24~27 ℃ 时，可以正常开花和结果，在 18~21 ℃ 的温度下生长时，落花率较高。在温度超过 40 ℃ 时，生长受阻，并使茎叶发生日灼及坏死现象。温度低于 15 ℃ 时生长受到影响，并

影响开花，低于 10 ℃，生长缓慢，呈现开花不结果，5 ℃ 时茎叶停止生长。当温度降至 −1 ~ 3 ℃ 时，将会发生冻害。根际部分温度以 20 ~ 26 ℃ 最佳，高于 33 ℃ 或低于 13 ℃ 时，根系生长不良。

番茄喜光，对光照条件反应敏感，光照不足时生长不良，常会引起落花落果，易使植株发生徒长、开花座果少、营养不良等各种生理障碍和病害，冬春季节勤擦洗棚膜，增强透光性，同时在温室内后墙上张挂反光幕，一般 7 ~ 10 d 擦洗一次，在连续阴天时，进行人工补光。

番茄根际适宜的基质湿度在 80% 左右，空气湿度 75% ~ 80%。

（二）品种选择

1. 抗逆性强

在寡光（光照弱、光照时间短）或阶段高温、低温条件下，生长发育及结果性良好。

2. 商品率高

无限生长型，产量高，商品性好，平均单果重在 150 g 以上，果实表面光滑、畸形果少，耐贮运，商品率达 95% 以上。

3. 抗病性强

高抗灰霉病、叶霉病、早疫病、病毒病等，并耐激素处理。

4. 适应性强

经多点试验、示范，适宜有机生态型无土栽培各茬次的品种有中杂 9 号、F872、保冠、秦皇 908、玛利雅 2 号、春秀等。

（三）种植茬口的选择

1. 越冬一大茬

9 月下旬育苗，10 月中下旬定植，元月中下旬上市。

2. 秋延茬

6 月下旬 ~ 7 月上旬育苗，8 月中下旬定植，10 月中下旬上市。

3. 早春茬

12 月下旬 ~ 元月上旬育苗，2 月中旬定植，4 月中旬上市。

（四）栽培技术

1. 穴盘育苗

选择适宜的种植茬口后，规模化种植时利用工厂化育苗手段进行穴盘育苗，小户生产时进行番茄穴盘二级育苗。

（1）种子消毒处理

温汤浸种法：将体积相当于种子体积 3 倍的 50 ~ 55 ℃ 的热水，倒入盛种子的容器中，边倒边搅拌，待水温降至 30 ℃ 左右，静置浸泡 6 ~ 8 h，该方法可杀死种子表面的病菌，但对种子内部的病菌消灭不彻底。

药剂处理法：将种子用 40% 磷酸三钠 100 倍液浸种 20 min，或用 50% 多菌灵 500 倍液浸种 30 min，可杀灭附着在种子表面及种子内部的病菌。

（2）穴盘二级育苗、基质消毒

将新鲜的杨树锯末用开水处理后，做成 10 cm 厚的苗床，将处理好的种子均匀撒播在苗床上，待两片子叶充分平展后进行分苗。

将高锰酸钾稀释成 1 000 倍液，均匀喷洒在基质上，或每立方米基质中加入 50% 多菌灵 100 ~ 200 g，充分混拌均匀堆闷 2 小时后装入 72 孔穴盘。然后将子叶苗移植在穴盘中，每穴移栽 1 株，移栽完后将穴盘苗放置在设有防虫网的条件下进行管理，穴盘苗的根坨小易缺水而使苗子发生萎蔫，应早晚补充水分，夏秋季节育苗时利用遮阳网进行遮阴，冬春季节育苗时覆盖保温设施，适栽苗龄约 30 ~ 35 d。

2. 定植前准备

（1）栽培基质的发酵

一座 50m 长"1448 三位一体型"日光温室所需栽培料 40 m³ 左右，准备约 4 亩地玉米秸秆，（发酵好约 14 m³ 左右），菇渣 5 m³，鸡粪 3 m³、牛粪 7 m³，炉渣 12 m³（过筛）。将玉米秆粉碎后与菇渣、鸡粪等有机物混合用水浸湿（含水 80%以上），每立方米基质中加入过磷酸钙 3 kg（含量 16% 以上）调节酸碱度，堆成 1.5 m 高、3～4 m 宽的堆，上盖塑料膜进行高温发酵，每 7～10 天翻料一次，并根据干湿程度补充水分，当料充分变细，无异味时料将发好。然后将发好的有机料与过筛的炉渣按 7∶3 比例混合配制，根据混合料总量，每立方米基质料中加入有机生态添加肥 1.5 kg、硫酸钾复合肥 0.5 kg 做底肥，敌百虫原粉 20 g、50% 的多菌灵可湿性粉剂 20 g，掺混均匀堆闷 3 天后装料，如果是重复使用的基质，定植之前须添加发好的鸡粪、牛粪，将槽装满，并按每立方米基质加入硫酸钾复合肥 1 kg ＋过磷酸钙 0.5 kg 做底肥。

（2）栽培设施建造

栽培槽：采用地下式栽培槽，槽内径为 60 cm、槽深 30～35 cm、槽长 7～8 m、槽间距 80 cm、南北方向延长、北高南低，底部倾斜 2～5°，槽底开"U"型槽，槽底及四壁铺 0.1 mm 厚的薄膜与土壤隔离。在槽间南端每两槽间挖一深 50 cm、方圆 30 cm 的排水坑，排除多余水分，槽间走道铺膜或细沙与土壤隔离。

供水系统：建造半地下式蓄水池，安装微喷滴灌设施，每槽内铺设 2 根滴灌带，在滴灌带上盖一层 0.1 mm 厚的塑料膜，在定苗的位置开口，膜可重复使用多年，但不能用地膜代替，地膜会粘附在滴灌带上而堵塞出水孔，膜的宽度与栽培槽宽一致。

消毒处理：定植前半月装好基质并准备好栽培系统，用水浇透栽培基质，并用 0.1% 高锰酸钾喷洒架材、墙壁、栽培料，放风口设置 40 目防虫网，然后密闭温室进行高温闷棚 10～15 d。

基质配制、栽培系统建造、基质消毒处理参考茄子栽培技术。

3. 定植

将番茄苗子按大小分级进行定植，通常小苗移栽在温室中间，大苗移栽在温室两侧，移栽前对苗子进行消毒，一般用 50% 的多菌灵 800 倍液对苗子进行喷雾，定植时苗坨适度深栽萌生不定根，定植后穴内浇灌移栽灵或 NEB 溶液，定植株距为 40～45 cm，每槽定植两行，667 m² 栽苗 1 900～2 200 株。

4. 定植后管理

（1）温度、水肥管理

① 缓苗期：加强温、湿度管理，白天温度保持在 23～28 ℃，夜温 17～18 ℃；空气湿度保持在 75% 左右，基质湿度保持在 80% 以上。

② 开花坐果期：白天温度控制在 23～30 ℃，夜温 15℃ 以上。空气湿度保持在 75%～80%，基质湿度保持在 80%～85%。夏秋高温季节在棚膜外层覆盖遮阳网或在膜上撒泥水形成遮阴物，冬春寒冷季节除晚上覆盖草帘等防寒物外，在气温较低或阴雪天气的晚上，在草帘外层覆盖一层塑料棚膜，可提高室温 2～3 ℃。

定植后 20 天追施有机生态专用肥 ＋三元复合肥的混合肥料（100 kg 专用肥 ＋50 kg 复合肥 ＋0.5 kg 微量元素肥料），一般每隔 10 天追施一次，每株用量以 12 g 为基础，逐次增加，盛果期达到 25 g。

③ 结果盛期：除加强温度、湿度、追肥和浇水之外，叶面上及时补充钙肥和磷酸二氢钾等肥。

（2）植株调整

整枝是番茄栽培的主要技术措施之一。植株长至 20～25 cm 时及时吊蔓；番茄采用单蔓"三留四整"换头整枝技术，座留 3 穗果后，选留 1～2 个顶部侧枝，作为换头预留枝，在第 4 穗花蘸花后，留两片叶子掐头换枝，结合整枝及时疏花疏果，每穗留 3～5 个果实，开花时进行人工辅助授粉，在上午 9～10 时用 20～30 mg/L 的防落素或番茄灵溶液蘸花，也可用 0.015%～0.02% 的 2,4-D 溶液涂抹花柄。蘸花时要严格掌握用药浓度，温度高时浓度偏向下线，温度低时应用上线。

番茄分枝能力强，要及早摘除，一般在不影响吸收营养与水分的前提下，5 cm 以上的侧枝要及早去除，并及时摘除黄叶、老叶和病叶。

（五）适期采收

番茄果实因品种不同，其保藏时间不同，根据不同品种确定适宜的采收期。

（六）病虫害防治

1. 生理性病害

（1）生理缺水。表现为植株生长细弱，叶片干涩，没有活力。幼苗期主要因定植后缓苗水灌溉不及时或水量不够，使根系不能正常生长所致。成株期主要因两次灌水间隔期过长或水量不够，极度干旱缺水所致。要根据栽培茬口、天气状况及植株长势灵活掌握灌水次数及灌水量，合理调整株型，保持旺盛生长。

（2）沤根。主要表现为根量少、发黄、生长点萎蔫，严重时整株萎蔫，系灌水过勤、水量过多或阴雨雪天过量灌水，根系活力减弱，不能正常输送水分所致，要通过合理灌水进行调节。

（3）肥害。主要表现为生长缓慢、叶缘焦枯，是由于过量施肥或不合理施用化肥所致，要通过合理灌水施肥，结合叶面喷施活力素进行及时调整。

（4）高温障碍。表现为晴天午时叶片发软萎蔫、中下部叶片黄化、叶缘枯焦。系白天温度过高，棚内空气湿度过小所致，要加强通风降温，及时叶面补水，减少水分蒸发，缓解高温危害。

（5）低温冷害。表现为植株矮小、叶色深暗、叶缘下卷、生长缓慢。系低温持续时间过长所致，成株期 低温障碍会造成生长点黄化。要加强低温季节保温措施，严防低温冷害发生。

2. 侵染性病害

由于采取了有效的病虫害综合控制技术，温室有机生态无土栽培一般较少发生浸染性病害，但若消毒不彻底，管理不严格，仍会引发一些气传性病害，要以农业及生态措施为重点，合理利用化学措施进行综合防治。

① 猝倒病。属苗期病害，系阴雨雪天低温、光照不足湿度过大引发，幼苗从茎基部细缢猝倒。加强通风排湿，发病初期用 72.2% 普力克水剂 400 倍液、70% 代森锰锌可湿性粉剂 500 倍液或 64% 杀毒矾可湿性粉剂 500 倍液喷雾防治。

② 立枯病。属苗期病害，幼苗先期萎蔫，后干枯死亡。系育苗基质接触土壤，消毒不彻底所致。发病初期用 70% 敌克松 600 倍液或 77% 可杀得可湿性粉剂 800 倍液喷雾防治。

③ 白粉病。用农抗 120 或武夷霉素水剂 100～150 倍液喷雾，或 50% 多硫悬浮剂 500 倍液、80% 大生可湿性粉剂 1000 倍液喷雾防治。

④ 灰霉病。2% 丙烷脒水剂 800～1 200 倍液、50% 灰尔宁可湿性粉剂 800～1 000 倍液、65% 甲霉灵可湿性粉剂喷粉，防效可达 95% 以上。

3. 主要虫害

有蚜虫、斑潜蝇、白粉虱、红蜘蛛等虫害，可通过熏棚、张挂黄板诱杀、风口设置防虫网等措施结合化学措施防治。

① 蚜虫。10% 大功臣可湿性粉剂 1 000～2 000 倍液喷雾或用蚜虱净、敌敌畏烟剂熏棚防治。

② 斑潜蝇。40% 乐斯本乳油 1 000～1 500 倍液或 40% 绿菜宝乳油 1 000～1 500 倍液喷雾，结合烟剂熏棚防治。

③ 白粉虱。蔬菜定植前，在放风口设置防虫网，定植后张挂黄色诱虫板诱杀。虫口密度过大时，用 22% 敌敌畏烟剂夜间密闭温室熏烟结合 20% 灭扫利乳油 2 000 倍液或 25% 扑虱灵可湿性粉剂 1 000～1 500 倍液喷雾。

④ 红蜘蛛，虫螨克、害极灭、艾美乐或 0.3% 印楝乳油防治。

八、非耕地日光温室辣椒优质高产关键技术规程

（一）对环境条件的要求

1. 温度

辣椒属于喜温蔬菜，种子发芽适宜温度为 25 ~ 30 ℃，约需 3 ~ 5 d 即可发芽。幼苗期生长适宜温度为 20 ~ 25 ℃ 左右，温度高于 25 ℃ 以上时幼苗生长迅速，易形成徒长的弱苗，不利于培育壮苗。开花结果时期要求白天温度 22 ~ 27 ℃，夜间温度在 15 ~ 20 ℃。低于 10 ℃ 时，难于授粉，易引起落花、落果。高于 30 ℃ 时，花器发育不全或柱头干枯不能受精而落花。

2. 水分

辣椒在茄果类蔬菜中是比较耐旱的。一般大型果品种需水量较大，小型果品种需水量小。在幼苗期需水量少，保持基质湿润即可。从初花期开始，植株生长量增加，需水量随之增多，特别在果实膨大期开始，需要充足的水分，基质的相对湿度需保持在 75% ~ 80%。反之如水分不足有碍于果实膨大和植株生长发育，引起落花落果和畸形果增多。

3. 光照

辣椒对光照的要求较高，全生育期需要良好的光照条件，在 10 ~ 12 h 日照下开花结果良好，对光照强度要求中等，日照过强易引起日烧病，光合作用的饱和点为 30 000 lx，光补偿点为 1 500 lx。光照不足，会造成幼苗节间伸长，植株生长不良，落花落果严重。

（二）品种与茬口的选择

1. 品种选择

选用早熟、抗病、丰产、耐寒性和耐热性较强的品种，适宜栽培的品种有陇椒 2 号、3 号、5 号等。

① 陇椒 2 号：该品种为早熟品种，植株长势强，株高 90 cm 左右，果实长牛角形，绿色，果长 26 ~ 35 cm，耐弱光、抗逆性强、抗病性好，平均单果重 37 g，单株结果数 30 个以上，每 667 m² 产量 4 000 kg 以上，适宜北方保护地栽培。

② 陇椒 3 号：早熟一代杂种，熟性比陇椒 2 号早 7 ~ 10 d，生长势中等，果实羊角形，绿色，果长 24 cm 左右，果肩宽 2.5 cm，平均单果重 35 g，果面皱，果实商品性好，品质优。一般 667 m² 产 3 500 ~ 4 000 kg 左右，抗病性强，经甘肃省农科院植保所苗期人工抗疫病鉴定及日光温室田间表现，陇椒 3 号对疫病的抗性较陇椒 2 号强。适宜西北地区保护地和露地栽培。

③ 陇椒 5 号：早熟，生长势强，果实羊角形，果面有皱折，果长 28 cm，单果重 30 ~ 45 g，果色绿，味辣，果实商品性好，品质优良，抗病毒病，耐疫病，一般 667 m² 产 4 000 ~ 4 500 kg。抗病毒病，耐疫病。全国保护地和露地均可栽培。

2. 茬口选择

温室辣椒栽培一般选用一大茬和早春茬两种栽培模式。

（1）一大茬

7 月上旬播种育苗，8 月下旬或 9 月上旬定植，11 月中下旬上市。

（2）早春茬

11 月中下旬播种育苗，元月下旬定植，3 月中下旬上市。

（三）栽培技术

1. 穴盘无土育苗

（1）种子消毒

将种子放入 55 ~ 60 ℃ 的温水中搅拌至水温降至 30° 后，再用 30% 磷酸三钠溶液浸泡 20 min 或 50% 多菌灵 500 倍液浸种 30 min，然后冲洗干净后浸泡 4 ~ 6 h，取出后在 28 – 32 ℃ 下催芽，50% 种子露白时播种。

（2）基质消毒

用 50% 多菌灵 500 倍液均匀喷洒基质后堆闷两小时，然后装入 72 孔穴盘。

（3）播种及苗期管理

将种子点播在穴盘内，每穴 2~3 粒，上盖 1 cm 厚的基质，然后浇透水，放入 20~25 ℃ 环境条件下育苗，浇水要保持基质见干见湿为宜，出苗后每穴留双株苗，每隔 15~20 d 喷洒一次叶面肥，待苗龄达到 4~5 片真叶（45~50 d），株高 10~15 cm 时定植。

2. 定植前准备

（1）栽培基质的发酵

（同 7.4.2.1 栽培基质的发酵）

（2）栽培设施建造

① 栽培槽：采用地下式栽培槽，槽内径为 60 cm、槽深 30~35 cm、槽长 7~8 m、槽间距 80 cm、南北方向延长、北高南低，底部倾斜 2°~5°，槽底开"U"型槽，槽底及四壁铺 0.1 mm 厚的薄膜与土壤隔离。在槽间南端每两槽间挖一深 50 cm、方圆 30 cm 的排水坑，排除多余水分，槽间走道铺膜或细沙与土壤隔离。

② 供水系统：建造半地下式蓄水池，安装微喷滴灌设施，每槽内铺设 2 根滴灌带，在滴灌带上盖一层 0.1 mm 厚的塑料膜，在定苗的位置开口，膜可重复使用多年，但不能用地膜代替，地膜会黏附在滴灌带上而堵塞出水孔，膜的宽度与栽培槽宽一致。

③ 消毒处理：定植前半月装好基质并准备好栽培系统，用水浇透栽培基质，并用 0.1% 高锰酸钾喷洒架材、墙壁、栽培料，放风口设置 40 目防虫网，然后密闭温室进行高温闷棚 10~15 d。

基质配制、栽培系统建造、基质消毒处理参考茄子栽培技术。

3. 定植

基质温度达到 12 ℃ 以上时进行定植，每个栽培槽定植两行，"丁"字形定植，同行株距 50~55 cm，缓苗结束后，每穴仅留单株苗。

4. 定植后管理

根据辣椒喜温、喜水、喜肥及高温易得病，低温易落果，水涝易死秧，肥多易烧根的特点，在整个生长期内不同阶段有不同的管理要求，定植后至采收前以促根促秧为主，开始采收至盛果期以促秧攻果为主，后期加强肥水管理夺取高产。

（1）温度、光照管理

采收前室内白天温度保持在 20~25 ℃，采收期内白天 22~27 ℃，夜间保持 14 ℃ 以上，昼夜温差 10 ℃ 左右，深冬季节应经常擦洗棚膜，坚持早拉晚放草帘，尽量延长光照时间。

（2）水肥管理

浇水量必须根据气候变化和植株大小进行调整，一般定植后 3~5 d 开始浇水，一般在早晨 9~10 时进行浇水，根据基质湿度和植株长势情况每次浇水 15 min 左右，高温季节在 14 时以后补浇一次，阴天停止浇水或少浇。

追肥配比为有机生态专用肥 100 kg + 尿素 25 kg + 硫酸钾复合肥 10 kg + 微肥 1.5 kg，定植后 20 天结合浇水进行追肥，此后每隔 10 d 追肥一次，将肥料均匀的埋施在离根 5 cm 以外的基质内，每株 10 g，结果后 7~10 d 追肥一次，最大量 20 g。

（3）通风排湿

当室内温度达到 22 ℃ 以上时进行通风，一是可以降低温室内相对湿度，降低病害的发生；二是可以增加温室内 CO_2 浓度，有利于作物的光合作用。

（4）植株调整

辣椒采用"单株双杆多头"整枝技术，株高达到 50 cm 左右时进行吊秧，每株留 2 个主枝，每个主枝留 2 个侧枝，每株保持 4 个生长枝交替结果。

（四）适时采收

在正常情况下，开花授粉后约 20～30 d，此时果实已达到充分膨大，果皮具有光泽，已达到采收青果的成熟标准，应及时采收。门椒应提前采收，如果采收不及时果实消耗大量养分，影响以后植株的生长和结果。

（五）病虫害防治（同七（六）病虫害防治）

九、非耕地日光温室茄子优质高产关键技术规程

（一）茄子的特征特性及对保护环境的适应性

茄子喜欢较高的温度，生长发育期间的适宜温度为 20～30 ℃，结果期间为 25～30 ℃，在 17 ℃以下低温或 35 ℃以上高温情况下，生长缓慢，花芽分化延迟，果实生长发育受到阻碍，落花落果严重，温度低于 10 ℃，出现代谢紊乱，甚至使植株停止生长，5 ℃以下发生冻害。

茄子对日照长短反应不敏感，光照时间从 4 h 到 24 h 花芽都可以分化，但长日照使幼苗生长旺盛，花芽分化早，开花提前，12～24 h 的光照对植株的影响差异不大，但全天光照则使子叶变黄或植株下部叶片脱落；茄子对光照强度要求较高，光饱和点为 40 000 lx，属光饱和点低的果菜，但在弱光下植株生长缓慢，产量降低，并且色素不易形成，尤其是紫色品种更为明显。

茄子喜湿怕涝、不耐旱，由于茄子分枝多，叶片大而蒸腾作用强，根际湿度控制在 65%～80% 较为适宜，空气湿度调整在 60%～75% 为宜，生长期间应科学调控水分供应。

茄子以幼嫩浆果为产品，对氮肥需求量大，钾肥次之，磷肥最少，生育期间易出现缺镁症状，及时叶面喷施微量元素肥料。

（二）栽培茬口

1. 早春茬

11 月中旬播种育苗，2 月上旬移栽定植，3 月下旬开始上市，6 月下旬拉秧或 8 月下旬平茬。

2. 一大茬

7 月中旬播种育苗，9 月上旬移栽定植，10 月下旬开始上市，次年 6 月下旬拉秧或 8 月下旬平茬。

（三）品种选择

选用抗病虫、抗逆性能力强的茄子品种，各地应根据消费习惯选择茄子的果形和色泽，长棒形紫色品种选用山东省潍坊市农科院蔬菜良种繁育中心培育的紫阳长茄，该品种抗病、丰产、早熟、果实长棒形，果长 30～35 cm，横径 4～6 cm，单果重 200～400 g，皮紫黑色有光泽，肉质细嫩，生长迅速，座果率高，亩产可达 6 000～8 000 kg，并适合于平茬再生栽培。

（四）栽培技术

1. 穴盘育苗技术

选择适宜的种植茬口后，规模化种植时利用工厂化育苗手段进行穴盘育苗，小户生产时进行茄子穴盘二级育苗。

（1）种子消毒处理

将体积相当于种子体积 3 倍的 55～60 ℃热水，倒入盛种子的容器中，边倒边搅拌，待水温降至 30 ℃左右，静置浸泡 6～8 h，或将种子用 40% 磷酸三钠 100 倍液浸种 20 min，或用 50% 多菌灵 500 倍液浸种 30 min，静置浸泡 6～8 h。

（2）穴盘二级育苗

用杨树锯末做一级苗床，将新鲜的杨树锯末用开水处理后，做成 10 cm 厚的苗床，将处理好的种子均匀撒播在苗床上，待两片子叶充分平展后进行分苗。

（3）基质消毒

将高锰酸钾稀释成 1 000 倍液，均匀喷洒在基质上，或每立方米基质中加入 50% 多菌灵 100 ~ 200 g，充分混拌均匀后堆闷 2 h 后装入 72 孔穴盘。

（4）分苗

将子叶苗移植在穴盘中，每穴 1 株，移栽完后将穴盘苗放置在设有防虫网的条件下进行管理，穴盘苗的根坨小易缺水而使苗子发生萎蔫，应早晚补充水分，夏秋季节育苗时利用遮阳网进行遮阴，冬春季节育苗时覆盖保温设施，苗龄约 45 ~ 50 d。

2. 定植前准备

（1）栽培基质的发酵

（同 7.4.2.1 栽培基质的发酵）

（2）栽培设施建造

① 栽培槽：采用地下式栽培槽，槽内径为 60 cm、槽深 30 ~ 35 cm、槽长 7 ~ 8 m、槽间距 80 cm、南北方向延长、北高南低，底部倾斜 2° ~ 5°，槽底开 "U" 型槽，槽底及四壁铺 0.1 mm 厚的薄膜与土壤隔离。在槽间南端每两槽间挖一深 50 cm、方圆 30 cm 的排水坑，排除多余水分，槽间走道铺膜或细沙与土壤隔离。

② 供水系统：建造半地下式蓄水池，安装微喷滴灌设施，每槽内铺设 2 根滴灌带，在滴灌带上盖一层 0.1 mm 厚的塑料膜，在定苗的位置开口，膜可重复使用多年，但不能用地膜代替，地膜会黏附在滴灌带上而堵塞出水孔，膜的宽度与栽培槽宽一致。

③ 消毒处理：定植前半月装好基质并准备好栽培系统，用水浇透栽培基质，并用 0.1%高锰酸钾喷洒架材、墙壁、栽培料，放风口设置 40 目防虫网，然后密闭温室进行高温闷棚 10 ~ 15 d。

3. 定植

采用双行错位定植，同行株距 45 cm，保持植株基部距同部位栽培槽边 10 cm，苗坨低于栽培面 1 cm 左右，边定植边浇水。定植穴浇灌移栽灵或 NEB 溶液，定植后一周，观察植株长势及气温决定在滴灌上铺膜。

4. 定植后的管理

（1）温度、光照管理

幼苗期生长适温为白天 25 ~ 30 ℃，夜间 16 ~ 20 ℃，开花结果期的最适温度为白天 25 ~ 30 ℃，夜间 15 ~ 20 ℃。在深冬季节，最低温度不能低于 13 ℃，遇到极端低温，可在草帘上加盖一层棚膜，可提高室温 2 ~ 3 ℃，并勤擦洗棚膜，在后墙张挂反光幕来增强光照；夏秋季节进行适当的遮阴和叶面喷水降温。

（2）水分管理

浇水量必须根据气候变化和植株大小进行调整，冬春季节晴天隔日浇一次水，阴天每 3 ~ 4 天浇一次水；2 月气温回升后晴天每天浇一次水，阴天隔一天浇一次；浇水在早晨进行，每次约 10 ~ 15 min。

（3）施肥

定植 20 d 后开始追肥，但同时要注意植株长势，一般在对茄瞪眼时，追第一次肥，以后每隔 10 ~ 15 天追肥一次。追肥时，将有机生态专用肥与大三元复合肥按 6：4 比例混合，每 100 kg 混合肥中另加入磷酸二氢钾 2 kg、硫酸钾复合肥 3 kg。在结果前期每株追肥约 17 g，结果盛期每株追肥约 20 g，将肥料均匀埋施在距植株根部 10 cm 以外的范围内，从结果盛期开始，叶面补充磷酸二氢钾等肥料。

（4）植株调整

采用 "三茬果层梯式" 方法整枝，即利用嫁接苗，应用平茬再生技术，连续 3 年结果，生长期每层主杈留两个侧杆，每个侧杆留两个侧枝，共留 4 个枝，不再留分杈，每层每株结 4 个茄子。

门茄座果后，适当摘除基部 1 ~ 2 片老叶、黄叶，门茄采收后，将门茄下叶片全部打掉，以后每个果实下只留 2 片叶，其他多余的侧枝及叶片全部摘除，当选留的侧枝生长点变细，花蕾变小时，及时掐头，促发下部侧枝开花结果；当茄子出现早衰或歇秧时，及时打去老叶，7～8 d后，新叶就可发出，并继续生长结果，若植株生长过高，对茄子侧枝进行高秆平茬，这样可延长茄子采收期。生产周期结束后，根据植株长势，进行拉秧或平茬再生栽培（一般8月下旬和10月上旬平茬）。

（5）保花保果

为了提高坐果率，防止低温或高温引起的落花和产生畸形果，可在开花前后 2 d 内，用 0.1% 的 2,4-D 液每 1 mL 加水 400～650 g，涂抹花柄，温度高时取上限，温度低时取下限，深冬季节还可在每 500 ml 蘸花液中加入 1～2 mL 赤霉素，防止僵果、裂果的出现。

（6）气体调节

在寒冷季节减少了通风时间和次数，使温室内 CO_2 的含量不足，影响植株的光合作用。因此，必须在温室内补充 CO_2 气肥来保证植株的正常生长，可采用双微 CO_2 气肥，每平方米使用 1 粒，埋入走道两侧 5～10 cm 深处，667 m^2 一次使用 7 kg，可在 30～35 天内不断释放 CO_2 气体；也可采用稀硫酸加碳酸氢铵的办法进行 CO_2 施肥。

（五）适时采收

紫阳长茄一般开花后 20～25 天即可采收。门茄可适当早收，在萼片与果实相连处的环状带变化不明显或消淡时，表明果实停止生长，这时采收时产量和品质较好。

（六）病虫害防治（同七（六）病虫害防治）

资料五 营养元素过剩或缺乏的症状及其调节

一、营养元素过剩的症状及其调节

（一）氮素过剩的症状及其调节

氮素能够被植株直接利用的形态有硝态氮（NO_3^-）、亚硝态氮（NO_2^-）和铵态氮（NH_4^+）。如果铵态氮过剩，则产生铵盐及氨气毒害；如果亚硝态氮过剩则产生亚硝酸气体危害；如果硝态氮过剩则产生硝酸根毒害。在无土栽培中主要铵盐和硝酸根毒害。

氮素过剩造成植株徒长、倒伏、抗性减弱，影响营养向产品器官运输和积累。茄子果实肥大不良而产生石果，番茄表现组织和细胞受到损伤，茎上形成褐色小斑。结球蔬菜（例如甘蓝、大白菜、莴苣）在氮素过剩时，叶色浓绿，叶肉出现凹凸，而且出现夜间卷曲的趋势，铵离子积累到一定程度，叶柄的内侧出现变褐的组织。如果外叶出现变褐的组织，则内叶就不再出现，莴苣对氮素过剩最敏感。甜椒在氮素过剩，尤其是铵离子过多时，顶端出现缩叶。硝酸根过剩将在蔬菜产品中积累过多，造成蔬菜产品污染，危害人体健康。而且硝酸根离子拮抗抑制蔬菜对氯离子和磷酸二氢根离子的吸收。

（二）磷素过剩的症状及其调节

磷素过剩不会产生外观形态上的变化，但是对一些元素的吸收、运输、利用产生不利影响。磷素过剩会影响锌、铁、铜离子的吸收、运转和利用，会导致缺镁，减弱蔬菜体内硝酸还原作用的强度，进一步影响氮素同化。

（三）微量元素过剩的症状及其调节

1. 锰素过剩

黄瓜锰素过剩的症状首先是叶片的网状脉褐变，把叶片对着阳光照看，可见坏死部分，如果叶片内锰含量高，先是至脉褐变，最后随着锰的含量增高，叶柄上的刚毛也变黑，叶片枯死。这是锰的急性积累引起。而逐渐少量吸收积累的锰过剩症是沿着叶脉出现黄色小斑点，并扩大成条斑，近似于褐色斑点，先从叶片的基部开始，几条主脉呈褐色，这种症状主要发生在黄瓜下位叶片上。茄子在锰过剩时植株下部叶片或侧枝的嫩叶上出现褐色斑点，似铁锈，下部叶片会脱落或黄化。锰严重过剩时，叶片几乎落光，这也叫铁锈症落叶。甜椒锰过剩时，叶脉一部分变褐，叶肉出现黑点。西瓜吸收锰过多，叶片上会产生白色斑，如果此时又缺钾，症状会更严重。

2. 铁素过剩

蔬菜吸收的铁是二价铁离子，在碱性条件下铁被氧化成难溶的三价铁的化合物，可给性因而降低。在酸性条件下铁被还原成溶解度大的亚铁，可能发生铁过剩引起的亚铁中毒。铁素过剩叶色黑绿色。番茄嫩叶会形成缩叶，生姜则产生褐变症。

3. 铜素过剩

症状表现为失绿现象，如果铜严重积累时，因在作物根系的尖端部分积累成较为难于移动的铜，使根系不能伸长，呈珊瑚状。地上部生育也极为不良，植株低矮，生长缓慢，几乎不分蘖，产量降低。

大量喷施波尔多液也会引起铜中毒。

4. 锌素过剩

当 pH > 6 时，有效锌含量随营养液的 pH 升高而下降。锌中毒在蔬菜上表现失绿现象和红褐斑点，而且影响植株对铁的吸收和向地上部运输。

5. 硼素过剩

在酸性基质或营养液中，硼的有效性提高。水溶性硼是以硼酸根离子形式存在，当有效硼含量高于 2.5 mg/kg 时则产生中毒症状。硼过剩幼叶变形、黄花，叶尖坏死。豆科中的菜豆、豇豆等对硼特别敏感。葱蒜类蔬菜硼过剩，则叶片变得浓绿色，从叶尖开始枯死。

（四）盐害

1. 盐害的症状

无土栽培中的营养液浓度过高，即溶液的总离子浓度过高，就会产生盐分浓度过高的危害。发生盐害的蔬菜表现的症状是植株矮小，叶片乌黑，叶面光亮，有时叶片表面覆盖一层蜡质与干旱缺水症状相似。严重时叶片皱缩不平，从叶缘开始褪色，枯干，向内卷，叶片呈枯斑最后连成片枯死，叶脉从主脉开始明脉，新叶少。茎变细，根系褐变枯死，白天植株萎蔫，早晨又恢复，如此循环最终枯死。

2. 盐害调节的措施

无土栽培中发生盐害的原因有营养液配制浓度过高而引起盐害，此种情况较少发生。发生盐害的主要原因是在营养液循环过程中，或在基质栽培中营养液不循环，由于植株的选择性吸收，总有一些离子留在营养液和基质中，长期的积累造成盐分过多。此外，高温引起水分蒸发也是加速盐浓度升高的主要原因。因此，在无土栽培过程中应经常测定营养液的电导率（EC 值），使之保持在适宜的范围内。一般大量元素 2～3 周测定一次，微量元素 4～6 周测定一次。在基质栽培中如果没有条件测定，可以第一周使用新配制的营养液，第二周浓度减半使用，第三周再使用新配制营养液，或营养液栽培几周后用清水清洗基质后再浇灌新营养液。

二、营养元素缺乏的症状及其调节

（一）氮素缺乏及调节

1. 氮素缺乏的症状

大多数蔬菜作物缺氮症状非常相似，典型的症状是外部表现为叶片退绿，叶色浅，叶片薄，而且老叶先于幼叶表现退绿症状，内部变化叶片叶绿素含量降低。因此，蔬菜作物的光合强度减弱，光合产物的生产和积累量减少，最终导致蔬菜生长缓慢，生长量降低。缺氮植株的根系受害比地上部轻，但是也表现出相应症状，根数少，细弱，伸长生长缓慢。严重缺氮时，全株黄白色老叶枯死，有时也停止生长，腋芽枯死或呈休眠状态。

（1）绿叶菜类蔬菜，例如莴苣缺氮时叶片黄绿色，生长缓慢，严重缺氮时老叶浅绿色，最后腐烂。结球莴苣不包心，根系密集，具花色甙的品种会出现紫红色，产量和品质明显下降。

（2）结球叶菜，例如大白菜和甘蓝等缺氮时包心延迟或不包心。甘蓝幼叶灰绿，老叶变为橙、红到紫色，最终叶子脱落。

（3）黄瓜缺氮时叶片黄绿色，偶尔主脉周围的叶肉仍为绿色。茎细、硬多纤维。果实淡绿色，先端表现特别明显，果实发育不良，果实短小，出现尖嘴瓜等营养不良引起畸形瓜。根系生长量小，最后变褐死亡。黄瓜叶片正常全氮含量在 3.5%～5.5%，低于 2.5% 为缺氮。

（4）番茄缺氮初期老叶浅绿色，后期全株呈浅绿色，小叶细小，直立，生长缓慢，叶主脉出现紫色，尤以下部叶片明显。缺氮果实小，而且植株抗病性减弱。番茄叶片正常全氮含量 3.5%～4.5%，低于 2.5% 为缺氮。

（5）甜椒缺氮时抑制生长，叶片小，浅黄色，下部叶片黄化，植株早衰。甜椒叶片正常全氮含量

3.5%～5.5%，低于2.0%为缺氮。

（6）洋葱缺氮症状表现较早，叶片少而且窄小，叶色浅绿，叶尖呈牛皮色，逐渐全叶变成牛皮色。洋葱叶片正常全氮含量1.5%～2.5%。

（7）香石竹缺氮生长在某种程度上受到限制，叶片灰绿色，比正常颜色略浅。香石竹叶片正常全氮含量2.5%～3.8%，低于2.5%为缺氮。

（8）菊花缺氮时生长受抑制，叶片呈黄绿色，缺氮严重时花少而小，花期延迟。菊花叶片正常全氮含量3.5%～5.5%，低于2.5%为缺氮。

（9）一品红缺氮时叶片黄绿色，叶片小，生长缓慢。一品红叶片正常全氮含量4.0%～5.5%，低于2.5%为缺氮。

2. 氮素缺乏调节措施

出现缺氮症状后，马上叶面喷施0.3%～0.5%尿素。每周1次，连续2～3次。叶面施肥应选择晴天上午进行，有利于叶片吸收。但是夏季不要中午高温时施用，也不要浓度过高防止肥烧。然后及时调整营养液浓度、成分及灌液次数，及时补充氮肥的不足。

（二）磷素缺乏及其调节

1. 磷素缺乏的症状

蔬菜典型的缺磷症状常表现在叶部，但缺磷的症状不如其他元素的缺乏症表现明显。缺磷时植株生长缓慢，茎细长，富含木质素，叶片较小，叶色比较深绿，有些蔬菜叶脉呈紫红色，须根不发达，成熟植株含磷量50%集中于种子果实中，缺磷蔬菜往往果实小，成熟慢，种子小或不成熟。不同蔬菜缺磷症状表现不同。

（1）番茄缺磷初期茎部细弱，严重时，叶片僵硬，并向后卷曲，叶正面呈蓝绿色，背面和叶脉呈紫色，叶肉组织开始时呈现紫色枯斑，逐渐扩展至整个叶片，果实发育不良。番茄正常叶片全磷含量为0.35%～0.75%，少于0.2%为缺磷。

（2）黄瓜缺磷植株矮化，但不明显。缺磷严重时，幼叶细小，僵硬，并呈蓝绿色，子叶和老叶出现大块水渍状斑，并向幼叶蔓延，块斑逐渐变褐干枯，叶片凋萎脱落。果实暗绿并带有青铜色。黄瓜正常叶片全磷含量为0.35%～0.8%，少于0.25%为缺磷。

（3）甜椒缺磷生长严重受阻，叶小，呈黑绿色，叶缘向上内卷曲，下部叶片早衰。甜椒正常叶片全磷含量0.3～0.8 μg/g，少于0.2 μg/g为缺磷。

（4）结球莴苣缺磷结球迟，整株松散，呈莲座状叶，严重时老叶死亡。具花色甙的品种，由于缺磷使糖分运转受到阻碍，叶片所含大量糖分转化成花青素，使叶片呈紫色或红色。

（5）洋葱缺磷时多表现在生长后期，一般生长缓慢，干枯，老叶尖端死亡，有时叶片出现绿黄和褐色相间的花斑点。洋葱正常叶片全磷含量0.25%～0.4%。

（6）结球甘蓝和花椰菜缺磷时，叶片小，背面呈紫色，叶缘枯死。甘蓝正常叶片缺磷含量0.3%～0.5%，花椰菜叶片正常缺磷含量0.54%～0.72%。芹菜缺磷时根茎成长发育受阻，芹菜正常叶片缺磷含量0.3%～0.6%。四季萝卜缺磷时叶片背面呈红色。

2. 磷素缺乏调节措施

一旦发现缺磷马上叶面配施0.3%磷酸二氢钾，每周一次，连续2～3次。然后调整营养液配方或灌液量灌液次数，来改变营养供应状况。营养液pH>6.5时磷酸根与钙离子形成难溶的磷酸盐，或与溶液中铁、铝离子形成难溶的沉淀，难以被吸收。因此，要检测调整营养液的pH。

（三）钾素缺乏症及调节

1. 钾素缺乏的症状

蔬菜缺钾最大特征是叶缘呈现灼烧状，尤其是老叶最明显。缺钾初期植株生长缓慢，叶片小，叶缘渐变黄绿色，后期叶脉间失绿，并在失绿区出现斑驳，叶片坏死，果实成熟度不均匀。多数蔬菜对缺钾敏感，缺钾植株瘦弱而且易感病，蔬菜生育初期钾的需求量较少，进入结果期或产品器官形成期蔬菜对钾的吸收量急剧增加，所以，一般生育前期不表现明显缺钾症状，缺钾症状多表现蔬菜快速生长期。

（1）番茄缺钾生长缓慢、矮小、产量降低。幼叶小而皱缩，叶缘变为鲜橙黄色，易碎，最后叶片变褐色而脱落。茎变硬，木质化，不再增粗。根系发育不良，较细弱，常呈现褐色，不再增粗。缺钾对番茄果实中 VC、总糖含量降低，果实成熟不均匀，抗性降低，易得病害及生理性病害——筋腐病。番茄正常叶片全钾含量 3.5% ~ 6.3%，低于 2.5% 为缺钾，低于 1.0% 为严重缺钾。

（2）黄瓜缺钾植株矮化，节间短，叶片小。叶呈青铜色，叶缘变黄绿色，主脉下陷，后期脉间失绿更严重，并向叶片中部扩展，随后叶片坏死。叶缘干枯，但主脉仍可保持一段时间的绿色。果顶变小呈青铜色，有时会出现"大肚瓜"。症状表现往往从植株基部向顶部发展，老叶受害最重。黄瓜正常叶片全钾含量 3% ~ 5%，低于 2.0% 为缺钾。

（3）甜椒缺钾生长受到抑制，叶片出现红褐色小点，幼叶上的小点由叶尖开始扩展开来。成熟植株缺钾时，某些黄叶的叶缘形成小斑点，严重缺钾时，叶面几乎为红褐色小斑点所覆盖。甜椒叶片正常全钾含量为 3% ~ 6%，少于 2.0% 为缺钾。

（4）水萝卜缺钾时，初期症状为叶肉中部呈深灰绿色，同时变褐色，叶缘卷缩。严重时，下部叶片、茎呈深黄色或青铜色，叶片小而薄或革质状，根不能正常膨大。

（5）莴苣缺钾有时到成熟时才表现出来，外叶黄化，温度高时很快枯死，易感染灰霉病，严重缺钾时幼株生长受影响，叶片出现褐斑，其周围组织黄化。莴苣正常叶片全钾含量 5% ~ 10%，少于 2.5% 即为缺钾。

2. 钾素缺乏调节措施

一旦发现缺磷马上叶面配施 0.3% 磷酸二氢钾，每周一次，连续 2 ~ 3 次。然后调整营养液配方或灌液量灌液次数，来改变营养供应状况。

（四）钙素缺乏症及调节

1. 钙素缺乏的症状

蔬菜作物典型的缺钙症状是营养生长缓慢，根尖短粗，有黑斑，茎粗大富含木质素。幼叶叶缘失绿，叶片卷曲，生长点死亡。但是老叶仍保持绿色，这与缺氮、缺磷和缺钾的症状正相反。

（1）番茄缺钙时，植株极为衰弱并缺乏韧性，初期幼叶正面除叶缘为浅绿色外，其余部分均呈深绿色，叶背呈紫色。小叶细小，畸形并卷曲，后期叶尖和叶缘枯死，生长点死亡，靠近顶端部分茎呈现坏死组织的斑点，老叶的小叶脉间失绿，并出现坏死斑，而且很快死亡。根较短，分枝多，部分根膨大，呈现深褐色。番茄缺钙损失最大的是果实缺钙，发生顶腐病（帝腐病或尻腐病），症状是果顶部即花冠脱落的部位变成油浸状，进一步发展成暗褐色并略凹陷的硬斑，往往比正常果早进入红熟期。番茄正常叶片全钙含量 2.0% ~ 4.0%，少于 1.0% 为缺钙。

（2）黄瓜缺钙时幼叶叶缘和脉间出现透明白色斑点，多数叶片脉间失绿，主脉尚可保持绿色，整个植株矮化，节间短，尤以顶端附近最明显。幼叶小，边缘缺刻深，叶片向上卷曲，后期这些叶片从边缘向内干枯，缺钙严重时生长点坏死，果实顶部腐烂，叶柄变脆，易脱落。缺钙黄瓜花败育，花比正常花小，果实也小，而且口感不佳。最后植株从上部开始死亡，死亡组织灰褐色。黄瓜正常叶片全钙含量 2% ~ 10%。

（3）甜椒缺钙时，幼叶近尖端处先变黄，黄化由叶缘向叶肉扩展。正常叶片全钙含量 1.5% ~ 3.5%，少于 1.0% 为缺钙。

（4）莴苣缺钙时，生长受抑制，幼叶畸形，叶缘呈褐色到灰色，并向老叶蔓延。严重时幼叶从顶端向外部死亡，死亡组织呈灰绿色，具有花色苷品种叶片中部有明显紫色。莴苣正常叶片全钙含量

1.0%~1.8%，少于1.0%为缺钙。

（5）白菜缺钙会引起干烧心病，其症状是近心叶的部位或叶片的边缘枯干，即焦边。在结球前，首先叶边缘水浸状，而后进一步发展到淡绿色，叶边缘一圈白色，严重时叶片内曲，叶柄部分褐变。接球后，发病症状主要是心腐，分为干腐和湿腐，干腐即干烧心，湿腐即烂，类适于软腐。缺钙还会引起胡萝卜空心病、芹菜黑心病、甘蓝干烧心病。

2. 钙素缺乏调节措施

一旦发现缺钙马上叶面配施0.2%~0.7%氯化钙或与50 mL/L的萘乙酸（NAA）配合施用，每周一次，连续2~3次。然后调整营养液配方或灌液量灌液次数，来改变营养供应状况。营养液EC值过高，铵离子、钾离子、镁离子含量过高都会拮抗抑制蔬菜根系对钙离子的吸收。营养液pH>6.5时钙离子与磷酸根形成难溶的磷酸盐，难以被吸收。因此，应检查调整营养液的EC值及各种离子的浓度，营养液的pH。此外，温度低引起根部吸收和水分运输受到抑制后，晴天时容易出现钙缺乏症。供水不足或不均也会引起钙缺乏症。因此，要注意温度和水分管理。

（五）镁素缺乏症及调节

1. 镁素缺乏的症状

缺镁的主要特征是不仅叶肉失绿，而且小的侧脉也失绿，（这一点可以与其他元素的缺乏症相区别）。一般缺镁最先在老叶上表现症状，严重时老叶枯萎，全株呈黄色。缺镁植株茎和果实很少表现症状。

（1）番茄缺镁时首先表现在中、下部叶片，以后逐渐扩展至整个植株。叶肉部分黄化，出现坏死斑，逐渐扩展，在叶脉间联合成片。叶脉和叶缘仍保持绿色。番茄正常叶片全镁含量0.35%~0.80%，少于0.3%为缺镁。严重缺镁时植株下部叶片呈橘黄色，并出现紫色斑，此时叶片含镁量降至0.14%。

（2）黄瓜缺镁时中、下部叶片叶肉部分黄化，有时形成大块的下陷斑，最后坏死，叶片枯萎，并逐渐遍及整个植株，但是叶脉仍为绿色。黄瓜正常叶片全镁含量0.4%~0.8%，少于0.35%为缺镁。

（3）甜椒缺镁成熟叶片叶肉部分黄化，但叶脉仍为绿色。正常叶片全镁含量0.35%~0.80%，少于0.3%为缺镁。

2. 镁素缺乏调节措施

一旦发现缺镁马上叶面配施0.1%硫酸镁，每周一次，连续2~3次。然后调整营养液配方或灌液量灌液次数，来改变营养供应状况。营养液的EC值过高、温度过低都会抑制根系对镁的吸收，营养液中铵离子、钾离子、钙离子含量高会拮抗抑制蔬菜对镁的吸收。因此，应进行测试调整。

（六）硼素缺乏症及调节

1. 硼素缺乏的症状

各种蔬菜缺硼典型症状差异很大，但是共同症状根系不发达，生长点死亡，花发育不全。

（1）黄瓜缺硼时叶片脆弱，老叶出现米色边缘，严重缺硼时生长点坏死，植株下部叶出现米色边缘，逐渐加宽并向整株发展，叶尖端最后变成褐色，向内和向下卷曲，下部生长点坏死后，从黄瓜植株顶部重新开始生长，但叶片有些变形，比较小，皱缩，果实发育中出现纵向木质化条纹。正常叶片硼含量为30~80 μg/g，低于20 μg/g为缺硼。

（2）番茄缺硼植株下部叶叶尖黄化是番茄缺硼的开始症状，在幼株和成株上均能发生症状。黄化由叶缘扩展至整个植株，叶片发脆，严重时叶脉形成紫褐色斑点，在透射光下，清晰可见，并在花萼近旁或果肩处出现木栓化。正常叶片含硼30~80 μg/g，少于25 μg/g为缺硼。

（3）莴苣缺硼生长受抑制，叶片呈深绿色，有些革质化。严重缺硼时外部叶片黄化，逐步凋萎，内部叶片呈深绿色，向上卷曲，不能形成叶球，最终到治水死亡。正常叶片含硼30~60 μg/g，少于20 μg/g为缺硼。

（4）甜椒缺硼幼株新叶生长异常，成熟叶片的叶尖黄化，叶片易碎，主脉呈红褐色，在透射光下观察清晰可见。正常叶片含硼 30～90 μg/g，少于 20 μg/g 为缺硼。

（5）芹菜缺硼引起茎部开裂。芹菜缺硼初期，叶片沿叶缘出现病斑。随病斑的发展茎部脆度增加，沿茎表面出现褐色带，最终茎表面出现裂纹，破裂处组织向外卷曲。受害组织呈深褐色，缺硼植株根系变褐色，侧根死亡，最后植株死亡。

2. 硼素缺乏调节措施

一旦发现缺硼马上叶面配施 0.3% 硼砂或硼酸水溶液补救，每周一次，连续 2～3 次。然后调整营养液配方或灌液量灌液次数，来改变营养供应状况。在碱性条件下硼呈不溶状态，很难被吸收，但多钾、多铵、干旱、低温也会抑制根系对硼的吸收。

（七）锌素缺乏症及调节

1. 锌素缺乏的症状

缺锌蔬菜代谢紊乱，叶变小畸形，枝节短缩，叶呈簇状。一些蔬菜缺锌，叶片上产生坏死斑，有些蔬菜缺锌则叶片失绿，多数蔬菜缺锌顶端生长受抑制，或顶端先受影响，而表现顶枯酷症状。菜豆、南瓜和芥菜等蔬菜对缺锌反应敏感。

（1）黄瓜缺锌生长缓慢，芽呈丛生状，叶片小，叶片除主脉外变为黄绿色或黄色，部分叶缘最后变淡褐色。正常叶片含锌量 40～100 μg/g，低于 25 μg/g 为缺锌。

（2）番茄缺锌叶片少，失绿黄化，表现不正常的皱缩，但主脉仍为绿色，叶片向后卷曲，叶柄有褐斑。受害叶片迅速坏死，几天内全部叶片凋落。正常叶片含锌 35～100 μg/g，少于 25 μg/g 为缺锌。

（3）甜椒缺锌绿色叶片上出现小紫斑，紫斑扩大时叶片褐化。正常叶片含锌量 40～100 μg/g，少于 25 μg/g 为缺锌。

2. 锌素缺乏调节措施

缺锌可叶面喷施硫酸锌或市场出售的微肥。

（八）铁素缺乏的症状

典型的症状是植株上部叶片变黄，上部枝条先失绿，最初在最小的叶脉上产生黄绿相间的网纹。但不同蔬菜缺铁症状还略有不同。

（1）黄瓜缺铁叶脉绿色叶肉黄化，逐渐叶肉呈柠檬黄色至白色，芽停止生长，叶缘坏死并且完全失绿。黄瓜叶片含铁多少难以估计，但是低于 80 μg/g 则可能缺铁。

（2）番茄缺铁顶端叶片失绿，叶肉部由叶基部向叶尖开始变黄，最小叶片几乎为白色。缺铁初期在最小叶的叶脉上产生黄绿相间的网纹，并且此症状由新叶向老叶发展，伴随轻度的组织坏死。正常叶片含铁 80～200 μg/g，少于 60 μg/g 为缺铁。

（3）甜椒缺铁幼叶变黄，发展过程是从基部开始，此时叶尖仍为绿色，老叶黄化也是从基部开始。正常叶片含铁 80～200 μg/g，少于 60 μg/g 为缺铁，但是铁的总含量不是含铁状态的可靠指标。

（4）甜瓜缺铁顶端叶片黄化，叶片逐渐小叶化，不易伸长。结球白菜、结球莴苣、结球甘蓝等缺铁叶绿素形成受阻，生长点处叶黄化。

（九）铜素缺乏的症状

蔬菜作物缺铜叶片失去韧性而发脆、发白，不同蔬菜表现症状不同。

（1）番茄缺铜侧枝生长缓慢，叶色呈深蓝绿色，叶卷缩。花发育受阻，不形成花，且根系发育受阻。正常叶片含铜 7～20 μg/g，少于 4 μg/g 为缺铜，少于 1.7 μg/g 为严重缺铜。

（2）黄瓜缺铜生长受抑制，幼叶小，节间短，呈丛生状。后期叶片呈浓绿色到青铜色，症状从老叶向新叶发展。发育不良，影响开花，结果小，果实黄绿色，果皮上分散有小的凹陷斑。正常叶片含铜量 7～17 μg/g，低于 4 μg/g 为缺铜。

（3）甜椒缺铜植株生长受阻，叶片变小，叶缘上卷。正常叶片含铜量 6～20 μg/g，少于 4 μg/g 为缺铜。

（4）莴苣缺铜生长严重受阻，叶细小，叶片向下卷曲呈杯状。叶片黄化，沿叶柄和叶缘首先表现症状，从叶缘向里逐渐变黄，且从老叶向新叶发展。正常叶片含铜量 5～15 μg/g，少于 2 μg/g 为缺铜。

（十）锰素缺乏的症状

蔬菜缺锰的症状与缺铁相似，常表现为上部叶片黄化，不同的是缺锰的黄化叶片往往枯死。

（1）番茄缺锰导致幼叶黄化，首先主脉间的叶肉黄化呈斑块状，而黄叶中存在着深绿色不均一的叶脉网是缺锰特征，也是与缺铁相区别特点。缺锰番茄植株的新生小叶常呈坏死状，而且不孕蕾，不开花。正常叶片含锰量 100～300 μg/g，少于 25 μg/g 为缺锰。

（2）黄瓜缺锰生长受阻，蔓较短细弱，花芽呈黄色。叶片黄绿色，叶缘和叶肉变为浅绿色，逐渐发展黄绿色或黄色，而细叶脉仍保持绿色是缺锰特征。正常叶片含锰 100～300 μg/g，低于 20 μg/g 为缺锰。

（3）莴苣缺锰植株生长极为缓慢，叶片呈黄绿色，小植株外部叶片出现浅褐色斑，开始褐色斑发生叶尖以后逐渐扩展，成熟植株叶片黄斑扩大，但叶脉仍为绿色。正常叶片含锰 50～200 μg/g，少于 20 μg/g 为缺锰。

（4）甜椒缺锰幼叶呈先黄绿色，内部叶肉变为深棕色，成熟的叶片出现某种分散小黄斑，进而发展为褐色，严重时叶片枯萎脱落。正常叶片含锰量 100～300 μg/g，少于 20 μg/g 为缺锰。

以上微量元素缺乏症发生后，立即叶面喷施市场出售的微肥补救，然后调整营养液配方及灌液管理方法等。

测试题答案

情境一 设施建造技术

任务一 地膜覆盖技术

1. 地膜覆盖、电热温床、塑料大棚、温室。

2. A 3. C 4. B 5. A 6. B 7. ABCDE 8. B 9. BCD 10. ACE 11. B 12. D
13. C 14. C 15. √ 16. √

17. 设施园艺：是指在不适宜园艺作物（主要指蔬菜、花卉、果树）生长发育的寒冷或炎热季节，采用防寒保温或降温防雨等设施、设备，人为的创造适宜园艺作物生长发育的小气候环境，不受或少受自然季节的影响而进行的园艺作物生产。

18. 简述透明覆盖材料的特性要求：综合透明覆盖材料的特性要求。

答：主要有：透光性好，吸尘性弱，保温性强，结雾性差，耐候性能良好，寿命长等。

19. 试论述我国设施园艺的发展前景。

答：随着人们生活水平的不断提高，随着农业经济发展的需要，随着农业现代化发展的需求，随着设施园艺功能的不断增加（都市农业、观光农业、休闲农业、教育基地等），随着生产者对生产环境舒适程度要求的不断提高，随着设施园艺本身的不断发展，随着充分利用自然能源节能高效设施园艺技术的不断完善，我国设施园艺将会迎来稳步发展、完善提高的新阶段。园艺保护设施将朝着结构材料现代化、环境调控自动化、经营规模大型化的方向发展。设施园艺将进一步导入高科技新技术，如信息技术的采用，使环境调控检测化、准确化，具有及时、快速、自动、省力的特点；小型机具的使用，达到小型、轻量、高效的目的，极显著地减轻劳动强度，改善劳动环境，提高劳动生产率，同时又能满足消费者对产品安全、卫生、富有营养、有利于健康的追求，达到优质高效的目的，实现设施园艺的可持续发展。

任务二 电热温床建造技术

1. 隔热层、散热层、床土、电热线、薄膜   2. ABCDE   3. A

4. 简述使用电热温床应该注意哪些问题。

答：在蔬菜出苗期间，低温是关键，出苗后低温对菜苗的影响比气温迟缓，当低温达到适温中限后，再提高地温其作用显著变小。如果气温较高，地温也高，土壤失水太快反而不利于菜苗生长。电热温床地温高，土壤水分蒸发快，必须注意满足水分供应，防止床土过干，生长受抑。

电热温床育苗一般比普通苗床培育的秧苗生长快，生命力强，为培育壮苗奠定了基础，但成苗的中后期应保证秧苗有适当的营养面积，并有充足的矿质营养供给，否则前期菜苗质量再好，后期管理跟不上，也难育出高质量的壮苗。电热温床的育苗天数少，播期应相应地向后推迟，否则既造成电力

的浪费，后期幼苗也难以管理。

再次，一定要注意并检查电热线的用电安全，防止发生漏电事故。

任务四 塑料大棚建造技术

1. 小棚、中棚、大棚。　　2. 拱杆、拉杆、压杆、立柱。　　3. B　　4. A

5. 简述塑料大棚的结构组成。

答：拱架、纵梁、立柱、山墙立柱、骨架连接卡具、门。

6. 大棚的增温原理。

答：大棚内的热源是太阳辐射。由于覆盖大棚的塑料薄膜具有易透过短波辐射而不易透过长波辐射的特性，棚内土壤吸收大量的短波辐射而发出长波，被棚膜反射回来，积累到密闭的大棚内，故大棚内温度高于外界。

任务五 普通日光温室建造技术

1. A　2. A　3. C　4. C　5. A　6. D　7. ABCDE　8. B　9. AB　10. D　11. B
12. D　13. B　14. A　15. B　16. D　17. B　18. √　19. ×　20. ×　21. ×

22. 高跨比：即指日光温室的高度与跨度的比例，二者比例的大小决定屋面角的大小，要达到合理的屋面角，高跨比以 1：2.2 为宜。即跨度为 6 m 的温室，高度应达到 2.6 m 以上；跨度为 7 m 的温室，高度应为 3 m 以上。

23. 试述草帘作为日光温室外覆盖保温材料的优点和缺点。

答：优点主要有：价格低，各地基本可就地取材，就地加工；导热系数小，可使夜间温室热消耗减少 60%；

不足主要有：草帘的缝隙散热降低了保温效果；厚度和密度质量不稳定；易吸湿变重甚至发霉。

任务六 连栋日光温室建造技术

1. A　2. √　3. √　4. √

5. 合理屋面角：指前屋面与地面的交点与屋脊的连线和水平面间的夹角。

6. 构架率：温室全表面积内，直射光照射到结构骨架的面积与温室全面积的比。

7. 简述现代温室内热风加热和热水管道加热两种系统的优点及其缺点。

答：加热系统与通风系统结合，可为温室内作物生长创造适宜的温度和湿度条件。目前冬季加热方式多采用集中供热、分区控制方式，主要有热水管道加热和热风加热两种系统。

（1）热水管道加热系统

由锅炉、锅炉房、调节组、连接附件及传感器、进水及回水主管、温室内的散热管等组成。温室散热管道按排列位置可分垂直和水平排列两种方式。优缺点：成本低，但升温慢，保温时间长，温度变化缓慢。

（2）热风加热系统

利用热风炉通过风机把热风送入温室各部分加热的方式。该系统由热风炉、送气管道（一般用 PE 膜做成）、附件及传感器等组成。优缺点：成本高，但升温快，保温时间短，温度变化快。

8. 试述现代温室的配套设备及其在生产实际中的应用。

答：（1）自然通风系统

自然通风系统是温室通风换气、调节室温的主要方式，一般分为：顶窗通风、侧窗通风和顶侧窗通风等三种方式。侧窗通风有转动式、卷帘式和移动式三种类型，玻璃温室多采用转动式和移动式，薄膜温室多采用卷帘式。屋顶通风，其天窗的设置方式多种多。如何在通风面积、结构强度、运行可靠性和空气交换效果等方面兼顾，综合优化结构设计与施工乃是提高高湿、高温情况下自然通气效果

的关键。

（2）加热系统

加热系统与通风系统结合，可为温室内作物生长创造适宜的温度和湿度条件。目前冬季加热方式多采用集中供热、分区控制方式，主要有热水管道加热和热风加热两种系统。

① 热水管道加热系统。

由锅炉、锅炉房、调节组、连接附件及传感器、进水及回水主管、温室内的散热管等组成。温室散热管道按排列位置可分垂直和水平排列两种方式。

② 热风加热系统。

利用热风炉通过风机把热风送入温室各部分加热的方式。该系统由热风炉、送气管道（一般用 PE 膜做成）、附件及传感器等组成。

（3）幕帘系统

① 内遮阳保温幕。

内遮阳保温幕系采用铝箔条或镀铝膜与聚酯线条间隔经特殊工艺编织而成的缀铝膜。具有保温节能、遮阳降温、防水滴、减少土壤蒸发和作物蒸腾从而节约灌溉用水的功效。

② 外遮阳系统。

外遮阳系统利用遮光率为 70% 或 50% 的透气黑色网幕或缀铝膜（铝箔条比例较少）覆盖于离顶通风温室顶上 30～50 cm 处，比不覆盖的可降低室温 4～7 ℃，最多时可降 10 ℃，同时也可防止作物日灼伤，提高品质和质量。

（4）降温系统

① 微雾降温系统。

微雾降温系统使用普通水，经过微雾系统自身配备的两级微米级的过滤系统过滤后进入高压泵，经加压后的水通过管路输送到雾嘴，高压水流以高速撞击针式雾嘴的针，从而形成微米级的雾粒，喷入温室，迅速蒸发以大量吸收空气中的热量，然后将潮湿空气排出室外达到降温目的。适于相对湿度较低、自然通风好的温室应用，不仅降温成本低，而且降温效果好，其降温能力在 3～10 ℃ 左右，是一种最新降温技术，一般适于长度超过 40 m 的温室采用。

② 湿帘降温系统。

温帘降温系统利用水的蒸发降温原理实现降温。以水泵将水打至温室帘墙上，使特制的疏水湿帘能确保水分均匀淋湿整个降温湿帘墙，湿帘通常安装在温室北墙上，以避免遮光影响作物生长，风扇则安装在南墙上，当需要降温时启动风扇将温室内的空气强制抽出，形成负压；室外空气因负压被吸入室内的过程中以一定速度从湿帘缝隙穿过，与潮湿介质表面的水汽进行热交换，导致水分蒸发和冷却，冷空气流经温室吸热后经风扇排出而达降温目的。在炎夏晴天，尤其中午温度达最高值、相对湿度最低时，降温效果最好，是一种简易有效的降温系统，但高湿季节或地区降温效果受影响。

（5）补光系统

补光系统成本高，目前仅在效益高的工厂化育苗温室中使用，主要是弥补冬季或阴雨天的光照不足对育苗质量的影响。所采用的光源灯具要求有防潮专业设计、使用寿命长、发光效率高、光输出量比普通钠灯高 10% 以上。南京灯泡厂生产的生物效应灯和荷兰飞利浦的农用钠灯（400 W），其光谱都近似日光光谱，由于是作为光合作用能源补充阳光不足，要求光强在 10 000 lx 以上。悬挂的位置宜与植物行向垂直。

（6）补气系统

① 二氧化碳施肥系统。

二氧化碳气源可直接使用贮气罐或贮液罐中的工业制品用二氧化碳，也可利用二氧化碳发生器将煤油或石油气等碳氢化合物通过充分燃烧而释放二氧化碳。

② 环流风机。

封闭的温室内，二氧化碳通过管道分布到室内，均匀性较差，启动环流风机可提高二氧化碳浓度分布的均匀性，此外通过风机还可以促进室内温度、相对湿度分布均匀，从而保证室内作物生长的一致性，改善品质，并能将湿热空气从通气窗排出，实现降温的效果。

（7）计算机自动控制系统

自动控制是现代温室环境控制的核心技术，可自动测量温室的气候和土壤参数，并对温室内配置的所有设备都能实现优化运行而实行自动控制，如开窗、加温、降温、加湿、光照和二氧化碳补气，灌溉施肥和环流通气等。

（8）灌溉和施肥系统

灌溉和施肥系统包括水源、储水及供给设施、水处理设施、灌溉和施肥设施、田间管道系统、灌水器如滴头等。进行基质栽培时，可采用肥水回收装置，将多余的肥水收集起来，重复利用或排放到温室外面；在土壤栽培时，作物根区土层下铺设暗管，以利排水。

情境二　设施环境调控技术

任务一　设施温度调控技术

1. A　2. A　3. B　4. ABCDE　5. ABCE　6. ABE　7. ×　8. ×　9. ×　10. √

11. 贯流传热量：设施内的热量以传导的方式，通过覆盖材料或围护材料向外散放。

12. 简述温室的保温措施主要有哪些？

答：采用多层覆盖，减少贯流放热量；增大温室透光率；增大保温比；设置防寒沟，防止地中热量横向流出。

13. 设施内温度条件的调控措施有哪些？

答：① 保温：材料选择、加盖保温材料、加强管理、设风障、加厚墙体、设防寒沟、阻止缝隙放热、建耳室；② 降温：通风换气、遮光降温；③ 增温：提高透光量、提高地温、增大保温比、加温。

任务二　设施光照调控技术

1. B　2. B　3. ABCD　4. ×　5. √

6. 简述遮阳网有哪些作用。

答：降温、降低光照强度、保湿、防大风、防暴雨、放虫害、鸟害等。

7. 简述玻璃作为设施覆盖材料的优点及缺点。

答：优点：具有较强的保温性能，耐候性最强等

缺点：玻璃重量重，不耐撞击，需粗大支架；造价高等。

8. 试论述为了提高温室内透光率常采用的措施有哪些。

答：（1）选择适宜地区

　　（2）改善设施的透光率

① 选用透光性好、防尘、抗老化、无滴的透明覆盖材料，且透紫外光多，透长波红外辐射。

② 采用合理的屋角面

③ 温室架构选材上尽量选结构比小而强度大的轻量钢铝骨架材料，以减少遮光面。

④ 注意建造方位，北方偏脊式的日光温室宜选东西向，依当地风向及温度等情况，采用南偏西或偏东 5°～7° 为宜，并保持邻栋温室之间的一定距离。大型现代温室则以南北方向为宜，因光分布均匀，

并要注意温室侧面长度、连栋数等对透射光的影响。

（3）加强设施的光照管理

① 经常打扫，清洗，保持屋面透明覆盖材料的高透光率。

② 在保持室温适宜的前提下，设施的不透明内外覆盖物（保温幕、草苫等）尽量早揭晚盖，以延长光照时间增加透光率。

③ 注意作物的合理密植，注意行向（一般南北向为好），扩大行距，缩小株距，增加群体光透过率。

④ 张挂反光幕和玻璃温室屋面涂白等增加室内光分布均匀度，夏季涂白，可防止升温等。

9. 简述影响温室透光率的因素有哪些。

答：依纬度、季节、时间、温室建造方位、单栋或连栋别、屋面角和覆盖材料的种类等而异。

（1）构架率

（2）屋面直射光入射角的影响

（3）覆盖材料的光学特性

（4）温室的结构方位的影响

温室内直射光透光率与温室结构、建筑方位、连栋数、覆盖材料、纬度、季节等有密切关系，因此必须要选择适宜的温室结构、方位、连栋数和透明覆盖材料。

任务三　设施湿度调控技术

1. C　2. C　3. A　4. ABCDE　5. A　6. D　7. A　8. B　9. D　10. D
11. ×　12. ×　13. ×

14. 简述设施内空气湿度有什么特点。

答：空气湿度大；存在季节变化和日变化；湿度分布不均匀。

15. 简述降低设施内空气湿度的措施。

答：除湿措施：

（1）被动除湿：① 减少灌水　② 地膜覆盖　③ 增大通风量和透光量　④ 采用透湿性和吸湿性良好的保温幕材料

（2）主动除湿：① 强制通风换气　② 加温除湿　③ 强制空气流动　④ 除湿机或除湿型热交换通风装置

16. 湿度与设施栽培中作物的关系？

答：① 多数作物适宜于 60%～85% 的空气湿度，当大于 90% 或小于 40%，光合作用就会受到阻碍。② 对土壤含水量，一般为田间持水量的 70%～95% 对作物生长最合理。

任务四　设施气体调控技术

1. C　2. BCE　3. C　4. ADE　5. √　6. ×
7. 简述如何提高设施内 CO_2 浓度的方法。

答：提高设施二氧化碳浓度的方法：

（1）通风换气；

（2）增加土壤有机质；

（3）生物生态法：将作物和食用菌间套作，在菌料发酵、食用菌呼吸过程中释放出二氧化碳，或者在大棚、温室内发展种养一体，利用畜禽新陈代谢产生的二氧化碳。此法属被动施肥，易相互污染，无法控制二氧化碳释放量。

情境三 设施栽培技术

任务三 设施育苗技术

1. 机械破皮、浸种、催芽、层积处理、温度处理、化学处理、药剂处理
2. 准备、播种、催芽、育苗、出室
3. 鳞片扦插法、分球繁殖法、播种法、组织培养法
4. 一般浸种、温汤浸种、热水烫种
5. 撒播、条播、点播
6. B 7. C 8. C 9. CD 10. C 11. B 12. AE 13. C 14. C
15. ABCDE 16. ABCDE 17. C 18. C 19. C 20. ABCDE 21. D
22. D 23. × 24. √ 25. √ 26. √ 27. × 28. √
29. 播种的主要环节：

答：苗床准备、浇底水、播种、覆土、覆盖塑料薄膜。

30. 试论述如何才能有效提高蔬菜嫁接苗成活率。

嫁接后砧木与接穗接合部愈合，植株外观完整，内部组织联结紧密，水分养分畅通无阻，幼苗生育正常则为嫁接成活。

要提高蔬菜嫁接苗成活率，首先应分析影响嫁接成活率的主要因素，包括以下几个方面：

（1）嫁接亲和力

即砧木与接穗嫁接后正常愈合和生长发育的能力，这是嫁接成活与否的决定性因素，亲和力高的嫁接后容易成活，反之则不易成活。嫁接亲和力高低往往与砧木和接穗亲缘关系远近密切相关，亲缘关系近者亲和力较高，亲缘关系远者亲和力较低，甚至不亲和。也有亲缘关系较远而亲和力较高的特殊情况。

（2）砧木与接穗的生活力

这是影响嫁接成活率的直接因素。幼苗生长健壮，发育良好，生活力强者嫁接后容易成活，成活后生育状况也好；病弱苗、徒长苗生活力弱，嫁接后不易成活。

（3）环境条件

光照、温度、湿度等均是影响嫁接成活率的重要因素。嫁接过程和嫁接后管理过程中温度太低，湿度太小，遮光太重或持续时间过长均会影响愈伤组织形成和伤口愈合，降低成活率。

（4）嫁接技术及嫁接后管理水平

适宜嫁接时期内苗龄越小，可塑性越大，越有利于伤口愈合。瓜类蔬菜苗龄过大胚轴中空，苗龄过小操作不便，均不利于嫁接和成活。嫁接过程中砧木和接穗均需要一定切口长度，砧穗结合面宽大且两者形成层密接有利于愈伤组织形成和嫁接成活，同时操作过程中手要稳，刀要利，削面要平，切口吻合要好。此外，嫁接愈合期管理工作也至关重要，嫁接成活率也受人为因素影响。

其次，应注重嫁接后管理：

（1）愈合期管理

蔬菜嫁接后，对于亲和力强的嫁接组合，从砧木与接穗结合、愈伤组织增长融合，到维管束分化形成约需 10 d 左右。高温、高湿、中等强度光照条件下愈合速度快，成苗率高，因此加强该阶段的管理有利于促进伤口愈合，提高嫁接成活率。研究表明，嫁接愈合过程是一个物质和能量的消耗进程，二氧化碳施肥、叶面喷葡萄糖溶液、接口用促进生长的激素（NAA、KT）处理等措施均有利于提高嫁接成活率。

① 光强。嫁接愈合过程中，前期应尽量避免阳光直射，以减少叶片蒸腾，防止幼苗失水萎蔫，但要注意让幼苗见散射光。嫁接后 2～3 d 内适当用遮阳网、草帘、苇帘或沾有泥土的废旧薄膜遮阳，光

强 4 000 ~ 5 000 lx 为宜；3 d 后早晚不再遮阳，只在中午光照较强一段时间临时遮阳，再以后临时遮光时间逐渐缩短；7 ~ 8 d 后去除遮阳物，全日见光。

② 温度。嫁接后保持较常规育苗稍高的温度可以加快愈合进程。黄瓜刚刚完成嫁接后提高地温到 22 ℃ 以上，气温白天 25 ~ 28 ℃，夜间 18 ~ 20 ℃，高于 30 ℃ 时适当遮光降温；西瓜和甜瓜气温白天 25 ~ 30 ℃，夜间 23 ℃，地温 25 ℃ 左右；番茄白天 23 ~ 28 ℃，夜间 18 ~ 20 ℃；茄子嫁接后前 3 d 气温要提高到 28 ~ 30 ℃。为了保证嫁接初期温度适宜，冬季低温条件下温室内要有加温设备，无加温设备时采用电热温床育苗为好。嫁接后 3 ~ 7 d，随通风量的增加降低温度 2 ~ 3 ℃。一周后叶片恢复生长，说明接口已经愈合，开始进入正常温度管理。

③ 湿度。将接穗水分蒸腾减少到最低限度是提高嫁接成活率的决定性因素之一。每株幼苗完成嫁接后立即将基质浇透水，随嫁接随将幼苗放入已充分浇湿的小拱棚中，用薄膜覆盖保湿，嫁接完毕后将四周封严。前 3 d 相对湿度最好在 90% ~ 95%，每日上下午各喷雾 1 ~ 2 次，保持高湿状态，薄膜上布满露滴为宜。喷水时喷头朝上，喷至膜面上最好，避免直接喷洒嫁接部位引起接口腐烂，倘若在薄膜下衬一层湿透的无纺布则保湿效果更好。4 ~ 6 d 内相对湿度可稍微降低，85% ~ 90% 为宜，一般只在中午前后喷雾。嫁接一周后转入正常管理，断根插接幼苗保温保湿时间适当延长以促进发根，为了减少病原菌侵染，提高幼苗抗病性，促进伤口愈合，喷雾时可配合喷洒丰产素或杀菌剂。

④ 通风。嫁接后前 3 d 一般不通风，保温保湿，断根插接幼苗高温高湿下易发病，每日可进行两次换气，但换气后需再次喷雾并密闭保湿。3 d 以后视作物种类和幼苗长势早晚通小风，再以后通风口逐渐加大，通风时间逐渐延长。10 d 左右幼苗成活后去除薄膜，进入常规管理。

（2）成活后管理

嫁接苗成活后的环境调控与普通育苗基本一致，但结合嫁接苗自身特点需要做好以下几项工作。

① 断根。嫁接育苗主要利用砧木的根系。采用靠接等方法嫁接的幼苗仍保留接穗的完整根系，待其成活以后，要在靠近接口部位下方将接穗胚轴或茎剪断，一般下午进行较好。刚刚断根的嫁接苗若中午出现萎蔫可临时遮阳。断根前一天最好先用手将接穗胚轴或茎的下部捏几下，破坏其维管束，这样断根之后更容易缓苗。断根部位尽量上靠接口处，以防止与土壤接触重生不定根引起病原菌侵染失去嫁接防病意义。为避免切断的两部分重新接合，可将接穗带根下胚轴再切去一段或直接拔除。断根后 2 ~ 4 d 去掉嫁接夹等束缚物，对于接口处生出的不定根及时检查去除。

② 去萌蘖。砧木嫁接时去掉其生长点和真叶，但幼苗成活和生长过程中会有萌蘖发生，在较高温度和湿度条件下生长迅速，一方面与接穗争夺养分，影响愈合成活速度和幼苗生长发育；另一方面会影响接穗的果实品质，失去商品价值。所以，从通风开始就要及时检查和清除所有砧木发生的萌蘖，保证接穗顺利生长。番茄、茄子嫁接成活后还要及时摘心或去除砧木的真叶及子叶。

③ 其他。幼苗成活后及时检查，除去未成活的嫁接苗，成活嫁接苗分级管理。对成活稍差的幼苗以促为主，成活好的幼苗进入正常管理。随幼苗生长逐渐拉大苗距，避免相互遮阳，苗床应保证良好的光照、温度、湿度，以促进幼苗生长。番茄嫁接苗容易倒伏，应立杆或支架绑缚。幼苗定植前注意炼苗。

任务四　设施栽培技术

1. A　　2. C　　3. D　　4. C　　5. B　　6. C　　7. B　　8. D　　9. C　　10. A
11. D　　12. D　　13. D　　14. D　　15. D　　16. ABC　　17. ADB　　18. B　19. B
20. A　　21. D　　22. C　　23. AB　　24. D　　25. A　　26. A　　27. C　　28. A
29. C　　30. C　　31. A　　32. B　　33. C　　34. ×　　35. √　　36. √　　37. √
38. ×　　39. √　　40. √　　41. √　　42. √　　43. ×　　44. √

45. 葡萄夏季修剪的主要内容：
答：抹芽定梢；除卷须引绑；疏花须掐花序尖；摘心；副稍处理。

46. 防虫网的作用：

答：防虫防病毒病；防暴雨冲刷；改善网内小气候；利于生物防治；防止鸟类危害。

47. 番茄植株调整的主要内容为：

答：搭架、绑蔓；整枝；打杈；摘心。

48. 试述设施内连作障碍产生的原因及其防治方法。

答：产生的原因：

（1）设施内土壤水分与盐分运移与露地土壤不同，室内温度及地温高，水分充足，营养生长旺盛，养分分解快，易缺素。

（2）出现次生盐渍化：蒸发蒸腾比陆地强，小水勤浇，盐分难向下转移。

（3）土壤酸化：硝酸根离子、硫酸根离子含量偏高。

（4）连作障碍：由于不宜倒茬，不宜换土。

（5）土传病原菌增加：由于连做病害十分严重，如：青枯病、枯萎病、早疫病、根结线虫等。

防治方法：

（1）防止营养过剩或营养失调：测土施肥、增施有机肥、施专用肥等。

（2）防土壤盐渍危害：科学施肥、灌水洗盐、生物除碱、换土除盐等。

（3）防止土壤酸化：增施有机肥、用 pH 测定加石灰。

（4）消除土壤中的病原菌：合理轮作、土壤消毒① 药剂消毒：40% 甲醛 50-100 倍，覆膜 2 d，揭去后通风 2 周，还有硫磺粉等。② 蒸汽消毒：60 ℃ 以上 30 min 可消灭多数病菌。

参考文献

[1] 李志强. 设施园艺[M]. 北京：高等教育出版社，2006.

[2] 张彦萍. 设施园艺[M]. 北京：中国农业出版社，2002.

[3] 韩世栋. 蔬菜生产技术[M]. 北京：高等教育出版社，2006.

[4] 陈杏禹. 蔬菜栽培[M]. 北京：高等教育出版社，2005.

[5] 杨祖衡. 设施园艺技能训练及综合实习[M]. 北京：中国农业出版社，1999.

[6] 李淑珍. 果树日光温室栽培新技术[M]. 北京：中国农业出版社，1999.

[7] 曹春英. 花卉栽培[M]. 北京：中国农业出版社，2001.

[8] 李道德. 果树栽培[M]. 北京：中国农业出版社，2004.

[9] 徐和金. 番茄优质高产栽培法[M]. 北京：金盾出版社，2006.

[9] 刘步洲，聂和民，张福墁. 蔬菜栽培学（保护地栽培）[M]. 2版. 北京：中国：农业出版社，1989.

[10] 张福墁. 设施园艺学[M]. 北京：中国农业大学出版社，2001.

[11] 刘步洲，聂和民，张福墁. 蔬菜塑料大棚的结构与性能[M]. 上海：上海科学技术出版社，1982.

[12] 中华人民共和国农业部科学技术局. 塑料薄膜地面覆盖栽培技术[M]. 沈阳：辽宁人民出版社，1982.

[13] 陈友. 节能温室大棚建造与管理[M]. 北京：中国农业出版社，1998.

[14] 夏春森，何星石. 蔬菜遮阳网、防虫网、防雨棚覆盖栽培[M]. 北京：中国农业出版社，2000.

[15] 黄顺苍等. 地膜覆盖栽培常见问题解答[M]. 沈阳：辽宁科学技术出版社，1988.

[16] 陈贵林，等. 蔬菜温室建造与管理手册[M]. 北京：中国农业出版社，2000.

[17] 周长吉，等. 现代温室工程[M]. 北京：化学工业出版社，2003.

[18] 孟新法，等. 果树设施栽培学[M]. 北京：中国林业出版社，1999.

[19] 鲁涤非. 花卉学[M]. 北京：中国农业出版社，1998.

[20] 闫杰，罗庆熙. 园艺设施内湿度环境的调控[J]. 温室园艺，2004（7）.

[21] 刑作山，张广义，等. 棚室内气体状况与调控技术[J]. 温室园艺，2004（8）.

[22] 李光晨，等. 园艺通论[M]. 北京：科学技术文献出版社，2000.